张伯声等 著

张伯声院士论著选集 上

西北大学名师大家学术文库

西北大学出版社

图书在版编目（CIP）数据

张伯声院士论著选集 / 张伯声等著. —西安:

西北大学出版社，2021.10

ISBN 978 - 7 - 5604 - 4808 - 4

Ⅰ. ①张… Ⅱ. ①张… Ⅲ. ①地质学－文集

Ⅳ. ① P5-53

中国版本图书馆 CIP 数据核字（2021）第 166978 号

张伯声院士论著选集

作　　者	张伯声等　著	
出版发行	西北大学出版社	
地　　址	西安市太白北路 229 号	
邮　　编	710069	
电　　话	029 - 88302590	
经　　销	全国新华书店	
印　　装	陕西博文印务有限责任公司	
开　　本	787mm × 1092mm　1/16	
印　　张	55	
字　　数	1250 千	
版　　次	2021 年 10 月第 1 版　2021 年 10 月第 1 次印刷	
书　　号	ISBN 978 - 7 - 5604 - 4808 - 4	
定　　价	400.00 元	

张伯声

张伯声院士简介

张伯声（1903.06.23—1994.04.04），原名张遹骏，字伯声。河南荥阳人。年轻时留美，学成归国后，先后在焦作工学院、河南大学、交通大学、唐山工学院和北洋工学院教书。1937年随北洋工学院来陕，成为国立西北联合大学的教学骨干。1962年，西北大学校庆时，校党委给年长的7位教授祝寿，并合影留念，号称"五老二寿"，一时传为佳话。张伯声先生即"西北联大五老"之一。

新中国成立后，张伯声以满腔热情投入到祖国的建设事业中去。1950年5月，他受聘担任河南省"豫西地质矿产考察团"顾问。考察团在豫西评价了30多个可供开采的中小型矿山与矿点，发现了平顶山煤矿和巩县铝土矿，而他在其中起到了关键性的作用。

考察团经过河南宝丰县一个名叫梁洼的地方时，看见几个农民在一条小沟挖煤。由于这儿的小煤窑非常多，一开始大家并没在意，而张伯声却敏锐地意识到，这里很可能是一个大矿，提请大家注意。经过考察团初步观察，发现这儿的煤是优质烟煤。他建议考察团，留下两名人员（一名是他带去的西北大学学生，一名是西北大学毕业生、考察团成员）草测地形图。后经探明，张伯声的判断完全正确。平顶山煤矿是一个大型优质烟煤矿山，经过第一个五年计划的建设，已成为武汉钢铁公司的主要焦煤基地。

巩县铝土矿的发现则更为偶然。一天中午，考察团正在巩县小关附近路边休息，张伯声一边啃着干粮一边用脚拨拉脚下的碎石。突然，他拣起一块石头说是铝矿石，叫大家看。有人认为是铁矾土，没多大价值。张伯声以其在芝加哥大学地质研究部练就的岩矿鉴定基本功，斩钉截铁地说是铝矾土。大家凑热闹打赌，谁输谁请客。样品立即派人送到开封化验，结果是品位很高的铝矾土，张伯声赢了。巩县铝矿是新中国发现的第一个大型铝土矿，"一五"期间国家在郑州兴建了铝业公司，为新中国的炼铝工业奠定了基础。

这两个大矿的发现，使张伯声实现了为国家找矿的夙愿。人民没有忘记为经济发展做出贡献的知识分子，张伯声连任了第一、二、三届全国人大代表。

张伯声参加豫西地质矿产考察，在学术上也有重要收获。同样是一次野外午餐时，他在嵩山的嵩阳书院门前发现了一个重要的地壳运动界面，之后将其所代表的地壳运动命名为"嵩阳运动"。在中国地质学会当年的年会上，张伯声宣读了论文《嵩阳运动和嵩山区的五台系》。此文翌年刊登于《地质论评》上，成为研究嵩山地质的经典之作，"嵩阳运动"界面也被公认为在中国首次发现的太古与元古地层间的不整合界面。

20世纪40年代，张伯声曾参加国民政府水利委员会组织的"黄河治本研究团"，在青甘宁绥晋陕等省的黄河沿岸进行考察，完成了《黄河上中游考察报告》的"地质"部分。50年代，他又参加了黄河水利委员会组织的黄河中上游考察，发现了"黄土线"，重建了黄河发育史，在中国第四纪研究方面独树一帜。

张伯声在学术上的最大贡献是创立了"波浪状镶嵌构造"学说。从1958年主编《陕西省地质图》开始，他在构造地质方面兴趣大增，并于60年代初提出了这一学说。1972年，我国台湾省出版的《中山自然科学大辞典·地球科学》中，张伯声的"镶嵌构造"学说被列为中国构造地质的首席观点。1979年3月召开的"中国地质学会第四次会员代表大会"和"第二届全国构造地质学术会议"上，这一学说被公认为"中国五大构造地质学派"之一，张伯声同时被推选为中国地质学会副理事长和构造专业委员会副主任，并于1981年当选中国科学院地学部学部委员。

适应社会需要，急国家之所急，是张伯声教育思想的最大特色。1950年初，燃料工业部西北石油局（是当时全国唯一的石油局）拟请西北大学地质学系开办短训班，作为系主任的张伯声，克服重重困难为其培养了最早的一批骨干。1951年，国家为了即将到来的第一个五年计划，急需大批石油地质人才，燃料工业部和教育部召集全国各重点大学地质系负责人协商，看哪个学校能在两三年内为国家培养出一两千名石油地质人才。由于各高校此前没有开设过石油地质专业，都表示有困难。西北大学地质学系当时尚不足10位教师，但张伯声毅然接受了这一艰巨的任务。他一面延聘国内有声望的专家学者来校任教，解决师资力量不足问题，一面请国外校友提供石油地质专业所需的仪器设备情况。由于国外的封锁，英文资料很少，他就花了5个月时间突击自学俄文，边学习边翻译了一本俄文《地质学基础》。

西北大学培养的这批学生是新中国第一代石油地质人才，他们撑起了新中国石油事业的大半个天空，为我国甩掉贫油国的帽子做出了重要贡献。20世纪80年代曾经有个统计：全国15个石油勘探局中，13个局的总地质师和8个局的局长，都是西北大学这一时期的毕业生，西北大学也因此获得了"中华石油英才之母"的美誉。

1980年11月，张伯声由西北大学副校长调任西安地质学院院长，但他始终对西北大学魂牵梦绕。他曾对人说："不知为什么，我做的梦都是在西大！"

的确，从西安临时大学算起，张伯声先生在西北大学兼职或专职任教凡43年，他对国家、对家乡、对科学、对教育的主要贡献，都是在西北大学期间做出的。西北大学永远铭记着张伯声先生，在他90岁生日时，西北大学党委书记和校长前去祝寿，并向他颁发了"西北大学终身教授"荣誉证书。张伯声的名字与西北大学密不可分，代代西大学子都将以他为学习的楷模。

王　战　撰稿

序　言

　　西北大学是一所具有丰厚文化底蕴和卓越学术声望的综合性大学。在近 120 年的发展历程中，学校始终秉承"公诚勤朴"的校训，形成了"发扬民族精神，融合世界思想，肩负建设西北之重任"的办学理念，致力于传承中华灿烂文明，融会中外优秀文化，追踪世界科学前沿。学校在人才培养、科学研究、文化传承创新等方面成绩卓著，特别是在中国大地构造、早期生命起源、西部生物资源、理论物理、中国思想文化、周秦汉唐文明、考古与文化遗产保护、中东历史，以及西部大开发中的经济发展、资源环境与社会管理等专业领域，形成了雄厚的学术积累，产生了中国思想史学派、"地壳波浪状镶嵌构造"学说、"侯氏变换""王氏定理"等重大理论创新，涌现出了一批蜚声中外的学术巨匠，如民国最大水利模范灌溉区的创建者李仪祉，第一座钢筋混凝土连拱坝的设计者汪胡桢，第一部探讨古代方言音系著作的著者罗常培，中国函数论的主要开拓者熊庆来，五四著名诗人吴芳吉，中国病理学的创立者徐诵明，第一个将数理逻辑及西方数学基础研究引入中国的傅种孙，创立"曾定理"和"曾层次"并将我国抽象代数推向国际前沿的曾炯，我国"汉语拼音之父"黎锦熙，丝路考古和我国西北考古的开启者黄文弼，第一部清史著者萧一山，甲骨文概念的提出者陆懋德，我国最早系统和科学地研究"迷信"的民俗学家江绍原，《辩证唯物主义和历史唯物主义》的最早译者、第一部马克思主义词典著者沈志远，首部《中国国民经济史》的著者罗章龙，我国现代地理学的奠基者黄国璋，接收南海诸岛和划定十一段海疆国界的郑资约、傅角今，我国古脊椎动物学的开拓者和奠基人杨钟健，我国秦汉史学的开拓者陈直，我国西北民族学的开拓者马长寿，《资本论》的首译者侯外庐，"地壳波浪状镶嵌构造"学说的创立者张伯声，"侯氏变换"的创立者侯伯宇等。这些活跃在西北大学百余年发展历程中的前辈先贤们，彰显着西大"艰苦创业、自强不息"的精神光辉和"士以弘道、立德立言"的价值追求，筑铸了学术研究的高度和厚度，为推动人类文明进步、国家发展和民族复兴做出了不可磨灭的贡献。

在长期的发展历程中，西北大学秉持严谨求实、团结创新的校风，致力于培养有文化理想、善于融会贯通、敢于创新的综合型人才，构建了文理并重、学科交叉、特色鲜明的专业布局，培养了数十万优秀学子，涌现出大批的精英才俊，赢得了"中华石油英才之母""经济学家的摇篮""作家摇篮"等美誉。

2022 年，西北大学甲子逢双，组织编纂出版《西北大学名师大家学术文库》，以汇聚百余年来做出重大贡献、产生重要影响的名师大家的学术力作，充分展示因之构筑的学术面貌与学人精神风骨。这不仅是对学校悠久历史传承的整理和再现，也是对学校深厚文化传统的发掘与弘扬。

文化的未来取决于思想的高度。渐渐远去的学者们留给我们的不只是一叠叠尘封已久的文字、符号或图表，更是弥足珍贵的学术遗产和精神瑰宝。温故才能知新，站在巨人的肩膀上才能领略更美的风景。认真体悟这些学术成果的魅力和价值，进而将其转化成直面现实、走向未来的"新能源""新动力""新航向"，是我们后辈学人应当肩负的使命和追求。编辑出版《西北大学名师大家学术文库》，正是西北大学新一代学人践行"不忘本来、面向未来"的文化价值观，坚定文化自信、铸就新辉煌的具体体现。

编辑出版《西北大学名师大家学术文库》，不仅有助于挖掘历史文化资源、把握学术延展脉动、推动文明交流互动，为西北大学综合改革和"双一流"建设提供强大的精神动力，也必将为推动整个高等教育事业发展提供有益借鉴。

是为序。

《西北大学名师大家学术文库》编辑出版委员会

出版说明

张伯声先生是著名的地质学家，他对于中国地质学的贡献已经成为地质学界的共识。尤其是他所创立的"地壳波浪状镶嵌构造"学说，到20世纪70年代中期，被公认为我国"五大构造地质学派"之一。1979年3月，在"中国地质学会第四次会员代表大会"上，他被推选为中国地质学会副理事长；同月，在"第二届全国构造地质学会议"上，又被推选为中国地质学会构造专业委员会副主任。他在我国地质学界的威望与影响可见一斑。

从1937年西安临时大学算起，到1980年受命担任西安地质学院院长，他在西北大学任教长达43年之久；其最主要的学术成果和贡献，也均出自这43年。抗战胜利后，他先后担任西北大学地质学系主任、理学院院长、副校长等职务，但一直没有脱离在地质学系的教学工作。

张先生到西安地质学院任职之后，基于他之前对西北大学的重大贡献，被授予"西北大学终身教授"荣誉称号。

2017年，学校决定陆续出版"西北大学名师大家学术文库"，张先生的学术文集即列入其中。编者有幸参与编辑张老文集，感到莫大的荣幸。

张先生一生著述颇丰，但因篇幅所限，此次仅择其最具代表性的论文46篇，专著1部，按照论文（著作）发表（出版）的时间先后顺序编排。其中，发表于《中国地质学会志》和《中国科学》的4篇英文论文，1984年出版《张伯声地质文集》时，分别由几位研究生译成了中文，本次选编时，仍按英文发表时间排列。有几篇内部印行的文稿，因未找到原件而缺如，但在附录"张伯声主要论著目录"中均予以列入。再者，1984 年出版的文集，陕西科学技术出版社舍弃了张先生作为第一作者的合著论文，未能反映其学术成就的全貌，本次全部予以收录。至于个别文章发表后，发现个别字句被第二作者改错了，此次按照先生生前的意见予以更正。

此外，张伯声简介，以及两篇概述先生学术成果的文章，作为辅文收录；张伯声主要《序》文、张伯声主要论著目录、张伯声大事年表，作为附录编排。暂时缺如或部分遗漏的篇章，只好待今后有机会再版时补编了。

由于文章发表时间跨度大，印行刊物种类多，其中有些外文译名或专业名词，以及编辑规范等，与现行的要求和标准不尽相符。为保持时代特征和原文风貌，体现先生学术思想的发展脉络及"地壳波浪状镶嵌构造"学说的形成轨迹，编辑加工时，遵从编者王战教授的要求，均不作改动，仅就原文中明显的编校、语法、标点等差错，适当予以更正。早期发表的文章，均为繁体字，此次全部转换为简体字。文中大量地质图，因原刊纸质和印刷质量欠佳，加之时间久远且保存不善，线条字迹普遍模糊不清，排版制作时已尽最大努力作了修复清绘。

出版《张伯声院士论著选集》，既是对先生学术遗产的保存和传承，也是对先生治学精神与爱国思想的弘扬，亦便于后学者系统了解并深入研究先生的学术精髓，并发扬光大之。

选集的出版，得到了西北大学的资助，在此表示感谢。

选 编 王 战 兰世雄
2020 年 6 月

波浪状镶嵌构造说[①]

张伯声　王　战

波浪状镶嵌构造说（wavy mosaic structure hypothesis），一种阐明地壳的统一构造格局及地壳运动规律的假说。由张伯声于 1962 年提出。它认为，整个地壳的构造是由大小不同的地壳块体和大小不同的活动带镶嵌而成的复杂构造图案，称为地壳的镶嵌构造。同一级别的活动带与地块带相间分布，在构造地貌上显示为峰－谷起伏及疏－密相间，并具有近等间距性，称为波浪状构造。全球地壳表现为几个系统的一级套一级的活动带与地块带的定向排列，因而在几个方向上表现出一级套一级的波浪状构造。地壳几个系统的、从宏观到微观级级相套的地壳波浪状构造的交织与叠加，形成了十分复杂但有一定规律的地壳的波浪状镶嵌构造。

一、波浪状镶嵌构造说的创立

1959 年，张伯声通过对中国华北和华南地质发展异同的分析，提出了"天平式运动"的概念，认为相邻二地壳块体在各地史时期内都以它们之间的活动带为支点带作天平式的摆动，同时支点带本身也作激烈的波状运动；并认为，这种"天平式运动"（后改称"天平式摆动"）具有普遍性。1962 年，张伯声提出了"镶嵌的地壳"的观点，认为整个地壳是由大小不同级别的活动带将其分割为大小不同级别的地壳块体，然后再把它们焊接（或镶嵌）起来的构造，并称之为地壳的镶嵌构造。1964 年，张伯声建立了地壳波浪运动的概念，并指出全球地壳有四大波浪系统，即北冰洋－南极洲波系、太平洋－欧非波系、印度洋－北美波系和南大西洋－西伯利亚波系。这一概念建立在地球脉动说的基础之上，是地球四面体理

---

①本文原载于中国大百科全书出版社 1993 年出版的《中国大百科全书·地质学》。

论（见四面体说）的发展和更新，因而被称为"新四面体理论"。

二、波浪状镶嵌构造说的基本内容

（1）地壳中相对稳定和具有相对独立性的、一般不呈单向延伸的块体称为镶嵌地块。各级镶嵌地块由于受到几个方向的活动带的切割与围限，多呈斜方形，或三角形或多边形。镶嵌地块按级别大小，通常分为大陆壳－大洋壳规模的壳块，洲－洋规模的巨地块，以及再次级、更次级……的地台、地块、山块、岩块、矿物颗粒等。活动带是地壳上相对活动的、具带状或线状延伸的构造单元。在特定条件下，活动带和镶嵌地块可以互相转化。地壳上的活动带只表现出为数不多的几个方向（同一地区一般只明显表现出两个或三个构造方向，最多不超过六个）。活动带的规模大者为宽数百至数千公里、延伸上万公里内含有大量次级和更次级的镶嵌地块与活动带的环球性构造活动带，小者如宽数米至数十米的劈理带，以及更小的岩石节理、矿物节理等。

（2）大小不同级别的镶嵌地块分别在不同级别的活动带两侧一直进行着一上一下或一左一右的往返剪错运动，或作一前一后的周期性推拉运动，从而形成一级套一级的地壳波浪（见图）。地块之间的往返剪错运动形成正弦曲线状的地壳横波，它又可分为由一上一下地往返剪错形成的"蚕行式"地壳波浪及由一左一右地往返剪错形成的"蛇行式"地壳波浪；地块之间的周期性推拉运动，形成一疏一密的地块纵波，又叫作"蠕行式"地壳波浪。

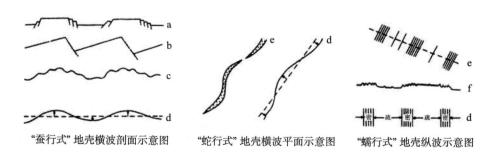

"蚕行式"地壳横波剖面示意图　　"蛇行式"地壳横波平面示意图　　"蠕行式"地壳纵波示意图

a. 地垒－地堑式　b. 半地垒－半地堑式　c. 复背斜－复向斜式　d. 图解　e. 平面图　f. 剖面图

地壳波浪运动

（3）全球 X 型共轭构造网络叠加于四大地壳波系之上，使全球地壳形成以斜向为主的波浪状镶嵌构造格局。由于地壳波浪的级级相套，从而导致它们相互交织、叠加后形成的镶嵌构造也级级相套，即高一级的地壳块体可分为次一级的活动带和次一级的块体，高一级的活动带内也包含着许多次一级的活动带及许多小型地壳块体。全球第一级的镶嵌构造是环太平洋、特提斯两个环球性活动带与北大陆（劳亚古陆）、冈瓦纳古陆、太平洋三个巨大地块（后改称"壳块"）的镶嵌。最低级别的镶嵌构造见于显微镜下。活动带、岩浆带、沉积带、变质带，以及成矿带等空间分布的近等间距性及其交织、叠加和干涉的特征，都是石化了的地壳波浪痕迹。

（4）地壳在演化过程中进行着周期性的收缩与膨胀相结合，而以收缩为其主要趋势的脉动。这种脉动是大周期中套有次级、更次级小周期的驻波运动，因而地球的演化呈现出"准球体－负准四面体－准球体－正准四面体……"的反复变换，从而周期性地激发全球四大地壳波浪系统的活动，使全球造山带的分布具有规律性，造山运动具有旋回性。脉动又导致自转速率的周期性变更，从而产生全球 X 型共轭构造网络。

（5）地球的多级驻波式脉动，是大陆起源和演化的根本驱动机制，因而也是多数全球性重大地质事件的共同起因。例如，早期陆核的分布特征，恰恰反映了第一代和第二代准四面体（第一代为负准四面体）的顶点所在位置；北大陆地壳成熟度普遍高于南大陆，恰是它们属于不同世代的证明；南极洲和北冰洋的对趾性，表明地壳演化中先在性对后期地表形态的影响；全球性海进事件多与冷事件近乎同时，是准球体阶段的产物，此时洋－陆地貌差异减小，地球因膨胀而吸热；全球性海退事件、热事件，以及造山运动、推覆构造等近于同时，是准四面体（无论正、负）阶段的产物，此时洋－陆地貌差异增大，水平挤压力增大，地球因收缩而放热；正、负准四面体的变换，又导致了全球裂谷系作半球规模的周期性转换，以及次一级的海水进退的半球性变更；地磁极性呈"多变－不变（正向）－多变－不变（反向）"的阶段性反复，恰是地球演化的驻波运动模式"准球体－负准四面体－准球体－正准四面体"形态转换，对外核液态电离层形态的制约而导致的磁效应；磁极在准球体阶段的多变，是次级驻波运动所造成的次级正、负准四面体的反复变更的结果，因为磁极反复多变阶段的磁场强度，一般均小于磁极持续长期不变阶段的磁场强度。

三、问题与展望

波浪状镶嵌构造说对中国大陆内部地壳构造的波浪状演化特征研究较多，而对洋－陆边缘附近构造特征的研究比较薄弱，模拟实验及定量化研究也较欠缺，对地壳以下的深部研究和认识还很不够。在今后的研究中，以下问题将是它首先遇到和需要解决的：①上地幔的波动；②地球的脉动式演化同各圈层的形成与演化的关系；③拉长与压缩构造（即裂谷与推覆构造）在时间上和空间上的波动式互换；④地球驻波运动与地磁极性倒转的必然联系及其细节；⑤气候变迁或波动的细节及其同海进－海退、造山和岩浆事件相耦合的程度；⑥地球化学旋回同成矿作用的时空波动规律；⑦灾变事件的周期性及其同更大体系波动式演化的关系。

参考文献

〔1〕 张伯声. 中国地壳的波浪状镶嵌构造. 北京：科学出版社，1980

〔2〕 张伯声. 张伯声地质文集. 西安：陕西科学技术出版社，1984

"镶嵌构造波浪运动"学说梗概

中州戈[1]

镶嵌构造波浪运动学说又称波浪状镶嵌构造说,简称"波浪镶嵌说"。它是由西安地质学院名誉院长张伯声教授创立的关于地壳构造和地壳运动的一种假说。这一学说的思想萌芽于1959年。在《从陕西大地构造单位的划分提出一种有关大地构造发展的看法》(《西北大学学报》1959年第2期)一文中,张伯声教授首次提出了"天平式运动"的概念。他通过对陕西及其邻区地质构造发展的分析,认为我国华北和华南两大地壳块体的演化,就像天平的两个盘子一样,在不同地史阶段进行着此起彼伏的运动。也就是说,当华北地块上升时,华南地块则在下降;反之,亦然。它们以其间所夹的秦岭构造带为支点带,进行你升我降的反复摆动。而且,它们升降状况的每一次颠倒,都要激起秦岭构造这条支点带的剧烈运动。张伯声教授把这种相邻二地块以其间所夹构造活动带为支点带的反复升降摆动,以及支点带本身与之同时作剧烈运动的现象,称之为"天平式运动"(后称"天平式摆动")。他还发现,类似的现象在中国比比皆是。大凡两个规模大致相当的相邻地壳块体,一般都具有这种"天平式摆动"的活动特征。"天平式摆动"的观念及对其普遍意义的认识,对于"镶嵌构造波浪运动"学说的创立具有决定意义。因为,把相邻地块的天平式摆动在地表空间扩大范围来进行统一观察,便可发现一起一伏、又一起又一伏的地壳波浪,所以,一般都认为"天平式运动"的提出,实际上就是地壳波浪运动学说的萌芽。

1962年,《镶嵌的地壳》(《地质学报》第42卷第3期)一文发表后,旋即引起了国内地质界的重视,公认一个新的地质构造观点诞生了,并通称之为"镶嵌

---

[1]王战笔名。

观点"。张老这篇论文反映了第二次世界大战后十多年间，国际地学研究的新进展，特别是注意吸取了海洋研究的新资料，把大陆和海洋同时作为地壳不可缺少的部分来进行统一研究，认为全球地壳构造无非是两种性质的构造单元，一是相对稳定的地壳块体（或称"块块"），一是剧烈活动的构造带（或称"条条"）。整个地壳就是由环太平洋和特提斯这两个最宏伟的构造活动带分割为太平洋、劳亚和冈瓦纳三个巨大地块（后称"壳块"），然后又把它们焊接（或镶嵌）起来；在三个巨大壳块内，又都有次一级、再次一级、更次一级的构造活动带，将它们逐级地分割并镶嵌起来；在两大构造活动带内，也又都有次一级、再次一级的构造活动带作级级相套，其中还罗织着（分割并镶嵌着）许多大大小小的中间地块。因此，张老认为，整个地壳就是被一级套一级的构造活动带分割为一级套一级的地块，而后又把它们镶嵌起来的构造形象。地壳的这种既被各级活动带分割，又被它们结合起来，貌似支离破碎，实则完整统一的地壳构造，就叫作"地壳的镶嵌构造"。对于镶嵌构造的特点，以及对矿产的控制，张老在文中进行了初步总结。张老还认为，各级镶嵌地块都以其间所夹构造活动带为支点带，不断进行天平式摆动。在此过程中，活动带也随之发生迁移。活动带的迁移，又可导致条条与块块的相互转化。

在庆祝中国地质学会成立四十周年学术年会上，我国地质界在肯定"镶嵌观点"的同时，深究其成因机制问题。1962—1964 年间，张老又把研究重点放在了地壳镶嵌构造形成的机制上。他终于在早已被地学界遗弃，但却不时仍为个别地质学者提起的"地球四面体"理论那里受到了启发。地球四面体的理论，始于欧文，完善于格林，19 世纪 80 年代曾在西欧轰动一时。但由于它是建立于收缩说的基础之上，随着收缩说在诸如东非大裂谷、莱茵地堑等大型拉张现象面前无法解释而处于困难境地，加之在几个大陆上发现的地史时期海水频繁进退，更是同地球单纯地向四面体收缩相矛盾，所以，四面体理论由于它自己的过分极端性，而比它所依附的收缩说更迅速地退出了历史舞台。张老用波动理论改造了四面体理论，赋予它以崭新的含义。他认为，地球由于以收缩为主要趋势的缩胀脉动，促使地表出现从四面体的四个面心到其相对应的四个顶点之间的一系列平行的环状地壳波浪，其间最大的叫大圆构造带，其活动性也最明显，其余称小圆构造带。这四个系统的地壳波浪的相互交织，形成了全球的镶嵌构造。由于地壳波浪是一级套一级的，因而由它们所导致的镶嵌构造也是一级套一级的。张老对这一问题的最初系统阐述见于《地壳波浪运动——形成镶嵌构造的一个主要因素》（1965年，《全国第一届构造地质学术会议论文摘要汇编》第一册；全文见同年西北大学油印本；1984年收入陕西科学技术出版社出版的《张伯声地质文集》），其主要论点、图件等，后来在《从镶嵌构造观点说明中国大地构造的基本特征》（《中国大地构造问题》，科学出版社，1965年）及《中国大地构造的基本特征与镶嵌构造形成的机制》（《地质学报》，1966年第46卷第1期）两文中公开发表。在前一文中，张老运用镶嵌构造观点着重分析探讨了中国大地构造的基本特征，总结出了中国地质构造在若干方面的特点。张老总结的这些特点，引起国内地质界，特别是中、青年地学工作者的极大兴趣。可以说，镶嵌观点的广泛传播和对地学工作者思维方法的感染，同这篇论文的影响有重要关系。这种影响也通过国外返回到祖国的宝岛台湾省。1973年，我国台湾省编纂出版的《中山自然科学大辞典·地球科学》，在"中国地质"一章的构造部分，所罗列的中国大地构造发展特点，其中绝大多数就是张老在1965年公开出版的论文中所总结的那些特点；这篇论文的主要图件及其说明也均照收入书。张老在该文中还强调了像"秦岭地轴"等不应作为地台的古老镶边，它们不是"长期稳定"单位，而是多次强烈隆起的正性活动带，应属地槽活动带的范畴。这一精辟见解，后来已逐步为各家所接受。

"文革"前半期，张老的研究被迫中断，但从他1971年一得到工作的机会起，便立即投入到研究中去。1972—1973年，张老对地质力学、槽台说，以及新兴起于西方的板块说进行了反复研究和对比，认为它们各有所长，而且它们所强调的一些现象和结论，基本都可以用地壳的镶嵌构造与波浪运动理论加以说明。1974年发表的《中国的镶嵌构造与地壳波浪运动》（《西北大学学报》第1期）一文，突出强调了中国地壳的波浪发展，以及两个主要方面地壳波浪系统的网贯交织对中国地质构造的控制作用，并建立了"东亚镜像反映中轴带"，强调了它在成矿与地震方面的重要性。该文首次用波峰带和波谷带对中国进行了划分，还根据不同系统地壳波浪交织后主要形成三种不同性质的构造单元，初步总结了它们的地质特征和成矿专属性，为中国构造网的建立和编图工作奠定了基础。自此以后，"镶嵌构造说"对地壳构造、区域地质特征的认识，都全面地同地壳波浪及其交织关系联系起来，故遂改称"地壳镶嵌构造与波浪运动说"。从这篇论文起，张老还针对当时地学界一些误认为"镶嵌构造"就是"板块构造"或"小板块"的看法，作了多次申明，指出一级套一级的、数量几乎是无限的地壳镶嵌块体，同数量极其有限的板块截然有别。波浪镶嵌说不认为岩石圈块体能在"地幔对流"的驱动下"漂移"数千公里，甚至在方向上颠来倒去，它们的运动只能是在几个系统的地壳波浪运动的推动下进行"漂而不远，移而不乱"的波浪式摆动。在运动机理方面，张老对臆想的"地幔对流"基本持否定态度，而认为地球以收缩为主的缩胀脉动，以及由此而派生的自转速度周期性变更，乃是地壳波浪的驱动力。1975年，张老在《鄂尔多斯地块及其四周的镶嵌构造与波浪运动》（《西北大学学报》第3期）一文中，首次提出了"中国地槽网"的概念；在《新疆地壳的波状镶嵌构造》（同上）中，则对天山构造的斜向交叉性质进行了阐述。《中国镶嵌地块的波浪构造》（《国际交流地质学术论文集》（一），地质出版社，1978年），则是1974年论文的充实和发展。1976年，唐山地震的重大危害促使张老运用波浪运动理论探讨地震活动规律，取得了初步成果（见《西北大学学报》1980年第1期《地震同地壳波浪状镶嵌构造关系初探——着重探讨陕西地震活动的规律》；《西北地震学报》1980年第2期《地壳的波浪状镶嵌构造与地震》等文）。1977年12月，张老完成了《中国地壳的波浪状镶嵌构造》（1980年由科学出版社出版）一书及比例尺为千万分之一的《中国大地构造图》（根据"镶嵌构造与波浪运动"学说编制），作为向全国科学大会的献礼。该书和图可以认为是张老提出波浪镶嵌学说近20年中研究成果的阶段性总结。

20世纪80年代以来，张老学说的影响不断扩大。为了纪念中国地质学会成立60周年，张老主编了《地壳波浪与镶嵌构造研究》论文集（陕西科学技术出版社，1982年）。该文集反映出该学说在理论和实践的结合上，已有了相当的广度和深度。1983年11月，"全国首届地壳波浪运动与镶嵌构造学术讨论会"在西安举行，来自全国27个省、市、自治区的科研、生产和教学单位代表，分属于地质矿产、冶金、石油、煤炭、地震、水文、海洋，以及科学院、高教和解放军系统，提交的论文既有对地壳波浪运动性状、规律和机制的探讨，又有对我国不同区域地壳波浪运动及其所形成的镶嵌构造的描述，更有运用地壳波浪运动及镶嵌构造理论来总结和指导寻找矿产资源，探索地震活动规律及水文地质条件的文章。结合找矿的论文包括金属、非金属、石油、煤炭、放射性等，几乎涉及矿产资源的各个方面。这次会议代表着波浪镶嵌理论的研究，已出现多学科联合作战的新局面，预示着该学派将跨入一个迅速发展的新时期，同时也展现出该学说在为祖国建设、为人类造福方面，具有十分广阔的前景。目前，年逾八旬的张伯声教授，正精力充沛地带领着一班后来人继续前进。他们决心学习和汲取国内外众家之长，通过不断地实践和总结，使地壳波浪运动理论臻于完善。

目　录

上　册

下　册

3

火成岩分类及其译名之体系[①]

张遹骏（国立北洋工学院矿冶工程部）

第一篇　火成岩分类

第一节　绪　言

　　研究岩石之学科，发展颇属晚近，而对于岩石本身从事系统之讨论，则更近数十年之事也。岩石大别分为火成、变质、沉积三类，而科别种属之繁，首推火成。火成岩分类之原则迄无一定，故其名称与定义颇有出入。非 granite 而谓之 granite，非 syenite 而谓之 syenite 者，比比然也[1]。欧美文字尚且如此，译为华文亦难免于牵强附会。即中译岩石学一名，亦须有所改正。西文 Petrology 旧译岩石学，Petrography 亦为岩石学，盖谓二名同义。实际上二者之范围相差远甚。一视岩石为地壳之单位，地史之陈迹，注意其诞化与轮回，理论为主；一采岩石之标本，研究其矿物组织与化学成分而及于有系统之论述，实验居多。方法不同，观点自异，范围大小，亦有差别。以不同范围之学科而强译为相同之名称，诚属习而不察。窃意 Petrology 不妨仍其旧译为岩石学；而范围较小之 Petrography 注意岩石本身之观察，而应用化学成分、矿物成分、组织状态强划岩石为科别，描述其个性者，译为岩质学。译名本身姑不之计，然二者之当译为不同之名宜也。

---

①本文 1936 年发表于《国立北洋工学院工科研究所研究丛刊》第 9 号。

西文岩名如 granite, syenite, diorite, gabbro, peridotite 等，用途最广，每有冠以形容字而稍变原义者，故可谓之基本岩名。于译名之始，极须缜密，稍有舛错，即失其义。如 granite 之译为花岗岩，习见已久，橄榄岩之为 peridotite，取其以橄榄石为主要成分，均无问题。至于其他三名之译为正长岩、闪长岩、辉长岩，皆有修正或重加定义之必要。今从翟翰生 (Johannsen) 之岩石分类法 (见后)，syenite 以正长石为主要成分，译名可以仍其旧。然若以西文所有之称 syenite 或诠释为 syenite 者，皆译为正长岩，即有不当之处。如 craigmontite 之定义曰 "a leucocratic nephelite syenite" [2]，旧译有为 "白色霞石正长岩" 者，而其矿物成分依次为霞石、过钠长石 (旧译钙钠长石，或钠钙长石，改译理由见后)、白云母及其他，是无正长石而曰正长岩也。故 craigmontite 若为 nephelite syenite 之一种，即不应译 syenite 为正长岩。若其实非霞石正长岩之一种而定义有误，则可译 craigmontite 或其他不含正长石之所谓 syenite 者，为另一名称，而 syenite 本身不妨仍为正长岩也。

次之，欧美之所谓 diorite 者，不皆含角闪石。如 kauaiite，同义之名词曰 "Olivine augite diorite" [3]，旧译有为 "橄榄辉石闪长岩" 者，而其矿物成分为橄榄石、辉石及酸性斜长石，是乃无角闪石之闪长岩也。故所有西文之称 diorite 者，不能皆译为闪长岩也甚明。gabbro 不皆含辉石，如 anorthosite 之定义[4]曰 "a leucocratic gabbro, nearly frue from pyroxene"，旧译为白辉长岩，是无辉石之辉长岩也。故所有西文之称 gabbro 者，亦不便尽译为辉长岩。

近者火成岩之分类，除几全为暗色矿物所构成者外，多以长石之种属为标准。故闪辉二字仅可用为冠字不便译入基本岩名。此闪长岩与辉长岩之所以必须有所修正也。二岩之主要区别为斜长石。前者所含为酸性斜长石，而后者为基性斜长石。纯含酸性斜长石者得谓 diorite，其兼有辉石者亦得谓之 diorite。纯为基性斜长石或兼有角闪石者，均得称曰 gabbro。夫如是，则闪长岩可以改译酸长岩，而辉长岩可以改为基长岩矣。一则近于旧译字音，一则近于原文字音，虽非至当至善，然合正长岩一名，可谓火成岩中之鼎足，要亦便于记忆也。

斜长石既为火成岩石分类之标准，其译名亦须慎重，习此学者方不至有所误会。斜长石为矿物界之主要异质同形系。其种有六，自钠长石 (albite) 之纯钠与矽酸铝化合物，至钙长石 (anorthite) 转为纯钙与矽酸铝化合物。依高京氏 (Calkins) [5]之说，本系之钠长与钙长之分子比例为 0－10－30－70－90－100。若以 Ab＝钠长分子，An＝钙长分子，而以 $Ab_{100}An_0 - Ab_{90}An_{10}$ 代表 albite，则 Oligoclase＝$Ab_{90}An_{10}$ - $Ab_{70}An_{30}$，Andesine＝$Ab_{70}An_{30} - Ab_{50}An_{50}$，Labradorite＝$Ab_{50}An_{50} - Ab_{30}An_{70}$，Bytownite＝$Ab_{30}An_{70} - Ab_{10}An_{90}$，Anorthite＝$Ab_{10}An_{90} - Ab_0An_{100}$。中文译名，有为钠长石、钠钙长石、中性长石、钙钠长石、倍钙长石、钙长石者；亦有为曹达长石、曹灰长石、中性长石、灰曹长石、异种灰曹长石、钙长石者；更有为钠长石、钙钠长石、中性长石、钠钙长石、含钠钙长石、钙长石者。其成分之配置皆与高京氏及一般矿物岩石学者之说[6]不相谋。且所谓曹灰长石与灰曹长石二者之成分轻重皆易令人含糊，不知前者曹多于灰，抑后者钠重于钙。如依岩石学之惯例，言灰曹则曹多于灰，言钠钙则钙富于钠。译名与此相反，更使学者彷徨，不知所从。是故，作者以为斜长石系之译名，亦须更正，而改译为钠长石、过钠长石、中钠长石、中钙长石、倍钙长石、钙长石，以符其成分之实，且更便于记忆，以后所述岩石名称，如需应用于某种斜长石为形容字者皆仿此。钠长石分子式为 $Na_2O \cdot Al_2O_3 \cdot 6SiO_2$，钙长石分子式为 $CaO \cdot Al_2O_3 \cdot 2SiO_2$；故钠长石至中钠长石富于矽酸，而曰酸性斜长石；中钙长石至钙长石富于盐基，而曰基性斜长石。酸长岩（diorite）与基长岩（gabbro）之分，亦由是也。

第二节　火成岩分类法述略[7]

　　火成岩分类之标准，不外三种：矿物成分；矿物组织之状态；化学成分。矿物成分为一部分岩汁化学成分之代表。且示吾人以岩石生成之历史。万尚克（Weinschenk）所云，曾于火山灰屑中见有巨片之云母与角闪石，而于同一之火山岩流中所见之铁镁矿物为辉石，盖为前者之矿物再度熔化去水重凝之结果。至若石英于橄榄石之共生，原生沸石之结晶，以及次生矿物之产出，均足明示岩石生成之一页。

　　矿物组织之状态，可示岩石生成时之环境。如呈均匀粗粒之组织者，为深热经久缓变之象征；斑状组织之中，矿物相同而晶有大小，是为环境骤变之现象；玻璃状示其变冷之过速；伟晶为富于矿化物质之结果；其成致密组织者，当为较冷缓变之影响，等是也。

　　由化学分析可明岩汁之关系，且知某种矿物存在与否之根源。接近母岩之岩汁，每因部分的凝结与母汁有成分互异之可能。故欲知此部岩汁与他部之关系与分别者，化学分析尚焉。

　　今以矿物及组织的岩石分类与化学的岩石分类相比较：前者所示岩石生成之关系当较后者为多，乃以相似岩汁于不同环境中所凝成之岩石，其矿物成分每因而相异也。反之，二岩之矿物成分相同，其化学成分亦相若。故矿物的方法颇为自然，而化学的方法涉于牵强，然则二者亦可相辅为用。若遇矿物成分不能以机械的方法鉴别时（如玻璃质），化学分析，殊未可少。

　　化学方法之不合于实用，盖为目今岩石学者所公认。即四家分类法（C. I. P. W. System）作者之一，华盛顿，亦曾于其《化学分析》第二版之《岩石索隐》中，承认其初版用字之武断。《化学分析》初版以现行之岩名为"旧岩名"，而以彼四家利用化学方法所创之新名词，可以取而代之也。然至第二版刊印时，已觉旧岩名索隐之旧字不甚妥当，遂删去之，且声明彼四家以化学方法所定之名称，仅能代表理想矿物成分之特性，而非真正之岩名。故化学的分类，对于岩石译名无关轻重，略而不述。

矿物的岩石分类法[8]

　　矿物的岩石分类，流行已久，至今始见发达，然岩石学者各持一说，学者颇感困难。其始也，卫尼尔（Werner）于 1787 年首创岩石分类。其法虽多不合于现行之方法，而所拟之岩名与定义，尚多流传于后世，如 granite, porphyry, basalt, gneiss, syenite 等是也。

　　继卫氏而起者颇众，其创新名，拟新法之有补于岩石学科者盖鲜。至梁哈德（Von Leonhard, 1823）始得较善之方法。故曰，卫氏为研究岩石学者之第一人，而梁氏为类分岩石者之第一家。梁氏以矿物成分为标准，且最初以组织状态为原则。至于岩石产况，则列之于次要。

　　亚比基（Abich）以长石种类为次分岩石之标准，此法至今犹沿用焉。

　　饶曼（Naumann）之地质学讨论岩石颇详。Petrography 之名为其所创拟。岩石组织及其他关于岩石之名词，亦多为其所创造。

　　其他方法尚多，唯席尔克（Zirkel）与鲁森博（Rosenbusch）二氏之说，流行较广。二家皆分火成岩为深成、中深、喷出三大类，皆以长石为分组之目标，如花岗岩、正长岩、酸长岩、基长岩、橄榄岩、辉石岩等组是也。皆以石英与似长石之有无为首要，更以组织状态为重要特性。其早年分类皆曾利用时代性为标准之一。然至鲁氏之晚年，已不视为主要性质矣。

福郝德（Vogt）之火成岩分类法，注意岩石生成之关系，故为分类中之较善者。生成关系云者，岩中矿物成分结晶之物理化学作用也。矿物成分之畛域当为测定岩石化学成分之标准，故须视其为生成的分类 genetic system 之原则。组织乃结晶环境之表现，亦须加以注意。兹将福氏之岩组分列于下：

1. 几纯斜长岩（Anchi-monomineral-anorthosite），此类岩石几纯为中性或基性斜长石所组成，正长石及铁镁矿物绝少。

2. 基长岩（Gabbroidal rocks），主为斜长石铁镁矿物所组合，有矿石而无正长石。

3. 斜长正长岩（Plagioclase-orthoclase rocks），正长石较多于前组而未至斜长正长同凝点，亦含铁镁钙之矽酸矿物。

4. 斜长正长近于同凝点之岩石（Plagioclase-orthocase anchi-eutectic rocks），斜长石与正长石之比量近于同凝点，并有铁镁矿物及少量之石英或霞石，多属于正长岩类。

5. 正长石过于斜正同凝点之岩石（Rocks with more orthoclase than the eutectic），钾质花岗岩属于此类。

6. 正长石过多而斜长石过少之岩石（Predominent orthoclase and little plagioclase），深成岩中无其例，可于中深岩及喷出岩中见之。

以上所述，多为矿物之质的分类法。近年以来，依矿物之量而类分岩石，渐次须要。不然则岩石之科别有限而其不须要之名称日益繁多，将使习此学者有望洋生叹之感也。岩石学者伊丁士、林肯、何姆斯、翟翰生、尚德、霍基等家，先后创拟矿物之量的岩石分类法，兹略述之。

伊丁士（Iddings）著有《火成岩》（Igneous Rocks）一书。其矿量的岩石分类颇有质的色彩。含石英之岩石，以石英成分定类别，其分界为 62.5 及 12.5。淡色矿物与暗色矿物之比例亦从此数。关于长石之比例，伊氏则以正长石、钠长石之和与其他斜长石相比较，而以 0 – 12.5 – 37.5 – 62.5 – 87.5 – 100 为界限。然此等比例在伊氏分类中并非统体应用。其以化学分析之原则合正长石与钠长石为一项，殊不适于狭义的矿量分类法。

林肯（Lincoln）曾著一文载于《经济地质》杂志第八卷，曰："The quantitative mineralogical classification of gradational rocks"。其法以淡色矿物别岩石为三组，界分以 0－37－67－100 为比例。其正长石与斜长石之比例为 100－96－73－33－4－0。斜长石种类并未用为分类之标准，如酸长岩与基长岩之区别，仅以色素浅深为原则，殊不合于目今之方法。

翟翰生（Johannsen）之方法创于 1907 年，完成于 1931 年。以其系统较为完善，便于记忆，且合于实用，本篇岩石之译名即以是为根据，故当于篇后详述之。

尚德（Shand）著有《火成岩》（Eruptive Rocks）及论文多篇，讨论火成岩分类颇详。彼以矽酸之贫富分火成岩为过饱和、饱和、未饱和三组。以往之用矽酸饱和为标准者甚众，最近岩石学家用之者有尚氏。然其他岩石学者之分岩石为含石英或似长石各组，亦无非以矽酸饱和为原则也。尚氏首以火成岩分为二大类：一曰优晶类（eucry-stalline），凡深成岩及较粗之脉岩均属之；二曰劣晶类（dy-crystalline），凡微晶脉岩、玻璃岩、流岩等均属之。二类者各以矽酸与盐基之比例分为五组。五组之分颇不均衡，盖以实际仅得三组而以第三组分为三亚组也。兹列表如下：

1. 过饱和岩（含原生石英者）
2. 饱和岩（不含石英或未饱和之矿物）
3. 未饱和岩（含未饱和矿物者）
   a. 镁钙或铝之未饱和者（含橄榄石）
   b. 碱质未饱和者（含似长石）
   c. 二者均未饱和者（含似长石及橄榄石）

其分类之第二原则为铝质与盐基之比例，依次可分为四：

a. 极铝岩石（peraluminous group），以原生之白云母、黑云母、刚玉、电气石、黄玉、铁铝榴石、锰榴石等为特性。

b. 极碱岩石（peralkaline group），以钠辉石或钠闪石、异性石、三斜闪石等为特性，且长石中无钙长分子。

c. 岩石之以普通辉石、角闪石、橄榄石、黄长石、绿帘石等为特性者更分为二亚组：

c₁. 过铝岩石（metaluminous group），以下列任何共生之矿物群为特性：角闪石与黑云母，角闪石与辉石，角闪石、黑云母及辉石，或仅有角闪石，或原生绿帘石（角闪黑云可以与之共生），橄榄石亦可与其他诸矿物共生。

c₂. 贫铝岩石（subaluminous group），以辉石、橄榄石或黄长石为特性，至于角闪石、黑云母，或原生绿帘石为量极少。

尚氏分类之第三原则为轻重矿物之比例，亦四分之：

1. 淡色岩，暗色矿物以容积计少于 30% 者。

2. 中色岩，含 30%～60% 之暗色矿物者。

3. 暗色岩，暗色矿物在 60%～90% 之间者。

4. 极暗岩，暗色矿物在 90% 以上者。

尚氏分类之第四标准为正长、钠长、钙长之比例，亦分为四：

$$Or > An \begin{cases} 1.\ Or > Ab \\ 2.\ Or < Ab \end{cases} \quad Or < An \begin{cases} 3.\ Ab > An \\ 4.\ Ab < An \end{cases}$$

兹以尚氏分类表列于下：

Ⅰ. 过饱和岩　　　　　优晶类　　　　劣晶类

A. Or > An
- a) Or > Ab　钾花岗岩　钾流纹岩
- b) Or < Ab　钠花岗岩　钠流纹岩
- 1. Or > 3An　钠长花岗岩　钠长流纹岩
- 2. Or < 3An　花岗酸长岩　流纹安山岩

B. Or < An
- c) Ab > An　曹英斜长岩　曹英安山岩
- d) Ab < An　灰英斜长岩　灰英安山岩

【按】曹英斜长石 = Soda tonalite；灰英斜长石 = lime tonalite。

Ⅱ. 饱和岩及过渡岩

A. Or > An
- a) Or > Ab（淡）　钾正长岩　钾粗面岩
- （中暗）　暗钾正长岩
- b) Or < Ab（淡）　钠正长岩　钠粗面岩
- （中暗）　暗钠正长岩
- 1. Or > 3An（淡）　钠长正长岩　钠长粗面岩
- （中暗）　暗钠长正长岩
- 2. Or < 3An（淡）　含英辉石正长岩　粗面安山岩
- （中暗）　二长岩　粗面玄武岩

【按】此表即钠长石所成之岩石亦谓 syenite，故自钠正长岩以下之正长岩皆非狭义的正长岩也。

$$
\text{B. Or} < \text{An} \begin{cases} \text{(c)} & \text{Ab} > \text{An（淡）} & \text{钠斜长岩} & \text{钠安山岩} \\ & \text{（中暗）} & \text{暗钠斜长岩} & \text{钠玄武岩} \\ \text{d)} & \text{Ab} < \text{An（淡）} & \text{钙斜长岩} & \text{钙安山岩} \\ & \text{（中暗）} & \text{暗钙斜长岩} & \text{钙玄武岩} \end{cases}
$$

【按】此表之 diorite 与 gabbro 不以斜长石之种类相分而以色素之深浅相别。色淡者谓之 diorite，色深者谓之 gabbro，是与一般之区别二岩者不同。若译为闪长岩与辉长岩，则 diorite 容或有辉石，而 gabbro 容或有角闪石。若译为酸长岩或基长岩，则（d）项淡色之 Lime-diorite 非酸长岩而（c）项之 soda-gabbro 非基长岩。所以将 diorite 与 gabbro 合译为斜长岩而冠以钠、暗钠、钙、暗钙等字。至于尚氏之安山岩与玄武岩亦须重定字义而以淡色者称安山岩，暗色者曰玄武岩，其长石之种类不论也。此与一般之火成岩分类大不相同，是为尚氏分类之缺点。

C. 色素在 90% 以上者（以积量计暗色矿物在 90% 以上者）谓之辉闪橄岩。

ⅢA. 无似长石之未饱和岩

【注】本组分类与Ⅱ组一律，而无相当之名称，尚氏以 sub-冠字加于Ⅱ组岩名，以名此组岩石，如谓 subsyenite 次正长岩是也。次正长岩可因非长石矿物分种，如橄榄正长岩、刚玉正长岩等等。余可类推。

ⅢB. 含似长石之未饱和岩

$$
\text{A. Or} + \text{Lc} > \text{An} \begin{cases} \text{1. 含白榴 -} & \text{a) Or} > \text{An} & \text{白榴正长岩} & \text{粗面白榴响岩} \\ & \text{b) Or} < \text{An} & & \text{玄武白榴响岩} \\ \text{2. 无白榴 -} & \text{c) F} > \text{f（淡）} & \text{霞石正长岩} & \text{响岩} \\ & \text{（中色）} & \text{暗霞正长岩} & \text{中色响岩} \\ & \text{d) F} < \text{f（淡）} & \text{锥辉霞石岩} & \text{霞石晷} \\ & \text{（中色）} & \text{暗辉霞石岩} \end{cases}
$$

【注】F=长石；f=似长石

$$
\text{B. Or} + \text{Lc} < \text{An} \begin{cases} \text{3. 含白榴} & & & \\ \text{4. 无白榴 -} & \text{e)（淡）} & \text{霞正基长岩} & \text{霞石玄武岩} \\ & \text{（中暗）} & \text{暗霞基长岩} & \text{含橄霞石玄武岩} \end{cases}
$$

以上三大组皆以化学成分更别为极铝、过铝、贫铝、极碱等小组，无需赘述也。

何姆斯（Holmes）亦以饱和为原则，至 1920 年完成其分类，附印于《岩石学名词诠解》（《The Nomenclature of Petrology》）。彼以火成岩分为五大组：（1）含石英之岩石；（2）饱和岩之无石英与似长石者；（3）未饱和岩之含橄榄石者；（4）未饱和岩之含似长石者；（5）未饱和岩之含橄榄石及似长石者。每大组更以钾（Or+Lc）钠（Ab+Ne）之比例次分为三组。钾钠之比例为 30：70 及 70：30。此后便以斜长石之标准（钠长石、过钠长石及中钠长石，中钙长石及倍钙长石、钙长石）分岩石为若干科。

霍基（Hodge）创拟之法见于 univ Oregon, Geol Series I, 1927。其法甚为复杂，且不适用，兹从略焉。

第三节　翟翰生分类法详解[9]

翟翰生矿量的火成岩石分类法，纯粹以实际矿物成分为原则。其分类之基础为二个合底之四面体（图 1）。四面体之尖端代表单个或一组矿物。以石英与似长石向不共生，故可采用二个四面体，其底面相合，可得五端而表示五组矿物，是曰五次方分类法。此种形体之配置，对于岩石之含石英而不含似长石，或具似长石而无石英，或旧分类法之所谓非常岩石等等关系，颇可按图作相当之解释。二个四面体之底合面谓之饱和面，其上之岩石过乎饱和，含石英；其中岩石适得饱和，无石英亦无似长石；其下岩石不及饱和，含似长石。双四面体分类法中之碱性岩石及曹灰岩石如旧分类法，无明晰之界线，然其自然过渡之现象，已可显明示之矣。

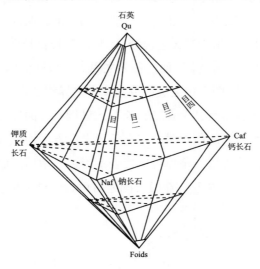

图 1　翟氏分类前三组分目图解

双四面体尖端所指之矿物成分，一曰石英（Qu），二曰钾长石（Kf）（正长石、微斜长石、微纹长石等），三曰钠长石（Naf），四曰钙长石（Caf），五曰似长石（Foids），自三至四表示斜长石之全部。以上符号所表示者，纯为实际矿物，并非由化学分析配合而成者。翟氏原拟之分类曾以长石为 Ab，An，Or 等化学分子，嗣以不合纯粹的矿物之分类原则而弃之。现今尚无精密的机械方法，将各种矿物全行分开加以鉴定，微纹长石只得归于钾长石组。按福郝德之研究，将微纹长石、隐纹长石作为正长石，而以反纹长石作为斜长石，尚称得当。

翟氏以石英量与其他矿物之总量为比例，故其界线须与四面体之底面平行。似长石与其他矿物之比例界线，亦须如此。长石仅以本身为比例，其他矿物概不计及，故其界线可辐集于石英或似长石之一端。

〔组 Classes〕 依暗色矿物之标准，火成岩可分为四组，是为旧日分类所不甚注意者。使图 1 沿一直线移动，直线之一端代表百分之淡色矿物或零分之暗色矿物。他端代表零分之淡色矿物或百分之暗色矿物。如图 1 自其一端移至他端，其中之淡色矿物即自百分减为零分，而暗色矿物则自零分增至百分。今以此线截为若干段，火成岩即可分为若干组。此数不宜过多，四分之足矣。第一段之暗色矿物不及百之五，第二段在五与五十之间，第三段在五十与九十五之间，第四段当九十五以上。如是分组之因无他，不过欲使一组为纯淡色，他组为纯暗色，余为较淡较暗之岩组而已。

〔目 Orders〕 前三组之分目也，以斜长石为标准。第四组则以暗色矿物之比例为原则。按鲁森博与席尔克二氏之说分目，皆以钠长钙长即 Ab-An 之比例为定。今以图中之 Naf-Caf 线截分为四，而由截分之界点与双四面体之 Qu-Kf-Foids 一边纵切底合面而分为四目，图 1 中之虚线或图 2 中之界线是也。换言之，Qu-Kf-Foids 为各目之共同线，而各目有其个别之斜长石。纵切双四面体之分目面，皆非等边三角形。然图示岩石相对的位置时，因三角形之三方面均以百数平分，其位置自与等边三角形相当。故等边三角形可以代表不等边三角形，而各目转可用顺序之双合等边三角形图示之（图 3 至图 6）。图之右角为各种斜长石之位置。

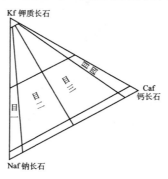

图 2　图 1 之横切面

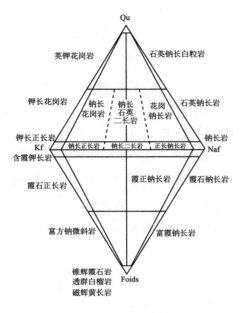

图 3　翟氏分类法之双三角形示第二组
第一目各科岩石

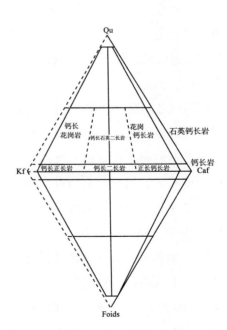

图 4　双三角形示第二组第二目各科岩石

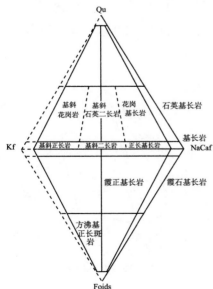

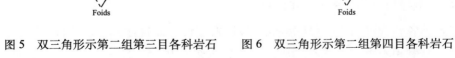

图 5　双三角形示第二组第三目各科岩石　　图 6　双三角形示第二组第四目各科岩石

钠长钙长系列之分界点择定为 $Ab_{100}An_0$，$Ab_{90}An_{10}$，$Ab_{50}An_{50}$，$Ab_{10}An_{90}$，Ab_0An_{100}，故每组可得四目，而以四个双合三角形表示之。上角代表石英，左角代表斜长石以外之各种长石，下角为似长石，右角为各种斜长石。含钠长石者属于第一目，含过钠长石及中钠长石者属于第二目，含中钙长石及倍钙长石者属于第三目，含钙长石者属第四目。如此始可与目今分类之碱性岩、酸性斜长岩、基性斜长岩、钙长岩各科相符合矣。图 3 至图 6 示第二组各目。至于第一组及第三组之图示与第二组相似。若遇岩石之有带状斜长石者，则以内外带斜长石之平均数为 Ab-An 之比例。通常在显微镜下做简单之观察，即可知 Ab-An 比例之大略；其是否正在分目之界线，甚易明白，故无需计算 Ab-An 之的确比例。若中心长石与外带长石均在 0－10 或 10－50，50－90，90－100 之间者，更无需计算比例之确数矣。

第三组之暗色矿物过多者，乃以含长石过少不足为分目之标准，复以长石较多不便归入第四组，亦未始不可另立门类。然第三组岩石之含 80% 以上之暗色矿物者，为数绝少，故另分科别似无必要。所以如遇第三组与第四组之过渡岩石，其淡色矿物在 5% 与 20% 之间者，不妨用加重符号附记于组号之上，而以三、四两组之名拼合之。如其含 85% 之角闪石与 15% 之中钙长石，固非纯粹之角闪岩，亦难称为基长岩，而可谓之基长角闪岩，书其符号为 3'312P 以示其属于第三组而富于暗色矿物也。

第四组之图解（图 7）仅为一单个四面体。以其缺乏淡色矿物，分类标准自不能同于前三组。此图以平行于前面之纵切面分为四目，而以矿石之多寡为分目之原则，其比例亦为 0－5－50－95－100。

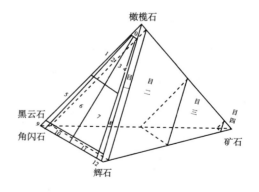

图 7　第四组分目图

〔科 Families〕　前三组之各目更可分为二十六科。各科之号数见于图 8。科数之所以始于零者，其目的在求零下各科皆可四进，每四科成一段以便记忆。分科标准以正长石与斜长石为比例，且利用石英或似长石之成分，其界线亦为 0－5－50－95－100。无论长石

基线之上或其下皆为一律。然二长石副科之界线有异寻常，另述于后。0，5，9，
13，17，21，25 诸科之斜长石，无论系何种属，为量均极微少，难作分目标准。
故一、二、三组中，每组仅得一科（见图 3）。凡此诸科皆当各目截面辐集之处，
谓之轴科。为便利计，轴科皆归于第一目，如图 4，图 5，图 6 等所示轴科，皆以
虚线代之，仅图 3 第一目有轴科岩石之代表。

〔副科〕 花岗岩与花岗酸长岩。正长岩与正长酸长岩之间有过渡岩石者，其
正长石与斜长石之量相近，可另立副科，谓之二长岩。普通叙述岩石，对于二长
岩科似无分立之必要。然如事特别研究而所在区域之岩石皆近于 50-50 之线者，二
长岩副科即可应用（图 8）。然第二与第三，十四与十五，十八与十九，二十二与
二十三等科间，无需另立副科。正科号数之后加 ""记号，如 6'，7'，10'，11'，
即成副科之号数矣。

第四组之分科迥异于前。本组前三目之三角形的顶端代表橄榄石，其他二角，
一为辉石，一为黑云母及/或角闪石（图 9）。如是可别为十三科。第四组第四目含
95%以上之矿石，其科别可由各种矿石区分之。然此目在岩石中之地位极不重要，
可以统归一科。

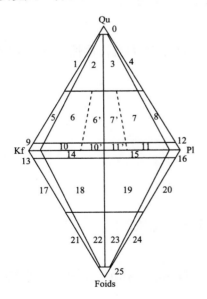

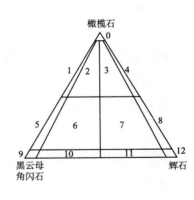

图 8　前三组之科别号数　　　　图 9　第四组一、二、三目之科别号数

由上观之，翟氏之分类法可称六次方分类法。且每格之中不仅表示深成岩已

也，即中深岩及喷出岩皆可依法入图，是更可谓七次方分类。然各种岩石仍可以平面图示之，亦云便矣。

〔符号〕　岩石均可以三个数目字标示之。前数指其组，明其为淡色岩、中色岩，或暗色岩，抑纯为暗色矿物所成之岩石；次数指其目，示其所含斜长石之种类，为钠长石、酸性斜长石，或基性斜长石，抑钙长石，岩石之属于 0，1，5，9，13，17，21，25 诸科者，无论其斜长石为何种，因量微不足称，皆归之于第一目；第三、第四两数指其科，因有二十六科，故须二数表明之。

科号之后，每以 P，E，H，A 等字附加之，而暗示岩石，为深成 P，喷出 E，抑或中深 H 等岩类。中深或脉岩，更可分为母岩汁未分化及分化者二种。未分化者，以 A 志之，已分化者赘以 D 字。如某岩记号为 226 P，则知其为深成岩，第二组，第二目，第六科，读如"二，二，六"，花岗岩之一种也。

〔矿物群〕　岩石中之矿物可分为三群——

1. 长英群：

a）石英

b）钾质长石（正长石、微斜长石、微纹长石、钠微斜长石等）

c）斜长石系及反纹长石

d）似长石（霞石、白榴石、方钠石、蓝方石、黝方石、黄长石、原生方沸石、钙霞石等）

2. 铁镁群：

a）暗色云母（黑云母、金云母、锂铁云母）

b）角闪石类

c）辉石类（包括变性之纤闪石）

d）橄榄石

e）铁矿（磁铁矿、锑铁矿、铬铁矿、黄铁矿、赤铁矿）

f）锡石

g）其他不重要之铁镁矿物（柘榴石、原生绿帘石、褐帘石、锆石、金红石、榍石、尖晶石、电气石等）

3. 附生矿物：此类矿物之在火成岩石中难得重要之地位，有黄玉、堇青石、刚玉、萤石、红柱石、原生方柱石、原生方解石、白云母、鳞云母、磷灰石、矽线石等等。

通常指附生矿物色泽皆浅，故可加入淡色矿物群。然如主要之淡色矿物过于缺乏，附生矿物可以不计，如第四组岩石之磷灰石是也。

〔次生矿物〕 岩石之中，次生矿物亦所常见。此须以其由来之原生矿物计算之。如由铁镁矿物因交替作用而生之矿石，须计为铁镁矿物；自长石变生之磁土，须计为长石；绿泥石计为黑色之辉石或角闪石；方沸石计为似长石；假白榴石计为白榴石；等等。

玻璃质可经化学分析配为理想矿物后始行计算。普通可由岩石中斑晶及岩石外貌揣测之。然于未经确实鉴定之先可暂名之，如谓玻璃质流纹岩是矣。实际上玻璃岩石甚少，勿以为虑也。

矿物成分之计算法规

1. 岩石中矿物成分之合计须为 100 ± 0.5；如过之或不及，则须重新计算之。以淡色矿物即长英群及附生矿物之积量的和数，定其属于何组。

第一组之淡色矿物以积量计超过 95%。

第二组之淡色矿物在 95% 与 50% 之间。

第三组之淡色矿物在 50% 与 5% 之间。

第四组之淡色矿物在 5% 以下。

2. 前三组分目以斜长石系之比例计算之。

第一目不含斜长石，或其斜长石在 $Ab_{100}An_0$ 与 $Ab_{90}An_{10}$ 之间而为钠长石者。

第二目含酸性斜长石，其比例在 $Ab_{90}An_{10}$ 与 $Ab_{50}An_{50}$ 之间。

第三目含基性斜长石，其比例在 $Ab_{50}An_{50}$ 与 $Ab_{10}An_{90}$ 之间。

第四目含钙长石，其比例在 $Ab_{10}An_{90}$ 与 Ab_0An_{100} 之间。

第四组岩石之分目，以矿石之积量为标准，以黑云母、角闪石、辉石、橄榄石及矿石之和重新计算至 100 ± 0.5，而不加入其他较少之铁镁矿物，及磷灰石、柘榴石、锑钙石、长英群等。兹以第四组分目之标准列于下：

第一目之矿石积量在 0% 与 5% 之间。

第二目之矿石积量在 5% 与 50% 之间。

第三目之矿石积量在 50% 与 95% 之间。

第四目之矿石积量在 95% 以上。

3. 前三组分科之时，以长英群矿物单计为100%，如此计得石英或似长石之成分后，即可明岩石所在之横行。更单计长石之积量为100%，如此计得正斜长石之比例后，即可知岩石所在之竖行。横竖两行相交之格子是为该岩所在之地位。

第四组前三目各科之规定，亦如前法，将橄榄石、辉石、黑云母及/或角闪石之和重新计为100%。以云闪辉之和与橄榄石之比例定横行，而以辉石与云闪之比例定竖行，二行相交之格子即岩石之位置。

4. 亚科之划分统以 0 − 5 − 50 − 95 − 100 等界点为原则。如花岗岩科可分为黑云花岗岩、含闪黑云花岗岩、含黑云角闪花岗岩及角闪花岗岩等亚科。此盖以黑云母与角闪石二者重计为100%，以含95%以上之黑云母者曰黑云花岗岩，而以含5%以下之黑云母者曰角闪花岗岩也。

5. 极为少数之异常火成岩之不能归于任何科别者，可于前三组中另立第二十六科，末组中另立第十三科，以容纳之，是之谓备补科。异常岩石多非真正之火成岩，或为变种，或为变质，斯须注意者也。

6. 备则：若岩石位置之在两科交界者，归入近于对角之一科。故正长岩之含5%的石英者，谓之花岗岩；而花岗岩之含50%石英者，入于第二科，谓之石英花岗岩；如岩石之斜长石比例为 $Ab_{90}An_{10}$ 者，入于第二目；正长斜长比例为50%与50%者，加入富于斜长石之科；在双三角形之底合线者，归于线上诸科；然若岩石富于碱质而适当此线者，不妨纳之线下诸科。

若仅为分类而定其矿物成分，除接近组间、目间、科间之界线者，实无确定矿物成分之必要，在显微镜下作大略之观察足矣。

例一　花岗酸长岩（Granodiorite）：

石英·····························14.0 = 18.7

正长石·························15.0 = 20.0 = 24.6

过钠长石（$Ab_{85}An_{15}$）·····46.0 = 61.3 = 75.4

长英矿物合计·················75.0% 100.0 100.0

黑云母·························12.0

角闪石·························12.0

磁铁矿·························· 0.6

　　橄石………………………………… 0.4

　　铁镁矿物合计…………………………25.0%

　　矿物成分总计…………………………100.0%

长英群之积量为 75%，故属于第二组。

斜长石之 Ab-An 比例在 90%～ 50% 之间，属第二目。

以长英群单计之为 100%，则石英转为 18.7%，故本岩之科别在 5 与 8 之间。正长石与斜长石之比例为 24.6∶75.4，故属于第七科，谓之花岗酸长岩，其符号为 227 P。

　　若以图解之法决定岩石之科别，似更易得。上列岩石之在图 10 中可以一点或一线标志之。于图中作三点以示各角所代表之矿物成分，然后就此三点作三线与各该角对边相平行。平线与底边之距离等于石英成分；左倾线与左边之距离等于斜长石成分；右倾线与右边之距离等于石英成分。三线合而成一小三角形，大小二个三角形之顶端以直线连之，而延长至于小三角形之底边，更以直线连接其他顶端而延长之。两直线相交之处标以 F，是为岩位；bd 线亦可代表岩石，故曰岩线。按图言之，淡色矿物之比例为 mF∶kF∶iF（mF＝石英，kF＝正长石，iF＝斜长石。此为单以淡色矿物计为 100% 之比例），而各主要矿物之实际成分，为 bc或 pk（正长石），ab 或 io（斜长石），bd（暗色矿物），dm（石英）。

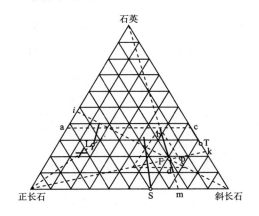

图 10　图解岩位岩线之方法

　　实际定位之时，更有简便之法。三角图中之平线有等于长石成分之和者，其上之正长斜长界点即为岩线之一端；由是上延至似长石应在之处，或下延至石英成分应在之线上，为岩线之他端。然后标定小三角形之一角，由是延长之斜线与岩线相交处，谓之岩位。

例二　正长岩（Syenite）：

正长石·······························60.0 ＝ 76.0

斜长石（Ab_5An_3）··················18.0 ＝ 22.8

石英······························· 1.0 ＝ 1.2

长英群合计······················79.0 ＝ 100.0

黑云母···························18.0

角闪石··························· 2.0

暗色附生矿物····················· 1.0

铁镁群合计·····················21.0　矿物总计 100.0

长英矿物合计为 79.0%，故属于第二组。

斜长石 ＝ Ab_5An_3 ＝ $Ab_{62.5}An_{37.5}$，故属于第二目。

石英不足 5%，故列于 9 与 12 科之间。正长石与斜长石之比例为 76.0：22.8，故属于第十科，而其符号为 2210 P。

例三　霞正钠长石（Litchfieldite）：

正长石·······························21.5 ＝ 39.0

斜长石（$Ab_{92}An_8$）·················33.5 ＝ 61.0

长石合计·························55.0 ＝ 100.0

霞石····························27.5

方钠石·························· 8.5

似长石合计·······················36.0

长英群合计·······················91.0

锥辉石··························· 5.0

黑云母··························· 2.5

暗色附生矿物····················· 1.5

铁镁群合计····················· 9.0　矿物总计 100.0

长英矿物合计等于 91%，故属于第二组。

斜长石＝Ab$_{92}$An$_8$，故属于第一目。

似长石与长石之比例为 36：55＝39.5：60.5，故列于 17 至 20 诸科之间。正长与斜长云比例为 21.5：33.5＝39：61，故属于第十九科，而其符号为 2119 P。

例四　二辉橄榄岩（Lherzolite）：

普通辉石	45.0
紫苏辉石	20.0
橄榄石	30.0
角闪石	3.0
磁铁矿	2.0
总计	100.0

无长英矿物，故属于第四组。

铁镁矿物合计为 98%，故属第一目。

橄榄石占铁镁群之 30：98，应列于第五至第八科。辉石与角闪石之比例为 65：3，等于 96：4，故属于第八科，而符号为 418 H。

若以同一岩石之薄片多张，依次鉴定后，将各该片之岩位标志于三角图中，取其中点而为此岩之平均成分，较于估计各片所得之平均数量，尚为准确，可为本法便利之处。

第四节　火成岩译名统说

〔岩科名称〕　西文多以地名称岩石，所以同性质之岩石，可因产地不同而异其名。名称极为驳杂，记忆当属不易。若更以音译，则佶屈聱牙，必更难于学习矣。地质调查所刊行之董常《矿物岩石及地质名词辑要》，应用冠字法以矿物成分名岩石，可使学者顾名思义，为法至善。火成岩之以各种长石为区别者有 syenite, diorite, gabbro。前者以正长石为主要成分而副以斜长石与铁镁矿物，故译为正长岩；中者以酸性斜长石为主要成分而副以暗色矿物，故须译为酸长岩；后者以基性斜长石为主要成分而副以暗色矿物，故曰基长岩。正长岩、酸长岩、基长岩，三名鼎立，可谓火成岩中之三杰；加花岗岩与橄榄岩二者，可谓火成岩名之五友；

若更以五友之名辗转相拼而名中间之岩石，如花岗酸长岩、正长酸长岩、花岗基长岩、正长基长岩，更得四朋，谓之拼合基本岩名。此等岩名代表之岩石所含铁镁矿物，如不过多，亦非过少，属于第二组，皆中色之岩名也，不加冠字即可暗示其为中色。若五友四朋中之暗色矿物在 5% 以下者，岩色浅淡，谓之淡色岩，可将基本岩名之上冠以淡字，以示区别。若其暗色矿物在 50% 与 95% 之间者，岩色黑暗，谓之暗色岩，可将基本岩名之上冠以暗字。前属第一组，此属第三组。至于第一组与第三组之钾长花岗岩，或钠长花岗岩等，更以淡字或暗字冠之，读时每觉不顺，可将长字删去之，曰淡钾花岗岩或暗钠花岗岩。第四组之几全为暗色矿物所构成者，另以他名呼之。

花岗岩、正长岩、酸长岩中之长石，除钾质长石外，余为富钠之酸性斜长石，皆第二目之岩石，可以不加冠字，而自喻也。至于第三目中之花岗岩与正长岩，其斜长石为基性富于钙质，今以基斜二字冠之，以别于第二目之花岗岩与正长岩。如谓基斜花岗岩，乃言花岗岩中之斜长石为中钙长石或倍钙长石也。然本目中之基长岩无须冠字。

第一目之花岗岩、正长岩等所含之斜长石，几纯为钠质，可冠以钠长二字。第四目之花岗岩、正长岩所含之斜长石，几纯为钙质，以钙长二字冠之。然第一目与第四目之花岗酸长岩与酸长岩，或花岗基长岩与基长岩，若加以钠长或钙长等冠字，颇似重复，故不如以酸字易为钠字，以基字易为钙字。至于轴科之几无斜长石者，则冠以钾长二字。花岗二字暗示含有石英，若更谓石英花岗岩，则言其石英过富而超乎 50% 也。第二十一至第二十四诸科之加富字于方钠或霞石前者，为其岩石含方钠石或霞石在 50% 以上也。

普通之所谓霞石岩与白榴岩者，意谓喷出岩石。然如 urtite 译为锥辉霞石岩，fergusite 译为透辉白榴岩，颇似喷出岩石之含锥辉石与透辉石者，混为一谈，甚不相宜。吾国岩字书法多端，今择碞字，易霞石岩为霞石碞，白榴岩为白榴碞，以示其为喷出岩石，未始不可。然其显而易见之喷出岩名，如流纹岩、玄武岩等，可仍旧观。

喷出岩石如流纹岩、粗面岩、安山岩、玄武岩，亦可谓之基本岩名。其冠字用法与花岗岩、正长岩、酸长岩、基长岩并行，如流纹岩中之斜长石为钠长石，亦须冠以钠长二字。其斜长为酸性而非纯钠者，不加冠字；其为基性而非纯钙者，冠以基斜二字；其几纯为钙质者，加钙长二字；等等。

　　由上观之，本法颇合于旧有矿质的岩石分类，如其对于四面体法尚有隔阂，亦绝对不用，而采用计算法与表格法。下表所列为深成岩及喷出岩，仅有少数脉岩以括弧示之。

　　下表所列均为科名。岩之有科如人之有家。家有姓氏，岩有科别。姓氏不能代表一人，犹如科名之不能代表一岩。科名所指为某类岩石之通性，而某种岩石之特性，须以个别之名词表示之。西文之以地名命岩名，亦无非欲使一名代表某地岩石之个性也。故仅有科名而无特名，则失之笼统；若仅有特名而不具科名，复失于驳杂。故岩名亦须采用双名方为得体。兹可于科名之前附加地名，以明其特性，如谓房山花岗岩，以别其异于秦岭花岗岩是也。西文岩名根据地名者多，可将其直接附于中译科名之后，以示区别，如谓粗面安山岩（domite）与粗面安山岩（dumalite）是也。若更以岩石之符号冠之，如 226P 秦岭花岗岩、2211'E 粗面安山岩 domite 等，则岩石之定义可以思过半矣。

第一组——淡色矿物与暗色矿物之比例在 100：0 及 95：5 之间

科别	第一目 $Ab_{100} An_0$—$Ab_{90} An_{10}$	第二目 $Ab_{90} An_{10}$—$Ab_{50} An_{50}$	第三目 $Ab_{50} An_{50}$—$Ab_{10} An_{90}$	第四目 $Ab_{10} An_{90}$—$Ab_0 An_{100}$
0	云英岩 矽脉岩	（＝110）	（＝110）	（＝110）
1	淡英钾花岗岩 （英钾长英岩）	（＝111）	（＝111）	（＝111）
2	…………… （英钾长英岩）	花岗云英岩	………………	………………
3	………………	花岗酸长云英岩	………………	………………
4		酸长云英岩		
5	淡钾花岗岩 淡钾流纹岩 （文像花岗岩）	（＝115）	（＝115）	（＝115）
6	淡钠花岗岩 淡钠流纹岩	淡花岗岩 淡流纹岩	………………	………………
7	淡花岗钠长岩	淡花岗酸长岩 淡流纹安山岩	淡花岗基长岩 淡流纹玄武岩	………………
8	淡英钠长岩	淡英酸长岩 淡英安山岩	淡英基长岩	淡英钙长岩

续表

科别	第一目 $Ab_{100}An_0$—$Ab_{90}An_{10}$	第二目 $Ab_{90}An_{10}$—$Ab_{50}An_{50}$	第三目 $Ab_{50}An_{50}$—$Ab_{10}An_{90}$	第四目 $Ab_{10}An_{90}$—Ab_0An_{100}
9	纯正长岩 淡钾粗面岩	(＝119)	(＝119)	(＝119)
10	淡钠正长岩 淡钠粗面岩	淡正长岩 淡粗面岩	……………………	……………………
11	淡正长钠长岩	淡正长酸长岩 淡粗面安山岩	淡正长基长岩	淡正长钙长岩
12	(纯钠长岩)	纯酸长岩 淡安山岩	纯基长岩	纯钙长岩
13	淡含霞钾长岩	(＝1113)	(＝1113)	(＝1113)
14	……………………	……………………	……………………	……………………
15	……………………	……………………	……………………	……………………
16	……………………	……………………	……………………	……………………
17	……………………	(＝1117)	(＝1117)	(＝1117)
18	……………………	……………………	……………………	……………………
19	淡霞正钠长岩	……………………	……………………	……………………
20	淡霞石钠长岩	……………………	……………………	……………………
21	……………………	(＝1121)	(＝1121)	(＝1121)
22	……………………	……………………	……………………	……………………
23	……………………	……………………	……………………	……………………
24	……………………	淡富霞酸长岩	……………………	……………………
25	……………………	(＝1125)	(＝1125)	(＝1125)
副　科				
6'－7'	淡钠石英二长岩	淡英二长岩	……………………	……………………
10'－11'	淡钠二长岩	淡二长岩 淡二长安山岩	……………………	……………………

第二组——淡色矿物与暗色矿物之比例在 95：5 及 50：50 之间

科别	第一目 $Ab_{100}An_0$—$Ab_{90}An_{10}$	第二目 $Ab_{90}An_{10}$—$Ab_{50}An_{50}$	第三目 $Ab_{50}An_{50}$—$Ab_{10}An_{90}$	第四目 $Ab_{10}An_{90}$—Ab_0An_{100}
0	(中色矽脉岩)	(＝210)	(＝210)	(＝210)
1	英钾花岗岩	(＝211)	(＝211)	(＝211)
2	……………………	石英花岗岩	……………………	……………………
3	……………………	石英花岗酸长岩	……………………	……………………
4	……………………	富英酸长岩	……………………	……………………
	(英钠长英岩)		……………………	……………………

续表

科别	第一目 $Ab_{100} An_0$—$Ab_{90} An_{10}$	第二目 $Ab_{90} An_{10}$—$Ab_{50} An_{50}$	第三目 $Ab_{50} An_{50}$—$Ab_{10} An_{90}$	第四目 $Ab_{10} An_{90}$—$Ab_0 An_{100}$
5	钾长花岗岩 钾长流纹岩	（＝215）	（＝215）	（＝215）
6	钠长花岗岩 钠长流纹岩	花岗岩 流纹岩	基斜花岗岩 基斜流纹岩	钙长花岗岩 钙长流纹岩
7	花岗钠长岩 钠长流纹安山岩	花岗酸长岩 流纹安山岩	花岗基长岩	花岗钙长岩
8	石英钠长岩 钠长石英安山岩	石英酸长岩 石英安山岩	石英基长岩 石英玄武岩	石英钙长岩 钙长石英玄武岩
9	钾长正长岩 钾长粗面岩	（＝219）	（＝219）	（＝219）
10	钠长正长岩 钠长粗面岩	正长岩 粗面岩	基斜正长岩 基斜粗面岩	钙长正长岩
11	正长钠长岩 钠长粗面安山岩	正长酸长岩 粗面安山岩	正长基长岩 粗面玄武岩	正长钙长岩
12	钠长岩 钠长安山岩	酸长岩 安山岩	基长岩 玄武岩	钙长岩 钙长玄武岩
13	含霞钾长岩	（＝2113）	（＝2113）	（＝2113）
14	…………	含霞正长岩	…………	…………
15	…………	含霞正长酸长岩	…………	…………
16	…………	含霞酸长岩	…………	…………
17	霞石正长岩 响岩	（＝2117）	（＝2117）	（＝2117）
18		…………	…………	…………
19	霞正钠长岩	霞正酸长岩	霞正基长岩	…………
20	霞石钠长岩	霞石酸长岩	霞石基长岩	
	霞石玄武岩——含橄霞石玄武岩			
21	富方钠微斜岩	（＝2121）	（＝2121）	（＝2121）
22	…………	富方钠正长岩	（富方沸基斜正长斑岩） …………	…………
23	…………	…………	…………	
24	富霞钠长岩	…………	（富方沸基长斑岩）	
25	锥辉霞石岩, 透辉白榴岩, 磁辉黄长岩, 霞石磊, 白榴磊, 黄长磊	（＝2125）	（＝2125）	（＝2125）
副　科				
6'－7'	钠长石英二长岩	石英二长岩	基斜石英二长岩	钙长石英二长岩
10'－11'	钠长二长岩 钠长二长安山岩	二长岩 二长安山岩	基斜二长岩 基斜二长安山岩	钙长二长岩

第三组——淡色矿物与暗色矿物之比例在 50：50 及 5：95 之间

科别	第一目 $Ab_{100}An_0$—$Ab_{90}An_{10}$	第二目 $Ab_{90}An_{10}$—$Ab_{50}An_{50}$	第三目 $Ab_{50}An_{50}$—$Ab_{10}An_{90}$	第四目 $Ab_{10}An_{90}$—Ab_0An_{100}
0	……………	(＝310)	(＝310)	(＝310)
1	……………	(＝311)	(＝311)	(＝311)
2	……………	……………	……………	……………
3	……………	……………	……………	……………
4	……………	……………	……………	……………
5	暗钾花岗岩	(＝315)	(＝315)	(＝315)
6	暗钠花岗岩	暗花岗岩	暗基斜花岗岩	
7	暗花岗钠长岩	暗花岗酸长岩	暗花岗基长岩	
8	暗石英钠长岩	暗石英酸长岩	暗石英基长岩	
9	暗钾正长岩	(＝319)	(＝319)	(＝319)
10	暗钠正长岩	暗正长岩	……………	
11	暗正长钠长岩	暗正长酸长岩	暗正长基长岩	暗正长钙长岩
12	暗钠长岩	暗酸长岩 暗安山岩	暗基长岩 暗玄武岩	暗钙长岩
13	暗含霞钾长岩	(＝3113)	(＝3113)	(＝3113)
14	……………	……………	……………	……………
15	……………	……………	……………	……………
16	……………	……………	……………	……………
17	暗霞钾长岩	(＝3117)	(＝3117)	(＝3121)
18	……………	……………	……………	……………
19	暗霞正钠长岩	……………	暗霞正基长岩	
20	暗霞石钠长岩	……………	暗霞石基长岩	
21	……………	(＝3121)	(＝3121)	(＝3121)
22	……………	……………	……………	……………
23	……………	……………	……………	……………
24	……………	……………	……………	……………
25	暗锑辉霞石岩, 暗橄辉白榴岩 暗霞石暈, 暗白榴暈	(＝3125)	(＝3125)	(＝3125)
副　科				
6'－7'	暗钠石英二长岩	暗英二长岩	暗基斜石英二长岩	……………
10'－11'	暗钠二长岩 暗钠二长安山岩	暗二长岩 暗二长安山岩	暗基斜二长岩 暗基斜二长安山岩	……………

第四组——淡色矿物与暗色矿物之比例在 5：95 及 0：100 之间

科别	第一目 矿石少于 5%	第二目 矿石在 5%～50% 之间	第三目 矿石在 50%～95% 之间	第四目 矿石在 95% 以上
0	纯橄榄岩	铬铁橄榄岩 磁铁橄榄岩	橄榄铬铁岩 橄榄磁铁岩	铬铁岩 磁铁岩
1 2 3 4	角闪富橄岩 含辉角闪富橄岩 含闪辉石富橄岩 辉石富橄岩			
5 6 7 8	黑云橄榄岩 角闪橄榄岩 云闪橄榄岩 含辉角闪橄榄岩 含闪异剥橄榄岩 二辉橄榄岩 异剥橄榄岩 顽辉橄榄岩	磁铁透辉橄榄岩 磁铁顽辉橄榄岩		
9 10 11 12	角闪岩 ………………… 异剥辉石岩 古铜辉石岩 紫苏辉石岩 二辉岩	角闪紫苏岩 云榴锥辉岩	锑铁顽辉岩 磁铁辉石岩	

第二篇　火成岩译名分解[10]

〔第一组第一目〕

　　(110) 云英岩（greisen, Glimmer-greisen-Jokely＝Esmeraldite Spurr）　此为原生或氧化变性之岩石，粒状或长英状组织，而以石英为唯一之主要成分，至于白云母不过点缀而已，亦有含黄玉或电气石者。其有黄玉者，可称黄英岩（Topazite Johannsen 或 Topasfels Werner 或 Topazogene Charpentier）；其含电气石者，可称电英岩（Tourmalite Johannsen 或 hydrotourmalite, Schërfels, Tourmalinfels），等名。

石英脉岩（Silexite Miller）　伟晶花岗岩之尾象转变为石英脉岩，中以石英为唯一之主要成分，其他矿物，皆附生，不足道。所须注意者，石英脉岩并非完全火成，实乃水化之火成环境中所生者也。

（111）淡英钾花岗岩（Quartz-leuco-kali-granite Johannsen）　普通花岗岩去斜长石及镁铁矿物，而剩正长石与石英，且石英之量超过正长石者，谓之淡英钾花岗岩。其成脉状产出而为长英状（aplitic）组织者，谓之英钾长英岩。英钾长英岩（arizonite）含 80% 的石英及 18% 之正长石，应属此科。

（112）英钠长英岩（Tarantulite Spurr）　此为石英脉岩之一，中含正长石与钠长石；产于美国内华达州之脱兰吐拉泉附近，故以为名。

（115）淡钾花岗岩（Kalialaskite Johannsen）　——斯波尔（Spurr）所定之原名为拉斯加岩　此乃淡色之侵入岩，而以碱性长石为其主要之成分，石英次之。其含钠长石者颇多，可谓淡钠花岗岩。盖谓淡花岗岩之斜长石几纯为碱性者也。其不含钠长石而纯为正长石与石英所组成者，曰淡钾花岗岩。

文象花岗岩（Graphic granite＝Runite Pinkerton＝Pegmatite Haiiy＝Schrift-granite＝Hebräischerstein）　此乃脉岩一种，石英与正长石相交错，组织如文字形状，故以为名。乃淡钾花岗岩之一种也。

淡钾流纹岩（Kalitordrillite Johannsen）　与淡钾花岗岩之成分相似而成喷出岩者也。于正长石外更含钠长石者，谓之淡钠流纹岩（Tordrillite）。此亦斯波尔所定之岩名。

（116）淡钠花岗岩（Alaskite Spurr）　见上条。

淡钠流纹岩（Tordrillite）　见上条。西文一名 Rhyoalaskite。

（117）淡花岗钠长岩（Leuco-sodaclase-granodiorite Johannsen）　花岗酸长岩之贫于铁镁矿物，而其斜长石几纯为钠性者也。其中，正长石与钠长石之比例须在 1：1 与 5：95 之间。其在 1：1 附近者，可称淡钠石英二长岩，西名曰 Leuco-sodaclase adamellite Johannsen，其符号为（116'−7'）。

（118）淡英钠长岩（Leuco-sodaclase-tonalite Johannsen）　石英酸长岩之贫于铁镁矿物，而其斜长石为极端之钠性者也。

（119）纯正长岩（Orthosite Turner）　深成岩之几纯为正长石所组成者也。Orthosite 乃陀尼尔所创之名词。其纯以曹微斜长石或透长石所组成之岩石，亦归此科，谓之透长岩（Sanidinite Tschermak）。

微斜长岩（microclinite Loewinson-Lessing）

曹微斜长岩（Anorthoclasite Loewinson-Lessing）

淡钾粗面岩（Leuco-kali-trachyte）　相当于纯正长岩之喷出岩者，谓之淡钾粗面岩。

（1110）淡钠正长岩（Leuco-sodaclase-syenite）　淡色之正长岩，以正长石为主要成分而佐以若干钠长石者也。

淡钠粗面岩（Leuco-sodaclase-trachyte）　此为相当于上项之喷出岩。

（1111）淡正长钠长岩（Leuco-sodaclase-syenodiorite）　淡色之正长酸长岩，而其斜长石几纯为钠性者也。如正长石与钠长石之比例近于 50：50 者，可称淡钠二长岩（Leuco-sodaclase-monzonite）（1110'－1111'）。

（1112）纯钠长岩（Albitite Turner）　脉岩之一，几纯为钠长石所组成。

（1113）淡含霞钾长岩（Leucopulaskite）　含霞钾长岩之缺乏铁镁矿物者也。参考（2113）。

（1119）淡霞正钠长岩（Leucolitchfield）　正长钠长岩之含霞石而在 5%以上 50%以下，且缺乏铁镁矿物之谓也。参考（2119）。

（1120）淡霞石钠长岩（Leucomariupolite）　参考霞石钠长岩（2120）。

（1125）深成岩之几纯为似长石类所组成，而无长石与铁镁矿物者，属于本科，如纯霞岩与纯方钠岩是也。

〔第一组第二目〕

（120）本科之斜长石为量极微，不足为分目之标准，故可归入第一目之无斜长石者。

（121）归入第一目，理与前同。

（122）花岗云英岩（Granite-greisen Jokely＝Feldspathgreisen Jokely）　云英岩之含有正长石与微量之酸性斜长石者，谓之花岗云英岩。有无白云母，皆不足以变其科别。

（123）花岗酸长云英岩（granodiorite-greisen Johannsen）　云英岩之含有酸性斜长石及较少之正长石者，谓之花岗酸长云英岩。

（124）酸长云英岩（Tonalite-greisen）　云英岩之含有酸性斜长石者，曰酸长云英岩。

（125）归入第一目，理由见前。

（126）淡花岗岩（Leucogranite）　普通花岗岩之缺乏铁镁矿物者，谓之淡花岗岩。其矿物成分主为正长石、石英及较少之酸性斜长石。参考（226）。

淡流纹岩（Leucorhyolite）　相当于淡花岗岩之喷出岩也。

（127）淡花岗酸长岩（Leucogranodiorite）　花岗酸长岩之贫于铁镁矿物者，谓之淡花岗酸长岩。其矿物成分主为酸性斜长石，较少之正长石与石英。参考（227）。

淡流纹安山岩（Leucorhyodacite）　相当于淡花岗酸长岩之喷出岩也。如正长石与斜长石之比例近于 50∶50 者，可称淡石英二长岩（Leuco-adamellite）（126'－7'）。

（128）淡石英酸长岩（Leuco-tonalite）　石英酸长岩之贫于暗色矿物者，谓之淡石英酸长岩。按其所含斜长石之种类，更可别为淡英过钠长岩（quartz-oligosite Turner）与淡英中钠长岩（quartz-andesinite Turner）。

淡石英安山岩（Leucodacite）　相当于石英酸长岩之喷出岩也。

（1210）淡正长岩（Leucosyenite）　普通正长岩之贫于铁镁矿物者，谓之淡正长岩。其成分主为正长石，次为酸性斜长石。参考（2210）。

淡粗面岩（Leucotrachyte）　相当于淡正长岩之喷出岩也。

（1211）淡正长酸长岩（Leuco-syenodiorite）　正长酸长岩之贫于暗色矿物者之谓也。其成分主为酸性斜长石，次为正长石。参考（2211）。

淡粗面安山岩（Leuco-trachy-andesite）　与淡正长酸长岩相当之喷出岩也。如正长石与酸性斜长石之比例近于 50∶50，则可称以淡二长岩（Leucomonzonite）。其喷出者曰二长安山岩（Leucolatite）。

（1212）纯酸长岩（Leucodiorite）　几纯为酸性斜长石组成者，谓之纯酸长岩。视其所含长石之种类，可分为纯过钠长岩（Oligosite Turner）与纯中钠长岩（andesinite Turner）。

淡安山岩（Leucoandesite）　几纯为酸性斜长石构成之喷出岩石也。

（1224）淡富霞酸长岩（Craigmontite Adams and Barlow）　产于加拿大安妥利欧之克莱蒙特，故以为名。中以霞石为主，过钠长石次之。旧译白色霞石正长岩，因无正长石，改译此名。

〔第一组第三目〕

(137) 淡花岗基长岩（Leuco-granogabbro）　淡花岗基长岩与淡花岗酸长岩相并行。凡淡色之深成岩之具有石英与基性斜长石而佐以正长石者，得称淡花岗基长岩。

淡流纹玄武岩（Leuco-rhyobasalt）　此与喷出之流纹安山岩相并行，盖相当于淡花岗基长岩之喷出岩也。

(138) 淡英基长岩（Quartz-anorthosite）　与淡英酸长岩相似，而所含之斜长石偏于基性。成分以基性斜长石为主而佐以石英。其他矿物为量均微，不足道也。

(1311) 淡正长基长岩（Leucosyenogabbro）　与淡正长酸长岩相似，而其斜长石偏富于钙。其成分主为基性斜长石，次为正长石，其他矿物之量皆不足称。

(1312) 纯基长岩（Anorthosite Hunt）　几纯为基性斜长石所成之深成岩也。亦如纯酸长岩，可因斜长石之种类别为纯中钙长岩（Labradite Turner）与纯倍钙长岩（Bytownitite Johannsen）。

〔第一组第四目〕

(148) 淡英钙长岩（Quartz-calciclasite Johannsen）　此以钙长石为主而副以石英石也。

(1411) 淡正长钙长岩（Leuco-calciclase-syenogabbro Johannsen）　正长钙长岩之贫于铁镁矿物之谓也。其成分以钙长石为主而以正长石为副，其他矿物皆不足称。

(1412) 纯钙长岩（Anorthitite Turner）　此为纯钙长石所组成者。参考（1312）。

〔第二组第一目〕

(210) 中色矽脉岩或中色石英脉岩（meso-silexite）　参考（110）。

(211) 英钾花岗岩（Moyite Johannsen）　此为德里（Daly）于北美连山之北纬 49°莫瓦夷（Moyie）附近所得之岩石，翟翰生名之曰莫瓦夷岩，乃钾长花岗岩之富于石英者也。

(214) 英钠长英岩（Rockallite Judd）　产于爱尔兰附近之罗克尔岛，故以为名。据沙德之鉴定，中含石英、钠长石及锥辉石，而富于石英，可称锥辉英钠长英岩。

(215) 钾长花岗岩（Kaligranite）　普通花岗岩之缺乏斜长石者，谓之钾长花岗岩，岩石中之不常见者也。因钾质长石之种类，钾长花岗岩可分为以下各种：

微斜花岗岩（Microcline-granite）

曹微斜花岗岩（Anorthoclase-granite）

黑云钾长花岗岩（Kaligranitite）

钾长流纹岩（Kalirhyolite）

锥辉流纹岩（Comendite Bertolio＝aegirite rhyolite）

钠闪微晶花岗岩（Paisanite Osann＝Riebeckite-microgranite）

（216）钠长花岗岩（Sodaclase-granite）　普通花岗岩之斜长石为极端钠性者，曰钠长花岗岩。

钠长流纹岩（Sodaclase-rhyolite）　此为相当于前者之喷出岩。锥辉钠长流纹岩（Taurite Lagorio）即属于此。

（217）花岗钠长岩（Sodaclase-granadiorite）　花岗酸长岩之斜长石偏于极端之钠质者，曰花岗酸长岩。钠长花岗岩或花岗酸长岩之斜长石与正长石之比例若近于 50：50 者，可谓钠长石英二长岩（Sodaclase-adamellite）。

钠长流纹安山岩（Sodaclase-rhyodacite）　相当于花岗钠长岩之喷出岩石也。

（218）石英钠长岩（Sodaclase-tonalite）　石英酸长岩之斜长石为极端钠质者，谓之石英钠长岩。

钠长石英安山岩（Sodaclase-dacite）　相当于石英钠长岩之喷出岩也。

（219）钾长正长岩（Kalisyenite）　正长岩之斜长石不及 5%者，谓之钾长正长岩，亦如钾长花岗岩以其所含钾质长石之种类分为若干种，如微斜正长岩、微纹正长岩、曹微斜正长岩是也。

钾长粗面岩（Kalitrachyte）　相当于钾长正长岩之喷出岩也。

（2110）钠长正长岩（Sodaclase-Syenite）　正长岩之斜长石偏于极端钠质者，谓之钠长正长岩。

钠长粗面岩（Sodaclase-trachyte）　相当于前者之喷出岩也。

（2111）正长钠长岩（Sodaclase-Syenodiorite）　正长酸长岩之斜长石偏于极端钠质者，曰正长钠长岩。如钠长正长岩或正长钠长岩之正长石与斜长石比例近于 50：50 者，可称钠长二长岩。

钠长粗面安山岩（Sodaclase-trachyandesite）　相当于正长钠长岩之喷出岩也。

（2112）钠长岩（Sodaclase-diorite）　酸长岩之斜长石偏于极端钠质者，变名曰钠长岩。按何姆斯 Syenite 之定义，"a phanerocrystallve rock composed essentially of alkali-feldspars and one or more of the common mafic minerals, hornblende being especially characteristic" [11]，则钠长岩应为 Syenite 之一，而谓之 Sodasyenite，就字面译为钠正长岩。然钠长岩中之斜长石虽纯为碱性，实无正长石之分子。无正长分子之岩石，自不便称为正长岩，且严格论之，即纯为钠长石所组成者，亦当为 diorite 之一种，而不能呼为 Syenite。故以纯含钠长石之 diorite 谓之 Sodasyenite，一误也；若更以之译为正长岩，二误也。一误者尚可自圆其说，二误者即不能屈为之解矣，是以改为今译。

钠长安山岩（Sodaclase-andesite） 相当于前者之喷出岩也。

（2113）含霞钾长岩（Pulaskite Williams） 以产于美国阿堪苏州之堡拉斯基得名，钠质正长石为其主要成分，暗色矿物有锥辉石、基性钠闪石及黑云母，且含微量（不及 5%）之霞石，或由霞石次生之方沸石，故曰含霞钾长岩。有译为含霞石正长岩或霞石正长岩者，因无斜长石之存在，故非狭义的正长岩，故改译如是。布里格（Brögger）之 Laurvikite 可归此科，唯不含霞石耳（参考本篇分类法之备则）。

（2117）霞石正长岩（Nephelite-Syenite Rosenbusch） 本科岩石缺乏斜长石，故亦可称以霞石钾长岩。霞石正长岩产于葡萄牙之孟基克山佛雅地方，Blum 名之曰 Foyaite，其成分以微纹长石、微斜长石为主，霞石次之，且有钠质辉石及角闪石。至于脱兰西尔凡尼亚之底脱鲁（Ditro）所产者，于正长石外，并含有方钠长石，而以锥辉石、黑云母为其主要之铁镁矿物，故可称以含方钠霞石正长岩（Ditroite Zirkel）。然此二岩石布里格氏以其组织状态分别之，谓粒状组织者，曰 Ditroite，而以粗面状态者，曰 Foyaite。

Syenoid Shand 盖亦为霞石正长岩也。白榴正长岩（leucite-syenite）亦可称为 Syenoid。尚德氏更以岩石之为似长石与酸性斜长石合成者，谓之 dioroid；其与基性斜长石合成者，谓之 gabbroid。此三字者，可译为正长似长岩、酸长似长岩、基长似长岩，然其名词稍觉别致，恐不易于流行也。

响岩（Phonolite Klaproth） 是为相当于霞石钠长岩之喷出岩。

（2119）霞正钠长岩（Litchfieldite Bayley） 此乃正长钠长岩之含 5% 以上的霞石者也，黑云母为其次要成分。因产于美国梅斯州之里支斐尔德，故以为名。其含有微量之钙霞石者，谓之含钙霞正钠长岩（Cancrinite-Litchfieldite）。有译

Litchfieldite 为含钠长霞石正长岩者，盖谓霞石正长岩含有少量钠长石也。然其实际之矿物成分为 27%正长石及微斜长石、47%钠长石与 17%霞石。以钠长石偏富于正长石之岩石而译为含钠长霞石正长岩，不免失当，故而改译为霞正钠长岩。

（2120）霞石钠长岩（Mariupolite Morozewicz） 钠长岩之以霞石为次要成分者，谓之霞石钠长岩。产于爱苏夫海之马利堡，故以名之。此亦有译为含钠长霞石正长岩者，或有译曹长辉闪霞石正长岩者，然实际上此岩并无正长石，其成分主要为钠长石，次为霞石，更次为铁镁矿物。依次，当为霞石钠长岩，故而改译。再者，Foyaite，Litchfieldite，Mariupolite 三岩自成一系，依次译为霞石正长岩、霞正钠长岩、霞石钠长岩，可以顾名而知其系统，其便可知。

（2121）富方钠微斜岩（Naujaite ussing） 此科名称应为富霞钾长岩，然曾经鉴定者有格陵兰诺雅喀西克之富方钠微斜岩，主含方钠石，次为微斜长石，至于钠长石、方沸石、锥辉石、钠闪石等，量均无多。其组织如星点状 pojkilitic teyture，有译为加方钠霞石正长岩者，如此则 Naujaite＝Ditroite，是又与实际矿物成分不相符合也。参考（2117）。

（2124）富霞钠长岩（Toryhillite Adams-Barlow-Johannsen） 霞石钠长岩之过富于霞石者之谓也，因产于安妥利欧之陶里希尔（Toryhill）得名。

（2125）锥辉霞石岩（Urtite Ramsay） 此为霞石（82%～ 86%）与锥辉石（12%～ 18%）而无长石所组成之岩石也，因产于 Lujavr-urt 得名。有译为纯钠辉霞石岩者，亦有译为无长石正长岩者。前者尚于字义不悖，而后者既言无长石矣，又谓之正长岩，岂不谬哉。其产于芬兰之爱若拉（ijola）者，霞石占 51.6%，余为锥辉石及辉石，谓之 ijolite Ramsay-Borghell，是亦锥辉霞石岩之一种，谓之辉石霞石岩亦可。

角闪霞石岩（Monmouthite Adams and Barlow） 含霞石 70%，余为角闪石及微量之钙霞石、钠长石及方解石等附生矿物。因产于安妥利欧之孟茅斯得名。

透辉白榴岩（Fergusite Pirson） 以产于孟达那州之佛尔古斯得名。含 65%假白榴石（已变为正长石与霞石）及 35%铁镁矿物而以透辉石为主。其所以译为白榴岩者，乃以其正长石与霞石皆为变性之矿物也（参考分类法之次生矿物一则）。有译粗粒含辉霞石正长岩者，自有其相当理由；更有译为粗粒辉霞岩，则遗漏正长石一项，不宜采用。二者皆用粗粒二字，以示其为深成岩。改译不用此二字之理由，见后页。

磁辉黄长岩（Uncompahgrite Larsen）　此为深成岩，含 2/3 黄长石与 1/3 辉石及磁铁矿。以产于可罗拉多之安康北柯得名。

霞石碚（Nephelinite Cordier）　喷出岩之以霞石为主要成分而副以辉石者，谓之霞石碚。前者之锥辉霞石岩为深成岩。如二名皆以"霞石岩"三字为尾，即不免误会之发生。今以"岩"字终者为深成，"碚"字终者为喷出，颇觉相宜。至于彰明较著之喷出岩，如粗面玄武岩等，因无误会之处，其"岩"字可以仍旧。若以"喷出岩"之字尾，尽用"碚"字亦可。

白榴碚（Leucitite）　喷出岩之以白榴石为主而副以辉石者，谓之白榴碚。

黄长碚（Melilitite Lacroix）　喷出岩之以黄长石与辉石为主要成分者，谓之黄长碚。西文 melilite-basalt 与之同义。若以玄武岩为相当于基长岩之喷出岩，则 melilite basalt 义衍，可以勿用，更无须再译为黄长玄武岩也。黄长碚中之含霞石者，曰含霞黄长碚；其含白榴石者，曰含白榴黄长碚。如霞石超过黄长石者，则反谓之黄长霞石碚；其白榴石超过黄长石者，则谓之黄长白榴碚。如其为橄榄石者，谓之橄榄黄长碚。

〔第二组第二目〕

（222）石英花岗岩（Quartz-granite）　花岗岩原以石英为主要成分之一，今更冠以石英二字，盖以示其富于石英而在 50% 之上也。

（223）石英花岗酸长岩（Quartz-granodiorite）　花岗酸长岩之富于石英而在 50% 之上也。

（224）富英酸长岩（Quartz-tonalite）　石英酸长岩之富于石英而在 50% 以上也。

（226）花岗岩（Granite）　西文 granite 来源颇久，或从意大利文，粒状 granum 之意；或从卫尔斯文 gwenith vin（麦粒石）之意。

本科符号（226）系指普通之花岗岩，以石英、正长石二者为主要成分，而副以酸性斜长石，且含 5% 以上铁镁矿物。花岗岩更可因暗色矿物及附生矿物之种类分为若干亚科如下：

黑云花岗岩（Granitite＝biotite-granite）

角闪花岗岩（Amphibole-granite）

钠闪花岗岩（Arfvedsonite-granite Brögger）

辉石花岗岩（Augite-granite）

二云花岗岩（Binary-granite Keyes＝Two-mica-granite）　盖言花岗岩之暗色矿物兼有黑云母及白云母也。

紫苏花岗岩（Hypersthene-granite＝Charnockite Holland）

微斜花岗岩（Microcline-granite）

白云花岗岩（Muscovite-granite）

电气石花岗岩（Tourmaline-granite）等等。

流纹岩（Rhyolite von Richthofen）　相当于花岗岩之喷出岩者，曰流纹岩，盖谓岩流之意。路德（Roth）以其产于李巴里岛，故以 Liparite 名之。其产于美国尼华达州者富于斑晶，李希霍芬更以 Nevadite 名之，此可译为斑状流纹岩。

（227）花岗酸长岩（Granodiorite Becker）　深成岩之酸性斜长石、正长石与石英为主要成分，而斜长石之含量多于正长石者，谓之花岗酸长岩，乃以其介乎花岗岩与酸长岩之间也。若花岗岩与花岗酸长岩之正长石与斜长石之比例在35：65～65：35之间者，可称石英二长岩（Adamellite Cathrein-Brögger）。至于布里格所谓之 banatite 乃贫于石英之花岗酸长岩。Banatite V. Cotta 之成分为酸性斜长石、石英、正长石及辉石。如其石英过于贫乏者，即过渡于正长酸长岩。有译 Banatite 为含正长辉英闪长岩者，是为缺乏角闪石之闪长岩颇为牵强。今按其成分改译为花岗酸长岩。

流纹安山岩（Rhyodacite Winchell）　相当于花岗酸长岩之喷出岩也。Dacite 应译为石英安山岩；Rhyodacite 当然译为流纹石英安山岩。然"流纹"二字已含石英之义，以故删去石英，译为流纹安山岩。

（228）石英酸长岩（Von Rath-Brögger-Spurr＝Quartz-diorite）　罗特以底罗尔（Tyrol）东诺尔山（Mt. Tonale）所产之火成岩之富含石英与中钠长石而正长石极少者，谓之 Tonalite。今译石英酸长岩。

据克拉克（Clarke）之计算，火成岩之平均成分为12%石英、59.3%中钠长石、16.8%辉闪矿物、3.8%云母、7.9%附生矿物者，当属于此科。

石英安山岩（Dacite Stache＝Quartz-andesite）　相当于石英酸长岩之喷岩石者也。

（2210）正长岩（Syenite）　西文岩名 Syenite 流行已久，以产于埃及之西尼（Syene）得名。然西尼所产者实含石英乃花岗岩之一种，西人乃以 Syenite 之名流行甚久含义之已定，将错就错从其衍名耳。原卫尼尔（Werner）以为特列斯坦（Dresden）所产岩石与西尼所产者相似，名之曰 Syenite。嗣经确切鉴定，西尼岩中含石英而特列斯坦岩中无石英，故岩石学者更有以 Syenite 与角闪花岗岩同义者。普通皆以不含石英之花岗状岩石为 Syenite。译为中文，则以其主要成分正长石为根据，谓之正长岩。其不含正长石，而西文之称 Syenite，或虽含之而为量较少之 Syenite，皆宜改译为其他名称散见于诸条之中。正长岩科，种类甚繁，亦可按其暗色矿物及附生矿物分别如下：

黑云正长岩（Biotite-Syenite = Syenitite Loewinson-Lessing）

角闪正长岩（Hornblende-Syenite）

钠闪正长岩（Arfvedsonite-Syenite）

普通辉石正长岩（Angite-Syenite）

绿帘正长岩（Epidote-Syenite）

辉石正长岩（Pyroxene-Syenite）

紫苏正长岩（Hypersthene-Syenite = mangerite）等等。

粗面岩（Trachyte Häuy）　按字义所译之岩名也。盖谓此岩之面，以指摸之，颇觉粗涩。以正长石为主要之矿物成分，斜长石次之，且副以若干暗色矿物，故为相当于正长岩之喷出岩石。其过富于正长石者，谓之钾长粗面岩；而过富于酸性斜长石者，曰安山岩；二者之过渡岩石，谓之粗面安山岩。自成一系，有如流纹岩与石英安山岩也。

正长岩之正长石与斜长石之比例近于 50：50 者，谓之二长岩（monzonite De Lapparent-Brögger）。以产于底罗尔之孟宋尼（monzoni）得名。普通二长岩之斜长石为酸性。若其偏于基性者，曰基斜二长岩（见后）。

粗面安山岩（Latite Ransom）　相当于二长岩之喷出岩，谓之粗面安山岩。是更可译为二长粗面岩，以示其正长略多于斜长，与二长安山岩以示其斜长略富于正长，可视岩石之成分而定也。

（2211）正长酸长岩（Syenodiorte Johannsen = Syenite-diorite Brögger）　此与花岗酸长岩之成分相似，唯无石英耳。

粗面安山岩（Trachy-andesite）　与正长酸长岩之成分相似之喷出岩，谓之粗面安山岩。此与 Latite 之分别为长石比例。正长斜长比例在 35∶65 以上者，属于粗面安山岩 Latite 之范围；其在 35∶65 以下者，属于粗面安山岩 trachy-andesite 之范围。

橄辉粗面安山岩（Mugearite Harker）　此与玄武岩之成分相似，唯其斜长石为 57.5% 之过钠长石且更含 12.5% 正长石；故虽含橄辉二种矿物，犹不得谓之玄武岩也。有译含钠钙长辉绿岩者，然辉绿岩为较粗玄武岩，而具有辉绿状组织者，而 Mugearite 无此状态，故不宜译为辉绿岩也。

（2212）酸长岩（Diorite Häuy）　西文原义，盖谓分明，取其黑白矿物分明也。是乃豪尉氏所创之岩名以代卫尼尔之绿色岩者。中译原为闪长岩，与辉长岩相对峙。一以角闪为常见（而非必须）之成分，一以辉石为常见之成分（亦非必须成分）。今日岩石学进步，分类目标多集中于长石类，科别定名除纯黑岩组（第四组）外，以不混入暗色矿物之名称为相宜。如 diorite 遇 gabbro 二岩科，前人每以闪石与辉石区别之；中文译名根据矿物成分遂以含辉石与斜长石者译为辉长岩，而以含角闪石与斜长石者为闪长岩，而不计其斜长石之何所种属也。近以 diorite 之斜长石属酸性，gabbro 之斜长石为基性，为分别二岩之标准，至于角闪石与辉石多不视为二者区别之原则。故纯为基性长石所成者曰 gabbro，为基性长石与角闪石所成者亦曰 gabbro；其含酸性长石与辉石者谓之 diorite，即纯为酸性长石所组成者亦谓 diorite。若 diorite 译为闪长岩，即不乏无角闪石之闪长岩；以 gabbro 译为辉长岩，即有缺辉石之辉长岩，已于篇首言之。是故，以长石为原则，改译 diorite 为酸长岩，gabbro 为基长岩。其含过钠长石者，曰过钠长岩；含中钠长石者，曰中钠长岩；含钠长石者，曰钠长岩，而后者自成一目，参考（2112）。基长岩之具中钙长石者，谓之中钙长岩；具倍钙长石者，谓之倍钙长岩；而具钙长石者，谓之钙长岩，亦自成一目，参考（4212）。如此译名，当能顾名思义，无所误会也。兹列表于下以省眉目：

A. 酸长岩：

1. 钠长岩——以钠长石及角闪石与/或辉石为主要成分。

2. 过钠长岩——以过钠长石与角闪石及/或辉石为主要成分。

3. 中钠长岩——以中钠长石与角闪石及/或辉石为主要成分。

B. 基长岩:

1. 中钙长岩——以中钙长石与辉石及/或角闪石为主要成分。

2. 倍钙长岩——以倍钙长石与辉石及/或角闪石为主要成分。

3. 钙长岩——以钙长石与辉石及/或角闪石为主要成分。

安山岩（Andesite von Buch）　布氏在安第斯山脉中发现之喷出岩为斜长石与角闪石之组合，名以安山岩。安山岩之成分与酸长岩相当，可因其暗色矿物成分，别为以下诸种:

黑云安山岩（Biotite-andesite）

云母安山岩（Mica-andesite）

角闪安山岩（Hornblende-andesite＝Hungarite Lang）　匈牙利所产甚多。

辉石安山岩（Angite-andesite）　参考玄武岩（2315）。

紫苏安山岩（Hypersthene-andesite Becke＝Alboranite　Becke＝Santorinite Becke）

（2214）含霞（白榴）正长岩（Nephelite-(Leucite-) bearing syenite）　正长岩含 5%以下之霞石或白榴石者也。

（2215）含霞（白榴）正长酸长岩（Nephelite-(Leucite-) bearing syenodiorite）正长酸长岩之含 5%以下之霞石或白榴石者也。

（2216）含霞（白榴）酸长岩（Nephelite-(Leucite-) bearing diorite）　酸长岩含 5%以下之霞石或白榴石者也。

（2219）霞正酸长岩（Nephelite-syenodiorite）　此与花岗酸长岩相对立。花岗酸长岩之石英转为霞石，或正长酸长岩加 5%以上之霞石，即成霞正酸长岩。

（2220）霞石酸长岩（Nephelite-diorite）　酸长岩含霞石之在 5%以上者也。

一部分之霞石（白榴）玄武岩 Nephelite-(Leucite-) tephrite 与含橄霞石（白榴）玄武岩（nephelite-(leucite-) basanites），即属于此科。

（2222）富方钠正长岩（Beloeilite O'Neill and Johannsen＝feldspathic tawite O'Neill）　方钠正长岩（sodalite-syenite）与锥辉方钠岩（tawite）（2125）之过渡岩石也。以产于魁伯克（Quebec）之贝里尔（Baloeil）得名。

〔第二组第三目〕

（236）基斜花岗岩（Calcigranite Johannsen）

橄辉基斜流纹岩（Quartz-ciminite Wash） 意大利西敏尼（Cimini）所产之喷出岩可分二种，一含石英谓之 quartz-ciminite，一无石英谓之 ciminite。据华盛顿之分析，前者含有 43.6%正长石，16.1%中钙长石，4.6%石英，22.4%辉石，11.7%橄榄石。虽不便称为本科之代表岩石，亦可勉强谓之橄辉基斜流纹岩，或译 ciminite 为橄榄粗面辉绿岩，或译曹长透辉玄武岩；若然则 quartz-ciminite 可译为橄榄流纹辉绿岩，或为石英曹长透辉玄武岩矣。然无论辉绿岩或玄武岩，其正长石之含量皆不能超过斜长石。今既远过斜长石，故而改译 ciminite 为橄辉基斜粗面岩，quartz-ciminite 为橄辉基斜流纹岩。

（237）花岗基长岩（Granogabbro Johannsen） 深成岩之以基性斜长石为主要成分，而副以正长石、石英与铁镁矿物者，谓之花岗基长岩。此与花岗酸长岩之矿物组合相似，仅以酸性斜长石换为基性斜长石足矣。若正长石与斜长石之比例相近者，可谓基斜石英二长岩（calciadamellite）（236'－7'），此于美国孟达那州之布犹特（Butte）见之。

流纹玄武岩（Rhyobasalt Johannsen） 相当于花岗基长岩之喷出者，谓之流纹玄武岩。

（238）石英基长岩（Quartz-gabbro） 基长岩之含石英者，谓之石英基长岩。

英橄基长岩（Quartz-olivine-gabbro）

石英玄武岩（Quartz-basalt）

英橄玄武岩（Quartz-olivine-basalt）

（2310）基斜正长岩（Calci-syenite Johannsen） 深成岩中尚无代表。

基斜粗面岩（Vulcinite Washington） 华氏以为粗面安山岩。然其矿物成分为 69.5%含钠正长石（$Or_9 Ab_4$），18%基性斜长石（有钙长石斑晶 6.1%，中钙长石石基 11.9%，平均为 $Ab_1 An_2$），18%辉石，7.4%黑云母及附生矿物。是以 Vulcinite 应属（2310）科而译为基斜粗面岩。

橄辉基斜粗面岩（Ciminite Washington） 参考橄辉基斜流纹岩 quartz-ciminite（236）。橄辉基斜粗面岩之矿物成分为 50.7%钠质正长石（$Or_{10} Ab_3$），13.1%中钙长石（$Ab_1 An_2$），23.2%辉石，11.2%橄榄石及附生矿物。故不当译为橄辉粗面辉绿岩或曹长透辉玄武岩也。

深成岩之正长石与基斜长石之比例相近而副以铁镁矿物者，可称基斜二长岩。

（2311）正长基长岩（Syenogabbro Johannsen） 深成岩之以基性斜长石为主要成分而副以正长石与暗色矿物者也。

粗面玄武岩（Trachy-basalt） 与正长基长岩相当之喷出岩也。

（2312）基长岩（Gabbro von Buch） 西文 gabbro 原指异剥石或蛇纹石所组合之岩石。至 von Buch 之时，义始稍定。彼以含有长石腐化之琐屑石 Saussurite（别译 saussurte 为钠碱帘石或致密黝帘石。其实 saussurte 为腐化之长石由各种矿物之碎屑混合而成，其主要成分为黝帘石、钠长石、绿帘石、方解石、绿泥石、石英等质。故循其字音，就其状态改译为琐屑石。及硬玉或绿闪石 smaragdite 者，谓之 gabbro。所谓硬玉及绿闪石者，或系异剥石之误。此后岩石学者多以斜长石与异剥石所组成者，谓之 gabbro，其由来久矣。近者岩石学者多注意其斜长石之种类，每不问其所含铁镁矿物，凡含有基性斜长石而副以铁镁矿物（不论何种）者，皆得谓之 gabbro。故往日之译为辉长岩者，今改译为基长岩，参考（2212）。基长岩可因暗色矿物与附生矿物之种类分为以下诸亚科：

角闪基长岩（Hornblende-gabbro）

橄榄基长岩（Olivine-gabbro）

纤闪基长岩（Uralite-gabbro）

紫苏基长岩（Norite Esmark） 基长岩之以紫苏辉石为其次要之成分者，谓之紫苏基长岩。依鲁森博氏之说，凡深成岩之含基性斜长石与斜方辉石者，皆为 Norite，然则 norite 可以改译为斜方辉基长岩矣。今以紫苏辉石可以代表斜方辉石，且紫苏基长岩不致引起甚大误会，故仍用紫苏二字冠之。

二辉基长岩（Hyperite Törnebolm） 此为基长岩与紫苏基长岩之过渡岩石，含斜方辉石及单斜辉石。Hypersthene-syenite, Hypersthenite Rose, Hypersthene-gabbro, Augite-Norite, 皆与 Norite 同义。唯前二字皆易发生误会，宜完全删去之。

玄武岩（Basalt） 与基长岩相当之喷出岩也。含基性斜长石、辉石或角闪石，或亦有橄榄石。有以含橄榄石为玄武岩与安山岩之却别者，甚不相宜。兹仍以斜长石之种属为基本，分玄武岩与安山岩为以下各种：

A. 含酸性斜长石者 { 角闪安山岩 辉石安山岩 橄榄安山岩

$$
\text{B. 含基性斜长岩者}
\begin{cases}
\text{角闪玄武岩} \\
\text{玄武岩} \\
\text{橄榄玄武岩}
\end{cases}
$$

玄武岩更可以组织之粗密，分为玄武岩与粗粒玄武岩（Dolerite）。粗粒玄武岩之辉绿状组织者，谓之辉绿岩（Diabase）。

紫苏玄武岩（Alboranite）　此为相当于紫苏基长岩之喷出岩。或译微晶紫苏安山岩，今以其有基性斜长石之成分，改译为紫苏玄武岩。

（2319）霞正基长岩（Essexite Sears）　据席尔斯氏之原说，Essexite 含有辉石、角闪石、黑云母、斜长石、霞石及附生矿物，并未提及正长石。然据华盛顿氏之报告，此为基性二长岩之一，似长石、斜长石及碱性长石均为主要成分。其斜长石之 Ab，An 比例在 Ab_1An_1 与 Ab_1An_2 之间，而碱性长石为微纹长石。其霞石成分颇多云，故华氏以为若无碱性长石与霞石者，皆非 essexite。故译为霞石正长基长岩而缩写为霞正基长岩，或译含正长辉长岩，遗其霞石，以此改正焉。

（2320）霞石基长岩（Nephelite-gabbro ＝ Rouvillite O'Neill）　欧尼尔所报告之岩石有含 55.9%中钙长石，29%霞石及 7.5%辉石，3.6%角闪石者，产于魁伯克之圣希列尔（St. Hillaire）地方，谓之 Rouvillite 宜属此科，译曰霞石基长岩，或译白霞石钙钠长岩。以其暗色矿物过于 10%自当属于中色岩组，并从其科名译为霞石基长岩。若以矿物成分命名，亦应改译为霞石中钙长岩。

一部分之霞石玄武岩（Tephrites）及含橄霞石玄武岩（Basanites），亦属此科。参考（2220）。

（2322）富方沸基斜正长斑岩（Heronite Coleman）　是为富于方沸之脉岩。为（2322）科之唯一岩石。其方沸石基约当岩石成分之半数，次为正长石占 28%，又次为中钙长石占 13%，余为锥辉石等暗色矿物。或译汉罗岩，今据其成分改译如是。

（2324）富方沸基长斑岩（Lugarite Tyrrel）　脉岩之一，产于苏格兰。方沸石基占全岩之半，中钙长石斑晶有 10%，锑辉石 20%，基性钠闪石 15%。按其成分应属此科。

〔第二组第四目〕

（246）钙长花岗岩（Calciclase-granite Johannsen）　花岗岩中之斜长石偏于极端之钙质者也。

钙长流纹岩（Calciclase-rhyolite Johannsen） 流纹岩中之斜长石偏于极端之钙质者也。

（247）花岗钙长岩（Calciclase-granogabbro Johannsen） 花岗基长岩之斜长石偏于极端钙性者也。

（248）石英钙长岩（Quartz-calciclase-gabbro Johannsen） 石英基长岩之斜长石偏于极端之钙质者也。

英钙玄武岩（Quartz-calciclase-basalt Johannsen）

（2410）钙长正长岩（Calciclase-syenite Johannsen） 正长岩之斜长石偏于极端钙性者也。

（2411）正长钙长岩（Calciclase-syenogabbro J.） 正长基长岩之斜长石偏于极端钙性者也。如正长石与钙长石相近者，称以钙长二长岩（calciclase-monzonite）。钙长二长岩之含有石英者，可谓 calciclase-adamellite。

（2412）钙长岩（Calciclase-gabbro Johannsen） 基长岩之斜长石偏于极端钙性者也。

橄榄钙长岩（Allivalite Harker） 所含橄榄石与钙长石之量略相等，而以后者之量微多。或译钙长橄榄岩。然岩名以橄榄岩终者，不含长石或极少之长石。故按 Allivalite 之成分，不应译为钙长橄榄岩；且此岩之钙长石略微多于橄榄石，更不宜加重橄榄石而书于岩名之尾也。

刚玉黑云钙长岩（Kyschtmite Moroziewicz） 乌拉山地方产有深成岩，含钙长石、黑云母、刚玉及尖晶石、锆石、磷灰石等附生矿物。按其钙长石之成分，应属基长岩之一种，是又 gabbro 不含辉石之例也。

钙长脉岩 爱尔兰之加林福得（Carlingford）产有脉岩，含钙长石 62%及辉石 38%，应属此科。

钙长玄武岩（Anorthite-basalt Wada） 玄武岩之以钙长石为其主要之长石成分也。产于日本富士山。

钙长辉绿岩（Anorthite-diabase Tschermak） 此岩含有 50%钙长石，33%普通辉石及 8%磁铁矿。

〔第三组第一目〕

（315）暗钾花岗岩（Mela-kaligranite Johannsen） 花岗岩之缺乏斜长石而其暗

色矿物超过 50%之谓也。可罗拉多州之双布犹特所产有脉岩者，C. I. P. W. 四家谓之 Prowerose 及梅恩州之瑙克斯（Knox County）所产之脉岩巴斯丁（Bastin）谓之非常岩石者，皆属于本科。

（316）暗钠花岗岩（Mela-sodaclase-granite Johannsen）　暗色花岗岩之斜长石为极端之钠性者也。参考（216）。

（317）暗花岗钠长岩（Mela-sodaclase-granodiorite Johannsen）　如正长石与钠长石之比例相近者，可称暗钠石英二长岩。参考（217）。

（318）暗英钠长岩（Mela-sodaclase-tonalite Johannsen）　参考（218）。

（319）暗钾正长岩（Mela-kalisyenite Johannsen）　参考（219）。

（3110）暗钠正长岩（Mela-sodaclase-syenite Johannsen）　参考（2110）。

（3111）暗正长钠长岩（Mela-sodaclase-syenodiorite Johannsen）　参考（2111）。

（3112）暗钠长岩（Mela-sodaclase-diorite Johannsen）　参考（2112）。

（3113）暗含霞钾长岩（Shonkinite Weed and Pirson）　产于孟达那州高木山（Highwcod mts.）之尚金（Shonkin）地方，故以为名。据卫德与毕尔孙之报告，此乃暗色之深成岩，主含辉石及正长石，或有橄榄石者，霞石、方钠石等为附生矿物，至于斜长石为量极少，如有则为钠长石。钠长石之量超过 5%者，可谓 Sodaclase-shonkinite 入于第十四科，译曰暗含霞钠长正长岩。毕尔孙更述一岩，其矿物成分为碱性长石 20%，霞石 5%，方钠石 1%，磷灰石 4%，铁镁矿物 70%。据此成分，应入于（3117）科，谓之暗霞钾长岩（Nephelite-Shonkinite）。

（3117）暗霞钾长岩（Nephelite-Shonkinite Johannsen）　参考（3113）。

（3119）暗霞正钠长岩（Mela-Litchfieldite Johannsen）　参考（2119）。

（3120）暗霞石钠长岩（Mela-mariupolite Johannsen）　参考（2120）。

（3125）暗锑辉霞长岩（Bekinkinite Roseubusch）　以产于马达加斯加之北金金山得名。锑辉石及霞石为其主要成分，深成岩之一也。

暗橄辉白榴岩（Missourite Weed and Pirson）　亦深成岩也，以产于密苏里河上得名。辉石、白榴石及橄榄石为其主要成分。或译含白榴辉长岩，似不甚当。

暗霞石䃱（Nephelite-basalt）　参考（2125）。

暗白榴䃱（Leucite-basalt）　参考（2125）。

〔第三组第二目〕

（326）暗花岗岩（Melagranite）　参考（226）。

（327）暗花岗酸长岩（Melagranodiorite）　参考（227）。

（328）暗石英酸长岩（Melatonalite）　参考（228）。

（3210）暗正长岩（Melasyenite）　参考（2210）。

（3211）暗正长酸长岩（Melasyenodiorite）　参考（2211）。

（3212）暗酸长岩（Meladiorite）　参考（2212）。

以上第三组诸岩，深成代表甚少，而脉岩代表颇多。此种脉岩类，统称煌斑岩。其与（319）相当者，有云母正长煌斑岩；与（3210）相当者，有角闪正长煌斑岩；与（3212）相当者，有云母酸长煌斑岩及角闪酸长煌斑岩；与（3312）相当者，有角闪基长煌斑岩；与（3125）相当者，有黑云黄长煌斑岩及方沸煌斑岩。

黑云正长煌斑岩（Minette Voltz）　以黑云母及正长石为主要成分。

角闪正长煌斑岩（Vogsite Rosenbusch）　以角闪石及正长石为主要成分。

黑云酸长煌斑岩（Kersantite Delesse）　以黑云母及酸性斜长石为主要成分。

角闪酸长煌斑岩（Spessartite Rosenbusch）　以角闪石及酸性斜长石为主要成分。

钠闪基长煌斑岩（Camptonite Rosenbusch）　以钠闪石及基性斜长石为主要成分。

橄云黄长煌斑岩（Alnöite Rosenbusch）　以黄长与辉石相合之石基及橄榄石、黑云母之斑晶为主要成分。

辉闪方沸煌斑岩（Monchiquite Rosenbusch and Huuter）　以方沸基与辉石、角闪石、橄榄石等微斑晶为主要成分。

暗安山岩(Mela-andesite Johannsen)　与暗酸长岩相当之喷出岩谓之暗安山岩。

报告中所谓之辉绿岩及玄武岩每多属于此科。

〔第三组第三目〕

（336）暗基斜花岗岩（Mela-calcigranite J.）　参考（236）。

（337）暗花岗基长岩（Mela-granogabbro Johannsen）　参考（237）。

（338）暗石英基长岩（Mela-quartz-gabbro Johannsen）　参考（238）。此种岩石，一见于北美连山北纬 49°之莫瓦夷（Moyie）地方；一见于同带之波塞尔

（Purcell）地方；一见于芬兰西南之欧里夏维（Orijarvi）地方。然皆以角闪石为其主要成分，不足为本科之代表。

（3311）暗正长基长岩（Mela-syenogabbro J.）　参考（2311）。

（3312）暗基长岩（Mela-gabbro）　参考（2312）。基长岩、紫苏基长岩、辉绿岩、玄武岩等多属于本科。

（3319）暗霞石正长基长岩（Mela-nephelite-syenogabbro Johannsen）　参考（2319）。

（3320）暗霞石基长岩（Theralite Rosenbusch）　粗粒状，含中钙长石、霞石及富量之铁镁矿物者，谓之暗霞石基长岩。此岩之产于喀斯塔利加（Costa Rica）者，含有微量正长石，无足轻重。

橄榄暗霞基长岩（Kylite Tyrell＝Olivine-thralite）　以产于苏格兰之基尔区（Kyle Dist.）得名。含中钙长石 31%，霞石 4%，方沸石 1.3%，锑辉石 26%，橄榄石 32%及微量之锑铁矿、黑云母、磷灰石。据此成分应属本科。

〔第三组第四目〕

（3411）暗正长钙长岩（Ricolettaite Johannsen）　此为道尔泰（Doelter）所报告之岩石，以产于底罗尔孟宋尼之里高列塔（ricolletta）得名。含正长石 5%～7%，钙长石 35%～40%，普通辉石 40%及黑云母、橄榄石、磁铁矿。

（3412）暗钙长岩（Yamaskite yonng）　此乃钙长石与辉石所组成之岩石，以产于魁伯克之雅马斯加山（Mt. yamaska）得名。

橄榄暗钙长岩（Olivine-yamaskite J.）　此与上岩相似，唯于辉石外更有橄榄石耳。乃欧尼尔（O' Neill）于圣希列尔（St. Hilaire）所发现者，翟氏名之曰 Olivine-yamaskite。

〔第四组第一目〕

（410）纯橄榄岩（Dunite Von Hochstetter）　以产于纽锡兰之东山（Dun Mts）得名。含橄榄石及些微之铬铁矿之成分超过 5%者属于第二目，福郝德谓之铬铁橄榄岩（Chromitedunite）其过于 50%者，翟翰生谓之橄榄铬铁岩（Olivine-chromitite）。如橄榄石反在 5%以下者，翟氏谓之 Chromitite，译曰铬铁岩。前者属于第三目，后者归之第四目。更有含磁铁矿者，可名以磁铁橄榄岩（magnetite-dunite），橄榄磁铁岩（Olivine-magnetite-etitite）及磁铁岩（magnetitite）名之。

（411）角闪富橄岩（Hornblende-dunite Johannsen）及黑云富橄岩（Biotite-dunite）　堪塔基（Kentucky）所产之岩石有含80%橄榄石或其换性之矿物，4.2%磁铁矿及铁矿，而余为黑云母、柘榴石者，狄勒（Diller）谓之Mica-Peridotite应属于此。

（412）含辉角闪富橄岩（Pyroxene-bearing hornblende-dunite Johannsen）

（413）含闪辉石富橄岩（Hornblende-bearing Pyrozene dunite Johannsen）

（414）辉石富橄岩（Pyroxene-dunite Johannsen）

（415）角闪橄榄岩（Amphibole-Peridotite＝Cortlandtite Williams＝Hudsonite Cohen）　以产于纽约州之高德兰特（Cortlandt）得名。含伟大结晶之角闪石，而有星点状之橄榄石散布其中。

云闪橄榄岩（Scyelite Judd）　产于苏格兰之Loch Scye，故以名之。含角闪石58.5%，由橄榄石变化之蛇纹石22%，云母18.5%及磁铁矿1%。亦以橄榄石散布于角闪石及云母中成星点状组织。

（416）含辉角闪橄榄岩（Olivinite Sjögren & Eichstädt）　其矿物成分，大有出入。普通以橄榄石、辉石、角闪石为主要成分，亦有略含钙长石者，然不甚常见。

（417）含闪异剥橄榄岩（Wehrlite Kobeli）　以产于匈牙利之卫里（Wehrle）得名。异剥石为其主要成分，橄榄石次之，且有若干角闪石。

（418）二辉橄榄岩（Lherzolite de Lametherie）　以产于柏兰尼山（Pyrenees）之Lherz得名。含顽火辉石及透辉石而副以橄榄石，附生矿物有铬尖晶石，更有以透辉石、古铜辉石、橄榄石为成分而附生为铬铁矿者。

异剥橄榄岩（Diallage-peridotite Kloos）　含异剥石、橄榄石及微量之铬铁矿。

顽辉橄榄岩（Saxonite Wadsworth）　以顽火辉石为主，而副以橄榄石者也。其含磁铁矿稍富者，鲁森博谓之Harzburgite（磁铁顽辉橄榄岩）。

（419）纯角闪岩（Hornblendite Dana＝Amphibololite Lacroix）　华盛顿所报告巴西之纯角闪岩含角闪石91.6%。

黑云角闪岩（Biotite-hornblendite）　哈东（Hutton）所指纽锡兰之黑云角闪岩，含黑云母及角闪石之量相近。

（4112）纯辉石岩（Pyroxenolite Lacroix）　此为异剥辉石岩、古铜辉石岩、紫苏辉石岩、二辉岩之统名。

异剥辉石岩（Diallagite Des Cloizeaux）　以异剥石为主要成分，其他辉石、角闪石、铁尖晶石、柘榴石等均极微少。

古铜辉石岩（Bronzitite Lacroix）　几全为古铜辉石所组成之岩石也。

紫苏辉石岩（Hypersthenite）　几纯为紫苏辉石所组成之岩石也。

二辉岩（Websterite Williams）　以产于北加罗林那州之卫博斯特得名。含单斜及斜方二种辉石。

〔第四组第二目〕

（420）铬铁（或磁铁）橄榄岩　参考（410）。

（427）磁铁透辉橄榄岩（Koswite Duparc）　为透辉石及橄榄石所组成，而以磁铁矿胶结其间。以产于乌拉山之高斯文斯基（Koswinsky）得名。

（429）磁铁顽辉橄榄岩（Harzburgite Rosenbusch）　成分与顽辉橄榄岩（Saxonite）相似，而较富于铁矿。

（4211）角闪紫苏岩（Bahiaite Washington）　以产于巴西之巴希雅（Bahia）得名。紫苏辉石及角闪石为其主要成分，且含微量之橄榄石及铁尖晶石。

云榴锥辉岩（Cromaltite Shand）　以产于苏格兰阿辛特（Assynt）之克拉麦尔特得名。锥辉石、黑榴石、黑云母为其矿物成分。

〔第四组第三目〕

（430）橄榄铬铁岩，橄榄磁铁岩　参考（410）。

（4312）锑铁顽辉岩（Ilmenite-enstatitite Vogt）

磁铁辉石岩（Magnetite-pyroxenite Jennings and Bastin）

〔第四组第四目〕

（440）铬铁岩及磁铁岩　参考（410）。

注释

〔1〕A. Johannsen. Petrography. Vol. 1, P129

〔2〕A. Holmes. Nomenclature of Petrology. P71

〔3〕A. Holmes. Nomenclature of Petrology. P131

〔4〕A. Holmes. Nomenclature of Petrology. P33

〔5〕F. C. Calkins. A decimal grouping of Plagioclase. Jour. Geol., XXV, 1917, P157-159

〔6〕A. Johannsen. Petrography. Vol. 1, P29

Winchells. Elements of Optical Mineralogy. Pt. Ⅱ. P318

〔7〕 A. Johannsen. Petrography. Vol. 1, P53-54, P59-61

〔8〕 Cross, Iddings, Pjrson, Washington. Quantitative Classification of Igneous Rocks. Part Ⅰ, P1-94

A. Johannsen. Petrography. Vol. 1, P117-139

〔9〕 A. Johannsen. Suggestions for a Quantitative mineralogical classification of igneous Rocks. Jour Geol., XXV, 1917, P63-97

A. Johannsen. A quantitative mineralogical classification of igneous Rocks revised. lid., XXVⅢ, 1920, P38-60, P159-177, P210-232

A. Johannsen. Petrography. Vol. I, Chicago, 1931, P140-158

〔10〕 第二篇叙述系仿效 Johannsen: A quantitative mineralogical classification of igneous Rocks revised. Jour Geol., XXVⅢ, 1920, P52-60, P159-177, P210-232。唯翟氏所讨论者为火成岩之原名，此篇之申述则偏重于译名。原名之参考甚繁，阅者欲得其详，即请检阅翟氏原文。

〔11〕 A. Holmes. Nomenclature of Petrology. 2nd ed., P219

闪长岩与辉长岩抑酸长岩与基长岩？ ①

张遹骏（北洋工学院采冶系）

　　欧美之岩石学家对于火成岩之分类迄无一定之标准，故岩石名称之定义随时随地有所变更，因人因说可以互异。定义虽有变易而其名称可以仍旧，乃以其名称之字源不从地名，则从人名，或从状态等等，而从矿物成分者绝对少见，故其弹性极大，虽其定义数易其质，而岩名仍可保留也，如 Syenite 则以埃及之 Syene 得名[1]。然西尼所产之岩石却含石英，是乃花岗岩之一种。今以 Syenite 之名流行已久，含义确定，遂将错就错从其衍名，而以西尼所产者称曰花岗岩；其非西尼所产之与花岗岩相似而缺乏石英者谓之"西尼岩"。近者习焉不察，初不问其假借名词之合理与否也。西文虽能如此假借，而译为华名即有缺乏弹性之处。Syenite 之华译曰正长岩，盖言其主要成分为正长石。然西文之称 Syenite 常有不含正长石者，若其不含正长石之 Syenite 亦译为正长岩，即甚费解，如纯为钠长石所组成之 Albitite 之译为白碱性正长岩或曹长半花岗岩是也。

　　正长岩之主要矿物为正长石，次之为斜长石及一二种铁镁矿物。其含角闪石者谓之角闪正长岩，其含辉石者谓之辉石正长岩。然何不以此称为闪长岩或辉长岩而仅以斜长石与角闪石之组合谓之闪长岩，斜长石与辉石之组合谓之辉长岩也？闪长岩之原名曰 Diorite，辉长岩之原名曰 Gabbro。按二者之区别在其所含斜长石之种属（见后），其含辉石与酸性斜长石者称以 Augite diorite，而含角闪石与基性斜长石者则曰 Hornblende gabbro。故其区别实不在角闪石或辉石之有无也。

　　西名 Diorite 乃豪尉氏（Haüy）[2]之所创，盖从希腊文"分明"之意，取其黑白矿物颇为分明也。自后以其矿物成分为定义者大别分为三说：一以暗色矿物与

①本文 1937 年发表于《地质论评》第 2 卷第 1 期。

淡色矿物之比例为根据；一以暗色矿物之种属为标准；一以淡色矿物之种属为原则。兹分别说明于下以兹比较：

一、以暗色矿物与淡色矿物之比例为根据

毕尔孙与诺夫（Pirson-Knopf）[3]：以为 Diorite 乃粒状火成岩，其矿物成分为一种斜长石与一种或多种暗色矿物。斜长石之类别不居何种，唯其含量须与暗色矿物相等或较多。暗色矿物亦不论何种，黑云母、角闪石或辉石均可。此三者可以单独发育，亦可共生。

尚德（Shand）[4]：以为 Diorite 乃淡色之粒状岩，以斜长石为其主要成分而超过全岩 70%者，初不问其斜长石之种属，亦不提铁镁矿物之为黑云母、角闪石或辉石也。

二、以暗色矿物之种属为界说

克劳斯（Cross），伊丁士（Iddings），毕尔生（Pirson），华盛顿（Washington）[5]：以 Diorite 乃粗粒状火成岩，以角闪石为主要成分，且亦可有其他暗色矿物；其中之斜长石占次要之地位且不论何种。

甘波（Kemp）[6]：以 Diorite 为花岗状之岩石而以斜长石与角闪石为其主要成分，黑云母为其常见之矿物，且亦有完全代替角闪石者，如是则称 Biotite diorite。甘波且言，一般岩石学者有以含酸性斜长石者为 Diorite 而以含基性斜长石者为 Gabbro 之倾向。

三、以斜长石之种属为原则

斯波尔（Spurr）[7]：以 Diorite 为火成岩之类名，其主要成分为偏于钠性之斜长石，而斜长石之范围为过钠长石与中钠长石[8]。

何姆斯（Holmes）[9]：则以 Diorite 为粗粒火成岩，其矿物成分为斜长石（中钠长石或过钠长石）及镁铁矿物，如角闪石、黑云母、辉石等，而以角闪石为常见。

卢森布（Rosenbusch）[10]：以 Diorite 之主要矿物成分为酸性斜长石，而其暗色矿物可以不居何种。

罗杰斯（Rogers）[11]：亦以斜长石为分别 Diorite 和 Gabbro 之目标。其含酸性斜长石与角闪石，或辉石，或黑云母者为 Diorite。

翟翰生（Johannsen）[12]：则以含酸性斜长石与一二种暗色矿物者为 Diorite，初不论其暗色矿物之为何种，亦不计淡色矿物与暗色矿物之比量也。

由上论之近今之为 Diorite 之界说者多注意于长石之种属，而不计铁镁矿物之类别，即注重角闪石者亦不过言其为常见之矿物而非其必要之成分也。故纯含酸性斜长石者谓之 Leuco diorite，其加入辉石者谓之 Augite-diorite，而以黑云母为其主要之暗色矿物者称以 Biotite-diorite，斯皆缺少角闪石之 Diorite。故若依次译为白色闪长岩、辉石闪长岩、黑云闪长岩，即不免名不符实之讥。Diorite 既以酸性斜长石为其主要成分，故可译曰酸长岩。此乃暂时之译名以替代闪长岩者，若得较好之名词，殊亦欢迎修正也。

西名 Gabbro 乃 Targioni Tossetti [13]所拟者，原指塔斯干尼（Tuscany）之异剥石与蚊纹石所组成的岩石。至布恰氏（von Buch）之时，义始稍定。彼以含有长石腐化的琐屑石（Saussurite）[14]及硬玉（Jade amphibole）或绿闪石（Smaragdite）者为 Gabbro。唯其所指之硬玉或绿闪石或系异剥石之误。自布恰氏以后，岩石学者多以斜长石与异剥石所组合者为 Gabbro，然近日之岩石学者多注意斜长石之种属，其重视暗色矿物之类别者较少。以矿物成分作 Gabbro 之界说者亦分三种，与酸长岩相似。

一、以暗色矿物与淡色矿物之比例为根据

毕尔孙及诺夫（Pirson-Knopf）[15]：以 Gabbro 为粒状火成岩，主含暗色矿物与斜长石，而暗色者较多。彼等以 Gabbro 与 Diorite 之分别在暗色矿物与淡色矿物之比例。Gabbro 之成分以暗色者为主体而淡色者为次要。Diorite 则反是，此以斜长石为主体而暗色矿物为次要。暗色矿物可以为角闪石，或黑云母，亦可以为辉石。至于斜长石则不论种属。

尚德（Shand）[16]：尚氏有之，昔者多以 Gabbro 与 Diorite 之分别为富于钙性之斜长石或以其含有辉石。此二说者皆已通行，唯均不适宜，不如以色素分别之为愈也。凡粗粒岩中之钙长分子富于正长分子，而其色素[17]超过 30%者均得谓之 Gabbro。尚氏并举巴列尔（Barrell）之说为其根据。巴氏之言曰：任何粒状之岩石，其暗色矿物占多数者即系角闪石，亦得谓之 Gabbro，而非 Diorite。

二、以暗色矿物之种属为定义

克劳斯、伊丁士、毕尔孙、华盛顿[18]：以 Gabbro 为粗粒岩之富于暗色矿物而非角闪石且有不论何种之斜长石者也。

甘波[19]：所言之 Gabbro-group 范围颇广，性质亦甚复杂。彼以深成粒状之岩石含有辉石与斜长石皆入于 Gabbro-group，而标准的 Gabbro 之中暗色矿物多于斜长石。其纯为中钙长石所成者，虽缺乏辉石，亦入于 Gabbro-group。暗色矿物中亦可混杂角闪石与黑云母。甘氏且言，一般岩石学者多注意于斜长石之种属，而以基性斜长石为 Gabbro 之主要成分。

三、以斜长石之种属为原则

何姆斯（Holmes）[20]：粗粒火成岩之含中钙长石或倍钙长石与辉石者，谓之 Gabbro，含橄榄石者，谓之 Olivine-gabbro，而斜长石之为钙长石者，谓之 Eucrite。

提列尔（G. W. Tyrrell）[21]：以粗粒岩之含中钙长石与单斜辉石者，为狭义的 Gabbro。至如含有中钙长石与单斜辉石之 Norite，含有橄榄石之 Olivine-gabbro，仅含橄榄石与中钙长石之 Troctolite，仅含中钙长石之 Anorthosite 等，均归 Gabbro-group。

卢森布（H. Rosenbusch）[22]：以基性斜长石为 Gabbro 之主要成分，而暗色矿物之种类可以不论。

翟翰生（A. Johannsen）[23]：则以基性斜长石与一二种暗色矿物为 Gabbro 之主要成分，暗色矿物之种类可以不论。其暗色矿物不及 5%者曰 Anorthosite，其多于 5%而不及 50%者曰 Gabbro 或 Norite，其多于 50%而少于 95%者曰 Mela-gabbro。

罗杰斯（Rogers）[24]：以岩石之含基性斜长石与普通辉石或紫苏辉石或角闪石者为 Gabbro。罗氏有云，Diorite 与 Gabbro 之分别以根据斜长石之种属为合宜，盖以低矽酸化之岩汁在初期结晶时多辉石，而在末期结晶者则可因环境之转变辉石再熔而生为角闪石也。

由上论之，近今之作 Gabbro 之界说者多注意于斜长石之种属，而不顾暗色矿物之类别。故纯含基性斜长石者可属于 Gabbro-group，其加入橄榄石而缺乏辉石者亦属于 Gabbro-group，而含中钙长石与辉石者不过狭义的 Gabbro 耳。故 Gabbro

实乃类名，若根据狭义的 Gabbro 之矿物成分译为华名，则上列诸种 Gabbro 皆不能名符于实。无论何种 Gabbro，既皆以基性斜长石为其必须成分，故不妨译为基长石。

译名之所以根据斜长石之种属而不以铁镁矿物为标准者，更有岩石生成之关系 Genetic relations 存乎其间，固非强为也。岩汁中之钠长分子与钙长分子可以结成混质晶体 Mixed Crystals[25]。固定的钠长钙长比例 Ab-An 在岩汁中结晶若得相当的缓慢，仅能凝成一种斜长石，故其为酸性或基性，甚易确定。即因环境不适凝为带状结晶，吾人亦易求得其内外之平均 Ab-An 比例，依然可以断定其为酸性或基性也。反之，辉石与角闪石乃同质异形之矿物，在岩汁中适成一反应倡 reaction pair[26]。辉石晶体在岩汁中，当其热度降至相当程度及其他挥发物质增至相当浓度，即可与余汁发生反应，再熔转生以为角闪石。故二种岩汁之铁镁成分相似者，每因环境之不同发生辉石或角闪石或二者相杂之矿物成分。是故，斜长石之结晶终有常态，而辉石之结晶可以变相。以其有常态者为分别 Diorite 与 Gabbro 之原则，而不顾其可以发生相变者，可谓比较合理。由二者区别之原则为观点而译为华名，一则曰酸长岩，一则曰基长岩，自亦比较合理也。

基长岩与酸长岩均为类名，每类包括若干种，兹以各种之译名分别表列于后以为参考：

〔酸长岩科（Diorite Group）〕

　Ⅰ. 淡色酸长岩（Leucodiorites）——暗色矿物绝少。

　　1. 钠长岩（Albitite）——其成分几纯为钠长石。

　　2. 过钠长岩（Oligosite）——几纯含过钠长石。

　　3. 中钠长岩（Andesinite）——几纯含中钠长石。

　Ⅱ. 酸长岩（Diorites）——暗色矿物不及 50%，岩名之前省去"中色"二字。

　　1. 酸长岩（Diorites）——此乃狭义的酸长岩，其暗色矿物以角闪石为多。

　　2. 黑云酸长岩（Biotite diorite）——其暗色矿物以黑云母为主。

　　3. 辉石酸长岩（Augite diorite）——其暗色矿物以辉石为主。

　Ⅲ. 暗色酸长岩（Meladiorites）——暗色矿物超过 50%者，在深成岩中甚为少见，多属煌斑岩类。

1. 角闪酸长煌斑岩（Spessartite）——含角闪石及斜长石。

2. 黑云酸长煌斑岩（Kersantite）——含黑云母及斜长石。

3. 钠闪酸长煌斑岩（Camptonite）——含基性钠闪石及斜长石。

〔基长岩科（Gabbro Group）〕

Ⅰ. 淡色基长岩（Anorthosites）——暗色矿物绝少者。

1. 中钙长岩（Labradorite）——几纯含中钙长石。

2. 倍钙长岩（Bytownitite）——几纯含倍钙长石。

3. 钙长岩（Anorthite rock）——几纯含钙长石。

Ⅱ. 基长岩（Gabbros）——暗色矿物不及 50%者。

1. 基长岩（Gabbro）——此乃狭义基长岩，其暗色矿物以单斜辉石为主。

2. 橄榄基长岩（Troctolite）——其暗色矿物为橄榄石。

3. 纤闪基长岩（Uralite Gabbro）——其中辉石之变成纤闪石者。

4. 角闪基长岩（Hornblende Gabbro）——其暗色成分主要为角闪石者。

5. 紫苏基长岩（Norite）——暗色矿物主要为斜方辉石。

6. 二辉基长岩（Hyperite）——含有单斜及斜方二种辉石者。

7. 含橄基长石（Olivine Gabbro）——辉石之外更其橄榄石者。

8. 橄榄钙长岩（Allivalite）——为橄榄石与钙长石所组成。

Ⅲ. 暗色基长岩（Melagabbro）——暗色矿物多于 50%者。基长岩之暗色矿物通常均甚丰富，故Ⅱ及Ⅲ项可以合并言之。

总之，Diorite 与 Gabbro 之区别，就其岩汁的成分与矿物的结晶言之，主要在于斜长石之种属，次要在于暗色矿物之类别。故根据斜长石可以分为 Diorite 与 Gabbro 之二科，而根据暗色矿物可以将此二科别为若干种。若以暗色矿物译入科名，即不免有偏于某某种之岩石而不能包括一科之全体。职是之故，对于狭义的 Diorite 与 Gabbro 以外之本科岩石的译名每感困难，所以冒昧从事，改篡旧说。今之所能见到者为闪长岩与辉长岩二词之须要改正。至于改成何等字样始称完善，则不敢必，兹所译者为酸长岩与基长岩。其适宜与否，犹待先进者有以教之也。

【说明】本文注脚之前记有星状标志者，乃转载他人之引证而未经作者所亲见。因恐有错，故以星号志之。此乃从翟翰生之注脚法，甚望海内著作家亦用此法以免后之学者发生误会也。

注释

〔1〕 Kemp. Handbook of Rocks. P42-43

〔2〕 A. Johannsen. A Quantitative Mineralogical Classification of Igneous Rocks J. Ccol, Vol XXVⅢ, No. 8, P114

〔3〕 Pirson-Knopf. Rocks and Rock Minerals. 2nd ed. P230

〔4〕 S. J. Shand. Eruptivc Rocks. P184

〔5〕 Cross, Iddings, Pirson, Washington. Quantitative Classification of Igneous Rocks. P265

〔6〕 J. F. Kemp. A Handbook of Rocks. P182

〔7〕 J. E. Spurr. 20th Ann. Rept U. S. G. S., Part 7, P204,209

〔8〕 按斜长石中之 Ab-An 比例言之，Andesine 乃 $Ab_{70}An_{30}-Ab_{50}An_{50}$，故不适当斜长石系之中央。其关系与 Labradorite $Ab_{50}An_{50}-Ab_{30}An_{70}$ 恰相似。故若 Andesine 译为中性长石，Labradorite 亦须译为中性长石，颇合于事理。故改译 Andesine 为中钠长石，Labradorite 为中钙长石，而以遥遥相对之 Oligoclase 与 Bytownite 译为过钠长石与倍钙长石。

〔9〕 A. Holmes. The Nomenclature of Petrography. 2nd ed. P81

〔10〕 H.Rosenbusch.Mikroskopische Physiographie der Mineralien und Gesteine. Ⅱ.Massige Gesteine

〔11〕 Rogers. Study of Minerals and Rocks. P433

〔12〕 A. Johannsen. A Quantitative Mineralogical Classification of Igneous Rocks J. Ccol, Vol XXVⅢ, No. 8, P114

〔13〕 A. Johannsen. A Quantitative Mineralogical Classification of Igneous Rocks J. Ccol, Vol XXVⅢ, No. 8, P212

〔14〕 琐屑石原名 Saussurite，前译钠黝帘石或致密黝帘石。其实 Saussurite 乃腐化之长石由各种矿物碎屑混合而成，其主要成分为黝帘石、钠长石、绿帘石、方解石、绿泥石、石英等等。今循其字音按其成分与状态，改译为琐屑石，然实际不能谓其为一种矿物也。

〔15〕 Pirson-Knopf. Rocks and Rock Minerals. 2nd ed P233-234

〔16〕 S. J. Shand. Eruptivc Rocks. P184

〔17〕 S. J. Shand. Eruptivc Rocks, P131. Color ratio 译曰色素，此乃淡色矿物与暗色矿物之比例。如火成岩中之暗色矿物占全岩 17%，其色素即为 17。

〔18〕 Cross, Iddings, Pirson, Washington. Quantitative Classification of Igneous Rocks. P268

〔19〕 J. F. Kemp. A Handbook of Rocks. P74, 188

〔20〕 A. Holmes. The Nomenclature of Petrography. 2nd ed. P103

〔21〕 G. W. Tyrrell. The principles of Petrology. P117-118

〔22〕 H.Rosenbusch.Mikroskopische Physiographie der Mineralien und Gesteine. Ⅱ.Massige Gesteine

〔23〕 A. Johannsen. A Quantitative Mineralogical Classification of Igneous Rocks J. Ccol, Vol XXVIII, No. 8, P114

〔24〕 Rogers. Study of Minerals and Rocks. P433

〔25〕 G. W. Tyrrell. The principles of Peterology. P64-67

〔26〕 N. L. Bowen. The Evolution of Igneous Rocks. P54-62

火成岩之分类及定名[①]

张通骏（北洋工学院采冶系）

一、岩石之名称

岩石学为晚近发展之科学，故其分类既尚无一定标准，岩石名称尤极散漫而少系统，治斯学者每感望洋之叹。据何姆斯（A. Holmes）之搜集[1]，岩石称谓有从古名者如 basalt 及 porphyry 是也；有从俗名者如 gabbro 及 granite 是也；有因其构造状态而定名者如 perlite 及 rhyolite；其因组织状态而定者有 aphanite 及 pegmatite；其因感触粗糙而定者如 trachyte；有因其颜色者如 leucophyre 及 melanophyre；有因光泽者如 lamprophyre 及 pitchstone；其以熔融之性质为原则者有 tchylite 及 eurite；其以矿物成分为标准者有 albitite，anorthosite 及 peridotite 等；其以化学成分为原则者有 soda-rhyolite 及 Alkal-granite 等；有以部落之名加于岩石者如 ossypite 是也；其以人名加于岩石者如 charnokite 是也；其依地名而称之者有 norite andesite，tonalite 等等；此外尚有以二名拼为一名者如 granodiorite，rhyodacite，synodiorite 等；以希腊文冠于岩名之前者有 apo-rhyolite，epidiorite，micropegmatite；以其附于岩名之尾者有如 graneid，pegmatoid，synoid；至如 felsite 则又铸造而成以助记忆者也。嗣后如仍无一定之系统以整理之，其名称数量之增加，且令人难以捉摸者不知其将何如也。

且更有非其岩而用其名者，是或因岩名之界说不明，又或因鉴定岩石者之疏忽。翟翰生（Albert Johannsen）曾按其个人所拟之分类，将各地岩石学者所谓之花岗岩一百余种，以图解面证其实非花岗岩者为数颇多[2]。彼更以所谓之正长岩

三十余种以图解证明实系花岗岩者竟过二十[3]，故多数岩石诚不免于指鹿为马之讥也。岩石类别之浩繁如彼，而名称之滥用如此，西文尚感困难，译为华名更属不易。董氏应用矿物成分为译名之标准[4]，颇为得体，自后之译名者多宗之。本文亦以此为原则，不过略事修正耳。

西文岩名如 granite, syenite, diorite, gabbro 及 peridotite 所包括之范围最广，可以视为基本岩名。以花岗岩译 granite，以橄榄岩译 peridotite，一则从其性质，一则从其成分均无问题。唯其他三名之依次译为正长岩、闪长岩、辉长岩应有修正或重加定义之必要。今以 syenite 仍译为正长岩，唯遇有西人之称为 syenite 而不含正长石者改译别名。至于 diorite 与 gabbro 均按其所含之斜长石改译为酸长岩与基长岩[5]。

世界各地火成岩之平均成分所含石英长石占 70%～78%[6]，故其分类标准多注目于长石种属。除非岩石之几无淡色矿物者，不藉暗色矿物为分类之目标。闪辉二字均为暗色矿物之代表，故不便译入基本之岩名。diorite 与 gabbro 之主要区别为斜长石之种类。前者所含为酸性斜长石，而后者为基性斜长石。纯含酸性斜长石者得名 diorite，其兼有辉石者亦得谓之 diorite。纯含基性斜长石者得谓 gabbro，其兼有角闪石者亦得谓之 gabbro。故闪长岩可以改为酸长岩，而辉长岩改为基长岩，一则近于旧译之字音，一则近于原文之字音。虽非至当至善，然合正长岩一名，可谓火成岩名之鼎足，要亦便于记忆也。

二、火成岩分类之标准

基本岩名以外之名称綦繁，若不采合适的系统以为译名之标准，必亦失之散漫而与治岩石学者以繁重的担负。欧美地质家对于火成岩所拟之分类法多至数十种[7]，而其应用之原则不外四端：化学成分、组织状态、岩石产况、矿物成分是也。兹分别述之于后。

1. 化学成分

火成岩石经化分所含之主要氧化素不过十数种，其在结晶时挥散之主要分子均不能计入，故原来岩汁与岩石本身之化学成分颇有出入。岩汁凝结之时，其先凝之较重晶粒可因外力与余汁相分离，故岩体之底部与上部，或边相与中部，时生参差。全部之平均化学成分固可相当的代表原来之岩汁，然其一部的分析即不能谓之岩汁的原来成分。岩石所由来的岩汁之成分既难由化学分析之结果推而知之，则其分析结果无论如何精确，或亦不过枉费精神耳。然如玻璃岩或其他岩石之矿物成分不能以机械的方法鉴定之时，化学分析亦未可少。

火成岩之曾经化学分析者不下数千种，然考其化学成分与其他岩石特性之关系，盖甚浅显。以其与岩石之产况而论，可采德里（Daly）之统计[8]。下列表中之第一行代表 236 种花岗岩之平均成分，而第二行代表 114 种流纹岩与石英斑岩之平均成分。

	SiO$_2$	TiO$_2$	Al$_2$O$_3$	Fe$_2$O$_3$	FeO	MnO	MgO	CaO	Na$_2$O	K$_2$O	P$_2$O$_5$	共计
1	70.47	0.39	14.90	1.63	1.68	0.13	0.98	2.17	3.31	4.10	0.24	100
2	73.47	0.31	14.20	1.50	0.92	0.11	0.46	1.36	3.25	4.32	0.07	100

按表中所列者可得一不关重要之结论：岩流之中略富于矽碱，稍贫于镁钙铁，而深成岩中略富于镁钙铁，稍贫于矽碱是也。此种差异极微，殊不足为分别深成岩与岩流之标准。岩石之构造组织与产况有密切之关系，故化学成分对于组织构造亦无何等重要之影响也。

化学成分对于矿物成分之关系固甚密切，然使吾人已知某种岩石化学分析，每不能推测其实际所组成者为何等矿物也。今如造岩之矽酸化矿物之矽酸含量无过 69%者，故岩石之矽酸成分超过此数者应得石英或鳞石英之结晶。又如矽酸化矿物之矾土含量无过 55%者，故某种岩石之矾土成分若能超出此数应得刚玉或尖晶石之出产。然实际上火成岩之矽酸含量虽远不及 69%亦可生成石英，而其矾土含量仅有百分之十几者亦可生有刚玉。所以除特别之岩石外，吾人实不能依分析之结果确定其有石英与刚玉与否也。

碱质与矾土在矽酸矿物中之分子比例为一与一，故岩石成分之碱质超过矾土者，结果可得含有锥辉石、钠闪石、异性石的岩石。然矾土分子超过碱质和碱土之总数者，当有云母、刚玉或黄玉之发育。

至如钙质一项可以结为含有铝质之矿物，亦可生为不含矾土之矿物。彼可与矽酸相结合，亦可不与矽酸相结合。更如苦土一质则为云母、辉石、角闪石、橄榄石、电气石、柘榴石、尖晶石等主要分子；而氧化铁不惟为上列诸矿物之成分，且可结为简单的赤铁矿与磁铁矿。各种氧化基素既不能无疑的配为一定之矿物，遂使矽酸与矾土之分子亦不能必其多少，可以分配与钠钾钙镁铁等之氧化分子，而成为某某种指定之矿物也。

就一般火成岩石之化学成分言之，钙镁二质之变动，常相偕和。如某岩之钙质富者其镁质恒富，而钙质少者镁质亦少。此皆因辉石与角闪石中之钙镁比例颇为一定有以致之也。然此亦不能一概而论，如有岩石之富于钙长石者，其灰质虽多，或竟不含苦土；又如橄榄岩之富于苦土者，亦或不含石灰是也。

火成岩中常有镁钾二质相提携，而铁钠二质相并行者，如富于钠者多铁分，富于镁者多钾质是也。富于钠者多生钠铁相合之辉石与角闪石，而其钾镁二素常甚少。此种现象仅可为自然界之一种趋势，未可视作定律，故亦不能指为分类之原则也。

总之，化学成分固为岩石之重要特性，且用为岩石分类之原则亦颇有相当之道理，然在岩石学之立场上言之，仅视化学成分，每不能推测岩石之矿物的与地质的特性，或岩汁凝结时之理化环境。故仅依化学成分讨论岩石之类别而不顾其矿物之生成，实与研究化学反应之时专言其中之成分为何物，而不顾其中之相的变化无以异也。

2. 组织状态

组织状态久为岩石学者所引用，以为岩石分类之标准。以其与化学成分一则相较，则其对于岩石之凝结环境极有关系，故曰较为合理的标准。就火成岩之产况论，大别分为二种：一曰深成岩，一曰喷出岩。深成环境之中，压力颇大，化冷颇缓，且保持大量之挥发物质，此皆利于结晶之生成，故深成岩之组织为粗粒之全晶状。及岩汁达于地面，其环境与深成相反，其压力轻松，挥发物质脱逃，而由高热骤然化冷。凡此皆不利于结晶，故结果多成半晶质或玻璃质，且含多孔状及流纹状之特别构造。其中之斑状组织亦所常见。

深成与喷出之间有所谓中深岩者，如席克尔（Zirkel）[9]与尚德（Shand）[10]诸氏多以其组织无定，摈出分类范围。中深岩石之组织状有全晶质者，有半晶质者，而以接近地面，其侵入之环境突然变化，常可发生斑状组织。今虽以中间生成的斑岩石别为一组，然不能与深成、喷出二者同等视之。其石基之为全晶质者近于深成，而为半晶质或玻璃质者近于喷出。故以其为深成或喷出二大类之副类，亦无不可也。

所须注意者，组织状态仅能辅佐其他标准，而不能独为分类之原则，实以每言组织之时，必须指定某一或某组矿物之结晶关系，不然即失其本义也。

3. 岩石产况

岩石产况可分为地质的与地理的两方面言之。关于地质方面已于前节组织中兼而及之，兹不再赘。就地理分布言之，火成岩可分为灰碱性与碱性之二大类。碱性岩多产于大西洋区，而灰碱性岩多产于太平洋区。换言之，碱性岩以产于地壳稳定处者居多，其处地质构造多块体或地堑式的断层。灰碱性岩以产于地壳不稳定之处者居多，其地构造颇富强烈式的褶叠。

大西洋区之碱性岩石，按哈克尔之结论[11]，据有以下之通性：其中长石富于钾钠，微纹与隐纹状之构造颇为普通。碱长石之外常有似长石。云母与柘榴石常有所见。辉石与角闪石中富于钠分。酸性甚强者可含石英。太平洋式之灰碱岩石均富于曹辉长石，而缺乏碱长石。曹辉长石之中多生带状构造。似长石类无所闻。云母一物可于酸性较强的岩石中见之。辉石与角闪石普通见于缺少钠分之岩石。矽酸成分较低者亦可生有石英。更据柏基之说[12]，灰碱岩中之斜长石的化学成分，颇与岩石之矿物成分有关系，如其富有暗色矿物者，斜长石中富于钙分，唯碱性岩中则无此种关系。富于钠分的长石可生于暗色岩石之中，而富于钙分者可生于淡色岩石之中。由地理性的原则类分岩石，在岩石通解 petrology 中之地位颇为重要。在分别叙述岩质 petrography 之时，则不甚方便也。

4. 矿物成分

岩石分类之标准不能仅用化学成分、组织状态，即地质的与地理的产况亦不能多所赞助。矿物成分遂为主要之原则。矿物之化学成分，可谓相当的固定，故由矿物之比量可以估计岩石之成分。且由某某种矿物之共生，或其特殊之构造组织，亦可推知岩汁凝结时之环境。故由此种矿物之共生情形类分岩石，可谓刻下最适宜之标准。

岩石中之矿物可分为原生与次生二类。当鉴定岩石之类别时，若遇有次生矿物，则以其所由来之原生矿物为标准，如有磁土则仍以长石视之，绿泥石仍作为黑云母，或角闪石。原生矿物复因其重要性分为主要矿物 essential minerals 与附生矿物 accessory minerals 二大类。主要矿物对于岩石之科别极有关系，吾人每以其存在与否及其多寡决定岩石之名称。至于附生矿物不过具文而已，初不以其有无论列岩石之种属也。

主要矿物更可因其化学成分别为二组：其色淡者富于矽铝，谓之矽铝组，西文曰 sialic，或曰 felsic；其色暗者富于铁镁，谓之铁镁矿物，西文曰 mafic，或曰 ferromagnesian minerals。淡色矿物之中有石英、长石、似长石、方沸石等；暗色矿物中有黑云母、角闪石、辉石、橄榄石等。平均火成岩中以矽铝矿物占最重要之地位，故岩石之分类统以淡色组为标准。不至不得已（如橄榄岩中之淡色矿物不及 5%，自难用为分组目标），不采暗色矿物为原则。

三、火成岩之分类

本文所列之分类表，以长石为主，以石英与似长石为宾，而以铁镁矿物为陪。石英与似长石不能共生，故其与长石之关系可分下列五段：岩石中之淡色矿物以石英为最富而仅有些微之长石者一也；其石英与长石之含量均有相当之重要者二也；其以长石为最富而仅含些微之石英者三也；其含有长石与似长石者四也；其以似长石为主体而仅具微量之长石者五也。以上诸组中之暗色矿物有极大之伸缩，其百分量可自 0 ～ 95[13]。如其超过 95% 者，岩中淡色矿物尚不及 5%，故难用为分类之标准，故不能不计为第六组。每组之中可因（一）正长石与斜长石之比例，（二）斜长石自身之种类，（三）各种铁镁矿物之比例，分为若干段。

微晶之喷出岩及粗粒之深成岩等各为主要之独立岩体，为便利计均称为未分异的岩石 aschistic rocks。小侵入体或岩脉之成分与母体相似者如各种斑岩亦称未分异的岩石。其相伴主要岩体而生的边相岩 border facies 及对合岩脉 complementary dikes 皆为分异的岩石 diaschistic rocks。分异者有以淡色矿物集富者，有以暗色矿物集富者。此可别为白粒岩[14]aplite 与煌斑岩二类。文晶岩[15]pegmatites 亦系分异后所成之岩脉，因其组织有别，故另列一排。斑状岩一方因石基微细近于喷出岩，一方因石基颇粗近于深成岩，亦分二段。横排之，遂分七级。横行与纵行相交而成各种岩科。斑岩、煌斑岩、白粒岩等，在火成岩中均占次要之地位，皆以小型字书之。

四、岩名简说

火成岩之分类既以长石之种类为骨子，则其名称亦宜以长石为根据。故除花岗岩一名及不含长石之橄榄岩等外，均以长石或似长石之名呼之，如正长岩、酸长岩、基长岩、霞石岩、白榴岩是也。此等岩石之成分除花岗岩与正长岩外，其矿物成分多偏于一端，如酸长岩之长石成分仅为钠质较富之斜长石，而基长岩仅含钙素较富之斜长石。二者之中虽或有些微之正长石，而为量甚少，实不足道也。

花岗岩与正长岩中之长石比例范围甚广，仅视其正长石之是否多于斜长石足矣。偏于一端者与花岗岩或正长岩之间自不免多类之过渡岩石。过渡岩石可以复名呼之，如花岗酸长岩、正长酸长岩等；更可以近于某岩者之名称之而冠以某种矿物之形容字，如石英酸长岩、石英基长岩等是也。至于花岗岩与花岗酸长岩之间加入石英二长岩，正长岩与正长酸长岩之间加入二长岩未始不可。正长岩之含霞石者，谓之霞石正长岩。霞石正长岩之暗色矿物超过 50%者，谓之暗霞石正长岩。基长岩之含霞石者，谓之霞石基长岩。其暗色矿物过多者，谓之暗霞石基长岩。霞石岩、白榴岩之中均乏长石，而其前之橄辉或锥辉二字，则以其所含暗色矿物为言也。不含石英、长石与似长石者，不能不以暗色矿物之名呼之。其以辉石为极端丰富者，曰辉石岩；以橄榄石为极端丰富者，曰纯橄榄岩；其为二者之混合成分者，谓之橄榄岩。以上各名之与旧译大不相同者，仅为酸长岩与基长岩；至于其他之异于旧译者，亦多由此所生也。

　　以上所言皆为深成岩之名称，而喷出岩亦有相当之基本岩名。相当于花岗岩者曰流纹岩；相当于正长岩者曰粗面岩；其与基长岩、酸长岩相当者，依次为玄武岩与安山岩。喷出岩间之过渡岩石亦以复名称之。霞石正长岩汁之喷出者成为响岩，此乃由原字之义直译者。凡此皆本旧译。其成分与暗霞石基长岩相当者，谓之碱性玄武岩。碱性玄武岩之含橄榄石者，谓之橄榄碱性玄武岩。喷出岩之成分相当于霞石岩、白榴岩、黄长岩、橄榄岩者，尚无合适之译名。若以深成岩名借用之，则与深成岩不能分别，多感不便。作者建议以"岩"字易为"晷"字以示区别，如谓白榴晷、霞石晷、黄长晷、橄榄晷，即可知其为喷出或微晶之岩石也。西文中之 nephelite-basalt, leucite-basalt, melilite basalt，依次译为橄榄霞石晷、橄榄白榴晷、橄榄黄长晷，而不译为霞石玄武岩、白榴玄武岩、黄长玄武岩者，乃以玄武岩之成分按本文之分类应含基性斜长石；今既无斜长石，故不得谓之玄武岩。西人滥用 basalt 一名，译为华文，又何必循其错道也。且所谓碱性玄武岩者乃 tephrite，而 nephelite-tephrite 实可译为霞石玄武岩，leucite-tephrite 实可译为白榴玄武岩；所谓橄榄碱性玄武岩者乃 basanite，而 nephelite-basanite 实可译为橄榄霞石玄武岩，leucite-basanite 则可译为橄榄白榴玄武岩。今若 nephelite-basalt 等亦以霞石玄武岩为言，即难于区别矣。粗面岩、安山岩、流纹岩、玄武岩已成流行之名称，绝不易误会为深成岩，故其"岩"可仍旧观；然如皆改为"晷"字以求划一，亦无不可。斑岩之名称与喷出岩、深成岩略相似，无须赘述。白粒岩与煌斑岩均为词尾，其个别之名称，则视环境为定。本分类表虽不能包罗一切火成岩之科别，然其未得入表者，不过各科中之副科耳，如碱性花岗岩、碱性正长岩、淡花岗岩、淡正长岩、淡色基长岩、暗色酸长岩等等是也。

五、结论

作者感于我国之火成岩译名之缺乏系统，遂不揣能力，写为此篇。是不过试译性质，岩石学家若以为岩石译名有整理之必要，即请予以教正，以便后此学者减少相同之感触。故此文之作志在抛砖引玉，非故欲立异也。兹附中英火成岩分类表于后，以便参照。（编者注：因表内英文字迹模糊无法辨认，此仅附中文分类表）

注释

[1] A. Holmes. The Nomenclature of Petrology. P2-4

[2] A. Johannsen. Petrography. vol. 1, P129

[3] A. Johannsen. Petrography. vol. 1, P130

[4] 董常. 矿物岩石及地质名词辑要. 地质调查所, Part II

[5] 张伯声. 闪长岩与辉长岩抑酸长岩与基长岩. 地质评论, 1937 年第 2 卷第 1 期, P67

[6] F. W. Clarke. The Data of Geochemistry. U. S. G. S. Bull. 616 P31

　　H. S. Washington. Chemical analysis of Igneous Rocks. U. S. G. S. 1903, 115, P14

　　Loith anh Mead. Metamorphic Geology. N. Y. 1915, P74

[7] A. Johannsen. Petrography. vol. 1. P51-158

[8] S. J. Shand. Eruptive Rocks. Thoma. Murty and Co. 1927, P105

　　R. A. Daly. Proc. Am, Acad, Arts and Sciences. 1910, P211

[9] A. Johannsen. Petrography. vol. 1. P120-121

[10] S. J. Shand. Eruptive Rocks. Thoma. Murty and Co. 1927, P124-137

[11] A. Harker. Natural History of igneous Rocks. 1909, P90

[12] S. J. Shand. Eruptive Rocks. Thoma. Murty and Co. 1927, P116

[13] 此数系依照 Johannsen 之分类法，参考其著《Petrography》

[14] 白粒岩之前译者为长英岩或半花岗岩。无论何者均有含石英之暗示。然 syenite-aplite 及 tinguaite, bostonite 等均为不含石英之 aplites，故有改译之必要。今以其主为淡色矿物且呈糖粒状或精盐粒状之组织，译为白粒岩。如是则近于原字之音，亦便于记忆也。据杜（杜其堡）编《地质矿物学大辞典》，则以 granulite 译为白粒岩。唯 granulite 为变粒岩之一种，不如以变粒岩三字译之，而假借其白粒岩于 aplite。

[15] Pegmatite 别译伟晶花岗岩，若遇 micropegmatite 则难其译矣。且花岗二字暗示含有石英之意，而 syenite pegmatite 复无石英，故亦有改译之必要。今按其原来字义为交生之文象构造，改译为文晶岩。

火成岩分类表*

产况及组织 ＼ 矿物成分	I.石英 正长石>50	II.长石与石英 正长石>50	II 正长石<50 酸性斜长石	II 正长石<50 基性斜长石	II 正长石<5 酸性斜长石	II 正长石<5 基性斜长石	III.长石 正长石>50	III 正长石<50 酸性斜长石	III 正长石<50 基性斜长石	III 正长石<5 酸性斜长石	III 正长石<5 基性斜长石	IV 正>斜 浅>50	IV 正>斜 暗>50	IV 斜>正 浅>50	IV 斜>正 暗>50	V.似长石 无橄榄石	V 含橄榄石	VI.无长石 无橄榄石	VI 含橄榄石	VI 纯橄榄石
分异的岩石 文晶状		花岗文晶岩					正长文晶岩													
分异的岩石 白粒状	矽脉岩	花岗白粒岩					正长白粒岩				基长白粒岩	霞石正长白粒岩		沸正基白粒岩						
分异的岩石 煌斑状							云母正长煌斑岩 辉闪正长煌斑岩			云母酸长煌斑岩 角闪酸长煌斑岩	辉石基长煌斑岩				钠闪基长煌斑岩		方沸橄辉煌斑岩			
未分异的岩石 微晶状		流纹岩	流纹安山岩	流纹玄武岩	石英安山岩	石英玄武岩	粗面岩	粗面安山岩	粗面玄武岩	安山岩	玄武岩	响岩			碱性玄武岩 橄榄碱性玄武岩					
未分异的岩石 斑状(隐晶基·玻基)		流纹斑岩	流纹安山斑岩	流纹玄武斑岩	石英安山斑岩	石英玄武斑岩	粗面斑岩	粗面安山斑岩	粗面玄武斑岩	安山斑岩	玄武斑岩									
未分异的岩石 斑状(显晶基)		花岗斑岩	花岗酸长斑岩	花岗基长斑岩	石英酸长斑岩	石英基长斑岩	正长斑岩	正长酸长斑岩	正长基长斑岩	酸长斑岩	辉绿基长斑岩	霞正正长斑岩	暗霞正长斑岩	霞山基长斑岩	暗霞基长斑岩					
未分异的岩石 均匀粗粒状	云英岩	花岗岩	花岗酸长岩	花岗基长岩	石英酸长岩	石英基长岩	正长岩	正长酸长岩	正长基长岩	酸长岩	基长岩 辉苏基长岩	霞石正长岩	暗霞正长岩	霞山基长岩	暗霞基长岩	橄榄霞石岩 霞石白榴岩 锥辉霞石岩 橄辉霞石岩 橄霞白榴岩	橄榄黄长岩 橄辉黄长岩 含黄长石	石辉岩	橄榄岩 含橄榄岩	纯橄榄岩

*此表系参考 Rosenbusch Johaonsen, Tyrrell 诸家之说所排列，因系初排不免漏误，尚有待日后之订正也。

陕西凤县地质矿产初勘报告

张遹骏　魏寿崐（国立西北工学院）

一、引言

民国二十七年秋，承中国工业合作协会西北区办事处之邀请，遹骏与寿崐于十一月二十日由城固古路坝本院启程，前往凤县调查煤铁矿，历十二日而返。斯行也，沿路蒙工作合作协会马君万田向导陪行，吴工程师去非及仇技师春华殷勤招待，谨志于此，特表谢忱。

二、地形与交通

煤矿所在地，由马厂，经胡家窑、吉垭、后窑沟，至亮池寺，绵延四十华里，位于红色砾岩所成巉岩峻岭之南麓。煤带之南，丘壑平缓，无险阻削壁。红色砾岩东起尖山，西迄大崖头，缭绕盘亘有如蛇龙，故名赤龙山。赤龙山西与鹿角山夹故道河（俗称东河）相对峙，鹿角之名，可以思义，亦红色砾岩所构成，在地质构造上固与赤龙山相衔接也。故道河环切赤龙、鹿角之间，滩多峡险，无路可通。凤县志载，曩昔犹可自凤县舟行，西下嘉陵，南通巴蜀；近已无此便利，所以恃为交通者，唯有崎岖之山道耳。

由马厂产煤区东北行至十里店，约二十华里，可接凤汉公路。十里店至双石铺不过五公里。由亮池寺煤区北经竹林沟及留凤关寇家河，约三十华里可通马岭关，而接天双公路，沿天双路至双石铺尚有十余公里。亮池寺后窑沟方面煤藏较丰，交通则须改良。尚有小路由亮池寺至两河口，可接天双公路，长约二十华里，须穿过赤龙山，崎岖过甚，不易改善。然若果能多费资本，由此小路改进经营，

---

① 本文 1939 年发表于《地质论评》第 4 卷第 2 期。

在长期转运煤炭上，应属有利也。

由双石铺至凤县十一公里，沿故道河而行。此段河道因流经时代较新胶结不固之砂砾岩间，河谷颇为宽缓，与赤龙、鹿角间之环切河道迥然不同。由凤县东行入安河谷中，河道流经之地仍属新期砂砾，且沿走向；以故谷道更行开展，路途亦甚平缓。其间平坝颇多，可种佳谷；安河名米，遐迩称道，多由于此。由凤县东行，经蒿坪庙、马鞍山、国安寺而达河口，约七十华里。因农产较富，人烟亦繁，为凤县东大路富庶之区；凤汉公路开辟以前，亦为通宝鸡大道。循此大路由河口东北行入于侯家河谷，此乃花岗岩与绿色片岩系发育之地带，且河道横贯地层走向，故河道狭隘，道路险阻。如石门子、峡口子等处道路，才通一人，唯原为通宝鸡大道，亦不难于跋涉。

老厂位山丛中，由此北行为老厂沟，北与太白岭相接。由老厂沟转向西北，穿黑山沟，脱离大道。其地人烟稀少，道路维艰。过广凤梁后，道路已荒。因垦殖合作社之开辟，略见羊肠曲径。合作社之垦区在银洞滩附近，传闻该处曾产银矿，然多方觅寻已迷其墟。

由银洞滩至黄牛铺须过后沟梁。梁为花岗岩所成，或因断层影响，北坡陡峻而南坡缓平。若非合作社之开辟，则难免有蜀道难之叹也。

黄牛铺属宝鸡、凤县二治，凤汉公路之大站也。公路沿故道河谷，因深切河环，颇多盘曲。河道环切为地盘上升之明证，亦即反证近代秦岭区之升动。而故道河者，实乃西文之 Antecedent Stream，吾国旧译名为先成河，或不如因现有之古名译为"故道河"也。

三、地层系统

秦岭地层褶曲强烈，变质普通，其近于火成岩者，变质尤甚，以言系统颇多困难。如以层位而论，则褶曲强烈地层难免倒置。若以变质程度而论，则早古生代之地层，如寒武奥陶系之在南郑以西之梁山者，又不见任何变质，志留纪页岩之笔石化石完整无缺；而襄城以北之属于晚古生代者，如赵、黄二君之白水系，及属于石炭二叠纪之地层，反均已相当变质而为千枚片岩等，不见化石痕迹。故秦岭中之地层每以观点不同，而假定其时期。以下所云，多凭管见暂为假定，是否有当，尚待以后之新发现而加以研讨也。

1. 石炭纪——绿色片岩系及陈家义大理石

绿色片岩系之岩石性质颇复杂，中含板岩、千枚岩、片岩、细沙质板状石英岩、片麻状石英岩等。因均含绿泥石，故颜色皆呈灰绿，深浅不一，变质程度不深，大致碎化者多重结晶者少。岩层因褶曲甚烈，倾角颇高，多在四十度至九十度之间，倾角方向南北不等，唯大致指北方者多，走向平均为北八十度西。

绿色片岩系之分布，在凤县之东大路，出现于峡口子及老厂沟之间；沿公路者，则出露于沟门及井嫂湾之间；东西连贯适成一带，南北之宽约八公里，东西延展因未调查，不知迄于何处，然因走向及其分布面积之宽广度之，当甚远也。

绿色片岩系之时代，据赵、黄二君之秦岭地质图所载，应属于震旦纪及寒武奥陶纪（手下不得秦岭地质志以为参考，故仅能根据手抄之秦岭地质图），代表之时期至长。其谓震旦纪者，盖秦岭北脉之北麓出露地层为元古代之片麻岩及片岩，而绿色岩系与之接近，且渐向南行地层渐新故也。其谓寒武奥陶纪者，或系依威理士在子午谷调查之论述。本届调查，在陈家义及五星台堡子上之间，曾见含炭页岩夹于大理石间，后者层厚约达二百公尺，边部有灰色片状页岩，厚三公尺。页岩中夹有一公寸之黑灰色石墨层，石墨灰分甚高，一部现渣孔状，有如天然生成之焦炭。页岩之上有绿褐色之泥质砂岩，因生于褶轴附近，已破碎不成层理。绿色片岩系之变质既不强烈，且夹类似炭层之岩石，或应归之于石炭纪。

石泉附近产有绿色片岩及片状石英岩，出露于炭质燧石岩之上。安康之北在老鼠嘴与九里岗间及九里岗之北，均产有绿色片岩，中夹石墨质片岩。此二种片岩转生于关沟结晶石灰岩之上。洵阳之西产劣质煤层，亦在绿色片岩及千枚岩系之中。凡此数处之绿色岩石，性质酷似，故草凉驿至井嫂湾间之绿色片岩，似不应过古。兹暂归于石炭纪。

2. 石炭二叠纪——镇安系

赵、黄二君之秦岭地质图中有石炭二叠纪之镇安系者，为灰色页岩、石灰岩及劣质炭层。自双石铺至酒奠梁一带，沿公路均见之。此次所见，其中更有褐色砂岩及青砂岩。灰色页岩已变成千枚岩及片岩，而黑色页岩则成板岩。劣质煤炭夹于黑色板岩之中，在营湾沟内，数十年前有采掘者，因质劣层薄未能发展。

镇安系构造复杂，多生紧合褶叠，倾角陡立，倾向南北，时有转变。走向则颇一致，平均约为北八十度西，与绿色岩系相似，盖均为海西运动之结果也。

3. 侏罗纪——后窑沟煤系

亮池寺之东，有后窑沟煤系地层出露，显然不整合于镇安系之上。胡家窑、马厂、黑山沟及五里庙沟各地均见之。胡家窑与马厂间，地层与后窑沟相联络，而黑山沟与五里庙沟，则因断层关系与后窑沟一带者相隔离。黑山沟一带所见地层，不整合位于片麻岩及绿色片岩系之上，其间更有花岗岩之侵入体，此皆二地不同之点。

侏罗纪以前之剥蚀面，起伏不平，故煤系之厚薄亦随处不同，尖山东北因当日地面较高，煤系渐薄而归乌有；尖山与马厂之间，成煤时期较为低平，故堆积略厚，共达八十公尺。马厂迤西，亦因古代地势较高，煤系亦薄，不过十余公尺至数公尺，且不夹煤层。胡家窑之东，地层略厚，夹有煤层，其厚优于马厂。自胡家窑至吉垭，煤系复薄不夹煤。吉垭以西，煤系又厚，而以后窑沟与亮池寺间者为最高，共达二百公尺，煤层亦厚一公尺。且因沿层面之滑动褶曲，致时有厚至三四公尺者。亮池寺迤西，仍因古代地势之高起，煤系以薄。更西有否煤层不得而知。

马厂附近煤系，由下而上，为十余公尺之肝红色黏土质砂页岩，数公尺砂岩，十余公尺灰色砂页岩，数公尺黏土页岩夹砂岩，三分之一公尺煤层，六公尺至十公尺灰色砂页岩，五公尺砂岩，二公尺燧石砾岩，二公尺蓝灰色黏土，四分之一公尺煤层，十公尺夹燧石砾粗砂岩，三十公尺灰绿色黏土砂岩。

胡家窑一带之煤系，由下而上，为十公尺灰色黏土页岩夹砂岩，数分尺灰色黏土，三分之二公尺煤炭，五六公尺灰色黏土砂岩，二公尺燧石砾岩，二公尺黏土岩，二公尺炭质页岩夹薄煤层，十余公尺粗砂岩夹燧石砾岩，二十余公尺灰色黏土砂岩。

后窑沟、亮池寺间之煤系地层，由下而上，为十公尺灰色易碎之黏土页岩，三分之一公尺紫色页岩，三分之一公尺黄灰色石灰岩，二公尺紫色页岩，一公尺灰紫色砂岩（此数层颇似飞仙关系之地层），五公尺易碎灰色页岩，十公尺含植物化石之砂岩，五公尺灰绿色黏土页岩，一公尺煤层，十公尺灰黑色炭质页岩，三分之二公尺煤层，三公尺灰色砂岩，十公尺页岩夹砂岩，二十公尺灰色砂岩夹燧石砾石层，三十公尺灰绿色黏土砂岩夹菱铁质泥土层。

以上所估计之煤系地层，均因浮土掩覆，且勘察仓促，不免有错误处。大致言之，马厂至亮池寺间之煤层有二，下层厚于上层，西部厚于东部。侏罗纪前之地势不平，煤层为之中断者屡屡。当新生代造山作用发生时，煤系以上之厚层砾岩，不免沿煤系与石炭二叠纪间之不整合面向下推动，煤系地层因而生滑动褶曲，遂有小规模之倾倒向斜层及背斜层，褶曲轴部煤层得以集聚，且能重复自褶增加厚度。如是增加有达五六公尺者，椿树沟附近是也。背斜轴部之复褶厚层煤炭剥蚀以去，而向斜内部之厚层煤炭为之余留，且开掘不深即可见煤，颇称便利。

老厂沟出露煤系，其地层颇异于马厂及后窑沟者。该处煤系与片麻岩及绿色片岩系之接触，因浮土掩覆，且以花岗岩侵入作用，不甚显明，意者颇似断层接触。该煤系变质颇深，底部之砂岩及石英砾岩，均已变为石英岩。而接近煤层之炭质页岩，已变为黑色板岩。所夹煤炭，亦变为无烟炭。因含苏铁类及侏罗纪羊齿化石，亦应属于侏罗纪。

本区侏罗纪煤系，以在后窑沟者发育最佳，故以后窑沟煤系称之。至老厂沟之煤系，是否与此同期，则有待于日后之详察也。

4. 白垩纪——东河砾岩

故道河（俗称东河）成深切环曲之状，穿行草店子与竹林沟间之红色砾岩层。该砾岩所成诸山，颇多悬崖峭壁，皆此河切蚀所成。今以河名名砾岩，盖亦从赵、黄二君之说也。东河砾岩与后窑沟煤系成假整合接触，在寇家河与亮池寺间，倾向西北十五度至二十度，胡家窑与草店子之间，则转倾北方，双石铺附近及其东北，则倾向北三十度东，其构造有如轴倾正北之缓皱背斜层，而以胡家窑、草店子之间为其褶轴。

东河砾岩中砾石，大者如头，小者如拳，大多数为青灰色石灰岩，少数为燧石及砂岩，胶合物为红色黏土及赤铁矿，故砾石表面均呈赤红，若不击破视之，极易误认为赤铁矿。石灰岩砾既耐风化，胶结复甚坚固，且其层厚可达五百公尺，故为本区成山之主要地层。更因石灰岩砾过多，致受风化削蚀情形亦如石灰岩，故其所在地多峭崖孤峰，高插入云，攀援不易，人迹罕至。林木丛生，无以采用，树以山存，山以树秀，风景之佳，遂为凤汉公路间之冠，惜其地距公路略远，过客不易一至耳。

东河砾岩分布地带，南北宽约六公里，最宽处在胡家窑至马岭关间，其厚可达五百公尺。由两凤关西向延展尚远，由双石铺东向延展可达凤县城东南。当堆积之时，凤县一带地势较高，故渐消薄。凤县城西之积豆山因断层上升又得出现，河口之北亦为断层露头，唯均薄不过二十余公尺。

东河砾岩之岩石性质，与四川白垩纪红色层中之底砾岩相似，故应归之于白垩纪。

5. 第三纪——安河系

假整合位东河砾岩以上者为安河系。由双石铺沿故道河至凤县，更由凤县沿安河之国安寺，均为其出露地带，因安河谷中发育最盛，故名。本系大部分为土质砂岩，中夹薄砾岩层甚多，上部且夹有薄层黑色之泥质页岩，页岩内有含劣质烟炭者，国安寺迤北之三条义沟有之。安河系之颜色，均呈蓝灰或绿灰，黑色占极小部分。胶结情形，尚不甚固，徒手即可击破，故露头所在概为广谷。就颜色及胶结状视之，当时气候已较温润，非若红色层生成之时代矣。因其追随红色层发生缓皱及断层，故其生成应在中新统（世）造山以前，今暂属于始新统（世）至渐新统（世）。黑色黏土页岩中，颇有寻得化石可能，确实时代可由之而定。

6. 第四纪——黄土

黄土系之堆积在喜马拉雅造山运动以后，故不整合覆于前述一切地层之上，分布地带多在故道河及安河之沟中。大部分为冲积所成，夹砾石及砂岩颇多，风成黄土掺杂砂砾层间，无层理，含蜗牛遗壳。本系层厚时达五十公尺。在凤县城北，黄土以下且有红土层，类似华北之三趾马层。因分布范围过小，故未绘入图中。

河床冲积沿安河及故道河随处有之，因分布地带过狭，亦未绘入图中。

四、地质构造

凤县处秦岭群山中，其带地质构造，自与秦岭相似。秦岭造山时期，在古生代以前，不甚清楚。在古生代之末，受海西运动影响，发生强烈褶曲；嗣经长期削蚀，而成老年地形。然后有中生代地层之堆积，新生代初期地层，继之以生。至新生代中期，再受喜马拉雅造山作用之影响，而生断层。现今之地质构造，即为此二次造山运动之结果。

石炭纪绿色岩系，陈家义大理岩及石炭二叠纪镇安系，因强烈褶曲且相当变质，某构造状况颇为复杂。多紧合褶曲，地层或片理均形陡立，走向平均北八十度西，而其倾向则时南时北，无有定向，此固海西运动之结果也。

侏罗纪煤系，与古生代地层之不整合接触，极为显明。白垩纪之红色砾岩，向东北超覆煤系地层，故侏罗纪煤系，由尖山而东即稍薄。红色砾岩转为新生代之安河系所超覆，故至东北亦次第减薄。

老厂沟、黑山沟、五里庙沟及沟门一带之侏罗纪煤系，因断层关系，与片麻岩及红色片岩系接触。更因花岗岩侵入关系，上下之不整合构造不甚清楚。唯此带之地史间断，实应更大于其在马厂、胡家窑一带者，其上之红色砾岩及安河系均已削去，抑因环境不同未行递积。

始新统（世）与渐新统（世）地层堆积以后，喜马拉雅地壳运动，发生花岗岩侵入及断层。花岗岩侵入，可使秦岭一带穹起，因张力而生地裂；地垒地堑式之断层，均因以发生。更因岩浆之冷凝下缩，上层挤压，使地堑中之软弱地层，略形缓褶。

凤县及河口二地之断层，颇似连接，若是则适成一轴转断层（Rotatary Fault）。凤县城西断层，以南壁为俯侧，北壁为仰侧。南壁下落，故有滑动褶曲，使向北缓倾之安河系，陡倾东南。北壁上升，故露出较老红色岩与绿色片岩系间之不整合接触。河口与国安寺间断层，则以北壁为俯侧，南壁为仰侧。北壁下落，始新统之安河系得以保存。南壁上升，遂使石炭二叠纪之镇安系得以露出。断层带之黄土及冲积层颇厚，致断层接触不明，均仅依地层变化激剧而推见之耳。

侯家沟与郭家湾二断层，亦属连续，均为北升南降。北面上升者，出露绿色岩系及花岗岩；南面下降者，有东河红色砾岩及安河系。安河系及红色砾岩在河口与侯家沟之间断落，适成地堑，因挤压略生向斜状之缓褶。

绿色片岩系，在侯家沟与老厂沟之间，或郭家湾与草凉驿之间，则为一大地垒。

五里庙沟与老厂沟一带，因侏罗纪煤系断落而为地堑，地堑内煤系地层亦因挤压而呈向斜构造。唯以挤压较甚，且接近花岗岩侵入，故变质颇烈，是乃有异于安河地堑者也。地堑以北为片麻岩及花岗岩，其南为绿色片岩及花岗岩。

后沟梁以南，山坡平缓，其北则较陡峻，颇似因断层而成者，然以双方地层均为花岗岩，故未能确定。

五、经济地质

1. 马厂、胡家窑、亮池寺一带之煤田

煤田地质情形，已见前章。所产为半烟炭，燃烧时黄焰不高，炼焦时不成大块，二氧化硫气味颇少。因化验设施，方在筹备，未能即时分析，故煤炭确系何级，颇难意定。兹不过暂谓之半烟炭耳。煤炭储量因仅作初步勘察，估计颇难，兹仅就管见所及，略计如下：

马厂至尖山，煤系露头约为一公里半，可采煤层之厚为三分之一公尺，地层向北倾平均十五度。其上有胶结坚固之石灰砾岩颇厚，直井极不经济，故不能依倾度计其可采深度。就尖山东南斜掘坑道，若以五百公尺为可采斜距，储量应为

$$1500 \times 500 \times \frac{1}{3} \times 1.3 = 325000 \text{ 公吨}$$

在胡家窑者储量为

$$1000 \times 500 \times \frac{1}{2} \times 1.3 = 325000 \text{ 公吨}$$

在亮池寺至后窑沟之间者，可分为二带估计：滑动向斜层中部，长约二公里，宽为二百公尺，厚可达三公尺，今以二公尺计之，储量应为

$$2000 \times 200 \times 2 \times 1.3 = 1040000 \text{ 公吨}$$

向斜层之北过一小背斜层，背斜层北翼，可以估计者，长约一公里，地层北倾二十度至三十度，因红色层向北超覆，煤层愈北愈薄，若平均为三分之二公尺，可采斜距仍为五百公尺，则储量应为

$$1000 \times 500 \times \frac{2}{3} \times 1.3 = 430000 \text{ 公吨}$$

由上观之，全部煤田储量不下二百万公吨，其中马厂及胡家窑一带，无大希望，亮池寺至后窑沟一带较有开采价值。

2. 铁矿

本届调查最关心者为老厂铁矿，及至其地则颇觉失望。该铁矿产于老厂东二公里之齐崖子沟及芦家沟，夹于绿色片岩系中，成窝子状。矿窝颇多，然均厚度不大，长度为断层所限，零落不堪开采。

齐崖子沟中铁矿生于矽质绿泥片岩中，矿石为磁铁矿，呈致密块状，无结晶形体。磁铁矿粒块大小不等，大者可以达一公寸，小者之径不过一公厘，普通为

三公厘至一公分，多分散于绿泥石中。绿泥石之片理，因矿石阻碍，均形屈曲，缭绕于形体不规则之磁铁矿块四周。矿石成分，因矸质掺杂，质不甚佳（协会前请西安化验所分析之矿样结果，不能代表全部铁石之平均成分）。唯由崖壁崩落河道，为水所冲洗者，其中之矸石因质软易去。即不能刷去者，亦可因氧化将绿泥石一部，变为赤铁矿或褐铁矿，均可使矿石本身铁质富集。故往昔炼铁者，以河道中捡拾之豆瓣矿为最佳。然河道之铁矿砾块究属有限，极少经济价值。

　　磁铁矿体略成层状，故似沉积矿床之受变质者。如仅经海西期褶曲之影响，则其层位尚能在一定范围内可以追随，开采尚无困难。然新生代中期又受喜马拉雅运动，与花岗岩侵入及断层作用之影响，矿层为之零星断截，时上时下，或左或右，断距远近又难逆料，故开采之时必感极端困难。且矿之围岩为矽质绿泥岩，颇为坚韧，掘之不易，炸之难开，亦为施工上之困难。如其矿窝甚大，则尚值得试采，今者窝长不过数公尺，厚不过二分之一公尺，始行挖掘，即行乌有，更须循断面找寻新窝，亦不便利。且也老厂至外界之交通，险阻难行，复距公路辽远，纵能采出可以供给较大之炼炉，而因焦炭甚远，木炭无多，进行冶炼亦恐后炉不继前炉也。

六、亮池寺煤炭之采探及炼焦问题

　　亮池寺煤田，前已估计含煤百万公吨，颇富开采价值。本届调查以时间仓迫，对该地区之地质构造，亦只能大体下一结论，概如上述。该地系在一剧烈褶曲带中，煤层薄厚，颇不一致。褶曲轴部因重复自褶，煤层得以加厚至五六公尺（如椿树沟地带所发现者），开采煤田，应自该带做起。此种煤层富集带，蕴藏地内，为数或不只一二，故欲大规模开采，事前应聘专家，做地形及地质测量，详察地势及褶叠情形，择定适宜地点，从事钻探而试打立井，此乃一劳永逸耗资费时之作法。从速生产，则不妨由改良土法掘探入手，查亮池寺附近，土窑林立，洞数虽多，但无系统。各洞距离虽近，而彼此不通。土人认为难题者，一在坑长不能燃灯，二在洞深无法去水。前者纯系不知矿道通风原理所致，而后者乃因困于经济，无排水之设备也。为今之计，极应择旧洞之出煤多或煤层厚者，凿通而联贯之，在适宜地点，掘打二三通风井。如此则可利用天然风压，将洞道内之沼气驱去，燃灯即少影响。排水方法，应在洞道底旁，掘通水沟，引水下流，聚于洞道之最低汇集处，再用人工或简易水泵吸出之。依该地带之地形言，横掘洞道较直打立井所费为廉，但由立井所得地质上之知识，远胜于横掘洞道所得者，二者孰得孰失，要视当地情形为准绳，固不能加以臆断也。

亮池寺煤质似属半烟煤，观其在沙锅内所试之焦样，可知该煤黏性不大，且所得焦块甚小，孔眼不多。推其原因，不外有三：（1）煤质不太宜炼焦；（2）炼焦煤样灰分太多；（3）炼焦试验温度太低。对第一原因，吾人无法改善，但对第二第三二因，则有法救济之。查煤炭往往与页岩（俗称矸子）同生，页岩燃烧后，几全部变灰。但因其比重较煤为高，故可用水淘洗之，煤炭上浮，矸子落下，如是可减轻煤炭所含矸子杂质，经淘洗后之纯煤方可炼焦也。炼焦所用之煤均系末煤，故若用煤块，尚需加以压碎。再者，炼焦温度至少应在摄氏千度左右，前在沙锅厂所试焦样，系将煤屑置沙锅内，放在沙锅之炉灶内燃烧，该炉温度不足八百度。故若能多加风量，使炉之温度加高至千度后，再度试验或能得到大块多孔之焦炭也。

七、冶铁及耐火材料问题

老厂铁矿储量既少，又生于坚硬之矽质绿泥岩围岩内，开采不易，故殊不宜以之为一较大之炼铁炉之原料，已详述于前矣。为今之计，似宜奖励当地土人，各自开采，土法冶炼，而收买其生铁。大量铁砂矿石之供给，尚有待于他矿之调查。至耐火材料问题，尤应做一详细研究。查马厂、亮池寺煤系内，产有耐火土。若其化学成分，含铝氧在百分之三十六至百分之四十二之内，而铁钾钠等易熔质在百分之六十以下者，即适宜为制耐火砖之原料，炼铁炉炉腰（Rosh）及炉灶（Hearth）温度可至摄氏一千七八百度，故二部需用最高耐火性砖。制时应掺用多量已燃过之块状火土（Grog），少用富黏性之混结土（Binding Clay），以期得到粗而多孔之结构（Texture），而增强其耐火性质。炉颈（Shaft）上部温度颇低（不过二三百度），但矿石自上加入，围砖受甚剧之擦损，故该砖耐火性可稍弱，但擦损之抵抗性须强。制时应少用燃过后之块状火土，多用富黏性之混结土，燃烧温度亦应较高，以造成一密致坚硬砖面，而抵抗下降矿石之擦损。亮池寺等地耐火土样品尚未能从事试验，其中杂质，可用冲洗法提去，而其黏性可用 Scasoning 法加强。

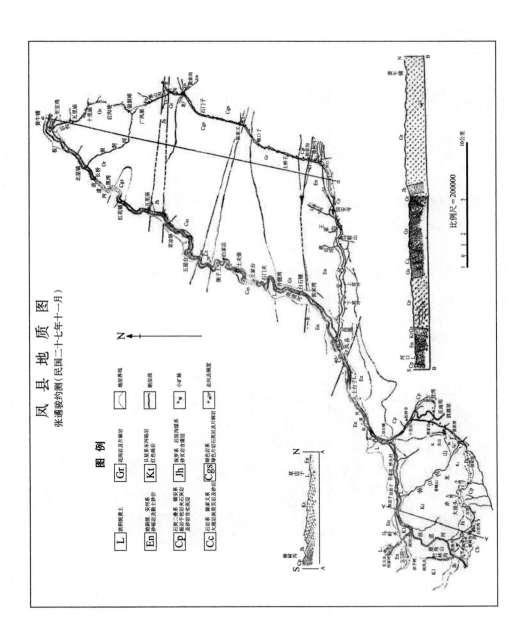

凤县地质图

张通骏略测（民国二十七年十一月）

陕西汉中区之前震旦纪地质[①]

张遹骏

一

在陕西南部的汉中地区，有一个遭受河谷切割的准平原，其南以高耸的大巴山脉为界，其北为汉中平原和秦岭山脉，面积约一万平方公里。遭受切割的准平原比汉中平原高出一百多米。在另外一次河流旋回中，准平原遭受了更加深刻的切割，以致于形成了若干个高度近于相等的圆形山丘的晚期地貌形态，其间也不时有较高的山出现。秦岭和巴山山脉在这一背景中上升为崇山峻岭（图1）。

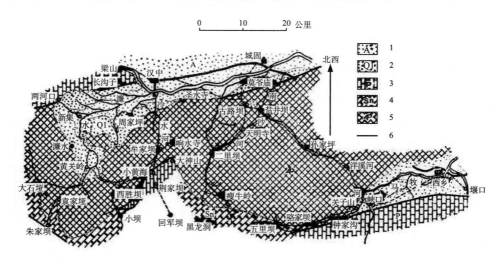

1. 全新世沉积层　2. 更新世砂砾层　3. 二叠纪灰岩
4. 震旦纪灰岩　5. 前震旦纪　6. 断层

图1　陕西汉中南部地质图

①原文为英文，1945 年发表于《中国地质学会志》第 25 卷，署名 Chang Yu-chun（张遹骏）。本文系由孟庆任译，收入《张伯声地质文集》（陕西科学技术出版社，1984 年）。

　　1939 年夏天，作者带了几名学生到巴山进行野外实习，并且在位于汉中南部的大深山北边山麓丘陵中，首次采到了几块单笔石（Monograptus）标本。这些化石保存在夹有燧石砂岩层的绿灰色页岩中，岩层呈倒转向北倾斜。说这套岩层是倒转向北倾斜的，这是由在南部明显地覆盖在二叠系石灰岩之上、而在北部又明显地位于寒武系页片状灰岩之下的事实而确定的。位于北部更远的结晶岩石，即赵亚曾和黄汲清所称"汉南岩基"，因此而被认为是老地层。

　　1940 年春天，作者有机会又一次来到巴山脚下进行调查，并且在那里发现了类似的古生代地层倒转层序。距大深山东部约 50 公里的城固黑龙洞庙，建在发生倒转而向北倾斜的震旦系硅质石灰岩之上。在震旦系石灰岩的底部，有一薄层长石砂岩与汉南结晶岩系发生不整合接触。这种接触之所以被认为是不整合，是由于在石灰岩中没有接触变质现象，同时也没有任何一个岩脉或岩墙，穿透底部的长石砂岩进入硅质灰岩或任何更年轻的地层中去，然而这些岩脉和岩墙却在结晶岩石中构成了一种网格现象。因此，结晶岩石的年龄可定是前震旦纪。

　　这一点后来被卢衍豪所证实，因为他在位于南郑梁山南部山脚的张郭寨，发现了相同的长石砂岩和同种类型的接触关系。

　　结晶岩石与震旦纪地层之间的不整合接触，也存在于巴山山麓丘陵的其他地方，如我们沿着位于南郑黄关岭以西 20 公里的允家河谷，已经发现有这种接触关系的存在。在离袁家垭不远的路上，含有底砾岩和灰色砂质页岩的震旦系石灰岩，直接覆盖在前震旦纪喷发的暗红色石英斑岩之上。还有一个地方是姬张，但那里的接触关系露头不很清楚，它被河流沉积物所覆盖。河谷的一边为结晶岩体，而另一边却为震旦系石灰岩。另外，还有一个地区是位于南郑祀神坝以南 15 公里的小坝，那里含有底部长石砂岩的震旦系石灰岩以缓倾覆盖在岩体之上。

　　结晶岩石与年轻地层的接触关系，不一定总为不整合性质，在许多地方发现是断层接触。冷水河谷南面出现的是二叠系石灰岩，但北边却为岩体。位于西乡境内的巴山北部山麓丘陵上，与岩体发生接触的有时是二叠系灰岩，有时是新滩页岩。从这一点来看，它可能暗示了岩体也许是侵入到震旦、志留和二叠纪地层中去的岩基。然而正像我们在前一部分所说的，在震旦系石灰岩和较年轻的地层中没有接触变质现象，并且也没有任何一个存在于结晶岩石中的岩脉或岩墙穿透任何一个年轻地层的现象。因此，这不可能是火成关系。

古老结晶岩系的北边主要为汉中盆地所限，泛滥平原阶地构成其裙状边缘，因而在南郑和城固地区，岩体与别的基岩的接触关系完全被掩盖。由于沿岩体北部边缘的悬崖相当陡峭，并且考虑到别的地貌证据，故认为那里有一断层存在。最近周慕林和阎锡屿沿着同一悬崖的走向，在洋县境内发现了一个实际的断层接触关系，那里古老的杂岩与包括二叠纪石灰岩在内的古生代变质岩相接触。

二

在汉南杂岩中，有好几种岩石类型，即外貌古老的褐色片麻状花岗岩，夹有贯入片麻岩的片岩、石英岩，局部含片麻岩和灰岩的灰色花岗岩，含有具同种性质的伟晶岩和细晶岩的红色花岗岩，暗红色的石英斑岩以及石英脉。在下面的段落中，我们将对它们的岩性特征进行描述：

（1）褐色片麻状花岗岩很不新鲜或显得古老，颗粒为中到粗粒，由石英、高岭石化的褐灰色长石、绿泥石和金云母组成。矿物特征用肉眼几乎不能辨认。石英含量大约为 10%，其形状不规则且发生强烈的扭应变。其颗粒很容易从高岭石化的长石介质中抠出来。长石含量大约 70%，且遭受了强烈的高岭石化作用。我们可以很容易地把它们弄成粉末，有时用大拇指或别的手指就可把它们粉碎，其颜色已变成模糊不清的褐色或灰色。长石的原始特征由于发生了很大的改变，而使得我们难于确定是正长石的含量大于斜长石的含量呢，还是正好相反。绿泥石呈一种灰褐色或暗绿色。虽然其中一些是来自于黑云母，但大部分却起源于角闪石。黑云母无疑也是金云母的原始矿物。绿泥石和金云母的含量总计约为 10%，且呈似平行状排列。

沿着新开道路的岩崖，遭受风化的岩石表面很好地显示了花岗岩的片麻状构造，其中矿物的细小隐伏剪节理也被风化出来了。

褐色片麻状花岗岩是被包在片岩之中的，它具有各种由晚期贯入的岩墙和石英脉所构成的网格，并且由于挤压作用而产生了许多节理。大多数侵入的岩墙和岩脉具细小的褶皱。

古老片麻岩的露头形态极不规则，其直径或宽度的大小由数呎到数百数千呎。

（2）如果古老片麻岩规模较大的话，含有贯入片麻岩的片岩通常出现在前者的内部。但另一方面，小的片麻岩体也可能存在于较厚的片岩序列中。它们两者的关系，似乎是片麻状花岗岩为变质了的沉积物先形成基底，而在造山运动和变质作用期间，两者又发生混合。

片岩有好几种类型，一般常见的为角闪石或绿泥石片岩和滑石片岩。云母片岩或黑云母片岩不常见。

大部分片岩结晶比较细小。黑云母石英片岩中，云母已经蚀变为具有金黄颜色和光泽的金云母。角闪石和绿泥石片岩中，暗色矿物在不借助于显微镜的情况下，很难鉴定。矿物的颜色通常为铁灰色，深绿色不常见。矿物的形状相当扁平，很少发现有拉长状的。因此，这好像是绿泥石片岩而不是角闪石片岩。在全部片岩中，散布着无数细小石英颗粒条纹。

片岩通常呈含有细晶岩墙的带状出现，其中少数细晶岩具有伟晶或文象结构。带状片岩与岩墙大致平行排列，形成了带状或贯入状片麻岩。侵入岩石具有后期形成的灰色花岗岩或红色花岗岩的特征，而从不具有古老片麻状花岗岩的特性。这就是作者之所以认为后者曾是进行过沉积作用的原始地台的原因所在。滑石片岩经常出现在块状古老片麻状花岗岩内，其露头为不规则的拉长状或透镜体。它的构造为块状并且显示出模糊的片理。岩石颜色为灰白色，并含有近乎平行排列的绿灰斑点。

（3）与广泛分布的片麻岩和片岩不同，石英岩仅出露在荆家坝一个小溪流经过的一小块地方。它呈一种挤出的形式发生褶皱，在一个部分变薄、尖灭，而在另一部分膨胀成团块状。石英岩为白色和中粒结构，并且证明其沉积历史为前震旦纪。与其共生的片岩也应该是沉积成因。

（4）灰色花岗岩呈一种巨大的岩体出现，沿南郑到牟家坝的道路延伸数十公里。另外，它也呈岩墙形式贯穿于片麻岩和片岩之中，并且通常就地风化成许多球状体。其颜色为蓝灰色而且表面新鲜。块体内部为花岗中粒，而块体边缘一般为片麻状，小的块体或岩墙中，也总为片麻状。

用肉眼观察，矿物成分显得不十分复杂。长石呈白色。斜长石和正长石的相对含量几乎不能确定。然而，长石总含量估计大约为70%或更多。石英呈灰白色，其含量大于10%。角闪石是主要的暗色矿物，而黑云母不常见，但后者在有些地方可能占优势。根据这种成分鉴定，与其说它是花岗岩，倒不如说它是花岗闪长岩。花岗闪长岩演化到某一阶段，随着石英的消失，角闪石占主导地位，此时便产生了正长岩或闪长岩。

具有相同性质的基性岩石、辉长类岩石和辉岩，总是呈岩墙或小的不规则岩体出现。前者的矿物成分为普通辉石和少量长石，而后者几乎全部由辉石组成。辉长岩主要为中粒结构。

（5）红色花岗岩出露在黄关岭、祀神坝和梨坪地区西南部更远的地方。它呈各种巨大的岩体产生在古老片麻岩与震旦纪或以后的岩层之间的部位，延伸数十公里，并上升为高山，与更加高耸的巴山山脉临接。另外，在高耸山脉的边缘，也有较小的不规则红色花岗岩体，它们侵入于片麻岩和片岩之中。同一岩石系列的岩墙，在较老的岩层中分布成网格状，同时也存在于灰色花岗岩中。

红色花岗岩的结构为细到中粒，并且有时为细晶状。其颜色呈粉红色，且表面非常新鲜。

矿物成分简单，几乎全部由正长石和石英组成。暗色矿物用肉眼几乎看不到。红色正长石的含量较高，也许达 95% 以上，石英含量部分增加到 10% 以上。

具有相同性质的细晶岩和伟晶岩岩墙，通常具有石英和正长石共晶现象。我们经常可以在岩墙中遇到白云母，这里的结构为细晶结构和文象或伟晶结构。

这些岩墙中，石英含量可以由 30% 增加到 80% 以上；这种情况下，岩石可以称为英石岩。

同种类型的所有岩石，如红色花岗岩、细晶岩、伟晶岩和英石岩，几乎不受变质作用的影响。它们节理不发育，石英脉很少。虽然如此，在河床上见到的一些细粒红色花岗岩卵石，显示出一种强烈的粒化作用，并且较粗粒或伟晶岩的一些卵石，也发生了很强的粒化，使得石英颗粒铺展成许多平行的扁豆状体，且均匀地分布在由正长石组成的粒化的红色岩体中。后者的卵石可以称为石英正长石片麻岩，目前还没有发现其原始露头。然而，这却提供了一个证据，即红色花岗岩系列，肯定部分地发生了变质。

（6）石英斑岩出露在距黄关岭以西大约 15 公里的大石垭，且伏于没有任何变质迹象的震旦纪地层之下。因此，它是前震旦纪的喷出岩，且与下面的红色花岗岩有联系。岩体比较大，并且沿着黄关岭到梨坪的道路延伸数十公里。

岩石为含有暗红色燧石基质的斑状和显晶质石英斑晶结构。基质很可能是由正长石和少量石英组成。斑晶无色且具油脂光泽，但如果有基质混入时，颜色就呈暗的沥青灰色。

石英斑岩是一种坚硬粗糙的岩石，沿汉江河床，它们之中被磨光和磨圆的卵石及巨砾，占有相当的数量。

斑岩内节理不很发育，没有岩墙，石英脉也很少发现。

（7）石英脉出现在上述所有的岩石系列中。块状石英呈乳白色，而在它与绿帘石共生的地方，则变成暗绿色。石英脉可以被分成两个世代，较老世代发生强烈的褶皱和挤压，以至于形成了团块或变薄成细线状，而较年轻的世代一直保持稳定的厚度。前者的形成应同灰色花岗岩的入侵有关，后者同红色花岗岩有关。

三

通过上述对汉中区前震旦纪岩石的岩性特征描述，可以很容易地看出其性质的复杂性。尽管如此，如果按建造的层序追踪的话，即可将其解释得很简单。我们分析如下：首先，长时期的侵蚀作用形成了原始地台，从而为石英岩和片岩创造了沉积场所；第二，沉积了变质岩中的沉积物；第三，发生了一次造山运动，并伴随有变质作用和灰色花岗岩的侵入；第四，又有一次侵蚀作用；第五，红色花岗岩的侵入并伴随有石英斑晶的喷出；最后，广泛的侵蚀作用持续到震旦纪的海侵为止。

（1）原始地球表面开始可能完全被火山岩所覆盖，其中大部分为喷出岩类。要想使片麻岩和最古老的花岗岩露出其古老的基底，应有一个漫长的侵蚀期。这种情况可能是全球性的。

片岩与古老片麻岩之间的不整合面或最老花岗岩的剥蚀面，尽管因强烈变质作用变得模糊，而在片岩系底部所预想的长石砂岩可能更不清楚。

由于最老的不整合接触模糊不清，从而对片岩和片麻岩的相对年龄，就产生了不同的看法。人们也许认为，片麻岩或最古老的花岗岩是侵入到造山运动期间还没有发生变质的最古老的沉积物中去的，并且这两种岩系的火成接触关系，被一次强烈的变质作用所掩盖。如果这是真的，并能够得到证明的话，那么中国的泰山杂岩和五台系之间的年龄关系，就应重新考虑。

（2）正像我们上面所谈到的，变质沉积物即片岩和石英岩，也许是在古老片麻岩的地台上沉积的，但它们也可能先于古老片麻岩而在一个未知的基底上形成，随后才遭受了最古老的花岗岩的侵入。我们应该进行更深一步的研究来确定哪一种情况是正确的。关于片岩和石英岩的相对年龄，前者好像比后者老，因为石英岩是被包在片岩和带状片麻岩之中的，但不是直接与古老片麻岩发生接触。另外，由于深变质作用和贯穿网格，各类片岩之间的接触关系变得模糊不清，从而使得我们难以辨认它们之间的相对新老关系。

（3）灰色花岗岩的侵入，发生在片岩和石英岩沉积之后。这一点可以由侵入到片岩之中形成间层贯入的少数几个花岗岩墙证实。如果古老的片麻岩确实最老，那么灰色花岗岩则是紧随着片岩的第一次造山运动期而形成的。但如果古老的片麻岩比变质的沉积物年轻的话，灰色花岗岩就应该是变动晚期的一次侵入，它会使得片岩进一步变质，并变得更加复杂。

（4）造山运动之后，不可避免的有一个长期的剥蚀。

（5）接近前震旦纪之末，发生了另外一期岩浆活动，即红色花岗岩的侵入和石英斑岩的喷发。虽然没有沉积地层作证，但在当时可能有另外一次构造运动。红色花岗岩的侵入非常广泛，因而几乎凡有杂岩出露之处均可见到。它或呈巨大块体，或呈岩墙和其他不规则形状产出。但石英斑岩的喷出，仅见于该区西部。这一期岩浆活动在时间上是否同李四光的吕梁运动相对比，尚待进一步考察。

（6）震旦纪广泛的海侵，需要有强烈的准平原化作用。古老的准平原曾被震旦纪和更年轻的地层所掩埋，后期的造山运动又使其发生褶皱、断裂，并且由于在较新地质时代中的长期剥蚀又暴露出来，也就形成了那个在论文一开始就提到的被河流切割的准平原。

总之，出露在汉中区汉江、巴山间的汉南杂岩，以前曾被认为是在燕山运动期间或其后形成的岩基，但现在发现其时代为前震旦纪，因为它具有复杂的岩性特征，并且与震旦纪地层之间存在着不整合接触。经过详细的研究证实，古老片麻岩区可能是发生沉积作用的场所，并且最古老的沉积物在数期造山运动中遭受了强烈的变质作用，并伴随有灰色花岗岩和红色花岗岩的侵入；汉南岩体可以部分地与泰山杂岩对比，也可部分地与五台系对比。最后，通过对汉南杂岩的研究，我们提出一个有关古老片麻岩和最古老变质沉积物的相对时代问题，即最古老的岩石是泰山杂岩呢，还是五台系？

参考文献

〔1〕 Y. T. Chao & T. K. Huang. The Geology of the Tsinlingshan and Szechuan, Mem. Geol. Surv. China, ser. A, No. 9,1931

〔2〕 J. S. Lee. Geology of China. London, 1937

〔3〕 张逎骏. 城固地质略志. 西北工学院季刊，1939 年，第 1 期

黄河上中游地形与地质之蠡测[①]

张通骏

　　本篇论文载于水利委员会黄河治本研究团《黄河上中游考察报告》。在报告中为第四章，原题《地质》。民国三十六年元月出版。乃作者于三十五年夏随黄河治本研究团考查之结果。

　　黄河治本研究团注意河上水闸之计划，所到地点非常零星。最初往新安之八里胡同，陕县之三门峡，再到陕晋界上之禹门口及壶口，更到青海贵德之龙羊峡。在甘肃乘筏由兰州至宁夏之中宁，过石嘴山到绥远经鄂尔多斯高原视察后套。最后由包头到归绥。

　　原文分为两节：第一节概说黄河上中游之地形与地质；第二节略述所到各处之地质。

　　第一节在地形方面，就黄河之纵断地形按照地势分为四阶，由上而下为青海高原、青甘山地、宁绥平原、晋陕山地、汾渭平原、晋豫山地、华北平原，凡遇原地即为一阶。

　　就黄河之横断地形按照台原（terraces）之情形，分为超头道原、头道原、二道原、三道原四级。沿河各地之形势，大抵相似。作者对于四道台原之发育，就黄土分布之情形，分为第一黄土期、第一间黄土期，第二黄土期、第二间黄土期，第三黄土期、第三间黄土期，第四黄土期。每一台原代表一个干燥黄土期，每逢切蚀成阶之时，代表一个湿润间黄土期。因此，吾国之黄土期和间黄土期，未始不可与欧美之冰期和间冰期相比较。

　　在地质方面分为两段：第一段略叙黄河上中游黄土期以前新生代之地质；第

---

①本文 1948 年发表于《地质论评》第 2 期。

二段略叙北台期以前之地质。

第二节就所见之处顺河叙述。凡遇各处有关水利之地质情形，均作申论。

（一）贵德盆地及龙羊峡——贵德盆地为第三纪贵德系红色层所铺积。其上有淤土及黄土，其下不整合于南山系或更古的变质岩系。在龙羊峡下口露出者，为南山系青砂石英岩。峡之中部当有片麻岩可供水闸之基础。

（二）甘肃峡谷及峡间盆地——兰州以下有许多小型广谷填以甘肃系红色层与黄土，称为峡间盆地。盆地中间均有峡谷。峡谷之上下口均有南山系之片岩，峡谷之中部则又片麻岩。唯红山峡所露出者，则为侏罗纪煤系、三叠纪之紫色层及白垩纪第三纪之红色层。盆地峡谷由上水至下水之顺序为兰州盆地，小峡、泥湾盆地，大峡、条城盆地，乌金峡、靖远盆地，红山峡、五佛寺盆地，黑山峡等。

（三）中卫平原及青铜峡——红色层不整合于石炭纪二叠纪煤系之上，至青铜峡则露为南山系片岩及寒武奥陶系石灰岩。黄河水利局正拟计划于峡内建筑小型水坝，以利宁夏平原之灌溉、交通及电业。

（四）宁夏平原——亦如中卫平原乃黄河之冲积平原。平原之东侧山地有红色层，西侧之贺兰山自太古、震旦、寒武、奥陶、石炭、二叠以至新生代地层均有出露。贺兰山脉可以阻止西北之风沙，而使宁夏平原之冲积土壤不受沙丘之掩盖，对于吾国数千年来边疆之农业生产不无小补，边防上直接间接，均有利赖。

（五）鄂尔多斯高原——大部分为红土层。红层以下不整合的有石炭二叠纪之煤系，其中有煤矿、铁矿之宝藏。红层以上为砂砾沉积有如戈壁。地面多丘陵起伏，常见棹状山丘。

（六）后套平原——由于狼山山脉之屏障，风沙堆积迟于黄河冲积，亦能如宁夏平原利用河水灌溉广大之面积。两处相较，宁夏平原有青铜峡作为好的进水口，在下流却无好的退水口；后套平原则于上水无好的进水口，却于西山嘴有好的退水口。是乃水利专家正在研究之问题。

（七）乌拉山麓扇形地——乌拉山麓扇形地分两期：第一期所成之扇形地甚广，大约已经成为山麓坡原（Piedmont plane），此一坡面曾因地盘上升受强烈之剥蚀，几于完全蚀去，仅余贴近山根之痕迹；第二期扇形地在此痕迹之前重复构造。遥远眺望，两扇之轮廓有如倒置之漏斗，旧扇之痕迹套着新扇之坡线。

（八）壶口——黄河在陕晋之间禹门以上流经峡谷。谷底之宽约300～500公尺，两岸之陡削，高约 150 公尺。更上则为开展 V 形之广谷。黄河河槽普通均平漫谷底，仅壶口至孟门 3 公里之一段入于深槽，河面之宽才 30 ~ 50 公尺。黄河于低水位时，壶口处有数公尺高之跌水。在高水位时，仅成急流。就天然环境言，难以利用以取水利。该处岩层为三叠纪之紫色页质砂岩，和绿灰色厚约数公尺的砂岩之间互层，以 3° ~ 5° 向上水倾。就岩石性质说，其不利于水闸之建筑，上水无宽敞地方可以储水，如筑水坝，则水库所在不数年可以淤平，在地形上亦多不利。

（九）禹门口——禹门口或称龙门，当黄河入于汾渭平原之处。口门两岸壁立，有 200 ~ 300 公尺悬崖。河面 300 余公尺。当口处有一小岛，分为二门。东口门经常急流，西口门于洪水位方才流水。两个口门之宽度均不及 100 公尺。向上溯 3 公里至石门，峡谷更窄，悬崖渐低为百余公尺。禹门至石门之陡峭处，均为奥陶纪石灰岩，偏斜缓倾上水。在地质方面，虽非理想之筑坝环境，视壶口则差强多多。可虑者仅为石灰岩层中所夹之页岩。

（十）三门——陕县之三门有石岛横亘河道分为三个口门，曰鬼门、神门、人门。石岛高出河面 15 ~ 20 公尺。两岸悬崖高达 40 余公尺。河幅宽 200 余公尺。出露之岩层为闪长斑岩之侵入层，厚 45 公尺，侵入于石炭二叠纪之煤系，北倾 12°，斜梗河道成为诸小石岛。层之上下均有炭质页岩已呈变质。若计划栏门之坝，不得太高，即 30 公尺之坝亦须详探闪长斑岩层之究竟，使在厚处作为基础，以免有失。

（十一）八里胡同——在新安以北 50 公里，有深峡，长八里，名八里胡同。两岸悬崖峡峙 300 公尺有奇，均为奥陶纪厚层石灰岩，其中夹有炭质页岩。下水倾角约 10°，建筑水闸可虞之处则为页岩，与禹门以上之石门相似。

嵩阳运动和嵩山区的五台系（节要）[①]

张伯声

一九五〇年春季，应河南地质调查所（现改为中南区第一地质调查所）之约，到河南西部调查煤矿和铁矿。调查后，曾与冯景兰教授合作写成简报，已经刊印。最近还要写成详报，里面将有谈到泰山后期五台前期的造山运动。因为它是一个地质构造中的新发现，特先发表，请地质工作者同志们予以批评。

这个时期的地质运动的确切证据，发现于登封县东北三公里半，嵩岳寺南一公里的小沟中，它在嵩山的南麓，所以叫作嵩阳运动。它是泰山杂岩和五台系的石英岩间的不整合接触面。

五台系的石英岩在这里构成中岳嵩山骨干，所以称为嵩山石英岩。它在震旦前期的吕梁运动时，曾经强烈的褶叠。因此，泰山杂岩和五台纪石英岩间的不整合面也经褶叠。沿着不整合面还有相当显著的错动。当地的石英岩层的倾角为32°，走向北20°西。不整合面以下的杂岩，深深地受了五台前期的风化。杂岩的顶面已经氧化为红色，这个红色愈下愈淡，到了深处转为白色，红色层带为红土质，厚约三公尺，内夹弯曲的未曾移动的石英脉，保存着风化留积的现象，说明它在成为剥蚀平原以后，又经过长期的湿热的气候的风化。在红色的土质留积层以下，为十余公尺厚的古代风化的腐岩，它是颜色淡褐质松易碎的岩石，它的里边有约略平行排列的白云母小片，云母片间夹着黏土和砂粒，可以说是白云母片麻岩经过腐烂风化的结果。更下面的数公尺则为风化程度较浅的腐岩，里边夹有磁土化的岩脉。这个不整合接触说明，泰山后期五台前期的造山运动的的确存在（图1）。

[①] 本文 1951 年发表于《地质论评》第 16 卷第 1 期。

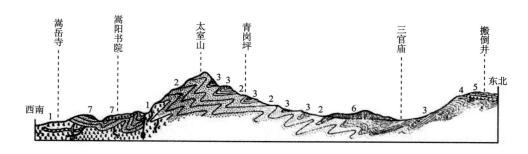

1. 泰山杂岩　2. 嵩山石英岩　3. 五指岭片岩　4. 震旦底砾岩　5. 震旦石灰岩　6. 黄土　7. 砾岩

图 1　嵩山剖面图

就延时性质说，嵩山区的五台系可以分为嵩山石英岩和五指岭片岩。它们的岩性分述于下：

（一）嵩山石英岩

中岳嵩山分为两带高山，一为太室山，一为少室山。它们的南坡是个超过七百公尺的巉崖峭壁，北坡是个 15°左右的坡面。这个坡面代表吕梁运动以后的剥蚀面。嵩山的南麓露出泰山杂岩，山的绝大部分为石英岩，所以叫作嵩山石英岩。

嵩山石英岩的厚度不好确定，因为它是以重叠的紧合褶叠出现的。在嵩阳书院和三官庙间的剖面显明地表示这种构造。略为估计它的厚度当在三百至五百公尺之间。（这个数字范围太宽，尚待详测，再为更正。）

嵩山石英岩的特性是：重叠的紧合褶叠，强烈的区域变质，以磁铁黑砂所表现的交错层等。重叠的紧合褶叠见图 1。进一步的强烈褶叠便成为挤压状的褶叠。这个在少室山的东边崖上表现得非常清楚。

石英岩经过强烈的挤压褶叠，自然发生了强烈的区域变质或造山变质。石英岩发生了颗粒化（granulation）和片理的再结晶化（recrystallization）。颗粒化是曾经坚结的砂粒因挤压变为碎屑化的状态，因而原来非常结实的石英岩变为类似砂岩状的性质，比较容易敲碎。石英岩中的泥质因受强烈变质发展成为平行排列的白云母，因而造成石英片岩。很多的石英片岩碎块在河沟中成为扁圆状的河光石，在它们的周边出现着片麻状构造的片理。纯净的颗粒化的石英岩就放大镜检看，似乎可以分辨出它的砂粒具有棱角，表示它曾经严重的分散式的微细的错动。

磁铁黑砂在嵩山石英岩中也是个显著的特性。有时石英和黑砂成间互层或带状构造, 有时相间成为交错层构造。成带层状的黑砂有细致均匀的, 有成米粒或更大的颗粒的, 也有状似细砂而与石英砂相混的。这些黑砂粒子大多数为再结晶的尖晶状或八面体结晶。均匀的黑砂和细线的石英砂相混杂, 按比量多少使黑砂带的颜色或深或淡, 或为蓝灰, 或为淡灰, 且常与纯净的白砂层带成晕状过渡情形。黑白相间的层带, 有为平直的, 有为弯曲的。

石英岩中的交错层, 也是黑的磁铁矿砂和白的石英砂相间所成的构造。在任何一带的黑砂和一带的白砂相间的层带中, 总是黑砂铺在交错层带的底部, 并且表示显明的向下弯弓, 因此可以证明很多因重叠而倒置的地层。有时因为局部的强烈褶叠, 把简单的向下弯弓变成不规则的波伏屈曲。

嵩山石英岩有些地方含着赤铁矿。赤铁矿在其中的存在形式和黑砂一样, 或为细致而均匀, 或为结晶状。匀密的赤铁矿混在糜棱状 (mylonizea) 的石英岩中, 使它成为碧石状的岩石。结晶的赤铁矿为云母片状的矿物夹在石英砂层。更或有砂粒较粗或为砾石而以碧石状物质胶结的。砾石有棱有圆为矽质赤铁矿胶结的叫作花石头。

波纹构造在交错层多的岩石中应该很多。但因强烈褶叠, 沿层面多滑动, 使它消灭。偶或见到的波纹则为曾经变了原形的构造, 保存完全的绝少见。

石英岩中常有石英脉纵横网贯, 厚的可达数公尺。

石英岩夹有基性的小侵入体, 由山麓的砾石中推知它的存在。

嵩山石英岩的时代, 根据它的适当的层位和强烈的褶叠变质等特性, 可以归为元古代的五台纪。孙健初[1]所说的尚庙岭石英岩第一带 "变质甚烈已失其原来组织" 的岩层, 可能是这里所提的嵩山石英岩。

(二) 五指岭片岩

五指岭片岩和嵩山石英岩成整合关系, 它是嵩山区五台系的上部地层。在嵩山本部出露的不多, 仅在山的东坡上有因卧倒向斜层保存的少许片岩。图 1 中所示的卧倒褶叠于剥蚀后使泰山杂岩在嵩山的西南麓露出, 五指岭片岩在嵩山的东坡保留。此一片岩系构成仅次于嵩山高大的五指岭, 所以就此定名。五指岭片岩在太室山的东北三官庙一带的河沟中零星出现, 由三官庙到搬倒井的崖坡上出现很多。

五指岭片岩的性质颇为复杂, 主要岩层为灰色千枚岩、淡褐色木纹状千枚岩、细片状白云母片岩、灰绿色绿泥片岩、黑灰色云母片岩、白色石英片岩、云母状赤铁矿片岩。片岩中夹着各种的石英岩,如黑白相间的带状石英岩、具有黑砂交错层的石英岩、褐色坚质的石英岩、碧石质胶结的石英岩、富于黑砂的黑色石英岩等等。这砂和嵩山石英岩有些相似,所不同的是它的大部分为千枚岩,小部分为石英岩。

五指岭片岩和嵩山石英岩一样,它含着基性的小侵入体和无数的屈曲转折的石英脉。脉中有些部分发生了肿胀,有些地方发生了薄削的现象,足证当时压力的强大。

就岩石性质和地层位置来说,五指岭片岩似应归于五台系。它和孙健初[1]的龙潭层很相似,但龙潭层曾经列为震旦系。王景尊[2]曾经说明,他在五指岭下的大桃花峪所见的变质岩系为五台系。这个意见也是笔者的意见。因为大桃花峪的片岩系和它的覆盖层——震旦石英岩的底砾层有一极大的不整合关系,代表着吕梁运动。

总括来说,嵩山区的嵩山石英岩和五指岭片岩是一系的岩层,它们的底部和泰山杂岩,它们的顶部和震旦系都有大的不整合接触。五指岭片岩以上震旦系以下的接触代表着久已知名的吕梁运动。嵩山石英岩以下泰山杂岩以上的接触代表着现在发现的嵩阳运动,此一发现是冯景兰领导调查的果实,笔者不过在这里做一个说明罢了。

参考文献

〔1〕 孙健初. 河南禹县密县煤田地质. 河南地质调查所报告第一号

〔2〕 王景尊. 河南巩县密县矿产地质. 河南地质调查所报告第四号

《中国东部地质构造基本特征》读后[①]

张伯声

引　言

当作者读完《中国东部地质构造基本特征》[1]一文后，联想到毛主席的《实践论》和《矛盾论》，认识到一切物质现存状态都是它们互相关联而又个别发展——矛盾斗争的结果。因此，对于一切物质的分类，一定要弄清它们的发展历史，才能得到正确的科学系统。

当作者再对照中国地质图读后，感到苏联专家之所以能仅据中国地质图与东北和内蒙地质图的钻研，便作出这样好的结论，是因为他一着眼就能根据各区地质的发展看出它们主要的差异，是因为他已很好地掌握了马克思列宁主义正确的科学方法。

这篇读后的写出，不仅想把自己的体会贡献给同志们，并想借此共勉加强理论学习。也只有搞好理论学习，才能更好地钻研业务。

同时，顺便指出译文中的一些错误，以便同志们在对照地图钻研时，节省宝贵的时间。这些错误大都是对照地图考证出来的。这里并没有原文可作参考。

脱稿后，又由张尔道、陈景维、郭勇岭诸同志提出意见，得以修正补充，特致谢忱。

一、读后的体会——《实践论》的范例

苏联专家 A·C·霍敏多夫斯基所作的《中国东部地质构造基本特征》一文是值得我国地质工作者认真学习的。

①本文 1954 年发表于《地质学报》第 34 卷第 3 期。

这篇论文以中国东部各地区的主导地层发育及主导造山运动为地质构造单位分类的基础，把我国大地构造作了系统的划分。如华南加里东褶皱带的主导造山运动为加里东期，在这以前的地层都已褶皱变质；祁连兴安黑森褶皱带的主导造山运动为黑森期，在这以前的地层多已褶皱变质；以及华北隆起带的太古界普遍露出；都是根据这些分类基础划分的。A·C·霍敏多夫斯基明白地指出中国东部构造单位，并清楚地提供它们的基本特征，使我们更好地认识祖国大地构造的轮廓。这是我们应该感谢的。

但并不是说，我国地质工作者在过去没有搞好祖国的大地构造。相反的，正因为有数百位地质工作者的实践调查，以及少数地质专家不断提出一些有关中国地质构造的理论，苏联专家才能依此为根据提升这一理论。我国地质专家，如章鸿剑曾就太平洋沿岸的弧向及花彩状列岛的弧向说明中国大陆的构造线；如李四光曾根据地质力学说明大地构造，又特别强调我国各地向南凸出的弧形山脉；如黄汲清曾以寒武前纪地块在我国的分布为基础，以各时代的造山运动的发展，分析中国的大地构造，最后也提出构造线的问题。他们大都集中力量讨论山脉方向，从而推测地壳运动的方向，并探求运动的根源。他们都作了很大努力，尤以黄汲清所论比较合于实际。他把中国全域分别就造山时期的顺序作广泛论述，使作者明确中国地质构造发展的概略。但他所提出的地质构造单位比较错综重合，以致对于中国的构造单位还有些模糊。并且，他在材料不充足的地方提出过多的推测，不像 A·C·霍敏多夫斯基的论著实事求是，单位明确。但在此以前，黄汲清的《中国主要地质构造单位》，无疑是一篇比较有系统的分析。

A·C·霍敏多夫斯基首先肯定，在不同的地质区域，有基本不同的地质发展特点，即主导地层的发育及主导造山运动的特点。因而，把中国东部分为：(1) 华北隆起带；(2) 陕北凹陷；(3) 西南陆块盆地；(4) 华南加里东褶皱带；(5) 浙闽太平洋褶皱带；(6) 横断山阿尔卑斯褶皱带；(7) 祁连兴安黑森褶皱带。然后，根据各该地区的构造情况分为若干小的构造区。

华北隆起带分为：(Ⅰ) 大别凸起；(Ⅱ) 山东凸起；(Ⅲ) 浙苏凹地；(Ⅳ) 北鲜凸起；(Ⅴ) 五台凸起；(Ⅵ) 河北凹地。因为不同岩系，又把大别凸起和秦岭复向斜截然分开，又因苏皖北部的零星露头把江苏凹地和河北凹地相对分开，这些是相当合理的。

陕北凹陷独自成为一个构造区。

西南陆块盆地分为：（Ⅰ）南京边缘凹地；（Ⅱ）四川盆地；（Ⅲ）广西盆地；（Ⅳ）贵州地垒；（Ⅴ）昆明边缘凹地。把南京边缘凹地摆的甚为恰当，因为它明确地插入华北隆起带和华南加里东褶皱带之间。

以上三区合起来称为中国陆块，当作中国东部地质构造骨干，被四周的褶皱带挤在中央。经过专家这样的指出，作者才在中国地质图中显明看出这是疆界分明的广大地区。现在提出一些意见，供大家讨论，就是渑池盆地和垣曲盆地划归祁连兴安黑森褶皱带和伏牛山以北的河南西部山地划入河北凹地的问题。在中条山脉，有相当发育的震旦纪地层及寒武奥陶纪石灰岩的大部分，向东隐入地下不远再行出露，结成垣曲盆地及渑池盆地，更向东南隆起为嵩山山地。渑池盆地、垣曲盆地和嵩山山地的地层系统和构造性质，完全与华北隆起带的基本特征相符合，应该归属华北隆起带。这一地区夹在五台凸起、河北凹地和大别凸起中间，可称为豫西凸起。本区的一般构造走向和江苏凹地南部大致相顺。它们都在大别凸起的北缘，当有一定的构造关系。

华南加里东褶皱带分为：（Ⅰ）广州复背斜；（Ⅱ）常德复背斜；（Ⅲ）杭州复向斜；（Ⅳ）湖南山间盆地。华南加里东褶皱带因有多种火成岩特别发育，以及山间盆地的影响，乍看起来，不易了解，但因专家敏锐地看出泥盆纪前的地层普遍褶皱变质，划为一个构造区域是合宜的。

浙闽太平洋褶皱带，不另分区。

横断山阿尔卑斯褶皱带，也不分区。

祁连兴安黑森褶皱带分为：（Ⅰ）秦岭复向斜；（Ⅱ）大兴安褶皱带；（Ⅲ）长白兴安褶皱带；（Ⅳ）东北凹陷；（Ⅴ）松花江下游凹陷。

A·C·霍敏多夫斯基仅根据前中央地质调查所编制的百万分之一中国地质图和伪满时日本地质工作者编制的三百万分之一及一百万分之一的东北与内蒙地质图，作了全面检查，分别分析，便能作出这样好的了如指掌的地质构造结论，说明他已很好地掌握了马克思列宁主义的科学方法。只有很好地掌握正确的科学方法，才能明察各地区地质构造情况的主要特征，分析各地区地质历史和地质构造的主要不同，便能找出各地区地质构造的基本特征，划定各地区地质构造区的界限。这种全面着眼的观察和重点深入的分析相结合的科学方法，是我们应该学习而掌握的。我们要学习苏联专家如何运用实践材料提升为科学理论。

百万分之一中国地质图是黄汲清根据我国地质工作者三十多年来到全国各地实践调查，以及帝国主义国家的侵略性的地质工作者来我国内地调查，所作报告图幅编制而成的。这是用地图方法总结了以往的地质工作。他并且根据这些实践的地质材料编著一册《中国主要地质构造单位》，这是用文字初步总结了中国的地质构造，也是一部相当全面相当好的总结。如上所述，这一总结的确具有很大的全面性，综述了中国地质构造基础与发展过程，但没有明确构造单位的特征与疆界，因而把许多构造单位搞得相当错综复杂，并且在篇幅中出现很多"大概""可能"的揣测字眼。但如没有黄汲清编出的百万分之一中国地质图，把一些实践材料摆在地图上，A·C·霍敏多夫斯基这一篇论文也不能很快地完成。

A·C·霍敏多夫斯基主要根据百万分之一中国地质图加以分析，构成中国东部地质构造的理论，因而实实在在地总结了数十年来有限人力在广大中国东部所做的地质工作，在他肯定各构造单位的基本特征和明确各区界限的时候，他很少作假定语和可能语，也很少作较远的推测。

但百万分之一中国地质图编制所根据的材料是详略不同的，在划分构造区界线时，自然有一些地方不很合适。纵然在调查明晰的地方，也还有不实际的方面。

一般说，在广大地区进行路线调查时，每天进行十余到三十公里，不是走马观花，便是登高望远，不是大概如此，便是可能这般。不正确的地形图难作根据，多是估测的自制地图。估测的地图在距离上有 10%～20%的误差，很难再绘入等高线。在这些工作中，常把几十上百里远的地方联系起来。

在小范围测量时，对于地层厚度也有以目测估算为满足的。因而地质报告中的地层厚度，常与地质图中露出的厚度有矛盾，地质平面图常和地质剖面图中的地层厚度有矛盾。对于一处的地质构造常随意推断，搞不通时便以断层了之。有把远望的因地形变化和地层倾斜关系所成的假象褶皱，报告成真的褶皱的；又或有把地层界线和等高线随意交绘，使读图者难以读出正确构造的。这些错误都是我们在反动时代所常犯的，有些已被解放后的详查和钻探实践所证明了。

这些错误的根源是差不多思想和眼力高思想。差不多就行，何必太认真。只要多跑路多报告就好，说的有矛盾也没有什么关系，反正很少有人来批评或反驳。自己到过的地方，以后难得他人来，随便一点，也没来头。如果自己能登高远望，比他人推测更远一些，填图幅面更宽一些，估计距离和厚度更差不多一些，勾画地图更有理由一些，因而调查工作能够更快一些，那就更加眼力高了。越是眼力高就越要差不多，把无数差不多凑起来，就等于差得多了。

A·C·霍敏多夫斯基所作《中国东部地质构造基本特征》，根据的材料本身很多还是不够详确的，因而这个总结也只是概括性的。但并不是说这一总结不可靠，恰恰相反，它的可靠性依然是很大的，其原因在于这一总结是根据地层的时代和性质，以及构造的发展而作的，并不计较个别地质现象的差误。但如需要更精密地描绘中国地质构造单位的性质，过去的材料便显着不够用了。因此，我们下一步就要拿这一理论总结去指导地质实践调查，然后在实践中证明它或如专家所要求我们的"不断加以订正"。

《中国东部地质构造基本特征》这一了如指掌的总结是宝贵的，我们都应学习它，拿它作为探矿的指南，便是拿这一理论进一步结合实际用实践来证明。举例来说，南京边缘凹地的范围是最明显的一个，我们会在这一地区发现更多的接触铁矿。结合矿产来说，甚至可把这地区叫作南京边缘凹地接触铁矿区。华北隆起带也是很好的例子。在华北隆起带中，几个凸起的边部是我国产煤最盛的地方，因此，这一构造总结指导了我们探矿的行动，且为探矿的指南。将来由于更多大规模的探矿，必然得到更多的新发现，因而进一步证明这一总结的正确性，并不断加以修正，成为更准确的探矿指南。

要使将来更明晰更精准的地质构造区划成为更准确的探矿指南，我们必须更加努力发挥吃苦耐劳的传统，总想着为祖国工矿事业，为提高人民的生活水平，为保卫祖国的和平建设，为世界的永久和平，而向自然界作斗争。我们更须克服以往的差不多思想，丢掉眼力高包袱，纠正为发现而发现、为地质而地质的观点，摒弃迎合资本主义地质理论的作风，学习并切实按照苏联的构造观点和地质方法，脚踏实地见到什么记录什么，把一切可能记下的地质现象统统记下来，掌握了详细的材料以后，再作推论。如果推论错误，必须勇敢地舍弃它，接受正确的意见，养成端正的科学态度。

这一中国地质总结，因为材料所限，只能限于中国东部。我们地质工作者要加紧工作，期于祖国的十年建设中跑遍全国，作出全国地质构造单位的特征，作为以后数以万计的地质工作者在全国范围内探矿的指南。在毛泽东时代，我们能作出很大的贡献，就感觉真正的光荣了。

我们还要学习 A·C·霍敏多夫斯基的虚心态度。他在论文的最后说："本文所述的中国东部构造区域的划分，应视为是暂时的，须不断加以订正。"他并不把他的结论肯定而关闭言者的大门。

我们更要接受专家的指导："想了解整个中国的地质构造，最主要的是研究通过西南陆块盆地西境的褶皱带，就是横断山褶皱带及其与秦岭山脉的接触点。其次研究自西方弯曲陕北凹陷的（作者按：似应译为"自陕西凹陷西方弯曲的"）兴安黑森褶皱带的西南部及其与祁连山的结合点，也是很重要的。"

当我们学习这一篇论文时，必须对照中国地质图，深入钻研，直至搞清各地质构造区的特征和疆界为止。如果发现更显著的地质特征，也就是分别区划的更主要矛盾；如果在地质图和论文中间，或论文和自己的实践经验中间发现矛盾，就像在前节所提出的问题，把垣曲盆地和渑池盆地划归祁连兴安黑森褶皱带，并把伏牛山以北的河南西部山地划归河北凹地不相宜的问题，就要提出讨论。我们如能都来钻研论文，提出问题，加以分析讨论，发挥集体力量，把祖国的地质构造区划弄得更好，这也是我们响应了祖国的号召向苏联学习了。

二、对译文的意见

译文是很好的，可说是相当熟练的。它使读者容易体会原文的意思，所以根据译文，不难在地质图中找到原文提到的构造。但因不少地名和方位错译，而找不到的地方却不算少。因恐其他读者在对照地图阅读此文时，也会花费很多时间找不到一些构造应在的地方，谨作出以下校正，同时也可作为出版方面责任心不够的批评。

译文中有历史错误，地名错误，地质名词、方位及其他错误，其中以地名错误为最多，方位错误也不少。

1. 历史错误

译文一开始就犯了一个不该犯的历史错误。它说："1948 年，中国地质调查所基于中央人民政府之令，开始出版比例百万分之一的分页中国地质图。"中央人民政府成立于 1949 年是任何人都知道的。前中央地质调查所绝对不能在 1948 年基于"中央人民政府之令"……在译文开始就出现这样的错误，说明了译者、审稿者以及校对者，都有忽视历史的责任。不论它是排版的错误或其他原因，都应在这里着重指出。

2. 地名错误

在译文中，有不少地名和原指地点的构造不相符合。详细检查地质图，可以发现有些地名是音似的，有些地名是莫须有的。如译者稍微多花一点工夫，便可省去很多读者的时间。如把沿京汉线的"新乡"放在陕北凹陷的边上，把辽宁的"抚松"误作"阜新"，把浙江的"兰溪"译成"安吉"，把四川的"涪陵"译为"福隆"，都是容易查对的错误。还有一些地方使读者花费很多工夫也查对不出，如在大别山西南麓的洞庭湖（？），自乐昌到桂阳的第三纪沉积层（？）等。兹列表于后，以省眉目。

表 1　音似的地名

页数	行数	错误	校正	说　明
249	24	黄河	淮河	在江苏凹地中，很显明是淮河而不是"黄河"。
250 251	24 6	阜新 阜新	抚松 抚松	"阜新"出现的两段是谈辽东复向斜接近白头山的地方。但阜新在辽河西，以产煤著名，不应在白头山附近。因而索图，在临江不远处得抚松。
256	22 26	新鄉 新鄉	新絳 新絳	"新乡"出现的两段是谈陕北凹陷东南边界。新乡在河北平原，沿京汉线，实为新绛音似之误。
260	20 24	曲江 曲江	渠江 渠江	在重庆北方 60 公里处有渠江而非曲江。
261	7	大别山	大巴山	广元东南为大巴山而非大别山。
268	30	黔江	钦江	黔江在贵州不入海，钦江在广西入某海湾，且在这里有符合的地质现象，因知是音误。
271	17	施南	思南	施南在恩施，附近没有火成岩进入。思南附近的梵静山出露花岗岩，因而肯定是思南之误。
274	13	辰州（？）	郴州	在湖南山间盆地的界内有郴州而无辰州。文中所谈地质情形很显明是郴州。郴音琛。

表2 纯译音地名（图中无此等地名）

页数	行数	错误	校正	说　明
252	26 29	忻河（？） 忻河（？）	沁河 沁河	"在沂河（？）流域中有……盆地，长400公里，宽150公里。"原文所指，很显然是沁河。
256	26	李氏（？）	離石	校正新乡为新绛后，便容易在它的北方发现离石。在它们中间恰好出现煤系长带。
260	13	福隆（？）	涪陵	在夔州……庆符一线上有涪陵。涪音浮。
261 280	9 2	卡拉·烏拉 巴陽·卡拉·烏拉	巴颜喀喇山 巴颜喀喇山	阿尼马卿山（积石山）之南恰好是巴颜喀喇山。
271	6	班奇（？）	岩板谿（？）	在益阳与溆浦间有岩板溪地名，可能是原文所指的地方。
272 273	30 2	安吉（？） 安吉（？）	蘭谿 蘭谿	从这一地点和地质情形的叙述证明安吉（？）为兰溪。
274	6	新陽（？）	新喻	根据"新陽"北的二叠三叠褶皱及若干小花岗岩侵入体，证明它是新喻之误。
275	5	慶源	慶遠	根据庆源柳州间的东西走向的向斜，证明它是庆远之误。
275	8	向州（？）	象州	根据"向州"附近的构造推定它是象州之误。
281	29	賀龍山	賀蘭山	
282	28	招元山（？）	綽約山	按译文叙述情形，招元山（？）应该是绰约山。

表3 查对不出的地名

页数	行数	错误	说　明
247	11	洞庭湖	洞庭湖和大别山西南麓配合不起来。
260	28	冷蹟（？）	在成都附近找不着这个地方。
269	12	永昌	"广州东北自从化到'永昌'，……"在地质图中从这一带查不到永昌。
269	13	武平	"有一小块太古界地块位于会昌'武平'之间。"其间没有这种地块。会昌赣县间却有之。
274	14	自樂昌到桂陽	"第三纪地层长带，……走向东北，……自樂昌到桂陽"。但自乐昌到桂阳的方向为西北，且在这一带没有这种地层。
281	18	巴赤寺和同德（拉加寺）	疑是同仁和贵德。

表4　未译地名

页数	行数	未译名	应译名	说　　　明
254	1	Баоань	保安	保安即涿鹿。
254	2	Калган	张家口	在284页17行译为卡尔干，也应改为张家口。

表5　译稿或排版错误地名

页数	行数	错误	校正	说　　　明
244	4	泰嶺	秦嶺	
244	8	松花江下遊	松花江下游	
245	11	新閩帶	浙閩帶	
245	16	與安	興安	
246	6	祁連山	大別山	
247	12	渭水	滇水	
248	20	濰河	潍河	
253	19	來河	叫來河	
254	1	五台小燕山	小五台燕山	
257	23	華北卡列東	華南卡列東	
258	16	貴州地區	貴州地壘	
258	29	南京邊緣凹起	南京邊緣凹地	
259	7	卡列東華南	華南卡列東	
259	20	南充順慶	南充（順慶）	二名同地
271	11	流江	沅江	
274	14	禮陵	醴陵	
280	15	穀城	穀城	
280	15	白阿	白河	
281	8	西卿	西鄉	
286	11	勃力	勃利	
286	23	勃力	勃利	
286	29	勃力	勃利	

3. 地质名词改译表

表 6　地质名词改译

页数	行数	原译	改译	说　明
279	8	花岗岩喷出	花岗岩侵入	花岗岩是深在地面以下构成的，没有喷出相。
283	28	凝灰岩綫	凝灰岩層位	原字Горизон译为层位已通行，且较好。
283 291	21 25	同期化 同期變化	成岩化 成岩化	原字диагенеэирована及диагезис译为同期化，意义不明。它的意思是沉积物就原样（原组织构造）变成硬质岩石的变化，译为成岩化较妥。
291	9	岩堵	岩株	Щток应译为岩株。
246	20	火成岩	水成岩	
247	27	太古代頁岩	太古代片岩	
263	19	二叠	石炭	地质图中为石炭，非二叠。
263	20	二叠	石炭	
264	2	寒武	石炭	
275	21	吉愛利	吉麥利	
287	18	小成岩	火成岩	
296	13	大古界	太古界	

此外，尚有许多地方应该译为某某系时，都译成某某纪，纪代表时期，系代表地层。这种例子太多，不另列表。

4. 方位错误及其他

谈地质构造，方位正确是很重要的。如方位舛错，文章就难懂了。方位的正确性因而和地名的正确性是一样不应该忽略的。

其他尚有多数版错。

表 7　方位错误

页数	行数	错误	校正	说　明
246	10	自西侧	的東侧	
247	19	南召以北	南召以南	南召以南有白垩系长带。
248	20	凸起的西部	凸起的東部	

续表

页数	行数	错误	校正	说　明
250	3	東東方	東南方	
253	3	北京東方	北京西方	北京西方有花岗岩地块。
253	13	北京東方	北京西方	
256	22	東北部	東南部	新绛在陕北凹陷东南边。
256	28	東西向	南北向	原文意思或者是"在此處形成長帶，東西寬約70公里"。如果就这样译出，东西二字可以仍旧。如按原译，则须把东西二字改为南北。译文中方向错误，多不免因为这种缘故。
260	25	20°	29°	
261	7	南北	東西	按图表示，背斜走向为东西。
262	26	西側	東側	广西盆地东侧才是华南卡列东褶皱带。
263	7	37°10′	27°10′	
278	8	西北	西南	在昆明西南80公里处才有花岗岩露出。
278	27	西南	東北	小兴安岭和长白山区在东北凹陷的东北。
296	15	走向北東	走向東西	

表 8　其他错误

页数	行数	错　误	校　正
244	30	西北幹	西北部
244	31	长江東游	长江中游
247	23	體，無	體，此
251	6	满足	满是
251	6	伸展阜新在松花江上游	伸展到松花江上游的抚松
258	27	甚的皺	甚的褶皺
264	5-6	交叉處點近	交叉點近處
267	6	壓更	變更
267	28	不但如即	不但如此，即
288	8-9	蘇聯連境内	蘇聯境内
295	20	北鄰	比鄰

尾　语

苏联专家这篇论文，是以马克思列宁主义的科学方法，分析了我国地质工作者三十多年来的实践材料所得的系统结论。我们不仅应虚心学习，以后更应努力按照苏联专家的指示，不断修正与发展全国地质构造特征的研究，以指导祖国的矿产探勘工作。

译文中的错误相当不少，这说明翻译、审稿与校对的粗枝大叶。尤以把"中央人民政府"与反动的国民党政府混淆起来，应做深刻检讨。

祖国的一切都在蓬勃发展，快速地推动我国走向国家工业化、国防现代化的道路，这些成就都应归功于中国共产党的领导。我们应该跟着毛主席走，切实学习苏联的科学技术与斗争经验，尤其要学习苏联的批评与自我批评的精神，共同来建设我们可爱的祖国，争取早日过渡到社会主义社会。

因为自己的理论水平所限，所谈体会不免浅陋，所做校正或因辗转考据，不免舛错，愿同志们多提意见。

注释

〔1〕A·C·霍敏多夫斯基著，金则雍译. 中国东部地质构造基本特征. 地质学报，1952，32（4）

从黄土线说明黄河河道的发育①

张伯声

　　我很兴奋地听了邓子灰副总理"关于根治黄河水害和开发黄河水利的综合规划的报告"。由此，更加认识到，只有在党和政府的正确领导下才能如此规划。这个规划不但使黄河流域的人民永远免于泛滥之灾，而且还能得亿万亩土地灌溉之利，在黄河中上游能发千百万千瓦的电力为祖国节约亿万吨的煤炭，又能使 500 吨的汽轮从河口直达兰州。这一远景在不久将来就要实现了，能不令人欢欣鼓舞！因此，回想我过去在黄河及其支流上某些地方，如贵德、兰州、中卫、宁夏、五原、包头、壶口、龙门、三门、邠州、泾川，以及潼关附近的中条山等地的印象，写出这篇文章，以供关心黄河问题的同志们参考。

一、从黄土线谈起

　　解放以前，我对黄河河道发育的概念很不清楚。什么黄河上游是渭河的旧上游而后被黄河袭夺啦，黄河是遗传河而后切入现代河谷啦，黄河河道遭到山岭的阻碍而几度转折 90°啦，黄河发育经过唐县期、清水期、汾河期、板桥期而在这些期间有显著的普遍的地盘升降运动啦等等，众说纷纭，莫衷一是，再加黄土风成的理论，使我对黄河河道发育的概念更为混乱。

　　解放以后，由于到邠州和运城中条山调查，发现了一些黄土问题，怀疑了黄土风成的理论。其中，最突出的是黄土线问题。过去因囿于旧说，认为黄土是存在于山顶、山坡、山谷，一定是风才能如此撒布。但在运城附近的中条山上，发现山北山南两坡的黄土是分布在相同的高度上，而且分布在一定的高度（约 750

①本文 1956 年发表于《科学通报》第 3 期。

公尺）上；嗣后到万泉县的孤山并远望稷山，又发现黄土所在的最高海拔为 750
公尺左右。从潼关归来时，特别注意了中条山南坡及潼关以南的最高黄土原，远
望比较，高低相似。从阌乡到灵宝一段的火车上远望中条山南坡，黄土分布的最
高线几乎成一条平线，因此得到黄土线这一概念。黄土线是在一个盆地中黄土分
布的上限。该线以上的土是风化残积，该线以下便可发现颗粒相当均匀的黄土。
近山处，黄土底部混淆着砂砾透镜层。离山越远，这种透镜层越少，以至没有。
靠近万泉的孤山和中条山南麓，都有这种情形（图1）。

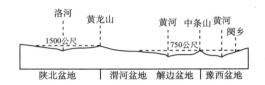

图 1　陕北盆地渭河盆地汾河盆地及豫西盆地黄土线高度图

　　黄土线具有三种形式。一为黄土原，如潼关以南靠近秦岭山麓的最高黄土原。
二为黄土包，这是被剥蚀了的黄土原在山坡上保留着的分散的黄土小包，例如中
条山北坡的一些沟壑中的黄土包。在这里，还有较大的黄土包，通常称之为黄土
坪。三为狭义的黄土线，这几乎是紧贴着山坡的一条黄土上限的平线，伸展很远，
如中条山南坡黄土分布的情形。黄土原、黄土包和狭义的黄土线在一个盆地如汾
渭盆地中的等高分布（不是绝对的等高，而是越向上游越高的界线），说明了这样
一个问题：黄土分布与河谷两侧的阶地一致，这种情形证明黄土可能是河流冲积
的产物（图2）。

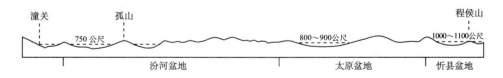

图 2　汾河盆地太原盆地及忻县盆地黄土线高度图

　　根据以上的观察和推测，我回忆从前所到过的地方，在凤县双十铺（成县徽
县盆地的一部分）的黄土线高约 1500 公尺，沿东河上溯，越到上游，黄土线越
高，形成了河道两侧的阶地（图3），宁夏盆地的黄土线高约 1500 公尺，兰州盆
地的黄土线高约 2500 公尺。各个盆地也都有个别的黄土线，如成县徽县盆地的黄

土线和秦岭北麓的黄土线，距离不远，而高度相差数百公尺，原因在于两个盆地互不相通，一个是秦岭中的山间小盆地，一个是秦岭以北的汾渭大盆地。这说明，黄土并不是因风吹而翻山越岭降落到任何高度的山坡

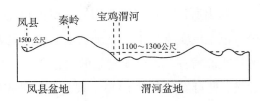

图 3　凤县盆地及渭河盆地黄土线高度图

上。成县徽县盆地的黄土和其他上游小盆地的黄土一样，在山坡上是残积土和坡积土，在山谷中是淤积土，都是当地的产物。从残积土、坡积土到冲积土，粒度越来越均匀，但原来粒度比较均匀的由岩石风化而成的残积土也相当均匀。例如，临潼骊山在 800 公尺以上的坡积土，是从山顶上第三纪粉砂层经风化剥蚀滚落积成的土壤，颗粒就很均匀。因此，在这里的坡积黄土和淤积黄土只能在地形上有所区别。小盆地的黄土是由坡积转为淤积的当地产物，大盆地的黄土来源则较复杂，这里的淤土大部分是由较大河流的上游盆地中冲下来的，而上游盆地的淤土则是从更上游的许多小盆地冲下来的（图 4）。

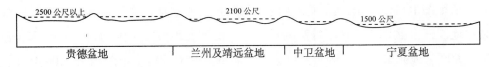

图 4　自贵德至银川所经各盆地黄土线高度臆想图

　　过乾县到永寿，黄土线发生了问题，乾县是在 750 公尺的黄土原上，与秦岭北坡的黄土原遥遥相对。但从乾县 1300 公尺或更高的永寿梁是一个很大的黄土缓坡。因此，就发生了"汾渭盆地北沿的黄土线到哪里去了"的问题。

　　永寿梁上仍然有黄土，且在梁上发现相当新的砂砾层。这一山梁以北为陕北盆地，在梁上向北瞭望，好像是一个广大的平原。到泾河上看，才知是一个被河流切蚀深达 300 公尺左右的黄土平原，仅在谷底露出一些基岩和红层。在泾河两侧上边，原来的平原已因流水剥蚀有些低洼。在泾河开始切蚀以前，这个黄土平原应该和永寿梁齐平，因此陕北盆地是另一黄土盆地。这里黄土厚度超过 200 公尺。黄土的漫溢或是从许多旧河道上冲下来，或是由于土流滚落，这种冲下或滚落造成了永寿的黄土大坡。因此乾县的黄土原与永寿的黄土坡可说是两件事，不能相提并论，而渭北黄土线的问题也可以得到解决。

以上所说，也可在合阳、韩城得到证明。合阳、韩城的大部分地区都在700公尺以上的黄土原上。这个黄土原非常显著。它可以和东南的中条山及南面秦岭的黄土原看齐。由韩城到它的北边山麓，都在700公尺以上，但一过山岭到山的北坡，便可看到高过1000公尺的切蚀破碎的黄土原。从韩城到宜川的路上，也可以看到这一点。因此，陕北盆地的黄土线和汾渭盆地的黄土线是很分明的。

根据中国地质图中的黄土露头，参照中国的地形图，可以在山西境内大致对照这两个盆地的黄土线，由于吕梁山的隔离，两地黄土线高低大不相同，更足以说明陕北盆地与汾渭盆地的黄土地形的发展基本上是不同的。

把中国地质图与中国地形图对照一下，又可发现汾渭盆地与华北平原的黄土线也是截然不同的。洛阳东北的邙山是黄土构成的黄河与洛河的分水岭，这是一个被剥蚀了的黄土原的残留部分，它的高度在250公尺左右。从汜水到京汉路黄河铁桥沿黄河一带有黄土岗，高度在200公尺左右。沿太行山东麓，黄土的上限则在200公尺左右。这个高度说明了华北平原的黄土线和黄河中游汾渭盆地的黄土线显然不同。

从地图上可以看出，汾河盆地的东北紧接太原盆地，太原盆地的北端紧接忻县盆地，三个盆地有三种不等高的黄土线。汾渭盆地黄土上限约为700～750公尺，太原盆地的黄土上限约为900公尺，而忻县盆地的黄土上限约为1100公尺。忻县北的程侯山四周恰好又有黄土出露，高度也在1100公尺左右，与盆地四周的黄土线看齐。以上仍然说明，不等高的盆地有不等高的黄土线，而且越在上游的盆地，黄土线越高。

不等高的黄土线代表着在过去淤积的不同盆地的最高平面，这样的平面绝大部分是由于无数期洪水漫滩散在一个盆地各处的淤积所造成的。因此，这一平面不是真正的平面，而是近山高远山低的凹面，并且是近河口（由山岭入盆地的河口）高、远河口低、约略成起伏状的边缘，洪水造成的淤积必然是湮没时间很短，暴露时间很长。特别长期的暴露是从淤土转变为黄土的必要条件。

洪水从山地流入盆地，发展成广大的冲积扇。河流越大，冲积扇越大，河道径流范围越宽，因为径流缘故，暴露的时期也就越长。经百十年的长期暴露后，或早或晚地又淤积起来，淤积以后又发生变化。生成的开始总是淤土，改变的结果终成黄土。黄土的剖面往往夹有或大或小的透镜状砂砾层，有时夹有带状成层的黏土，这可以说都是河道的遗留。这种砂砾层越近山麓越多，远山渐少，以至没有，也是冲积的规律。

黄土线既代表古代无数期的洪水漫滩在盆地上的综合淤积面，则它的高度就必须与这一盆地在黄土线发展到这一高度的当时最低山口相似。因为当时的淤土虽在盆地出口处开始流失，但盆地上游还有很多河川继续进行淤积，因而上游的黄土线仍在继续增高。所以一个盆地的黄土线，下游要低些，上游要高些。但高到怎样程度，则决定于众多河流的切蚀，因为盆地出口的加深和向源侵蚀到上游山麓时，黄土线便被破坏。盆地越大，向源侵蚀到最上游的黄土线所费的时间越长，上游黄土线对下游黄土线的高差也越大。陕北盆地的西北要比东南的黄土线高得多，汾河盆地的黄土线在潼关要比宝鸡低得多，这就是很好的例子。一个盆地的黄土线还有局部的高差，这是在两条大河之间的山麓与这两条大河入口处的黄土线的高差。因为河川到盆地的入口处，曾是河淤扇形地的顶点，而河川之间是两个扇形地中间的洼地，太行山麓就有这样的情况。因此，一个盆地中的黄土线不完全等高，也是很自然的。

二、黄河河道的发育

许多或大或小的河川从盆地四周向盆地中部汇集，所带下的粗砂卵石很大一部分停积在近山地带及盆地的底部，极小一部分则随流而下，沉积在沿途或高或低的河床上。大部分的粉砂淤土被带到沉积物的上部，渐渐把盆地淤高。在盆地淤高的同时，四周山岭发生着不同程度的风化和侵蚀。原来山岭较低，而风化侵蚀较强的地方，就要变得更低。在盆地淤高和山口削低两种矛盾现象的接近而使淤土得以外溢的时候，盆地内的水土就要因此向外流失。例如，黄河的龙门与泾河的张家山两处的水土流失，就是在陕北盆地的黄土线发展到这两个峡口侵蚀到当地黄土线的高度时开始的。

在盆地出口附近的地质作用，便由沉积多于剥蚀的情况，变为剥蚀多于沉积的场所。在这里，黄土线便停下来不再增高。但在盆地中离出口远的地方，山岭高而厚的地方，接近上游入口的地方，盆地淤积仍在进行。正因为远离出口处有大量淤积，才能不断供给出口处的流失，才使这一盆地的出口以外——也正是下游盆地接受外来沉积物的入口部分，开始而且行将加速造成一个扇形的冲积缓坡。

这一冲积扇得到上游盆地源源不断的沉积，便较发源于这一盆地内的一切溪河的沉积快得多。这一冲积扇因此压倒并覆盖众多溪河所遗留下来的许多大大小小的冲积扇。渭河冲积所成的黄土线，越在上游越高，越到潼关越低，这代表曾经覆盖着许多由秦岭和永寿梁来的冲积扇的广大冲积缓坡。

个别盆地，或不曾接受过外来河流的淤土的盆地，大概是一些个别的山间小盆地，它仅由本盆地四周河溪的许多淤积扇共同填起来，最后找寻出路。有些盆地才开始有出路，它的松土剥蚀尚不显著，如接近河源的小盆地，但这种小盆地所淤积的砂砾要比泥土多得多。有些盆地早有出路，深经剥蚀，已见厚层黄土，如兰州盆地、汾渭盆地、陕北盆地等，都是中流的大盆地。盆地越大，接受泥土淤积越多，这是由于外来淤积的缘故。

个别盆地一经接受外来的淤积以后，便要加速淤积，找寻出路，因而成为过路的淤积盆地，如兰州盆地、宁夏盆地、河套盆地、陕北盆地、汾渭盆地等。

盆地大、出路所在的山岭厚，虽已有冲蚀成很长的山峡出路，但还没有切蚀得很深，或上游盆地与下游盆地的高差不大，出口不深，这些盆地中的黄土剥蚀都不显著。如从上游盆地带来的淤土足够补偿本盆地的流失，则本盆地的黄土剥蚀也不会显著，例如宁夏盆地和河套盆地。

有些盆地因下游切蚀较深，水流较大，沉积物的来路少于出路，因而加深剥蚀，形成了很多深切于黄土厚层的蜿曲，例如陕北盆地的泾河。

有些盆地因下游出口畅通，沉积物的来路远不能补偿本盆地黄土的流失，则本盆地的黄土剥蚀更加显著，造成黄土沟谷、黄土原、黄土包及狭义的黄土线，如汾渭盆地。

以上所说情况，都能在黄河上或其支流上看到。真正没有出路而正在洪淤的盆地，可在黄河上游地区看到，如青海盆地。青海海拔 3040 公尺，从这里到黄河中间的坳口为 3340 公尺。由于山坳剥蚀，淤积不到 300 公尺的高度，便有水土流失。

华北平原仅在西边山麓保留着很低的黄土线或黄土包。

由于以上列举的例子，可以得到如下的结论：黄河还没有形成目前河道的时候，在西北就有很多大大小小的盆地。这些盆地四周进行着风化剥蚀，盆地内部则有很多河川进行河漫淤积，并有很小部分（比起盆地面积来说）进行沼泽淤积。剥蚀与淤积的矛盾相结合，使盆地底部越填越高，盆地四周越削越低，直到盆地中的水土找到最低坳口，才向下游盆地流失。哪个盆地开始流失在先，哪个在后，可按剥蚀程度来确定。可能有些盆地同时打开缺口，它们的水分别流到不同的盆地。一般来说，中有盆地先行淤满，上游及下游盆地较晚淤满，最上游盆地最后淤满。由此，黄河便把一个一个盆地连接起来，因为连接的时候有先有后，不同盆地中的沉积与剥蚀程度也就不同，地形上的发展也就异常。这是黄河流域的地形之所以非常多样性的缘故。

许多地质报告在谈到当地地形时，都按照地盘辗转升降的关系，把许多不同发展的盆地地形统统对比起来，这种地形发展的教条观点，应该加以批判。但这并不是抹煞地盘升降对于地形发展的关系，而是说，不要把许多不同的盆地，在不同时期发展起来的地形，看成是由于一般地盘升降的影响而形成的同样的地形。例如汾渭盆地和陕北盆地，后者相对下降，前者相对上升，两个盆地的地形发展便不能等量齐观。虽然它们都有一些类似的阶地，但也不应互作比较。

三、黄土原的形成

过去谈华北及西北地形的人，多根据卫理士在山西的结论加以比较发展，分为北台、唐县、清水、汾河、板桥等地形发展期。这是单纯按照地盘升降、沉积剥蚀所形成的山谷阶地的观点，并且不论谈华北和西北的哪个地区，都要如此对比一下。翻阅《中国地质学会志》《地质论评》，以及其他地质刊物，都可发现这种对比。阶地发展自然是地盘升降因素居多，但对西北各地的阶地发展来说，还要顾及其他因素。例如，陕北盆地和汾渭盆地的阶地仅有一山之隔，而陕北盆地相对上升，汾渭盆地相对下降。但是，相对上升的盆地剥蚀程度反而比下降盆地轻得多，这是难以解释的。如果以普遍的地盘升降与剥蚀沉积的递相作用来解释西北各处的阶地发展，则从上游盆地到下游盆地的黄土阶地的数目应该相同，它的高差及各地的剥蚀程度也应相似。但是，兰州盆地剥蚀得相当破碎，最高的黄土原和最低的河床相差1000多公尺，宁夏和河套盆地的剥蚀程度则相当轻微，最高黄土原与河床相差不过100多公尺。陕北盆地下游的剥蚀尚在梁、峁、沟、壑的阶段，上游的剥蚀尚在塬墚的阶段，它的黄土原与河面相差约300公尺。汾渭盆地是下降地区，但剥蚀相当强烈，它的最低黄土原已成广谷平原，与最高黄土原相差300多公尺。这就明显地证明了，各个盆地的剥蚀与沉积情况大不相同。

因此，我们不能把一个盆地的黄土原和另外一个盆地的类似同级的黄土原看作同时期的产物，也不能把许多盆地中的许多阶地作同样的比较。

如果不把地盘升降看作是西北各地黄土原造成的主要因素，那么它的主要因素是什么呢？我们可以把盆地出口的地质检查一下。龙门是陕北盆地的出口，陕县以下的山区是汾渭盆地的出口，这里有各种不同厚度和不同强度的地层，加深剥蚀遭到较软地层时便很快切通，遇到较硬地层便遭受相当长期的阻滞。当出口不能被很快切穿时，上游盆地中的河流便滞留在某一平面上，加强了侧蚀作用，因而造成一个广大的冲积平原。切穿坚硬地层到达较软的地层时，便加速垂蚀作用，上游盆地也就加深剥蚀，把刚成的冲积平原割切成为阶地。如此辗转下去，这一盆地便生成几层阶地。

黄土原形成的开始，不都是黄土，而是几十公尺的黄土层覆盖着其他沉积层的平原，其下层一般是松软的类似黄土的红色土层。这种红色土常和黄土没有多大区别。原始的黄土平原在后期的剥蚀中形成黄土原。这种黄土原与下一级黄土平原接触处，原为淤土浮层覆盖其他松软地层而成的陡崖，但到后来渐因淤土或黄土崩落而成斜坡。年代越久，滚落越多，覆盖斜坡的黄土越厚。因此，当深切成为大沟时，也难再见以下的松软地层，所以在河道两侧到处可以看到黄土形成的阶地。

在有些地方，靠近山麓的较大河川把黄土原完全蚀去，如华山山麓；仅有黄土线与黄土包保留，如中条山山麓；远离山麓的大河则保留了黄土原，如渭南的秦岭山麓。

这些黄土原、黄土线、黄土包的发展，既然是在淤满一个盆地找到自己出路以后，由于出口处坚软地层的控制而形成的，则根据黄土原的大小、黄土线或分散的黄土包，就可说明一个盆地打开缺口的时间迟早，或出口畅通与阻滞的情况。这证明了黄河河道是在不同时期内，辗转淤积成或大或小的盆地。

盆地出口处坚软地层的控制因素有没有证据呢？有的，如在陕州以下的黄河峡谷、新安的八里胡同、渑池的王家滩、陕州的三门。当八里胡同切穿后就到了王家滩，王家滩的岩层是震旦纪石英岩夹泥质岩，而且接近水平的位置，最后切蚀到三门峡的闪长斑岩。这一峡口两岸出露的闪长斑岩的高度约距河面 50 公尺。黄河两侧的黄土原在潼关附近高出河面约 50 公尺，可以说是三门峡岩石的控制。

汾河盆地的黄土线在潼关附近海拔为 700 ～ 750 公尺，与王家滩和八里胡同两岸高度为 700 ～ 750 公尺相符合。其次，构成龙门的石灰岩夹页岩对于陕北盆地黄土原的构成有同样的作用。

总之，以上所说并不是完全抹煞地盘升降作用对黄河河谷阶地发展的关系，但在黄河所贯穿的各盆地中的阶地发展，似乎是盆地出口处坚软岩层控制因素的影响更大些。

四、结束语

由于以上论证，可知黄土的分布并不是漫山遍野散处于任何高度，而是分布在一定盆地的一定高度上。这一定高度之上，只有残积土和坡积土，而没有黄土；这一高度之下，黄土分布则不拘高低。这个一定的界限叫作黄土线或黄土上限。它代表着这一盆地过去河漫淤积的最高地面。

黄河流域大大小小的盆地内部，由于河漫淤积结合盆地边缘剥蚀，到最低出口，然后对本盆地进行加深剥蚀。由于出口坚软岩层的控制，形成了本盆地的河谷阶地。上游盆地剥蚀的同时，邻近的下游盆地加速河漫淤积，淤满以后又同样地向更下游盆地顺流发展。但上游则是溯源发展，它的目的是从上游加长黄河。

以上所提关于黄土线、黄河发育及黄河河谷阶地形成的假设，只是初步的意见，不免存在着许多问题，希望同志们予以批评指正。

结晶外形对称表周期分类及其说明①

张伯声

一

结晶分为 32 晶族，这是根据结晶外形对称组合而分的。由于对称组合的繁简，可以按规律排成一个结晶对称周期分类表。根据这一周期表，可以很容易检查一个结晶或一个结晶模型属于哪一晶族。

这里所说的结晶对称周期分类表，是根据 J·W·伊凡斯和 G·M·戴维斯的表[1]，以及 F·C·菲利普斯的表[2]，加以改进而成的。这两个表都把三方系的三方双锥晶族和复三方双锥晶族属于"反伸类"，因而把三方双锥晶族和复三方双锥晶族归到六方晶系，分别代替了应在六方晶系中的菱面体晶族和六方偏三角面体晶族的位置，反而把菱面体六方偏三角面体两个晶族放在三方系中。这就使晶形与晶族的名称和其所在晶系中间发生了矛盾。本文所列的结晶对称周期分类表，是根据 A·F·拉基尔斯的对称符号与对称组合的公式[3]，对表中每一横排的晶族给它一个共同性的一般公式。因而，就很自然地把所有不合于这个一般公式的晶族加以淘汰，把符合于共同公式的晶族摆在一起，且把外形上属于三方晶系的三方双锥和复三方双锥归于三方系，外形上属于六方晶系的菱面体和六方偏三角面体归于六方系。本文所列的结晶对称周期表和一般所列的结晶分类表不同地方就在这里。

这个结晶对称周期表，作者曾在《地质论评》中发表，原名《结晶系统周期排列表》[4]。但在刊出时，由于排印错误，署了其他作者的姓名，这个已在《地质

---

① 本文 1957 年发表于《西北大学学报》（自然科学版）第 1 期。

论评》第 16 卷第 3 ～ 6 期的封底前面加以更正。笔者对于这个分类表的说明，迄未很好写出，甚为遗憾。兹趁开始展开争鸣的时候，把它的说明写出，以便抛砖引玉。如能由此引起 230 个空间群的适当排列，则是作者所希望的。本文所列的表，对原表多少有所修正。这个表完全是根据结晶外形对称的共同性加以安排的，不免和结晶的内部构造有所矛盾。这一矛盾的统一，可俟以后的研究。

二

这个结晶外形对称周期表的安排原则，一是根据同类结晶对称的共同性把它们归于一个晶系，这种在一个晶系中有共同性对称轴叫作主对称轴。晶系是按直行排列的。二是按主对称轴两极的性质归成 7 个晶统，主对称轴的两极性是按结晶的形象决定的。每个晶统的晶族有一个共同的一般对称公式。晶统是按横排排列的。确定了一种晶体的主对称轴对称性和它的两极性，再根据对称组合的一般公式，并找出了它特有的对称公式，就可以确定这种结晶的晶族。

一个晶系的主对称轴一般说只有一个，但也有三个的和没有的。

三斜系结晶在对称上的共同性是没有一个固定的对称轴，也就是，通过三斜系结晶的中心，可以有无数的一次对称轴。

单斜系中有一个晶族，即坡面晶族，乍看起来好像没有主对称轴。三斜系结晶中没有任何一个固定的自然方向可以选作主对称轴，但坡面晶族则因对称面的存在，有一个固定的自然方向，即正交于对称面的轴线可以选作主对称轴，这是一个有固定方向的一次对称轴。而且这个一次对称轴，可以由于对称面的关系，看作复二次对称轴。这就有理由把这一晶族列入"二方系"。"二方系"包有单斜系和斜方系。由于"二方系"这一名称的不经见，我们仍将分别写成单斜系和斜方系。

其他如正方系的特点是一个四次对称的主对称轴，三方系是一个三次对称的主对称轴，六方系是一个六次对称的主对称轴。

等轴系结晶都有三个可以互相置换的主对称轴。这三个主对称轴是三个二次对称轴或三个四次对称轴。

　　由于上述情形，我们根据主对称轴的对称性质分为 7 系，在 7 个晶系来说和按晶轴分系没有什么不同。

　　其次谈一谈横排的分法。

　　在横排中按主对称轴的简单性和复杂性划分了两大类，一个是简轴类，一个是复轴类。简单的主对称轴不是两个以上的对称面的交切线，因而这一类结晶的特点是没有对称面，或仅只有一个和主对称轴正交的对称面。复杂的主对称轴是两个以上对称面的交切线，所以复轴类结晶的特点是具有两个以上的对称面。

　　在简轴类和复轴类的每一种中，进一步根据主对称轴的两极性分为晶统。主对称轴两极的性质是由晶形反映出来的。如果主对称轴两极的形象不同且不相似，也就是说和主对称轴正交的方向既没有对称面，也没有由于主轴转动而得到的假想对称面，又没有水平方向的对称轴，因而仅只有一个孤立的垂直主对称轴。这便是异极的主对称轴。凡是有一个异极轴的结晶，就属于异极晶统。简轴类和复轴类都有一个异极晶统。

　　如果主对称轴两极的形象相同，也就是由于一个水平对称面的关系，两极的形象可以作镜像反映的叫作同极。同极轴的特点就是和主对称轴正交的方向有一个水平的对称面。简轴类和复轴类都有一个同极晶统。

　　如果主对称轴两极的形象相似，但因为没有水平对称面，两极形象不能直接互相反映，却在主对称轴旋转 180°（坡面晶族）、90°（正方系）或 60°（六方系）的时候，在新位置上有原来位置的形象反映，叫作反极。因此，一个主对称轴（对称性比较低级）配合一个假想的对称面，在转动时可以得到较高级的对称，是反极晶统的特点。简轴类和复轴类都有一个反极晶统。

　　简轴类中还有一个晶统叫作旋极的。旋极轴的两端形象也是相似而位置不同，但使这种主对称轴旋转 90°或 60°，也不能使其两端在新位置上反映旧位置的形象。看起来，这种结晶的两端好像互相扭转而成螺旋似的，因而把这种主对称轴叫作旋极轴。这种晶体的特点是在主对称轴和水平辐射的对称轴外，没有任何其他的对称元素。

　　旋极晶统只能在简轴类中才有，旋极轴不可能是对称面的交线，复轴类中就不可能有旋极晶统。

　　因此，合起来只能有 7 个晶统，即简轴异极、简轴同极、简轴反极、简轴旋极、复轴异极、复轴同极、复轴反极。

每一直行有其主对称轴的对称性特点。每一横排有其对称组合的一般特点。直行与横排互相结合，便得到一个晶族的对称组合。

<h1 style="text-align:center">三</h1>

这一部分，分别说明晶系的共同公式、晶统的一般公式、晶族的特有公式。

首先谈一谈直行中每一系的共同公式。

每一晶系既然有一个或一组特种对称的主轴，便可用这一个或这一组对称轴的符号 A_n 或 $3A_n$，作为一个晶系的共同公式。其中 A_n 代表某种转动次数的对称轴。

三斜系结晶主对称轴的对称是全周，这一系晶族的共同公式便是 A，这是全周轴。

单斜系和斜方系结晶主对称轴是二次对称轴，这两个晶系的晶族的共同公式便是 A_2。

正方系结晶的主对称轴是四次的对称，各晶族的共同公式是 A_4 或 R_4。R_4 是一个四次的复对称。这是由于一个二次对称轴在转动 90°时，配合一个假想的对称面而得到反射关系所形成的。

三方系结晶的主对称轴是三次对称，其共同公式是 A_3。

六方系结晶的主对称轴是六次对称，其共同公式是 A_6 或 R_6。R_6 是一个六次的复对称。这是由于一个三次对称轴在转动 60°时，配合一个假想的对称面而得到反射关系所形成的。

等轴系结晶的主对称轴是三个可以互相置换的二次对称轴或四次对称轴，其中的二次对称轴可以是四次复对称。因此，这一系的共同公式是 $3A_2$ 或 $3A_4$。

其次谈一谈横排中的一般公式。

每一横排中的晶族，由于其对称组合的共同性，得到一个一般公式。因而，每一个一般公式，可以说明其所在的一排晶统的共性。有 7 个晶统便有 7 个一般公式。从这些一般公式中，可以看出这个分类表对于对称中心并不看重。

简轴异极晶统的结晶只有主对称轴，除等轴系由于三个主对称轴的复杂化多了四个三次对称轴外，都不附带任何其他的对称元素。因而，这一晶统的一般公式就是 A_n。在等轴系是 $3A_n$。因为 $3A_n$ 的存在，其特有公式发生了复杂化，也就是多了 $4A_3$。

简轴同极晶统的结晶都有一个主对称轴和一个正交于主轴的对称面，或有对称中心，或无对称中心。因而，这一晶统的一般公式就是 $A_n \cdot P \pm C$。但在等轴系中，因为 $3A_2$ 的存在，使其特有公式发生了复杂化。

简轴反极晶统的结晶都有一个主对称轴，或有或无对称中心，但所说的主对称轴都是复杂对称。也就是在某种较低级的对称轴转动时，由于一个假想的对称面，可以得到一个较高级的对称。这种复对称的符号是 $A_n(R_{2n})$。因而，简轴反极晶统的一般公式是 $A_n(R_{2n}) \pm C$。

简轴旋极晶统的结晶都有一个主对称轴和一定数目的与主对称轴成正交关系的二次对称轴。这里所说的"一定数目"，则等于主对称轴的对称次数。此外没有其他对称元素。因而，这一晶系的一般公式成为 $A_n \cdot nA_2$。

但在等轴系中的旋极晶族，则因三个主对称轴关系而复杂化。

复轴异极晶统的结晶都有一个主对称轴和与主对称轴次数相等的对称面。一般公式是 $A_n \cdot nP$。

复轴同极晶统的结晶除主对称轴以外，还有与主对称轴次数相等的二次对称轴，与主对称次数相等而平行于主对称轴的对称面，一个与主对称轴正交的对称面，或有或无对称中心。它的一般公式是 $A_n \cdot nA_2 \cdot (n+1)P \pm C$。这一晶统的晶族，在每一系中有最完全的对称组合。它在等轴系中的晶族，也就成为 32 晶族的最高对称组合，且因三个四次对称的主对称轴的存在，最是复杂化。

复轴反极晶统的结晶都有一个复对称和与复对称次数的 $\frac{1}{2}$ 相等的二次对称轴及对称面，或有或无对称中心。其一般公式是 $A_n(R_{2n}) \cdot nA \cdot nP \pm C$。在等轴系中的这种晶族，则由于 $3A(3R_4)$ 的存在而使公式复杂化。

再次分别谈一谈每一晶族的对称组合及其特有的公式。

先说三斜系的晶族。

三斜异极（单面）晶族的结晶没有任何对称元素，没有一定方向的主对称轴。就是说，这一晶族的结晶，可以有无数的一次对称轴。它的特有公式是 A。这种结晶上，任何一个面都单独成立一个晶形。代硫酸钙的结晶属于这一晶族。

　　三斜反极（轴面）晶族的结晶只有一个对称中心，没有一定方向的主对称轴。任何一个轴线都可以和对称中心相配合，形成一个反极轴。这一晶族的特有公式是 C。这一对称中心和任何一个轴线的反极性质，决定了它唯一的轴面晶形。斜长石结晶是一些例子。

　　再说单斜系和斜方系的晶族。

　　单斜异极（楔形）晶族的结晶只有一个二次对称轴，它的特有公式是 A_2。由于这一对称关系就要求一种楔形，并附带有单面和轴面。楔形为单斜异极晶族的普形，单面和轴面是它的特形。甘蔗糖的结晶是一个很好的例子。

　　单斜同极（柱形）晶族结晶的主对称轴是一个二次对称轴，有一个正交于主对称轴的对称面和一个对称中心。主对称轴的方向平行于 b 轴。这个晶族的特有公式是 $A_2 \cdot P \cdot C$。这种对称组合所要求的普形是柱形，附带的特形是各种轴面。正长石结晶是很多例子的一个。

　　单斜反极（坡面）晶族的结晶只有一个对称面。这一晶族的特有公式是 P。正交于对称面的轴线是一个一次轴，平行于 b 轴。可以由于对称面的关系，把这个一次轴解释为二次复对称，也就是 $A(R_2)$。因此，单斜反极晶族就可以很自然地列入"二方系"。"二方系"包括单斜系和斜方系。这个晶族的普形是坡面，附带有单面及轴面的各种特形。钙沸石结晶是一个例子。

　　斜方旋极（斜方双楔）晶族的结晶有三个二次对称轴，其中一个是主对称轴平行于 c 轴，两个分别平行于 a 轴和 b 轴。这一晶族的特有公式是 $A_2 \cdot 2A_2$。它的普形是斜方双楔，附带有轴面和柱形的各种特性。橄榄铜矿的结晶是一个例子。

　　斜方异极（斜方锥）晶族的结晶有一个二次对称轴是主对称轴，平行于 c 轴，及两个对称面。这一晶族的特有公式是 $A_2 \cdot 2P$。普形是斜方锥，特形有各种单面、轴面、柱形、坡面等。异极矿的结晶是个例子。

　　斜方同极（斜方双锥）晶族有三个二次对称轴，三个对称面，一个对称中心。它的特有公式是 $A_2 \cdot 2A_2 \cdot 3P \cdot C$。普形是斜方双锥，特形有各种轴面和柱形。重晶石的结晶是很好的例子。

　　再次说到正方系的晶族。

　　正方异极（正方锥）晶族的结晶只有一个四次对称轴是主对称轴，符合于 c 轴。特有公式是 A_4。普形是正方锥，特形有各种单面和一种正方柱。酒石酸氧锑化钡的结晶是一个例子。

正方同极（正方双锥）晶族的结晶有一个四次对称轴是主对称轴，符合于 c 轴，有一个对称面与对称轴正交，和一个对称中心。特有公式是 $A_4 \cdot P \cdot C$。普形是正方双锥，特形有一种轴面和一种柱形。彩钼铅矿的结晶是个例子。

正方反极（正方双楔）晶族的结晶只有一个四次复对称的主对称轴，符合于 c 轴。特有公式是 $A_2(R_4)$。普形是正方楔，特形有一个轴面和一个正方柱。砷酸硼钙矿的结晶是个例子。

正方旋极（正方偏方面体）晶族的结晶有一个四次对称轴是主对称轴，平行于 c 轴，有四个二次对称轴在水平位置和主轴正交，其中有一对符合于 a_1 和 a_2 轴。特有公式是 $A_4 \cdot 4A_2$。普形是正方偏方面体，特形有轴面和各种的正方柱、复正方柱、正方双锥。角铅矿的结晶是个例子。

复正方异极（复正方锥）晶族的结晶有一个四次对称轴是主对称轴，平行于 c 轴，有四个对称面相交于主对称轴。特有公式是 $A_4 \cdot 2P$。普形是复正方锥，特形有各种单面、正方柱、复正方柱、正方锥。氢氧铅铜矿的结晶是个很好例子。

复正方同极（复正方双锥）晶族的结晶有一个四次对称轴作为主对称轴，平行于 c 轴，四个二次对称轴在水平地位，分为二组，其中一组与 a_1、a_2 轴相符合，有四个对称面互交于主对称轴，有一个对称面和主对称轴正交，且有一个对称中心。特有公式是 $A_4 \cdot 4A_2 \cdot 5P \cdot C$。普形是复正方双锥，特形有一个轴面和各种正方柱、复正方柱、正方双锥。锆石的结晶是个典型例子。

复正方反极（正方偏三角面体）晶族结晶的主对称轴是一个二次对称轴，也是一个四次复对称，平行于 c 轴，有两个二次对称轴符合于 a_1 轴、a_2 轴，有两个对称面相交于主对称轴，与二次对称轴斜交。特有公式是 $A_2(R_4) \cdot 2A_2 \cdot 2P$。普形是正方偏三角面体，特形有轴面和各种正方柱、复正方柱、正方双锥、正方双楔。黄铜矿的结晶是一个例子。

以后说到三方系的晶族。

三方异极（三方锥）晶族的结晶只有一个三次对称轴。特有公式是 A_3。普形是三方锥，特形有单面和三方柱。六水亚硫酸镁的结晶是个例子。

三方同极（三方双锥）晶族结晶的主对称轴是一个三次对称轴，和 c 轴相合，有一个水平的对称面和主轴正交，没有对称中心。特有公式是 $A_3 \cdot P$。普形是三方双锥，特形有轴面和三方柱。到现在还没有结晶的例子。许多结晶学教本都把复三方双锥结晶族属于六方系，但就外形顾名思义，这一晶族的名称和它所属的晶系有显著的矛盾，这里把它列入三方系。根据这个晶系的特有公式，符合于简轴同极的一般公式，应属于同极晶统。根据赤平投影，它和同极晶统的晶族有明显相同的地方，因此把三方双锥晶族从六方系挪出，摆在三方系。

三方旋极（三方偏方面体）晶族结晶的主对称轴是一个三次对称轴，和 c 轴平行，有一个二次对称轴与 a_1 轴、a_2 轴、a_3 轴相合。特有公式是 $A_3 \cdot 3A_2$。普形是三方偏方面体，特形有轴面、六方柱、三方柱、复三方柱、菱面体、三方双锥。最好的例子是 α 石英。

复三方异极（复三方锥）晶族结晶的主对称轴是个三次对称轴，与 c 轴相合，有三个对称面，它们的交切线便是这个对称轴。特有公式是 $A_3 \cdot 3P$。普形是复三方锥，特形有单面、三方柱、六方柱、复三方柱、三方锥、六方锥。电气石的结晶属于这一晶族。

复三方同极（复三方双锥）晶族结晶的主对称轴是一个三次对称轴，与 c 轴相合，此外有三个二次对称轴，三个对称面相交于主对称轴，一个对称面正交于主对称轴。特有公式是 $A_3 \cdot 3A_2 \cdot 4P$。普形是复三方双锥，特形有轴面、三方柱、六方柱、复三方柱、三方双锥、六方双锥。蓝锥石的结晶属此晶族。在许多结晶学教本中，把复三方双锥属于六方系，但因它的外形及名称都符合于三方系而不合于六方系，它的特有公式符合于三方同极类，它的对称组合的赤平投影应该和斜方双锥、复正方双锥并列，而不应与正方偏三角面体并排，所以在这个分类表中把它列入三方系。

以下再谈六方系的晶族。

六方异极（六方锥）晶族的结晶只有一个六次对称轴，这是主对称轴，平行于 c 轴。特有公式是 A_6。普形是六方锥，特形有单面和六方柱。霞石的结晶属于这个晶族。

六方同极（六方双锥）晶族结晶的主对称轴是一个六次对称轴，平行于 c 轴，与它正交的有一个对称面，并有一个对称中心。特有公式是 $A_6 \cdot P \cdot C$。普形是六方双锥，特形有轴面和六方柱。磷灰石结晶是很好的例子。

六方反极（菱面体）晶族的结晶有一个三次对称轴（六次复对称），平行于 c

轴，有一个对称中心。它的特有公式是 $A_3(R_6) \cdot C$。普形是菱面体，特形有轴面和六方柱。矽铍石的结晶属于这个晶族。有许多结晶学教本把这个晶族属于三方系，但按它的对称组合来说，它能和正方双楔相比较。正方双楔（正方反极）晶族既然可以由于一个三次对称的主对称轴（四次复对称）列入正方系，菱面体（六方反极）晶族自然可以由于一个三次对称的主对称轴（六次复对称）列入六方系，并且就它们的赤平投影作比较，也很明显地看出，菱面晶族的投影表示一个较高的对称性，而不表示一个较低的对称性，因而可以把它列入较三方系高一级的六方系。这是在这里所以改变其排列的缘故。

六方旋极（六方偏方面体）晶族的结晶有一个六次对称的主对称轴，和 c 轴平行，并有六个水平的二次对称轴，分为两组，一组平行于 a_1 轴、a_2 轴、a_3 轴。特有的对称公式是 $A_6 \cdot 6A_2$。普形是六方偏方面体，特形有轴面、六方柱、复六方柱、六方双锥。β 石英的结晶属于这种晶族。

复六方异极（复六方锥）晶族结晶的主对称轴是一个六次对称轴，和 c 轴平行，这是六个对称面相交所成的轴线。特有对称公式是 $A_6 \cdot 6P$。普形是复六方锥，特形有单面、六方柱、复六方柱、六方锥。红锌矿的结晶是个例子。

复六方同极（复六方双锥）晶族结晶的主对称轴是一个六次对称轴，与 c 轴相合。这个晶族有六个水平的二次对称轴，分为二组，一组与 a_1 轴、a_2 轴、a_3 轴相符合。有六个垂直的对称面相交于主对称轴，并有一个正交于主轴的水平对称面，还有一个对称中心。特有的对称公式是 $A_6 \cdot 6A_2 \cdot 7P \cdot C$。普形是复六方双锥，特形有轴面、六方柱、复六方柱、六方双锥。绿柱石的结晶是一个例子。

复六方反极（六方偏三角面体）晶族的结晶有一个三次对称轴（六次复对称）作为主对称轴，与 c 轴平行，三个二次对称轴符合于 a_1 轴、a_2 轴、a_3 轴，三个对称面和一个对称中心。它的特有公式是 $A_3(R_6) \cdot 3A \cdot 3P \cdot C$。普形是六方偏三角面体，特形有轴面、六方柱、复六方柱、菱面体、六方双锥。方解石结晶是典型例子。这个晶族在许多结晶学教本中是属于三方系的，但由于对称组合以及赤平投影的比较，六方偏三角面体可以和正方偏三角面体并列，而且可以列入较高级对称的六方系。

最后说的是等轴系晶族。

这些晶族的特有公式看起来和它们所在的晶统的一般公式大有出入，但考虑到由于三个能够互相置换的主对称轴的存在，而使等轴系结晶多了四个三次对称以外，其余对称元素都很符合于各该晶族所在晶统的一般公式。这个将在每一晶族的个别说明中加以申说。

　　等轴异极（偏五角十二面体）晶族结晶的主对称轴是三个能够互相置换的二次对称轴，平行于三个晶轴。除了由于三轴的存在而复杂化的四个三次对称轴以外，没有其他附加的对称元素。因而，它的特有公式 $4A_3 \cdot 3A_2$，除 $4A_3$ 外，完全符合于简轴异极的一般公式。它的普形是偏五角十二面体，符合于这种对称组合的特形有立方体、十二面体、五角十二面体、四面体、三四面体、偏菱十二面体。氯酸钠的结晶是一个典型例子。

　　等轴同极（偏方二十四面体）晶族结晶的主对称轴也是三个能够互相置换的二次对称轴，平行于三个晶轴。除了由于三轴的存在而复杂化的四个三次对称轴以外，所有的其他对称元素都符合于这一晶族所在晶统的一般公式的对称元素。这一晶族所在的晶统是简轴同极，它的一般公式是 $A_n \cdot P \cdot C$。偏方二十四面体晶族或等轴同极晶族的特有公式 $4A_3(4R_6) \cdot 3A_2 \cdot 3P \cdot C$，除 $4A_3(4R_6)$ 以外，恰恰剩了 $3A_2 \cdot 3P \cdot C$，正好符合于 $A_n \cdot P \cdot C$ 的一般公式。不要认为 $3A_2$ 都是由于 $3P$ 相交的对称轴而作为复轴类，因为每一 A_2 有一个与其正交的 P，由于复杂化而形成了假复轴。这个晶族的普形是偏方二十四面体，特形有立方体、十二面体、五角十二面体、八面体、菱方三八面体、三八面体。典型的例子是黄铁矿的结晶。

　　等轴旋极（偏五角二十四面体）晶族结晶的主对称轴是三个可以互相置换的四次对称轴，平行于三个晶轴。此外，有四个三次对称轴，六个二次对称轴。它的特有公式是 $3A_4 \cdot 4A_3 \cdot 6A_2$。除了复杂化的 $4A_3$ 以外，这个特有公式也符合于旋极晶统的一般公式 $A_n \cdot nA_2$。$3A_4$ 应该要求三倍的 $4A_2$，也就是 $12A_2$，但在特有公式中只有 $6A_2$，是否不合于一般公式 $A_n \cdot nA_2$ 呢？不是的，因为每一个 A_4 所要求的 $4A_2$ 中有两个 A_2 的低位被两个 A_4 所代替了，所以每个 A_4 只得两个 A_2，合起来只有 $6A_2$。因此，这个特有公式与其所在晶统的一般公式并没有矛盾。等轴旋极晶族的普形是偏五角二十四面体，特形有立方体、十二面体、四六面体、八面体、偏方三八面体、三八面体。这个晶族的结晶还没有一个合适的例子。

　　复等轴同极（六八面体）晶族的结晶有三个四次对称轴作为主对称轴，平行于三个晶轴。其他对称元素是四个三次对称轴（四个六次复对称），六个二次对称轴，九个对称面，一个对称中心。它的特有公式是 $3A_4 \cdot 4A_3(4R_6) \cdot 6A_2 \cdot 9P \cdot C$。除了 $4A_3(4R_6)$ 以外，其他的所有对称元素，都符合于复轴同极晶族的一般公式 $A_n \cdot nA_2 \cdot (n+1)P \pm C$。在特有公式中，何以只有 $6A_2$ 的解释见于前节，这里只说明何以仅有 $9P$ 而无 $15P$ 的缘故。在这个公式中的每一个 A_4 都有 $5P$ 来满足它的要求，但因每个通过主轴的三个对称面都重复地利用了三次，这就需要减去六个对称面而剩下 $9P$ 了。复等轴同极晶族的普形是六八面体，它的特形有立方体、十二面体、四六面体、八面体、偏方三八面体、三八面体。许多自然金属如铜、银、金结晶以及萤石等的结晶都属于这个晶族。

复等轴反极（六四面体）晶族结晶的主对称轴是三个二次对称轴（三个四次复对称），平行于三个 a 轴，此外，有四个三次对称轴和六个对称面。它的特有公式是 $4A_3 \cdot 3A_2(3R_4) \cdot 6P$。其中除 $4A_3$ 以外的对称元素，都符合于复轴反极统的一般公式。主对称轴的 $3A_2$ 要求附加的六个二次对称轴，但实际上每个主对称轴 A_2 的两个附加二次对称轴就是其他的主对称轴 A_2，所以表面上在特有公式中缺乏 $6A_2$，本质上是不缺的。复等轴反极晶族的普形是六四面体，特形有六方体、十二面体、四六面体、四面体、三四面体、偏方三四面体。闪锌矿的结晶是个典型例子。

四

总之，32 晶族可以按对称组合的繁简作周期性安排。根据这种安排，可以更明确地认识各个晶族的特点和各晶系各晶统结晶的共性，因此，这种对于结晶外形对称组合的分类，是合乎自然法则的。现在已有不少的这样分类，但往往重视对称中心在分类中所起的作用，因而把三方双锥和复三方双锥的三次对称轴看成六次"反伸轴"，这就把三方双锥和复三方双锥摆在六方晶系里。由于两个三方晶族摆在六方晶系里，因而排挤了可以摆在六方晶系里的菱面体和六方偏三角面体两个晶族，使它们落在三方晶系里。本文对结晶分类的这一变更，可能是恰当的，但就外形来说，每一晶统都有一种一般公式的共同性，作为分类的基础也是可以说得通的。

其次是等轴系结晶的安排。等轴系结晶的共同性有两种，一种是三个可以置

换的对称轴 $3A_2$ 或 $3A_4$，一种是四个三次对称轴 $4A_3$。在作者前已发表的分类表中用的是 $4A_3$，但因用 $4A_3$ 时，等轴系晶族的特有公式不容易切合其所在晶统的一般公式，证明三个对称轴确是主对称轴，而 $4A_3$ 则是派生轴，所以自这里的分类表中采用了 $3A_2$ 或 $3A_4$ 作为主对称轴。

这个分类表之所以提出，是由于晶统的一般公式的发现。正因为这些一般公式，就把三方双锥与复三方双锥两个晶族属于三方系，而把菱面体与六方偏三角面体两个晶族属于六方系。这种安排于结晶内部构造的解释有矛盾，但在结晶外形的对称组合中既有这样的共同性，其与内部构造的矛盾可能是不大的，进一步通过某种解释，或也可以说得通，但在目前情况下暂时存疑。

这个分类表中所列的晶族名称，作者认为比较括号中的现行名称更加合乎规律。因为晶族的分法既以对称组合为原则，它们的名称自然应该符合主对称组合的性质，各种晶形固然是各种对称组合的反映，但不如直接运用主轴两极的性质，因为这样的名称更加生动与合理。

参考文献

〔1〕 J. W. Evans and G. M. Davies. Elementary Crystallography. P126-127

〔2〕 F. C. Phillips. An Lntroduction to Crytallography. P106

〔3〕 A. F. Rogers. Study of minerals and Rocks. P80

〔4〕 张伯声. 结晶系统周期排列表. 地质论评，1950 年第 15 卷第 1-3 期

陕北盆地的黄土及山陕间黄河河道发育的商榷[①]

张伯声

一

关于黄土线与黄河河道发育问题[1]，笔者很欣幸地得到王乃梁先生提出的宝贵意见[2]，并基本上同意黄土是流水堆积的看法，但认为黄土的成因是风与流水错综交错的。他说："风带来黄土物质，把它堆积在各种地形部位上，随着流水作用又把它搬运堆积到较低凹的、更稳定的地形部位上去，只有在那些极平坦的分水高地上，风积黄土才几乎没有受到水流的影响。就其最后的堆积营力而言，黄土大部分是流水造成的，小部分是风成的。"这一修正意见的理由是：①这一黄土是淤积形成的解释与我们所观察到的一个事实——今天的主要河道与黄土以前甚至红土以前的老河道完全吻合这一事实——相抵触；②永寿梁与子午岭两个分水岭高出彬县附近的黄土塬约 300～400 米，高出董志塬约 100～200 米，它们的顶上都有黄土覆盖，因而感到困惑，究竟是怎样一种剥蚀方式能使盆地中的黄土普遍被削低 200～300 米，而分水高地上的黄土却能保存；③红色黄土中夹有红层，可以多到十几层，土壤学家认为它们是古代土壤剖面，它们在形成时和地面的倾斜应该相符合。它们在黄土塬上完全水平，但在洛河谷及武功农学院附近的河谷都看到"红层"向河谷倾斜，在永寿梁上，"红层"分向南北两坡倾斜各达 14°。这些现象说明了今天是河谷的地方，在红色黄土三门系堆积的时候也是河谷；今天是平原或高原的地方，那时也是完全平坦的地面。水平的红层或可说是河流淤积，但在黄土与红层平行排列而有倾斜时，则不得不认为它们是坡积或风

---

①本文 1958 年发表于《中国第四纪研究》第 1 卷第 1 期。

积，即使是坡积，但分水地区的红色黄土还须用风积来解释。

对于以上三点，笔者有另一种看法说明如下，不妥当的地方还望同志们加以批评：

首先，谈一谈今天的主要河道与黄土以前，甚至红土以前的老河道完全相吻合的问题。

王乃梁先生根据德日进和杨钟健的研究[3]和他自己在陕北的观察[2]，认为山陕间的黄河河道远自上新世以前就存在了，如无定河、洛河、泾河，以及它们的第一级支流，也都具有至少自上新世开始的寿命。并对于这些河道的岩石河槽（深切在红土底砾岩以下的河槽）的年龄超过黄土甚至红土，进一步给以下证据：

（1）红土与砂砾之下埋藏着岩石阶地。

（2）红色黄土以下盖着基岩面的砾石磨圆程度很高，说明它们是河流淤积物。它们的组成岩石没有沙姜，表示是红色黄土以前的河流堆积物。再者，在泾河、马连河、无定河所见的砾石都有独特岩石成分（在今天流域范围未露出的片麻岩、石英岩、花岗岩、硅质灰岩），到上游都很少改变，不但说明老早就已形成固定水道，并且说明流域范围较今日广大；且在彬县城西北泾河谷底及无定河支流大理河谷内，河槽槽壁上紧贴着的砂砾与基岩顶面上没有差异，因而认为是先有岩石河槽被砂砾充填，然后有同一堆积物堆积在河槽的基岩面上。

王先生由此得出结论，这些河道生成时代久远，经历红色黄土与黄土的堆积与再割切过程，以迄于今始终不变它们的流路。即使老河道填高，也要始终保持它们一定的谷形，因而在重新下切时仍沿承继下来的谷底线侵蚀，重新找到老河道掏挖。因此推论今天黄土高原上的主要分水岭与河间地，在黄土堆积末期也都是分水岭与河间地，它们上面的黄土并不代表侵蚀残余的原来的冲积层顶面。如果把董志塬、洛川塬等看作黄土末期的最高淤积面，则许多河道恢复下切时不能找到埋藏在土层以下的老河道。又根据黄土高原上各河道的稳定性，各分水岭及河间地的一惯性，就必须承认至少这些分水岭及河间地的黄土是风成的。更推而广之，认为河谷中、谷坡上也同样可以有风成与流水成黄土的相互迭置、穿插。

以上所说，就是王先生主张黄土以及红色黄土兼为风积与水流堆积的第一个论据。

谈论地貌的发展，不能不推溯得更远一些，因为只谈自第三纪末期以来的情形，往往不够全面。从整个地质图[4]上可以清楚地看出，陕北盆地自华力西末期通过燕山各期的构造运动，它的东边与南边以及盆地以外的汾渭谷地，曾经次第隆起成为一个巨大的陆梁。在中生代及大部分的第三纪，盆地的东南部总在剥蚀而西北部总在沉积，使盆地中的旧第三纪以前的岩层分布，从东南的古老地层起越向西北越新，自东南的前寒武纪地层向西北经过寒武、奥陶、石炭、二叠、三叠、侏罗、白垩，直到最西北的旧第三纪地层，形成很清楚的带状分布。在这种东南次第隆起、西北次第沉陷的情况下，盆地的西北部沉积了全部中生代和旧第三纪的地层，盆地的东南部以至盆地的中部逐渐形成一个准平原，向东南依次削去了越来越老的地层。在这个准平原上，自然不免有一些残留的孤岭孤山，像子午岭就可以看作这样的孤岭或孤山。这个准平原就代表着王先生所说的在许多大河及其第一级支流上广泛分布的基岩面，也就是所说的唐县期侵蚀面。这个侵蚀面在黄河以东由于构造运动较烈，岩石性质复杂，形成一个晚壮年地貌。这个基岩面并不是沿河谷形成而被埋藏的岩石阶地，因为在这一个东南高西北低的准平原上，不可能有向东南流的古河流来造成这样的阶地。如果说原来流向西北的河流由于后来构造运动，西北隆起，东南沉陷，能够完全承继以前的河道流向东南，这是不可想象的事情。如果说原来在剥蚀平原上流向西北的河流并没有深切这个基岩面，而只是在西北隆起东南沉陷以后才切入平原，或可设想，但是必须考虑，何以能在东南部升起时没有切入东南的基岩面，而在其沉陷时才行深切，这是难以设想的。况且在东南部渐次沉陷时，盆地的东南边上应当仍有一定高度不使流水外泄，只能在东南边缘的山岭切蚀到一定高度，而这一高度又符合在盆地中沉积的高度时，流水才能外泄。在流水外泄时，只能先切入上层松散沉积物，再切入老的基岩面。因而，这个在许多河流上普遍出露的高出河面 20～30 米的基岩面（在黄河上由于黄河切入较深，高出河面 100～150 米），实际代表一个埋藏的准平原，而不是埋藏的局限于河谷两侧的岩石阶地。

　　这个唐县期准平原，原来是东南高西北低，也可以从沉积岩相的变化上加以说明。沿黄河一带在底砾岩以上盖的是三趾马红土层，可以代表一层古土壤剖面，但到泾河一带已经不是三趾马红土层，而是具有很好层理、胶结相当松的泥砂岩偶夹砾岩的红层了，这种地层见于彬县水帘洞的南边支沟，成水平产状，以不整合关系覆盖于向西北缓倾的白垩纪地层的唐县期准平原上。在泾川的泾河北岸也可以看到同样情形，这种泥砂红层说明是湖水的淤积。盆地东南部为古土壤层，到西部转变为湖泊淤积，这只能解释为唐县期准平原在形成时是东南高西北低，在当时的盆地堆积时，盆地中大部分岩屑多是从东南向西北转移，且当三趾马红土层堆积时并没有像泾河、洛河等流向东南的河流，更提不到"这些河谷下部的岩石河槽的寿命……还老于与红土同期的砾石层"而很早就切入唐县期准平原以下的事情了。

由此，还可以说明三趾马层底砾的来历。王先生所指出在"泾河、马连河、无定河等沿河所见的砾石层（即在基岩面上的底砾层）都有它们独特的岩石成分，一直溯到上源也很少改变。……（泾河内这一砾石层含有大量花岗岩、片麻岩卵石，马连河内这一砾石层含有大量硅质石灰岩，无定河的类似砾石层含大量石英岩，这些都是它们今天流域范围内不见露头的岩石）[2]"。如果不考虑地貌历史的发展，这些来历不明的砾石是怎样也不能得到解释的，因为不仅这几条河的流域范围内不见这些母质岩石的露头，就是上溯到六盘山顶和伊克昭盟都不见它们的露头。

关于这一问题，德日进和杨钟健也曾根据他们所推论的黄河及其支流的历史悠久而得不到适当的解释，他们把这些"较不易了解"的"来自极远方的砾石"，勉强说成"或者系代表上新世前，在戈壁南边，分布于河套北部之太古冲积层[3]"。

但在陕北盆地东边的吕梁山脉，有大量的前寒武结晶岩，它的南边当时还是高地，汾渭地堑尚未形成，其岩石组成应有不少的前寒武结晶岩，因为在禹门口附近已经出露。如果考虑当时的古地理是东南高西北低的情况，这些各式各样的砾石来源问题就可迎刃而解了。

既然否定了泾河、洛河等河谷的发生是在红土堆积以后更加新的时期，则王先生所说的在泾河谷底（彬县城西北约 1000 米处）及无定河的支流大理河（绥德城）河谷内，紧贴河槽槽壁的砂砾，应当是泾河与无定河在地质的近代切入岩石河槽以后留下的东西，不应该是比红土更老的东西。就笔者的观察，在彬县城西北 1000 米处所见的"砂砾层的紧贴河槽"还应加以考虑。这一砂砾层是向西北缓缓倾斜的宜君砾岩，是白垩纪的底砾岩，却不是在红土以前掏挖的河槽中"紧贴"河槽槽壁的砂砾层，而是曾经在白垩纪初沉积的更加老的砾岩。至于绥德无定河支流大理河河谷内出露的一点砂砾层是什么情况，则需进一步调查研究。

既经以上讨论，红土以前不曾有流向东南的古泾河、古洛河、古无定河等，则王先生所说的像泾河、洛河、马连河等，都历经过红色黄土及黄土的堆积与再割切过程，以迄于今始终不改它们的流路这一问题已不存在，但就这一问题本身来谈，还是有问题的。我们不能设想，一道河槽在发展的过程中永不改变，即使流过峡谷的河流也会改流。就拿泾河来说，它在彬县城以下十几公里处的断泾村就有近代改流的现象。原来断泾村有一个相当大的深切河环或蜿曲，现已在断泾村北不远的地方发生了割脱。经过这一割脱，泾河抛弃了它原来的河环，采取了简直的河道。在割脱地方，现在还保留着一个不大的跌水，说明是不久以前的变化。当地村名叫断泾，也可能说明这一割脱是人类所曾见到的变化。断泾村以下不远的地方，同样还有另外一个割脱抛弃的河环。这两个抛弃的河环中，已经有几公尺厚的坡积、淤积的黄土层埋藏着原来河床的砂砾层，在这一段河谷中，还有很多的屈曲河环接近割脱。这些都说明了，即使在峡谷中的河道，也是永远变化着的。

至于曾经填高而始终保持着一定谷形的众多河谷，由于恢复下切而又能纷纷找到埋藏在土层以下的老河道，这是无法想象的。

王先生在论文的附注中说，在泾河、马连河等河谷陡峻的谷坡（25 ~ 35°）与完全平坦的塬面之间，总有一个长而缓的坡面（1 ~ 4°）存在。如果把两岸的这种缓坡连接起来的话，就可以得出一个非常宽浅的谷形。这种上层宽谷离开黄土塬区，在接近盆地周围黄土丘陵区的河谷，表示得更为明显。我们认为，它们是代表黄土加积末期的最高淤积面。如从这个黄土加积末期的"最高淤积面"算起，到现在河面的深度可达 150 ~ 200 米。也就是说，在"原来的古老河道"上，红土、红色黄土与黄土的加积有 150 ~ 200 米的厚度。纵然所谓的"古老河谷"能够始终保持着一定的谷形，但这些"最高淤积面"上的古老河流，在具宽缓坡面（1 ~ 4°）的广谷中，一定形成过很多而且大的河环。这些河环一定发生过广泛侧蚀，这些河环一定进行过向下流移徙。在地壳上升运动出口下切的时候，才基本固定了最后在"最高淤积面"上发展的河环，因而成为深切的河环。由于这样晚成的深切的河环，无论如何也不能再到 150 ~ 200 米的深处，"纷纷找到"埋藏在土层以下的古老"岩石河槽"。

由以上各节叙述可知，王先生所确定了的在"黄土原上各河道的稳定性，各分水岭以及河间地的一惯性"是无法成立的，因而他由此所强调的"必须承认至少这些分水岭与河间地上的黄土是风成的"有必要再加考虑。

其次，谈一谈盆地中的黄土"普遍"被削低 200 ~ 300 米，而分水高地上的黄土却能保存的问题。

据笔者观察，永寿梁在公路穿过的梁顶上约为1400米，高出彬县附近已经有显著割切的塬不过100～200米。观察上和王先生虽有一些出入，但基本是相似的。根据王先生观察子午岭的顶高度，在旧合水到太白镇的大路所经处达1600米，高出董志塬100～200米，这是不能抹煞的事实，但不能同意王先生所说的盆地中部的黄土"普遍"被削低200～300米（或者按笔者观察不超过200米）。确切是削低了，但不是"普遍"削低，而只是在盆地中大河流开始激烈深切时，所在的高程较分水岭低了100～200米，但泾、洛等河的支流当时所在的高程与分水高地相差就远远不及这个数字，而且越近分水岭的较小支流，当时所在高程和分水岭的高度相差越少，因此就形成了宽平谷地两侧的缓坡，但绝不是普遍削低。这种宽平谷地两侧约为1～4°缓坡的形成，是可以由于以下所说的地质发展与流水洗刷和冲刷而得到理解的。

前已谈过，陕北盆地在三趾马红土沉积时期的地势，是东南较高西北较低，因而在盆地东部与东南部积累了残积和冲积的红土及底砾，盆地西部和西北部沉积了湖泊淤积的泥砂及砾层。这些红土泥砂及砾层，都在不同地方以不整合关系覆盖着不同时期的中生代地层，它们一起都在等待着红色黄土的加积。

陕北盆地西部的外围在三趾马层沉积以前，曾因华力西燕山、四川、陇山各期的褶皱运动，形成复杂的六盘山褶皱带，分隔了陇中盆地与固原盆地。当这个时候，陇中盆地早已填满了甘肃系红土层，高到盆地边缘的缺口。这个缺口自然是由于盆地边缘分水岭两侧的河流向源侵蚀所形成，这就是现在黑山峡上的缺口，由陇东盆地经由这个缺口流出的河流就是婴年的黄河（图1）。

婴年黄河把陇中盆地的红色层经风化形成的泥砂，以及从许多上游小盆地冲来的泥砂带到中卫和中宁盆地。早已积累了老第三纪红层的中卫和中宁盆地，很快由黄土物质淤满以后，因为北路不通，婴年黄河不得不转折东流入陕北盆地。所以说，北路不通的缘故是由于陇山运动当时银川地带是一个上升地带，从这里看不到三趾马层和三门系红色黄土层的分布，可以证明这一点。并且青铜峡的缺口还没有打开，婴年黄河在填满中卫、中宁盆地以后，很自然地就要流到广大的陕北盆地，用广大的冲积扇来填起这个盆地，形成了陕北盆地红色黄土的广大平原，好像黄河现在构成华北大平原的方式。

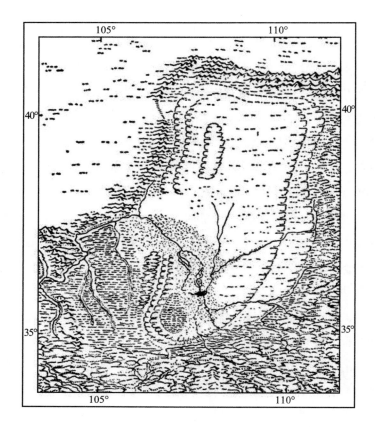

图 1 陕北黄土高原发展的第一阶段：婴年黄河经环县附近，
通过中卫盆地流入陕北盆地堆积黄土平原的臆想情况

　　这个红色黄土的广大平原形成过程中，在一处广大冲积扇形成的时候，泛滥是常有的，但泛滥一过就成干地。在这种干地上，就有草根虫蚁，以及风化作用成土作用来改变淤泥的原来面目，使它形成黄土。这一处广大冲积扇形成的时候，在它以外的地区是长久见不到泛滥的地方，因而是长期成土化的时候。在长期成土化的过程中，早前形成的黄土上层二三公尺的部分，就变成了红色土；在红色土的下边，淋积了砂姜结核，砂姜的多少随着红色土钙质淋失的多少为转移。如果成土化时期过长，从红色土淋失的钙质很多，红色土下部的砂姜层越多越密，甚至可以形成整层砂姜化的黄土，好像一层石灰岩，但在其中仍然可以看出根孔虫孔的痕迹。

　　婴年黄河和华北平原上的近代黄河一样，不能永远流经一处，形成一个广大的冲积扇。一个广大冲积扇淤高到一定程度，河道就要迁流，而在早年成土化变为红色土地区的某个地方，形成另一个广大的冲积扇，它的上边同样是经常泛滥，不断变成黄土。但在前一期的冲积扇上，这个时期进行着长期成土化变成红色土和砂姜的作用。婴年黄河就这样，三门期在陕北盆地堆积了黄土与红色古土壤的交互层，积累了深厚的红色黄土，并不是一个时期干燥风多，一个时期温和潮湿，才形成这样的夹层。

在婴年黄河流入陕北盆地积累红色土与黄土夹层的同时，我们不能忽视陕北盆地四周风化石屑由于冲刷向盆地内部的集中，以及四周高地的削低。这种物质向盆地内部集中的总数量与婴年黄河冲来的相比拟，也可能少一些。

以上各节所作叙述，有下列问题需要加以解释，以便接着叙述：

（1）据刘东生先生[5]谈陇中盆地的甘肃系以上，没有红色黄土紧接黄土底砾及黄土，而陕北盆地在三趾马层与黄土之间，有深厚的红色黄土。六盘山以东的黄土（包括红色黄土）较细，六盘山以西的黄土较粗。这些事实可以解释在陕北盆地中堆积红色黄土的时期，正是陇中盆地的甘肃红层进行广泛风化与广泛剥蚀（不是深切剥蚀）的时期。只有这样，红色黄土在陕北盆地才能形成 200～300 米的深厚地层，单靠本地风化、剥蚀、洗刷、冲刷是不够的。

（2）婴年黄河的存在，是一个新提出而待澄清的问题。这里要考虑银川盆地与渭河盆地，以及河套盆地的断陷问题。秦岭北麓有不少的三角面山嘴，临潼骊山上有黄土后的断裂，大青山南麓有三角面山嘴，鄂尔多斯高原北麓有面向黄河的崖坎冲沟，贺兰山东麓有洪积坡的渐向东渐没入淤土，这些可以说明三个盆地现代还在进行断陷。银川盆地没有见到三趾马层以及三门系地层，说明这个盆地在老第三纪虽是一个由白垩纪承袭下来而逐渐向西转移的盆地，但在陇山运动时期，陕北盆地从西边和西北升起，使银川地带成为一个上升的地带，这可以从陕北盆地三趾马层以下的唐县期剥蚀面转向东南缓倾得到证明。由于这一变动，就阻止了刚从陇中盆地流出的婴年黄河不能直向北流，不得不在陕北盆地的西部找寻缺口，转折东流入于陕北盆地。

（3）渭河盆地及汾河盆地巨大地堑的形成时代问题，可从德日进和杨钟健的一段叙述加以推论。他们说："黄河河谷的历史只限于山峡间。自龙门以南，潼关以东，三门与蓬蒂地层不见于谷之两壁高处，而在近谷底地方。汾河之上游及下游亦然。故山陕间黄河峡道为一特殊而较新的结构，或由巨大水量所造成，或由中新世后山西西部岩床之折曲作用而成。[3]"根据这个可以说明，蓬蒂、三门两期地层，在山陕间所处的高度与在汾渭谷地所处的高度迥然不同，汾河谷地的蓬蒂、三门地层低得多，因而证明汾渭谷地的断陷，以及陕北盆地的升起，虽然可能已在中新世前开始进行，但主要应在三门期以后才作激烈活动。

银川盆地及河套盆地不见蓬蒂与三门地层，可能是由于同样原因。但须指出，蓬蒂与三门期，伊克昭盟可能连着银川盆地及河套盆地，地势相当高，根本就没有堆积蓬蒂与三门地层。也恰恰是由于这一高地，阻止了婴年黄河的北流。

由此可见，就在三门期，婴年黄河以及由盆地四周来的较小河流，都曾用黄河淤积华北平原的方式（任何一条河流的淤积规模都比现代黄河在华北平原淤积的规模小得多，但许多河流沉积的总和也是相当大的），共同淤积了陕北盆地，其淤积的高程可以达到子午岭与永寿梁的高度，是可以理解的。

三门系红色黄土淤积以后，陕北盆地缓慢升起，银川盆地和汾渭谷地相对断陷。这种运动使婴年黄河舍弃了由中卫、中宁盆地流向陕北盆地的故道，改向北流入于新形成的银川盆地与河套盆地，在这里淤积了不少的泥土，沉积到目前平原的高度。陕北盆地西北高东南低的高原面上，在东南边部打开缺口以后，另外发展了树枝型的河流，这就是泾河、洛河、无定河等，它们分别在张家山、洛口与龙门找到出口，流入渭河谷地。大河之间自然还有许多小河，由高原边缘流入谷地。它们都挟带着或多或少的泥土，更配合了大量的坡积黄土，形成渭河谷地北边的广大黄土坡（图2）。

在陕北盆地东南边上，泾河、洛河、无定河出口的北方较高较松地层，较快地被流水侵蚀达到较硬的延长系砂岩的时候，盆地的高原面上就从东南边上向西北溯源侵蚀，较快地发展成为几个相当大的树枝型河流，把陕北盆地侵蚀成几个广阔的簸箕状洼地，占着泾河、洛河、无定河的广大流域。这些广阔的簸箕状洼地，是在张家山、洛口、龙门等缺口处，最低由此溯向主支流的上流，渐渐扩大形成极其广阔极其平缓（1～4°）的宽平谷地。这些宽平谷地在泾河、洛河、无定河等主流所在处最低，其高度比永寿梁及子午岭要低150～200米。这就是红色黄土在泾河、洛河等流域普遍剥蚀，但不"普遍削低200～300米的方式"。至于表皮肤浅的黄土，则是由于近代的坡面流水对于红色黄土再度冲洗、冲刷和崖边崩落，以及草根虫蚁钻蚀等作用所形成，并不是从古代留下来的东西。

图 2　陕北黄土高原发展的第二阶段: 陕北黄土高原升起, 银川盆地、河套盆地、
汾渭盆地断陷时, 婴年黄河改道及泾河、洛河、无定河发展的臆想情况

第三, 谈一谈红色黄土所夹的红层与地形发展的关系。

具有几个宽平谷地的红色黄土高原, 由于陕北盆地的进一步升起与渭河谷地的进一步断陷, 陕北盆地东南边缘的延长系较硬砂岩被深切成为峡谷。宽平谷地中的蜿蜒河环, 开始形成了深切河环。支流也都随着深切, 溯向源头成为冲沟与沟壑。深切河环的凹岸一边构成红色黄土悬崖, 凸岸方面形成红色黄土山嘴。悬崖随时塌落的红色黄土背冲走, 山嘴处由于坡水冲洗、沟水冲刷、山崩、滑坡以及土流, 形成比较缓平斜坡。这一级斜坡比上层斜坡要陡几度, 一般在 4 ~ 5° 以至 10° 以上。在这种斜坡上, 由于土质比较安定, 生了丛草甚至灌木, 就顺坡形成了红色土壤剖面, 颜色较红色黄土的古土壤剖面中红色土要淡一些, 砂姜也少一些。这种斜坡剖面, 在有些新崩塌的地方, 可以见到它和红色黄土中接近水平的古土壤剖面成不整合关系, 并非接近水平的红色黄土的古土壤层与砂姜层逐渐倾斜而过渡到斜坡的土壤剖面。而且斜坡土壤剖面的层数有限，如有二三层共生时，又可见其尖灭并互成斜切的关系。如果我们把彬县以下数公里处，泾河上的早饭头深切河环作一剖面，就可看到这种情形（图3）。

图3　泾河早饭头附近两岸黄土中所夹红层的情况（直线为黄土，细点为红层）

以上所说都可表明，斜坡土壤剖面是新的东西，不能和接近水平的古老土壤剖面相提并论；并说明这种斜坡土壤剖面可以在有黄土地区，只要相当长的时期地面没有多大变化，都可随时随地形成红色土壤剖面。在一条河谷中可以形成各式各样坡度不等、方向不同的土壤剖面，因而只能说明在近代河谷形成以后的事情，不能说明红色黄土形成时的河谷。

关于永寿梁上有"红层"分向南北两坡倾斜各达14°的问题，有以下不同观察与看法：两侧"红层"是两种东西。北坡的"红层"是第三纪红层，由红黏土与红砂层组成，有明显的层理，它与南坡的"红层"完全不同。南坡的"红层"才是红色土壤剖面，它是在比较近代形成的坡积黄土中所夹的东西，因为它是渭河谷地沉陷以后的坡积物。

根据以上叙述，我们知道了黄土砂砾之下所埋藏的岩石"阶地"，不代表河谷两侧的阶地，而代表红土前的准平原。这种基岩面上的砾石来源，不是西北而是陕北盆地东方与南方的高地。当时并没有固定的古老泾河、洛河与无定河的河道，并且许多新河道不可能在"再割切"红色黄土到基岩面的时候，纷纷找到自己的"老河道"，因而"黄土高原上各河道的稳定性与分水岭以及河间地的一惯性"，并由此所得的分水岭上黄土是风成的说法，有必要再加考虑。我们还从陕北盆地较近代的地质发展理解到，陕北盆地在红色黄土深切以前，可以由坡水洗刷及河水冲刷形成侧坡1～4°的宽平谷地。在这种谷地中不是"普遍"削低150～200米，而是主流所在处削下得深些，支流所在处削下得较少，上流头的冲沟削下更少。就在这种由于坡水及河水下削红色黄土的过程中，在宽平的谷侧形成了厚薄不等的黄土。我们又从接近水平的"红层"与倾斜"红层"的关系，明白了倾斜"红层"是在近代河谷形成以后的事情，不能代表红色黄土形成以前的谷形。

在以上叙述中，曾经提出婴年黄河原先从中卫、中宁盆地流入并淤高陕北盆地，然后由于银川盆地及河套盆地的沉陷，又从中卫、中宁盆地改道入于银川盆地的问题，并没有谈到黄河在什么时候和什么情况下，再由另一缺口流入陕北盆地。这个将在以下加以说明。

<h1 style="text-align:center">二</h1>

关于黄河河道在山陕界上发展的历史，有许多中外学者，如王竹全[6]、德日进及杨钟健、安德生[7]等都曾加以阐述。其主要精神虽各有出入，但大致都是卫理士关于华北地形发展学说的发展，其中以德日进及杨钟健阐述得最为详尽。以后谈山陕界上黄河河道的发展者多从其说。德日进及杨钟健所说的关于山陕间黄河发育的历史是：

蓬蒂纪前侵蚀的古地面；

蓬蒂纪砾层与红土的堆积；

三门期前的侵蚀；

三门系砾层与红色土的堆积；

黄土期前侵蚀；

黄土期黄土底砾层与黄土的堆积；

黄土期后侵蚀。

根据这种顺序的发展，学者们似乎都有这样一种倾向，即认为山陕间甚至整个黄河流域，曾发生过几次周期的升降运动，亦即侵蚀期是因为地盘曾经上升，堆积期是因为地盘曾经沉陷。但总的来说，地盘是上升的。但是，陕北盆地与其西北的银川盆地及河套盆地，以及其东南的汾渭谷地的新生地层与地形，都有不同程度的差异，并不是同起同落，而是像前节所证明了的一起一落的相对升降。所以，不能把黄河流域全部地形的发展看作一个样子。例如，陕北盆地中的唐县期侵蚀面，在黄河谷中一般高出河面 100～150 米，在泾河、洛河等支流河谷上高出河面 20～30 米，但在银川盆地、河套盆地与汾渭谷地中，则低于河面埋在地下。因此，陕北高原与各断谷中的唐县侵蚀以后的地形发展，也就不能相提并论，陕北盆地由于河流侵蚀所产生的阶地，却是可以不用整个地盘的周期升降而用邻接地块的相对升降作解释。

　　红色黄土堆积的时候，由于比较大量的淤土堆积在盆地西部，比较分散的小量淤积在盆地东部及东南部，就逐渐使西部高于东部；更由于红色黄土沉积末期或以后的地壳运动，西部多少升起，东部及东南部多少沉陷，并因山西高原上升，使山陕之间形成一个长宽的平洼，其中流贯了前黄河期的河水，向北方溯源侵蚀，就在河曲、保德一带形成相当低的分水高地。在这同时，前黄河期的河流可以和泾河、洛河一样，已经有了流入渭河谷地的出口（见图2）。

　　银川盆地淤满以后，接着淤积河套平原。河套平原淤积到河曲、保德一带的分水高地时，婴年黄河便穿越这里的缺口，再一次贯入陕北盆地，利用前黄河期的河道，流入渭河谷地。在婴年黄河与渭河、洛河及其他河流把渭河谷地填平到750米的黄土线高度时，才能越过河南山西间的山地，流到华北平原，形成今日的大河（图4）。

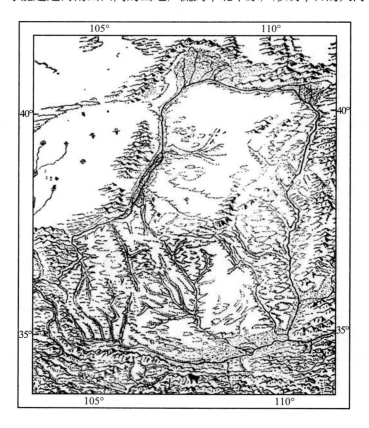

图4　陕北黄土高原发展的第三阶段：银川盆地、河套盆地淤满，古无定河向源侵蚀切开托克托地带以后，黄河重新流入陕北盆地，与其支流共同割切陕北黄土高原的最近情况（仿 Erwin Raisz）

婴年黄河流入陕北盆地的时候，泾河、洛河以及前黄河期某一河流，可能早已由盆地东南边的缺口流入渭河谷地。这个时期，早已形成了宽阔的簸箕状洼地和子午岭、永寿梁的宽平岗陵。

前黄河期的河流得到婴年黄河的大水以后，便在山陕间长而宽的大谷洼中进行激烈冲刷，深切黄土及红色黄土所组成的高原，形成高原中的黄河峡谷。

在谈黄河峡谷中各层阶地的发展，以及阶地上堆积红色黄土、黄土及其底砾之前，应该先提出黄土在深切侵蚀中的性质。如所周知，黄土有直劈性，也就是由于其不规则颗粒的相互咬合，黏土质及钙质的微弱胶结，以及其中根孔虫孔等垂直空隙的影响，受到割切时具有能够直立的性质。因为这种直劈性，黄土可以在河流垂蚀时形成峡谷悬崖，但这种峡谷悬崖仅只是比较暂时的地形。悬崖上的坡肩在相当的长时中，可以通过土崩、滑坡、塌磊，以及坡水冲洗、沟水冲刷等作用，逐渐变成斜坡，甚至缓缓的平坡。这种斜坡以及缓坡，如果给以并不太长的时期，也可由于成土作用形成斜坡或缓坡的土壤剖面。这是在山陕间的黄河以及泾河、洛河等河环内圈许多黄土嘴上，可以明白看出的。这种土壤剖面在黄土嘴的凸形斜坡上，往往随着斜坡向周围倾斜，说明它们是在红色黄土由于土崩、滑坡、塌磊形成黄土嘴凸形斜坡以后，才构成的土壤剖面，并不是原有的谷侧斜坡受到割切的结果。这是晚近的红色黄土，不应与受到深切接近水平的古代红色黄土等量齐观，因而不能认为它们的斜坡代表着古代的谷坡。这一点在前节已经提到。

有些地方形成斜坡土壤剖面的同时，另一些地方的黄土塌劈由于不同高度岩石阶地的承托，好像反映出一层岩石阶地形成以后，地盘重复下降，又在这层阶地以上沉积了很厚的红色黄土或黄土一样。图5是采用德日进和杨钟健的一个剖面。

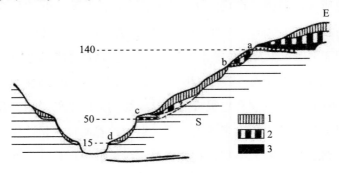

1. 黄土　2. 红色黄土　3. 红土

图5　保德附近黄河河谷剖面（依杨钟健）

图中明白表示，当黄河侵蚀深度超过 a 点到达 b 点而形成岩石阶地以后，a 点以上的红色黄土塌落下来被 b 点的岩石阶地承托起来，红色黄土转而托住以后落下的黄土。这种情况并不表示，以前的深切侵蚀，在红土沉积以后，红色黄土与黄土沉积到一个很不平的侵蚀面上。图中 b 与 c 的关系和 a 与 b 的关系一样，在 c 点岩石阶地上的红色黄土并不在它原来沉积的地位，而是由 b 点塌落的东西。在同一图的左岸上绘出的两个岩石阶地所承托的黄土，可以作同样的解释，也就是在 15 米岩阶的黄土是由 50 米岩阶上落下来的，而 50 米岩阶上的黄土，则是从更上层的岩阶上或是从红色黄土高原上的黄土落下来的。如果把它们解释为两期生成的红色黄土，或说成两期生成的黄土是不合适的。如果解释成黄河在侵蚀中有两次或多次的旋回，而在每一旋回中都曾有底砾，红色黄土和黄土的顺序沉积也是不合适的。德日进和杨钟健在他们的剖面中，把 c 点阶地上的红色黄土旁边加上一个问号，恰好提出了这一问题。实际上，在 b 点阶地上的红色黄土旁边也应加一个问号，因为这里所表现的是同样问题。这种问题的解决，只有用前边所说的塌落作用才最合适。

由上所述也可以说明，山陕间的黄河河道不是一条很早的、自上新世已由流水侵蚀的河谷，黄河的支流河谷也同样是比较晚近侵蚀的沟谷，都不是从蓬蒂及三门期以来就形成的东西。

至于山陕间黄河及其支流上的阶地形成既不是由于升降的回旋运动，是不是由于几个阶段的上升运动，即间歇的上升运动而形成呢？这种一个阶段上升一个阶段停顿的解释，是没有什么可以反对的。但是，由于盆地出口坚软岩层的控制[1]，也应加以考虑。在龙门地方有寒武奥陶纪石灰岩是坚硬难被侵蚀的岩层，其上为石炭二叠纪煤系是软而易被侵蚀的岩层，更上为三叠纪比较硬性的山岩夹页岩。它们在上层黄土及红色黄土被蚀去而暴露以后，就能先在相应于三叠纪砂岩的高度上形成高一级阶地，然后在相应于石灰岩的高度上形成次一级阶地。

还有一种阶地形成的解释也很自然，这就是构造阶地的说法。我们知道，陕北盆地在蓬蒂系以前的岩层大多接近水平，黄河峡谷所在更是这样，除龙门及保德河曲之间的地区出露寒武奥陶纪石灰岩及石炭二叠纪煤系外，到处都是三叠纪的砂岩夹页岩。一个峡谷中的硬性砂岩与软性页岩相间成层和水平产状，对于河流侵蚀的难易迟速就要起很大作用。因此，硬性砂岩所在往往成悬崖，而软性页岩很快被侵蚀的地方就形成阶地。壶口一带的峡谷中，就可以清楚地看到这种地形。

不管什么原因形成的阶地，由于间歇性上升也好，由于盆地出口控制也好，由于构造形成的阶地也好，它们都能承托从上层垮下来的红色黄土及黄土，在极少地方，甚至可以承托垮下的蓬蒂红土。这些由于不同高度的阶地所承托的黄土、红色黄土，甚至在个别地方的红土，都可以混淆我们的观察，搅乱我们的推论。德日进和杨钟健所得的"黄河在山陕间所经之谷道为一自早上新世已由流水侵蚀之河谷""红色土前与黄土前侵蚀之谷沟组成虽细节少有出入，而大致完全相当"的结论[3]，以及王乃梁进一步所得的"这些河道岩石河槽的年龄超过黄土或甚至红土"，并且"历经红色黄土与黄土的堆积与再割切过程以迄于今始终不变它们的流路"[2]的结论，多是由于黄河及其支流河谷中的间歇上升或坚软岩层不同侵蚀而成的阶地，承托了滑落的红色黄土和黄土所给的错觉。

由上述可知，黄河及其支流在高原的红色黄土及黄土形成的时候，它们的谷道还不固定，只是在陕北盆地相对上升，渭河盆地及银川盆地相对断陷以后，黄河及其支流才在高原上切入黄土及红色黄土形成蜿蜒峡谷，河道才得到固定。在峡谷中，各级阶地的形成则是由于间歇上升，或是由于坚软地层控制侵蚀所致。在这些阶地上，所承托的滑落红色黄土及黄土，往往混淆我们的观察，搅乱我们的推论。这种结论是否正确，需要进一步观察与研究。

三

在这一部分，谈一谈陕北盆地黄土来源问题。

首先是在谈黄土来源的时候，有一个张冠李戴的倾向，这在科学研究中是不严肃的，需要我们加以注意。什么是黄土来源学说的张冠李戴呢？这就是把奥勃鲁契夫的说法归到李希霍芬了。

格拉西莫夫[8]指出，李希霍芬在十九世纪后半叶，提出关于被厚度很大的（305米以上）黄土沉积物所充填的亚洲中部大"草原"凹地的理论。根据李希霍芬的观点，这些沉积物是关于周围的山脉被破坏（风化作用）而形成，然被风和谁带到凹地。

格拉西莫夫接着指出，奥勃鲁契夫完全否定了李希霍芬的中国黄土就地起源的说法，他认为黄土所有性质及其沉积条件证明，这种沉积物是风成的，是从亚洲中部的沙质和石质沙漠中借空气带来的"外来"尘土。

但是，安德生以前曾说过，李希霍芬以为黄土生成时天气干燥，风力猛疾，是由中亚沙漠及草原间随风转运而来。杨杰[9]最近也把黄土来自中亚沙漠的说法说成是李希霍芬的。他们都没有提到奥勃鲁契夫。

以上两种对于同样文献的引证，有两种非常矛盾的说法。这里虽然缺乏原文作参考，但可肯定其中一种说法是没有参考原文，或曾参考原文而不求甚解引起了严重错误。根据揣测，格拉西莫夫的引证周详，是正确的严肃的，而安德生与杨杰的引证是误解的，不严肃的。恐怕还有不少为安德生所误引而认为黄土来自蒙古沙漠是李希霍芬的说法，这就需要加以澄清。

其次谈一谈黄土成因与来源的关系问题。上面已经说到，李希霍芬与奥勃鲁契夫都是主张黄土风成的，但他们对黄土来源问题却有不同看法。奥勃鲁契夫认为，中国黄土是由风从中亚吹来的，但李希霍芬认为，黄土是由于周围山脉风化破坏形成后由风和水带到凹地的，马溶之[10]也主张黄土是从中亚吹来的。解迪赫对于中国黄土来源也从奥勃鲁契夫的说法。安德生在误解李希霍芬的同时，主张黄土由来除由蒙古吹来的部分以外，还应当回溯三趾马红土层。他认为，三趾马红土是石灰岩风化所成，这种红土在潮湿时期由于流水冲刷，洗去黏土质，剩余细沙土（按：即粉沙）。然后在第四纪，气候干旱，沙土随风分布，才成今日的黄土。所以安德生是主张外来与就地生成的折中说法。

杨杰主张华北黄土是本地生成坡积及流水沉积。

格拉西莫夫自己说，他对黄土成因及来源，认为是李希霍芬学说的发展。同时他还强调，基岩（三门系的红色黄土）的土壤形成作用与风化作用，在黄土沉积物的堆积过程密切联系到当地地形的发展，并且说是相当长期的过程。他说："在较早时，它是由黄土堆积成广阔的山麓平原的形成物，这个平原是借助从周围山地流下而互相汇流到山间地区的河谷和三角洲中具有黄土性质的冲积物的堆积而形成的。较晚时期，黄土沉积物的堆积，显然在该区总的构造上升影响下更局限于由于黄土高原的割切而形成的河谷中，在这个时期，黄土堆积物就开始堆积成阶地的形状。"这种看法，恰好是笔者在前边和以前的论文中所描述的过程的概括。

格拉西莫夫并承认，黄土从亚洲中部吹来的风成物，能够而且应该在沉积过程中起着十分显著的作用。而进一步说，这种落下来的物质，自然是立即参加到土壤形成作用和剥蚀作用（水的作用）的正常轨道中，而且为它们所根本改造，再度沉积成为黄土。他并强调指出，华北黄土沉积物的风成理论，常常不能说明山麓或阶地的典型黄土的沉积条件，也不能回答具有大量冲刷面和埋藏土壤的黄土层的复杂地层，以及黄土沉积物岩相的多样性和它们之间不同岩相的密切关系等。因此，他主张黄土物质是由最普遍的剥蚀因素（亦即地表水）所搬运和沉积下来的，并在其活动范围内及一定条件下，有不同来源的物质（包括坡积物和外来的与本地的风积物）参加了水的剥蚀与沉积作用。

由此可知，格拉西莫夫在华北黄土的来源上，主张兼有本地与外来的黄土物质而主要是本地形成的，参加有风从外边吹来的。在黄土的来源方面，他基本上同意李希霍芬的说法，并不反对奥勃鲁契夫的说法。在黄土的成因上，他反对李希霍芬与奥勃鲁契夫的风成说，却从柏尔格[11]的说法，主张流水剥蚀与沉积和黄土物质沉积以后的风化与土壤形成作用相结合而形成黄土，至于风的作用，则不过是黄土物质在流水剥蚀沉积以前才曾起了一些作用。

帕甫林诺夫[12]也主张中国黄土主要是本地生成，部分从外边由风吹来。

笔者认为，风固然能够从外地吹来一部分的黄土物质，而随即参加到黄土由水的侵蚀与沉积形成的过程，但从外来的黄土物质主要还是流水带来的，好像现代黄河把上流的土壤冲到华北平原一样，陕北的红色黄土以及盖在红色黄土以上不厚的黄土，一大部分是从上游的陇中盆地通过中卫、中宁盆地带来的，另一大部分则是从本盆地的周围带来的。至于陇中盆地的黄土，则是由更上游的盆地及其周围山地带来的。以黄河流域面积之大，山地之多，何愁不能有巨大数量的风化岩屑淤积远较黄河流域面积狭小的几个盆地呢？我们要看一看华北平原现代的大量淤积，就不用疑问陕北盆地在过去的比较小量淤积了。

再谈关于"近山处，在黄土底部混淆着砂砾透镜层，离山越远，这种透镜层越少，以至没有"的问题。

王先生对于这个同一现象，有不同的看法，并提出一个疑问："如果黄土物质纯属地方性高地上的风化产物，那么为什么只在黄土堆积的初期，水流才能从坡上把黄土与岩石碎片一同冲下，而到了黄土堆积的后期却只能冲来纯粹的黄土呢？"这自然"不能解释为当黄土开始堆积的时期，高地上的基岩风化既产生砾块（但不能抹煞了沙子——笔者），又产生黄土，而后期风化作用仅仅产生黄土颗粒级的物质；也不能解释为最初坡面的水流作用兼能冲刷砾块与黄土级的物质（中间缺少砂级只是局部地方——笔者）而后期则仅仅冲刷黄土级的物质"。我们知道，高地基岩的风化一直在产生黄土级物质与砂砾级物质，从前是这样，现在还是这样，但在不同地方有不同沉积。我所说的"近山处，黄土底部混淆着砂砾透镜层"不会是坡水冲洗所生，因为斜坡上的散漫流水在任何一个单位面积上的流量都不会很多，这就限制了它的动能。不大的动能自然难以冲洗碎石，其所挟带的砂子也往往在滤过碎石时停留下来，只是粉沙细泥才容易从坡面流下。至于砂砾则可在较陡山脚滚落成为塌磊，在不太陡的山坡逐渐向下滚落形成坡积。这种堆积长期停留的时候，还不断由于风化崩碎，到粉沙级以下的颗粒时才容易冲洗。在比较平缓的坡上的岩石碎块只能成乱石滩式的堆积，停留原地继续风化，直到形成粉沙级以下颗粒才易冲洗。因此，比较平缓的山坡上，就有单纯的黄土级物质沉积；较陡坡脚才有砂砾与黄土混合的堆积，这里多是混合堆积，很少有砂砾透镜层的堆积。我所说的砂砾透镜层堆积，则多限于冲沟中的剖面，因为没有河流的水而只靠斜坡的散漫流水是不能作这样分选的。

只是这些还不能说明巨大数量单纯黄土级物质的来历。我们还要注意到，黄河及其支流曾经几十几百万年的长期，才能在它们的广大流域山地和众多或大或小的盆地中，搜集到这样大量的泥沙，逐步地汇集到有条件容纳这样大量泥沙的盆地。但是，要把这样大量的黄土级物质重新分配到黄河流域的广大面积，我们就可以看出它只能成为极薄的一层。不能想象，在这几十几百万年的长期，黄河流域这样广大多山的地面上，不能由于岩石的风化作用形成比较来说这样一点点的黄土级物质。因此，黄土级物质的来源，只可说极大多数是黄河流域本地生成，通过各种大小的支流，从各处山地及各种大小的盆地，一步一步带到越到下流越大的黄土盆地或黄土沉积区，而最大的黄土沉积区，就是最下游的华北平原，其次就是中游的陕北盆地及陇中盆地。至于少量的灰尘从外地由风吹来，自然是可能的。我们虽说不能完全抹煞这一作用，也不能过高地估计它所起的作用，但在陕北盆地以及其他地方，要想看到不多的风成的没有经过水流再分配的黄土，那几乎是不可能的。

最后谈一谈关于奥勃鲁契夫在环县、平凉与榆中塬面上所采集的黄土标本的矿物分析[13]，根据三处相距几百公里的地方所产黄土粗粒部分的矿物组成基本相似，说明黄土形成的材料是同一来源。以前既已阐明，黄土物质是从许多大大小小的盆地，由于许多大大小小的河流逐渐转运到干流所经过的大盆地而沉积下来的，这就足以说明黄土物质来源的多方面和其复杂性。在广大面积上搜集而混合起来的黄土物质成分，自然是可以非常相似的。榆中在陇中盆地，平凉、环县都在六盘山以东，属于陕北黄土高原的同一范围。前述婴年黄河既曾通过中卫、中宁盆地来到这里，榆中与平凉、环县的黄土成分相似自然是可能的。

榆中、平凉和环县黄土中的重矿物部分，含有普通辉石、紫苏辉石，与角闪石和尖晶石相配合，说明华北黄土一部分是由超基性岩、基性岩和中性火成岩风化而成。我们知道，黄河所流贯的祁连山区基性岩与超基性岩很多，角闪花岗岩及角闪片麻岩也不少。这又可以证明黄土来源主要是黄河流域的本地。

总结来说：

（1）黄河及其支流在陕北盆地的发展和陕北黄土的形成是分不开的。没有黄河从上游盆地和其支流从周围山地把黄土物质带到陕北盆地中来，就很难想象陕北盆地会有现在这样伟大的黄土高原面貌。

（2）陕北黄土物质的沉积过程，一部分是在盆地周围高地岩石风化所成的粉沙质与黏土质碎屑，由于坡水带到涧溪，流入小河，汇集大河，冲到盆地平原。入于平原的许多河流，在平原上把黄土物质构成许多广大的冲积扇。广大冲积扇上的河流常常泛滥，有时迁流。常常泛滥的地方堆积淤土，由于虫蚁钻蚀、草木根蚀，以及风化作用，形成多孔状的松软黄土。因为迁流长期没有泛滥的地方，经过长期土壤形成作用，在原先堆积的黄土表面形成红色土壤剖面。河流在广大扇形地的其他地方用泥土淤高后，可以重新迁流来到这个长期没有泛滥的地方，重新泛滥淤积黄土物质。淤高到一定程度，可以再次迁流。由此转变不止，就可形成黄土夹红色黄土的许多互层。

（3）从上游盆地流入陕北盆地的婴年黄河，在淤积这一盆地过程中，曾起了很大的作用。它的淤积过程与从盆地周围山地来的较小河流淤积的黄土与红色黄土夹层一样，不过规模较大罢了。

（4）为量不多的黄土物质能够从外边由风吹来沉积到陕北盆地，但根据格拉西莫夫意见，吹来的黄土物质应该在沉积后，随即参加流水的剥蚀沉积与风化成土等过程，而形成红色黄土及黄土。

（5）在蓬蒂红土层沉积的时候，陕北盆地还没有出路，而且盆地中心偏于西部和西北部。黄河就在这个时候或稍后一个时期，从陇中盆地找到出口，通过中卫、中宁盆地，在环县西北流入陕北盆地，是为婴年黄河。婴年黄河对于陕北盆地红色黄土层的淤积起了主导作用。三门系红色黄土层沉积的末期，是银川盆地、河套盆地、汾渭盆地断落的主要时期。这一断落使婴年黄河改道，流入银川盆地，并继续流入河套盆地。在这同时，陕北盆地的中心由于婴年黄河过去的广大沉积以及地壳运动，移向东南，因而在陕北盆地发展了由西北向东南的许多河流。它们或先或后分别在盆地东南边上找到出口，流入深陷的汾渭盆地。当婴年黄河淤满河套盆地在托克托以上的地方找到陕北盆地的缺口时，便再一次流入这个盆地，夺得一条现成河道（古无定河河道）加速深切。

（6）深切过程中，或由于盆地出口坚软岩层的控制，或由于沿河接近水平岩层的坚软间互成层，或由于盆地地盘的间歇上升，就有几级阶地的形成。在每一阶地形成的同时或以后，有崖上红土、红色黄土和黄土的滑落崩塌，造成假象的盆地地盘升降旋回。

（7）只有这样的解释，才能明了何以在陕北盆地与银川、河套、汾渭盆地的地层及地形截然不同的缘故。

（本文系在第四纪会议上宣读，以后张先生根据各方面的意见曾做修正，因排印关系，未得列入。——原刊编者注）

参考文献

〔1〕张伯声. 从黄土线说明黄河河道的发育. 科学通报，1956 年第 3 期

〔2〕王乃梁. 对于张伯声先生《从黄土线说明黄河河道的发育》一文的意见. 科学通报，1956 年第 7 期

〔3〕德日进，杨钟健. 山西西部与陕西北部蓬蒂纪后与黄土期前之地层观察. 地质专报，甲种第八号. 中国地质调查所，1930

〔4〕黄汲清. 中国地质图. 中国地质调查所，1948

〔5〕刘东生. 黄土问题. 在中国地质学会西安分会上的报告，1956

〔6〕 王竹泉. 中国地质图（太原榆林幅）说明书. 中国地质调查所，1926

〔7〕 安德生. 中国北部之新生界. 中国地质专报，甲种第三号。中国地质调查所，1923

〔8〕 格拉西莫夫. 中国的黄土及其成因. 科学通报，1955 年第 12 期

〔9〕 杨　杰. 中国北方黄土沉积的成因. 地质知识，1956 年第 9 期

〔10〕 马溶之. 中国黄土之生成. 地质论评，1944 年第 9 卷第 3-4 期

〔11〕 L. S. Berg. The Origin of Loess. Gerlands Beftr. Z. Geophysik Vol. 35，1932

〔12〕 帕甫林诺夫. 关于中国黄土的成因问题. 科学通报，1956 年第 11 期

〔13〕 谢德列茨基，阿纳涅夫. 华北黄土的矿物成分和风成沉积. 地质学报，1954 年第 34 卷第 3 期

中条山的前寒武系及其大地构造发展[①②]

张伯声

一

　　在山西西南部影响黄河急转弯的地方,有一条不很高的山脉,叫作中条山(图1)。

这是一带狭长的、走向北东的、约成弧形的山脉,它的弧顶指向东南。这是一带西北翘起、东南沉陷的块断山脉。因而,在地形上是不对称的。它的西北山坡就显得陡些,东南山坡平些,流向西北的河谷就短些,流向东南的河谷就长些。弧顶在胡家

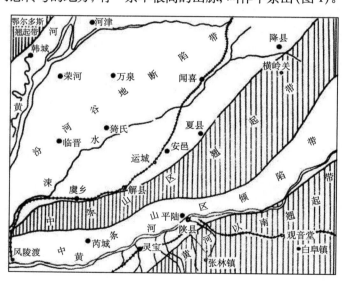

图 1　中条山区大地构造图

①本文首次发表于 1958 年《西北大学学报》(自然科学版)第 2 期。后经作者转译成英文,于 1959 年发表于《中国科学》第 8 卷第 5 期,并在转译时有稍许修改。这里主要依据前者,由王晓霞和王战参照英文进行了必要的补充和修正。
②笔者能够作成此篇,与孟宪民、谢家荣、刘岩然各位先生在野外的帮助,王植、白瑾、马杏垣等各位先生著作的启发,张尔道、郭勇岭和王俊发各位先生提出意见,甘克文、杨金铀等先生的协助制图分不开,特此致谢。(原注)

峪附近。弧顶西南的山岭，走向南西西；东北的山岭，走向北北东。中条山脉，从西北到东南，一般不厚，约几十公里到二十公里；从西南到东北，顺黄河延伸颇远，可达二百公里。由于流向东南的河流剥蚀形成的向东南绵延的支脉很多，延伸远的可达数十公里。如果把这一部分也算上作为中条山的宽厚，它就不算薄了。

中条山所盘踞的地区，山势都不很高，一般在一千公尺左右，大多是丘陵起伏，低于一千公尺。有时巉岩峥嵘，峰峦耸起，高达一千六百公尺，这是不多见的。这些高峰都在东北一带。一般是越向西南，山势越低，直到黄河急转弯处，落于河下，形成平地。

中条山脉的范围虽然不大，地质构造及其发展却不简单。地质学者以往在山西的调查工作搞得很多，但在中条山一带做得很少。解放前，侯德封与王光[1]、桑志华和德日进[2]曾到这里调查作有报告。解放后，张伯声[3]曾到中条山西端初步踏勘，郭令智、夏树芳[4]也曾到过中条山西端。只是由于铜矿的勘探，才由王植[5][6]所领导的中条山勘探队在中条山一带做了相当详细的调查。霍敏多夫斯基[7]根据山岩的分布，把中条山南麓划入海西褶皱带。张伯声[8]根据中条山的岩相与构造，把它改入霍敏多夫斯基的"华北隆起带"，也就是改入于中朝陆块。黄汲清[9]认为，中条山区是一个地块，他所说的地块是自寒武纪以来的长期侵蚀地区。王鸿桢[10]把中条山区看成中条凸起，归到山西地台。

我们在中条山西端从解县到虞乡十几公里长的一段，可以看到大约一千多公尺厚的震旦纪石英岩、板岩、矽质石灰岩与寒武纪的页岩和灰岩，横跨山岭南北，一直分布到北麓。中条山东北部的桦山，高在一千五百公尺以上，分布着数百公尺厚的震旦纪石英岩与寒武纪页岩和石灰岩。中条山西北黄土原上有一个小山，叫作稷山，有寒武纪石灰岩出露。我们不能想象，中条山地带在早古生代，甚至石炭纪和二叠纪，只有几处孤立的海盆地，应该想到震旦纪和寒武奥陶纪的海，石炭纪的海，二叠纪的内陆湖盆，都曾淹没过中条山的全区。由此可见，中条山区不是从寒武纪以来就持续不断上升，并长期遭受侵蚀的地带，而是曾经沉降过相当深的地区，并可能在奥陶纪与石炭二叠纪都曾与华北各地一起继续沉降，沦陷为海底或内陆盆地。只是在海西运动时才行隆起，成为一个巨大台背斜的东南翼。这个巨大的台背斜顶部则是汾河地堑，沿中条山西北麓，有汾河地堑的一个分支，形成涑水河谷和著名的解池盐湖。它的西北翼则是汾河下游西北的龙门山地，即鄂尔多斯"地台"的东南边缘。稷山在汾河断谷中是这个巨大台背斜的脊部，稷山地层是由于沉陷保留起来的古生代盖层。这又说明，这个巨大台背斜的轴部，也不是自寒武纪以来就不断上升成为永远的侵蚀地块。它和华北各地的一般情况相似，在震旦纪和寒武纪广泛接受沉积，在志留纪和泥盆纪遭受过严重的剥蚀，并在石炭二叠纪接受过沉积，在海西运动后的整个中生代迭次隆起，遭受剥蚀，作为它西北的鄂尔多斯"地台"沉陷区，以及它东南渑池盆地的陆屑来源。纵然有这样长期的隆起与剥蚀，但因隆起幅度并不太大，在这个巨大台背斜的轴部，还能保留着相当厚的寒武纪石灰岩不被蚀去。

由于整个中生代长期的不高的隆起，中条山区以及汾河断谷地带的古生代地层仍有相当厚的保留。直到第三纪的阿尔卑斯运动，以及第四纪以来的新构造运动，才发生块断，形成汾河地堑，以及汾河地堑两侧的龙门山成东南翘起、西北倾陷，中条山成西北翘起、东南倾陷的山块。这样魏然翘起以后才引起了激烈的侵蚀，局部盖层剥光，出露了前震旦纪的岩层，给了我们一个自震旦纪以来持续隆起、不断侵蚀的地块的假象。因此，我们得到这样一个结论：不能把所有露出前震旦变质岩系的地方，都认为是这样的地块。

二

这一部分谈一谈中条山区的地层，特别是前寒武纪地层。

首先，要把中条山区的岩层系统的名称统一起来。

王植和白瑾[5]等在中条山区进行过几年的普查与找矿，山地工作及钻探工作，对于中条山地层地质构造，以及矿产的报告颇为详细。马杏垣[11]也曾简单地对中条山地层列表与嵩山、五台二地的地层作了对比。两方的意见颇有出入。笔者曾于1957年春在铜矿峪、胡家峪和皋落踏勘了几天，对于地层的看法也有不同。兹分别简述于后：

王植和白瑾[5]把前震旦系分为（1）五台系和（2）中条系。他们把中条山的最老岩层叫作五台系，分为①下片岩系和②鸡公拴花岗岩。其次是中条系，分为①下石英岩和底砾岩，②下大理岩，③上片岩，④上大理岩，⑤绢云母石英片岩，⑥横岭关花岗岩和⑦上石英岩和底砾岩。

马杏垣[11]把前震旦系分为（1）五台系，（2）滹沱系和（3）五佛山系。他只把上玉坡片岩归到五台系，把①前岭石英岩，②余元下大理岩，③刘庄冶片岩，④马家窑大理岩（铜矿峪变质火山岩），⑤南天门石英岩，⑥横岭关片岩及烟庄花岗闪长岩，归到滹沱系。他并把担山石石英岩及底砾岩，归于五佛山系。

买宝元[12]尚有一套岩系名称。他把中条山区出露的前震旦系除担山石石英岩外，统归于五台系。由下而上依次为：上玉坡片岩、石门石英岩、前岭大理岩、箆子沟片岩、黑阴里大理岩。至于要把担山石石英岩放到什么系，没有说明。

笔者认为，中条山的前震旦系可分为以下二系：（1）底部杂岩系，（2）中条系。底部杂岩系中，有一种副片麻岩叫作庞家庄片麻岩，有一组片岩叫作上玉坡片岩。没有见到它们的接触关系，谁先谁后尚难判断，暂把片麻岩放在底部。采用中条系而不用滹沱系，因为二者可能不是同时代产物（理由见下节）。中条系分为下中条系、中中条系和上中条系，三者之间都有不整合存在。下中条系包括前岭石英岩和余元下大理岩；中中条系包括刘庄冶片岩和马家窑大理岩；上中条系包括担山石石英岩及其底砾岩。

对于前震旦纪地层的对比是困难的。很难把不同地方变质深浅不同的岩石加以对比，仅只把前震旦系分为桑干、五台、滹沱等是不够的。众所周知，前震旦纪的时代比起其后的地质时代长得多，地壳运动的旋回自然比后来的多得多。如把地壳运动的一个大旋回作为 1.5 亿年左右，震旦纪以后有三个大旋回，前震旦纪就当有十五个以上的大旋回了。但是，每个大旋回中的构造运动都不是在全地面上进行的，而是在一处早些，在另外一处晚些。例如，中条山地区的太古岩系和五台山区的太古岩系，不一定是同一个旋回的产物。我们现在虽不能证明它们不是同一大旋回的产物，也不能证明它们是同一个大旋回的产物，但是由于它们岩性的不同和构造线的差别，也不妨说它们时代的有异。元古代的变质岩系也是一样，在不同地区很难对比。因此认为，我们在对比不同地区的前震旦系时，应该在不同地区用不同名称。也就是说，五台系一名只能限于五台山地区，滹沱系一名只用于滹沱河地区，中条系只用于中条山区。滹沱系和中条系虽然都可以放在下元古界，但不能说是属于同一构造旋回，同样也不便把五佛山系作为其他区地层的名称，除非有直接证据。五佛山系[13]的岩相以碳酸盐岩和泥质岩为主，而担山石石英岩则几乎纯粹是石英砂砾。因此，它们不可能是同一地层。我们可以把前震旦系的岩石分为太古界、下元古界、上元古界等几个大类，把各地不同程度的变质岩系分别归到各类，但不要把桑干系或泰山系一名用于各地的太古界片麻岩，也不要把五台系一名用于各地的太古界片岩，还不要把滹沱系一名用于所有地区的上元古界浅变质岩系，同样不要把五佛山系一名用到各地上元古界变质更浅的岩系。这样提出问题是否合适，尚望指正。

从以上几家所列的中条山区地层系统名称来看，是极不统一的。近来王植[14]与马杏垣[15]为了中条山区前震旦系的命名大有争论。作者[16]认为马杏垣等所拟的名称比较合适，拟加修正采用。原因如下：马杏垣已经指出，王植"三上三下"的划分法会引起混乱。中条山区的前震旦系包括太古界和元古界，其间有显著不整合关系。王植所称的"下片岩"属于太古，变质强烈，他的"下片岩"以上各层属于元古，变质较轻，不能混为一谈。既然"下片岩"与"上片岩"分明属于两界，就不能用"上"和"下"来说明问题。至于"上石英岩"与"下石英岩"，"上大理岩"与"下大理岩"，虽然都属于中条系，但是中条系本身以内还有两个不整合，分为三个单元。把有不整合间隔的两个单元地层叫作"上"和"下"也不相宜。总的来说，三个"上""下"一来就把岩层的系统弄糊涂了。至于马杏垣等所定的名称，则是根据地层发现的地方名称，这是习惯的。但是，马杏垣的一套名称中有南天门石英岩、横岭关片岩，这是其他几家所没有的。其他几家的观察和马杏垣的观察有出入。其他几家认为，胡家峪到上玉坡的短轴背斜西北有一个向斜，因而上玉坡片岩和前岭石英岩得到重复，所谓的横岭关片岩就是上玉坡片岩，所谓的南天门石英岩就是前岭石英岩。马杏垣认为，这一短轴背斜西北没有一个向斜，因而地层是顺序排列，并没有地层的重复，这就不能不多出横岭关片岩与南天门石英岩两层了。根据笔者在胡家峪西北从毛家湾到庞家庄的观察，这一短轴背斜西北的向斜是存在的 (图2)，这就不能不舍掉所谓的"横岭关片岩"与"南天门石英岩"了。

W₁—底部杂岩系庞家庄片麻岩；W₂—底部杂岩系上玉坡片岩；CH_2^1—下中条系前岭石英岩；CH_2^{li}—下中条系余元下大理岩；CH_2^{z+b}—中中条系刘庄冶片岩；CH_2^5—中中条系马家窑大理岩；CH_2^b—上中条系担山石砾岩；CH_2^b—上中条系担山石英岩；Sn—震旦系石英岩；Cm₁—寒武系馒头页岩；Cm₂—寒武系鱼子石灰岩；Cm₃—寒武系结晶石灰岩；CP—石炭二叠系煤系；γ—横岭关花岗岩系；α—安山岩系；δ—闪长岩；ρ—石英斑岩

图 2　中条山中段臆想剖面图

再一个需要统一起来的问题是，王植和白瑾的公鸡拴花岗岩。这是由于他们在下石英岩（前岭石英岩）的底砾中，找到了一种变质的花岗岩砾石而推论的。他们曾在济源安坪公鸡拴的石英岩下，发现了下伏的变质花岗岩，因而推断下石英岩前，在五台时代曾有花岗岩的侵入，叫作公鸡拴花岗岩。这个可能和庞家庄出露的片麻岩相似。果如此，则庞家庄片麻岩和公鸡拴花岗岩便是一回事。但据我们所知，庞家庄的片麻岩片理清晰，似为一种长石砂岩变成的副片麻岩。如果二者相似，则应把公鸡拴花岗岩改成公鸡拴片麻岩，而取消庞家庄片麻岩；或保留庞家庄片麻岩，而取消公鸡拴花岗岩。这里倾向于取消"公鸡拴花岗岩"这一名称。因为公鸡拴距离这里还很远，所指的公鸡拴片麻岩是否同一岩体，尚属问题。

又公鸡拴花岗岩和横岭关花岗岩似乎是一个东西。中条山区的底部杂岩有庞家庄片麻岩及上玉坡片岩，它们分别和中条系的底部石英岩（即前岭石英岩）成显著不整合。横岭关花岗岩侵入于底部片麻岩及片岩，而不影响前岭石英岩。因而，如果变质的公鸡拴花岗岩是正片麻岩的话，就应该和横岭关花岗岩相似。这里又出现了公鸡拴花岗岩的问题，所以不如把它取消，而代以横岭关花岗岩。

关于中条系的名称，虽曾由作者[3]提出，但因为当时作者在这个地区的工作不够，贸然把中条山区的底部杂岩作为形成中条山脉的骨干。为了把形成中条山脉骨干的岩系称为中条系，作者同意王植把他的"下石英岩"到"上石英岩"称为中条系，并把作者过去所提的"中条系"改作底部杂岩。

在表1中比较了王植、白瑾、买宝元和马杏垣对于中条山区前震旦系的分层以后，认为底部杂岩中的构造旋回是复杂的，中条系底部前岭石英岩的下伏地层随处变化，没有一定，可能代表多个构造运动旋回，可以合称嵩阳运动[17]，或叫作前中条旋回。但是，中条系较浅的变质岩系所代表的可能只是一个大旋回。至于这一个旋回是否相当于吕梁运动，它所牵涉的地层是否可以和滹沱系对比，是难以肯定的。但因变质并不太浅，从马杏垣的说法，把它摆在下元古界。它能否和嵩山石英岩与五指岭片岩[17]相比，也是问题。嵩山石英岩及五指岭片岩的变质程度较深，褶皱较烈，构造线与中条系互不相同，应该不能相比。嵩山石英岩与五指岭片岩可能古老一些，这些岩层的变质程度接近五台系，但不一定是同期产物，摆到下元古界是可以的。

上中条系担山石石英岩和底部砾岩与五佛山系的岩相不同，变质程度有异，担山石石英岩变质较深，应该和中条系摆在一起，所以把它拉下来摆到下元古界，这是和马杏垣分类不同的地方。

"南天门石英岩"就是前岭石英岩，"横岭关片岩"就是上玉坡片岩，前已讨论，不再赘述。

关于王植、白瑾的表，则是根据他们的报告和地质图编成的。关于买宝元的表，则是根据他的地质图和谈话编成的。很可能买宝元的原意是，五台系属于下元古界，中条系是五台系的一部分，或等于五台系。由于这样体会编成的表，可能与他们的真正意思有差异，那就请指正了。

下面把中条山区的地层系统作简要叙述：

底部杂岩系——属于底部杂岩系的有庞家庄片麻岩和上玉坡片岩，以及侵入其中的横岭关花岗岩。

表1　不同观察者的中条山区前震旦地层对照表

时代	王植、白瑾[5]	买宝元[12]	马杏垣、石世民、孙大中等[11]	张伯声
震旦纪	**震旦系** 石英岩 50～400米 ～～不整合～～ 安山岩 1500米 ～～不整合～～	**震旦系** 石英岩 ～～不整合～～ 安山岩 ～～不整合～～	**震旦系** 安山岩 240米 ～～不整合～～ 安山岩 2000米 ～吕梁运动第二幕～	**震旦系** 矽质灰岩（Sn_3） 王官岭板岩（Sn_2） 凤伯峪石英岩（Sn_1） **安山岩系** ～吕梁运动～（安山岩系）
上元古代			**五佛山系** 担山石石英岩及底砾岩 1100米 ～吕梁运动主幕～ （烟庄花岗闪长岩） 横岭关片岩 800米	～中条运动第三幕～ **中条系** 担山石石英岩（CH_5^6）及底砾岩（CH_5^5） ～中条运动第二幕～
下元古代	**中条系** 上石英岩和底砾岩（W_7）300～360米 ～～不整合～～ 绢云母石英片岩（W_6）800～1500米 上大理岩（W_5）1100米 上片岩（W_4）500～1000米 下大理岩（W_3）350～380米 下石英岩和底砾岩（W_2）50～120米 ～～不整合～～	**中条系** 担山石石英岩及底砾岩（CH_5） ～～不整合～～ 黑阴里大理岩（CH_4） 箆子沟片岩（CH_3） 前岭大理岩（CH_2） 石门石英岩（CH_1） ～～不整合～～	**滹沱系** 南天门石英岩 70米 马家窑大理岩（铜矿峪变质火山岩）800米 刘庄冶片岩 450米 余元下大理岩 450米 前岭石英岩 100米	**中条系** 马家窑大理岩（铜矿峪层）（CH_2^5） 刘庄冶片岩（CH_2^{a+b}） ～中条运动第一幕～ 余元下理岩（CH_2^a） 前岭石英岩（CH_1^a） ～～嵩阳运动～～ （横岭关花岗岩） **底部杂岩**
太古代	**五台系** 公鸡拴花岗岩 下片岩（W_1）500～1500米	**五台系** 上玉坡片岩（CH_0）	**五台系** 上玉坡片岩 >800米	**五台系** 上玉坡片岩（W_2） 庞家庄片麻岩（W_1）

庞家庄片麻岩出露于中条系分布地带的西边，不整合于中条系底部石英岩，即前岭石英岩以下（图3）。它是一种灰白色、中粒状、麻理非常清楚的片麻岩，含有白色长石、石英及黑云母等矿物，黑云母多平行散布，有时出现条带。很显明，这种片岩是一种副片麻岩。他所出露的地方，在中条山中比较低凹，多成圆形丘陵，说明它是比较容易风化侵蚀的岩石。根据这种地形的远望估计，这一层副片麻岩的厚度可能在2000米以上，但实际上被较新中条地层覆盖，以及受横岭关花岗岩侵入影响的厚度可能是很大的。

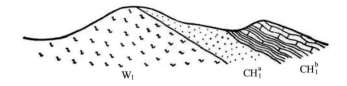

W₁—庞家庄片麻岩；CH₁ᵃ—前岭石英岩；CH₁ᵇ—余元下大理岩

图3　庞家庄剖面

上玉坡片岩，一出露于横岭关，也在中条系分布的西边，二出露于上玉坡-胡家峪短轴背斜的轴部（图4），都以不整合关系伏于前岭石英岩下。上玉坡片岩是一组成分复杂的片岩，顺倾向在很短距离内就有很多变化。其中有绢云母石英片岩、黑云母石英片岩、近似石英岩的石英片岩、含柘榴石的白云母片岩、薄层磁铁矿、含十字石柘榴石的白云母石英片岩等。这些片岩露出的地带也是比较低的丘陵起伏地区。上玉坡片岩厚度不定，有些地方厚数百米，有些厚达1500米以上。这个片岩系实际是一种复理石，由于中条系的不整合覆盖，露出的厚度不大，实际上可能是数千米的巨厚地层。

以上两系都有横岭关花岗岩侵入。笔者对这些侵入体没有直接观察。就庞家庄上游冲下来的转石来看，成分极其复杂。其中有花岗岩、花岗片麻岩、闪长岩、闪长片麻岩、辉石岩等，且各有不同色调和成分，说明侵入于庞家庄片麻岩与上玉坡片岩的火成岩，不是一期的东西。看这样情形，横岭关花岗岩很可能是一个火成岩侵入的复杂体，不是一个简单的侵入体。其中自然还有中条旋回及其以后的侵入体，更加使它复杂化。在横岭关以西的山沟，从车中瞭望，可以得到一个火成岩复杂体的印象。

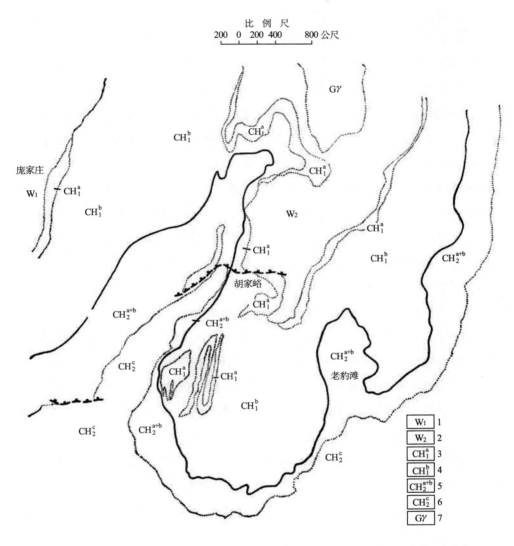

图 4　垣曲县胡家峪附近地质图

五台系：1—庞家庄片麻岩，2—上玉坡片岩；下中条系：3—前岭石英岩，4—余元下大理岩；
中中条系：5—刘庄冶片岩及底砾岩，6—马家窑大理岩，7—花岗岩

　　底部杂岩的复杂性，可以用中条山西南部运城、解县、虞乡一段的岩性进一步加以说明。在这一带所见到的底部杂岩，有金云母片岩、黑云母片岩、绿泥片岩、角闪片岩、赤铁石英片岩、磁铁石英岩、结晶石灰岩、蛇纹大理岩、粒状片麻岩等。这些变质沉积岩的层理间或片理间夹侵着花岗岩，使它们在有些地方形

成带状片麻岩，有些地方形成眼球状片麻岩。侵入体多成岩墙。岩墙两边时常有带状或眼球状的片麻岩。花岗岩墙往往横穿麻理或片理，形成网贯现象。岩墙多为淡红色花岗岩，有时过渡成伟晶脉，有时过渡成石英脉。伟晶脉的矿物成分以红色正长石为主，白色石英为副，里边含有闪耀的黑电气石，也有少许白云母，偶尔有柘榴石、辉石、角闪石等。还具有煌斑岩脉，黑灰致密，外貌似玄武岩，但少得多。石英脉很多，网贯着所有以上所说的岩石。石英脉含少量正长石，偶尔有镜铁矿或磁铁矿，且有含微量黄铜矿、黄铁矿、方铅矿。石英脉和岩墙及伟晶脉都曾经过变动，弯曲很多。一般来说，中条山西南部底部杂岩的麻理和片理走向都是南东东，倾角不定，都很陡。东北部的花岗岩侵入体大些，齐整些，片麻岩与片岩的麻理、片理破坏得少些，因而岩层的复杂性差些。西南部的侵入体零碎得多，分散得很，破坏了麻理，搅乱了片理，岩层的复杂性很大。这是两个地区底部杂岩不同的地方。

以上所说底部杂岩是否相当于五台系，不能肯定，但可肯定它是这一地区最古老的以不整合关系伏于中条系以下的地层。如果把中条系安置在下元古界，则这一底部杂岩自然属于太古界。由于太古代占时极长，一定有多次的构造旋回。一个地区的构造旋回不一定和另一地区相同，正如震旦纪以后的情况，在一个地方是加里东运动，在另一个地方是海西运动，在又一个地方是阿尔卑斯运动。中条山区和五台山区的底部杂岩，既然没有很好理由说是同一旋回的产物，所以在笔者所列的表中，中条山区最底部的岩层，笼统地叫作底部杂岩，而不叫五台系。

中条系——根据不整合关系，中条系在这里分为下中条、中中条、上中条三系。中条系和前中条的底部杂岩系成一显著不整合关系（见图3），说明了前中条的构造旋回。中条系的底部石英岩即前岭石英岩，有时盖着庞家庄副片麻岩，有时盖着上玉坡片岩。庞家庄片麻岩的麻理倾向是 N65°E，倾角陡，而上覆的石英岩倾向正东，倾角 40～50°，它们的不整合关系非常清晰。中条系本身则由于两个不整合分为下、中、上三条。中、上中条系之间的不整合是清楚的。至于下、中中条系之间的不整合，则是根据买宝元等所填地质图来确定的（见图4）。在这幅地质图中，可以明显地看出，下中条系与中中条系之间的不整合。在图中，下中条系有前岭石英岩和余元下大理岩，中中条系有刘庄冶片岩和马家窑大理岩。前岭石英岩分布成回转的盘肠状，余元下大理岩在接触前岭石英岩处随其盘转。余元下大理岩分布宽窄不定，有时成一片，有时成一条。转看中中条系的刘庄冶片岩，它的分布比较整齐，形成带状，掩覆着分布不规则的下中条系，尤其在地质图的西南部向西南倾没的向斜层中，看得更明白。在向斜构造的西北侧，可以看出下中条系的分布成楔形向西南尖削，而中中条系的刘庄冶片岩则大致是个两侧平行的长带，斜切下中条系，并且在刘庄冶片岩的底部，有些地方如老豹滩有砾岩出现。至于它是不是底砾，尚有待研究，但就它的分布地位上也可看出，刘庄冶片岩与下中条系的余元下大理岩是一不整合的关系。

中中条系的马家窑大理岩与上覆的上中条系担山石砾岩的不整合关系非常清楚。在朱家庄与胡家峪之间的马家窑，明显看到这一关系（图 5）。马家窑大理岩和担山石砾岩都向东南倾，但马家窑大理岩比较陡些。砾岩倾角平均在 40°左右，马家窑大理岩倾角在 50°以上，而且在小河沟的西侧山包上，有一孤立的山尖为担山石砾岩所构成，和下伏的马家窑大理岩成交角不整合。在铜矿峪，担山石石英岩的底砾岩和中中条系的绢云母石英片岩成不整合关系（图 6）。铜矿峪绢云母石英片岩，很可能是中中条系的刘庄冶片岩和马家窑大理岩的相变。

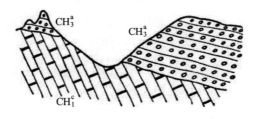

CH$_2^c$—马家窑大理岩；CH$_3^a$—担山石砾岩

图 5　马家窑剖面

上中条系担山石石英岩，一方面由于它的底砾岩和中中条系不整合接触，一方面和它的上覆层震旦系以下的安山岩系成不整合接触（图 6）。这个剖面是在左家湾和铜峪沟之间的山嘴上。这里的石英岩有安山岩烤焦的现象。由于不整合关系，安山岩底部有些孔隙，容易过水，风化较深，手抇可以成为碎粉。碎粉中分散着六方双锥的 β 石英，说明岩浆喷出以后流到这里的急切凝结，因而得到高温石英结晶的保留。

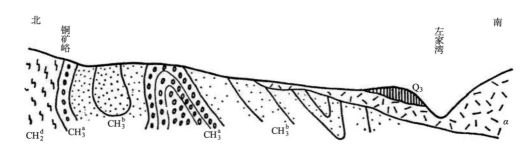

CH₂ᵈ—铜矿峪层；CH₃ᵃ—担山石砾岩；CH₃ᵇ—担山石石英岩；α—安山岩系；Q₃—黄土

图 6 铜矿峪剖面

由上可知，中条山区在前震旦纪有不止一次的构造旋回。最早的旋回在前岭石英岩以前，马杏垣[11]认为可以和嵩阳旋回[17]相比。根据以上讨论，前震旦纪应该有十几个大旋回，但不能在一个地区同时发现。这里的最早旋回可能比嵩山旋回早，也可能较晚，因为中条系的岩相和嵩山石英岩及五指岭片岩大不相同，并且两者的构造线也不一致。前中条系走向南东东，中条系走向北东，而嵩山石英岩走向正北或北稍偏西。因而，嵩阳旋回很可能既不同于前中条旋回，又不同于中条旋回。

中条系沉积是在早元古代的中条地槽之中，这个早元古代地槽曾经三次回返，合成一个大旋回，叫作中条旋回。第一次回返在余元下大理岩沉积以后，刘庄冶片岩沉积以前。第二次回返在马家窑大理岩沉积以后，担山石底砾岩沉积之前。第三次回返在担山石石英岩沉积以后。安山岩在担山石石英岩发生变动以后才喷出。这一喷出作用，可能是吕梁运动的伴生作用。因此，似乎应该把这一安山岩系摆在前震旦系，而不应摆在震旦系的底部。

中条旋回是否相当于吕梁旋回，也是问题。如把吕梁旋回作为紧挨着震旦纪前夕的旋回，中条旋回就可能更早一些，因为中条山区没有相当于五佛山系的地层，而五佛山系则是震旦石英岩前变质最轻微的岩层，应属吕梁旋回。

下面对中条系不同层位作简单描述：

下中条系的前岭石英岩，实际上不像石英岩，而是变质高的长石石英砂岩。这种长石石英砂岩是中粒状，越到下层越粗，有时可以形成底砾岩；颜色淡褐淡灰，新鲜剖面上有"片麻状"的迹象；在一些地方石英含量较高，有时则变成石英岩；厚度不大，在胡家峪到庞家庄所看到的不过几米到二三十米，其他地方有达百米的。

余元下大理岩是下中条系的上层，实际不是真正的大理岩。这是一组复杂的岩系。它和前岭石英岩成过渡关系。过渡带是绢云母石英片岩夹结晶石灰岩，或黑色片岩夹结晶石灰岩。一般说，过渡带的结晶石灰岩是灰白色，结晶似砂状，中夹黑色条带，盘转回曲，褶皱激烈。渐到上部，钙质越多，看起来仍然是带有片状的结晶石灰岩。因为余元下大理岩和刘庄冶片岩的关系是不整合，大理岩有时被掩盖得多，有时少，厚度难以估计，变化约在 300 米到 800 米之间。

刘庄冶片岩属于中中条系下部。由于褶皱变质，似乎和余元下大理岩连续沉积。实际上，根据余元下大理岩与刘庄冶片岩的分布关系，可以看出它们之间有不整合关系，前已谈到。同时，余元下大理岩中总有激烈的盘转褶皱存在，我们所看到的产状，只是这一岩系的片理，不是层理，因而它们之间的连续沉积关系是个假象。刘庄冶片岩是一个复杂的岩系，看起来是一套复理石建造，其中包括石英片岩、黑色片岩、钙质云母片岩、柘榴石云母片岩、矽化的结晶石灰岩、千枚岩、薄层大理岩等。在老豹滩和其他地方，它的底部局部有砾岩，其中砾石大小不等，往往成角砾状，有人说是冰碛岩，有人说是构造形成的角砾。它的成分大多是千枚岩、片岩和石灰岩类的东西，比较纯净，不是冰碛岩的样子。但是，其中也有少量的石英砾，形状相当圆，又说明不是构造作用压碎的产物，估计可能是局部形成的底砾或远古塌磊的遗留。片岩厚度 500 米到 1000 米。

马家窑大理岩是中中条系的上部。在刘庄冶片岩的外围，刘庄冶片岩向上渐多钙质，变为大理岩，因而可能不是连续沉积。但有些地方，如舒翼沟中，刘庄冶片岩和马家窑大理岩的产状不相一致，这可能由于弱层夹于强层之间的变化。马家窑大理岩是结晶质似砂状，层不厚，夹有片状的结晶石灰岩。块状部分有白色的、淡红的，也有灰色的。白色块状的大理岩往往有红色细脉。大理岩中有时含方柱石，有时含红柱石，有时含透辉石。在接触刘庄冶片岩的黑色片岩时，往往含矿，矿石中有黄铜矿、黄铁矿、磁黄铁矿等。像这样一定层位的矿带，从胡家峪向东北延伸二十余公里，过桐木沟、篦子沟等处陆续不断。马家窑大理岩厚800 米到 1100 米。

铜矿峪绢云母石英片岩系也属中中条系，从构造线上看，它似乎是和马家窑大理岩同期异相的岩系。这是一系列粉砂质岩石夹长石砂岩及灰瓦岩所变成的岩系。其中，大部分为绢云母石英片岩，岩质细致，稍有片理；颜色发灰，或深或浅；中夹少量绢云母石英岩，外貌颜色都和绢云母石英片岩相似，但不显片理。铜矿峪绢云母石英片岩系中，最有意义的是片麻岩夹层及绿泥石英片岩夹层。

　　根据王植、白瑾的说法，这一片麻岩夹层叫作变质花岗闪长岩，或变质花岗长斑岩。这一绿泥片岩夹层，也曾叫作基性火山岩。既然是变了质的岩石，就不如干脆用变质岩的名称。况且，既用花岗闪长岩和基性火山岩的名称，就已肯定它们是火成岩的变质岩，但实质上是不是火成岩，还要商榷。如果是由沉积岩变质来的，就更加需要把它们改叫变质岩的名称了。

　　怀疑上述变质岩的原因，不是没有理由。所谓的变质花岗闪长岩或变质花岗闪长斑岩，除去比较粗一些的部分而外，较细些的岩石，就外貌看，和绢云母石英片岩有些相似，但在显微镜下却表现有花岗片麻状的构造；至于较粗些具有斑状结构的花岗闪长斑岩，在显微镜下更像斑状岩石的变质岩。但是要考虑到，长石砂岩通过变质，可以和花岗岩或花岗闪长岩通过变质，形成相似的变质岩。在手标本上，可以看到圆形的石英"斑晶"，其实是一个圆的石英颗粒。这个圆的形状，可以说明是沉积的来源。但是不是可以在结晶晚期由于石英"斑晶"的再熔或腐蚀而形成圆的呢？有些圆形石英颗粒，似乎有凹入的"蚀痕"。这种凹入的"蚀痕"，却可以解释为原来不规则石英颗粒的凹入地方，经过磨损尚且保留的部分。还可以看到，一些大的石英颗粒是由于许多小的圆颗组成的，这又说明什么呢？这说明，这些由于小石英颗粒组成的大圆颗粒，原来是从一种石英岩破碎形成的颗粒。长石"斑晶"又是什么一回事呢？有些长石斑晶相当大，横贯麻理，似为变斑晶，这是在变质时再结晶的产物。如果是变质前的，就要有一些斑晶压碎顺麻理形成条带，或把长石的板状结晶顺麻理排列。这都是没有的。我们知道，铜矿峪的绿泥石英片岩中，往往有方柱石的变斑晶，这些变斑晶也是在区域变质条件下再结晶的东西。我们不便把这种绿泥石英片岩叫作基性火成岩，也像以上所说的，不能把片麻岩叫作变质花岗闪长岩或变质花岗闪长斑岩。但是，绿泥石英片岩中，还有串珠状排列的石英颗粒，好像"杏仁石"，是否可以证明这种绿泥石英片岩来自基性火山岩呢？在其他地方，如华山地区区域变质的绿泥片岩和黑云母片岩中，往往看到相似的串珠状石英颗粒，很像杏仁石，但不是杏仁石，而是由于还没有变质时的岩石中的石英脉或砂岩薄层，因挤压而在不同方向反复揉皱，褶轴变厚所形成的小颗。从许多石英串珠上都带着一个小尾巴，而这些小尾巴往往遥遥相对好像曾经相接，由于在褶皱翼部挤压变薄，终于尖灭的样子，就可证明这种看法。凡此种种，笔者对铜矿峪绢云母石英片岩系中的片麻岩和绿泥石英片岩，认为是沉积来源，不能把它们分别叫作"变质花岗闪长（斑）岩"和"变质基性火山岩"。

铜矿峪绢云母石英片岩中还夹着一种黑绿色的黑云母角闪片麻岩，其中长石数量不多。这可能是灰瓦岩的变质。

上中条系的岩层是担山石石英岩及底砾岩。在铜矿峪，底砾岩和下伏的绢云母石英片岩不整合（见图 6）；在担山石，底砾岩和下伏的马家窑大理岩不整合（见图 5）。这种底砾岩的性质各处不同。所含的砾石在担山石是较细的石英质砾石及石英岩砾石，圆度不高，多成角砾状，砾岩颜色淡褐，厚度在 100 米以上。铜矿峪的底砾岩，同在一个河沟中，也有不同成分。河沟内部接近绢云母石英片岩出露的地方，底砾岩含有绢云母石英岩的砾石，一般为灰色，厚度 50 米。接近铜矿峪口所见砾岩为粗大的砾石组成，大的砾石直径有些达半米，成分多为石英岩，厚度在 100 米以上。在铜矿峪的剖面（见图 6）中，把这两种砾岩连在一起很勉强。很可能，铜矿峪内部的灰色砾岩应该看作绢云母石英片岩的一部，而不是上中条系的底砾岩。绢云母石英片岩与担山石石英岩，二者关系可能是断层，由于掩盖不能直接观察，只好存疑。底砾以上是石英岩，颜色淡红、淡褐或接近白色，随层位不同有变化。砂粒几尽为石英颗粒，粗细自中粒到细粒。厚层块状，往往分不出层理。发现层理的地方，偶尔在层面上见到波痕，在剖面上见到交错层；倾角不定，显明有褶皱，厚度在 200 米以上，其他地方可达数百米。

安山岩系可能是随着吕梁运动而来的喷出岩系。与其把一期广大的喷出岩系联系到一处地壳的稳定时期，不如把它联系到一个活动时期。因而把它摆在吕梁运动，而不把它摆在下震旦系。安山岩系喷出以前，有褶皱的担山石石英岩确已遭受过侵蚀，二者成不整合关系（见图 6），这是把它和底层分开的缘故。把安山岩系和担山石石英岩放到两个不同的系中，后者属于下元古界中条系，前者属于上元古界。这一安山岩系的成分比较复杂，不是一种简单的安山岩。从颜色说，它们是多种多样的，浅灰、淡褐、深紫、深褐、血红、暗红、深灰、深绿等色无所不有。从结构与构造说，也是多种多样的，有的致密，有的多孔，有的成杏仁状，有的成斑状。组成杏仁与斑晶的矿物，有石英、长石、角闪石、绿帘石等。因此，有的像玄武岩，有的像霏细岩，有的是安山岩或安山斑岩。因为安山岩成分较多，把它们合称安山岩系，厚度从几百米到 2000 米。越到西南越薄，到中条山的西南端解县以西地带就不见了。

中条山区的震旦系可以分为凤伯峪石英岩、王官峪层和南口石灰岩。分别叙述于下：

凤伯峪石英岩以不整合关系覆盖着安山岩系，在中条山西端解县、虞乡之间，横跨中条山，直接覆着下伏的底部杂岩。震旦石英岩是厚层状的石英岩、薄层状的石英岩与板状页岩的互层。石英岩部分颜色淡红、淡褐、肉红、肉紫，有时呈淡白灰色，交错层很丰富。所夹的互层页岩多呈红色、紫色，有时呈现灰绿色。页岩往往贴附石英岩的波痕层面，页岩本身也成波纹。有时有两组波痕相交，可以在层面上分成斜方格子。页岩层面上也有雨痕、干裂。石英岩系的厚度随处不同，可自数十米到 400 米。一般说，自西南到东北越来越薄，这和安山岩系相反。安山岩系从东北到西南越来越薄，到中条山西南端，安山岩系就薄到没有了。

王官峪层盖在凤伯峪石英岩上，属于震旦系中部。底部主要为板状页岩，颜色黑乌，炭质丰富，如果不慎，可能误会成煤系露头。黑色板状页岩中夹有粉砂状的石英砂岩及类似泥铁矿的结核。王官峪层中部为肝红色板状页岩夹粉砂质石英砂岩的厚层，并夹有少数绿色板状岩层。上部地层主要为绿色薄层石英岩夹极薄的板状页岩和少数肝红色板状岩层。总厚度可达 100 米。这一层也是从西南到东北越来越薄，到东北区就薄到不见了。

南口石灰岩也和王官峪层一样，只在中条山西南部形成巍峨峰峦，到东北区就没有了。这层石灰岩底部有紫红色石灰岩，呈厚层状，结晶质，多少含沙质，容易破碎；渐上渐变为淡红色厚层状致密坚质的石灰岩，然后转变为灰白色矽质石灰岩。这层灰岩致密、坚脆，夹有多层或厚或薄的燧石层带或燧石砾层，偶尔夹有结晶的石灰岩，厚 250 米到 300 米。

至于寒武系、奥陶系和石炭二叠系，以及第四纪的红色黄土及黄土，出露于中条山区的，一般和华北各地所出露的岩相性质相似，在此不多赘述（见图2，图7）。

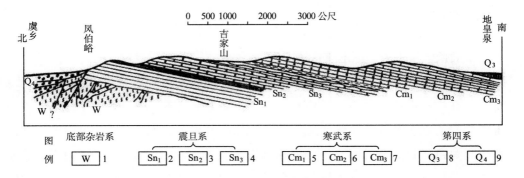

1—片麻岩、片岩及石英岩；2—凤伯峪石英岩；3—王官峪板状页岩；4—矽质灰岩；
5—馒头页岩及底砾岩；6—鱼子石灰岩；7—结晶石灰岩；8—黄土；9—扇砾层

图 7　中条山西段臆想剖面图

总之，中条山区的地层系统是复杂的。底部杂岩是一套深变质的沉积岩系，受了横岭关花岗岩的侵入，有些地方的侵入体非常零碎分散，形成极端复杂的情况。这一系岩层归到太古界，不整合覆盖着底部杂岩的是中条系。这个不整合，可以说是前中条旋回所形成的。中条系分下、中、上三系。它们的岩层变质程度不似五台系深，也不似滹沱系浅。中条系与滹沱系可能是不同地区不同时期的产物，都摆在下元古界是合适的，但不必列为同一个系。担山石石英岩及底部砾岩和五佛山系的岩性大不相同，但变质程度较深，似应归到中条系的上部。中条的下、中、上三系，在每一系形成以后，都有一次构造运动，在它们的上边形成一个不整合。这三次运动没有一个是紧接在震旦纪以前的运动，因而不说是吕梁运动，在这里叫作中条运动。安山岩系可能是中条旋回末期的或吕梁运动的产物，似不应把它安排到震旦纪，因为震旦纪石英岩在中条山区分布很广，在它沉积以前一定有一个长期侵蚀，使安山岩所在地区，即中条山的东北部，和它不在的地区，即中条山的西南部，两处地面侵蚀接近水平才能这样。由此看来，中条山区在前震旦纪曾于两个大旋回中，由于两期地槽的形成，两大旋回的运动才结合山西地台以及广大的中朝陆台。从震旦纪到白垩纪的运动，一直都是一般的振荡运动，只是到了第三纪，这个地区才因断裂翘起成山，而在它的西北断陷形成汾河地堑，接受新生代沉积。

三

以后谈一谈中条山区地质构造的发展。

中条山区在前中条时代，也就是太古代，就经历过一段复杂的历史。前已谈过，在中条系底砾岩或前岭石英岩以下，不整合盖覆的有庞家庄片麻岩、上玉坡片岩，以及各式各样的火成岩等。庞家庄片麻岩本身由于麻理的清晰，且有时有黑色矿物的条带，是一种副片麻岩。上玉坡片岩含有柘榴石、十字石及磁铁矿条带等，说明它的来源是沉积的泥质岩和砂岩。中条山这些最古老的由于沉积岩变成的片麻岩和片岩，一定有一个沉积的基底。这种最古老的基底虽没有露出地面，它的存在应该是肯定的，否则，新发现的变质了的沉积岩就没有建造的基础，就要吊起来了，这是绝对不可能的。构成这一基底的岩层的更加复杂是可想而知的。

庞家庄片麻岩很可能是一种长石砂岩的变质。上玉坡片岩则是泥质岩和砂岩的复理石层。它们都是地槽相。庞家庄片麻岩和上玉坡片岩的关系还没发现。因而，它们可以是在一个地槽中连续沉积下来的建造，也可能是两个时期的地槽沉积。根据前章所说的理由，前震旦纪的旋回应该有十多次，在一个地区曾发生过的地槽，自然不止简单的几期，把庞家庄片麻岩和上玉坡片岩分成两期地槽的建造，应该比较实际。

在庞家庄片麻岩褶皱变质和上玉坡片岩褶皱变质的时候，自然曾有一些岩浆活动，形成各式各样的火成岩，使它们更加复杂。因此，所谓的横岭关花岗岩，实际上是许多期侵入体的杂合物。这一复杂的混合体中，有前中条时代不止一次的侵入和喷发，也有中条时代的侵入体，以及后中条的侵入体。因为我们知道，在中条系中，有火成岩，在中条系以后，也有火成岩。这些后来的火成岩，应该有它们存在的根源，也应该有它们上升的管道或脉络。而这些管道或脉络，自然通过庞家庄片麻岩与上玉坡片岩，以及侵入于这些变质岩中的横岭关花岗岩所组成的底部杂岩。所以，不能想象横岭关花岗岩中，没有中条时代和后中条时代的侵入体。由此可以想象底部杂岩的复杂情况，以及它的构成的复杂历史（图8a）。

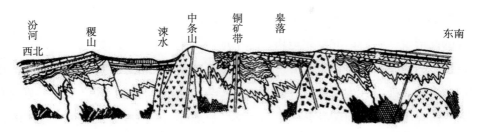

e 表示阿尔卑斯时期地台块断及侵蚀所形成的现代情况

d 表示中条旋回第三幕,上中条系的回返褶皱,中中条系及下中条系的进一步褶皱变质,
　安山岩系喷发以及震旦系与其上覆岩系的台型沉积

c 表示中条旋回第二幕中中条系的回返褶皱,下中条系的进一步褶皱变质及上中条系的
　过渡型沉积

b 表示中条旋回第一幕下中条系的回返褶皱及中中条系的地槽型沉积

a 表示前中条旋回形成的大不整合与下中条系的地槽型沉积

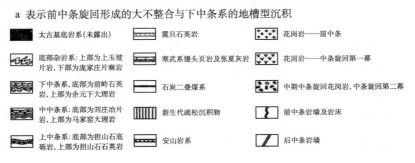

太古基底岩系(未露出)	震旦石英岩	花岗岩——前中条
底部杂岩系:上部为上玉坡片岩,下部为庞家庄片麻岩	寒武系馒头页岩及张夏灰岩	花岗岩——中条旋回第一幕
下中条系,底部为前岭石英岩,上部为余元下大理岩	石炭二叠煤系	中期中条旋回花岗岩,中条旋回第二幕
中中条系:底部为刘庄冶片岩,上部为马家窑大理岩	新生代疏松沉积物	前中条岩墙及岩床
上中条系:底部为担山石底砾岩,上部为担山石石英岩	安山岩系	后中条岩墙

图 8　中条山臆想构造发展图

底部杂岩虽然在中条旋回前已经褶皱变质，又经许多火成岩的侵入焊接，却不曾因此形成一种所谓的刚硬地块。这个地区到中条旋回又行活化。既然地壳中的岩层不能因褶皱变质和火成岩侵入的焊接而成刚硬，在一定时期又能活化，这就不能不放弃地壳分为刚硬带（即克拉通）与活动带的收缩假说。因而，别洛乌索夫[18]所提出的地壳物质分导作用的多层性是地壳活化的因素，是可以理解的。

中条山区底部杂岩形成以后，经过长期上升，风化剥蚀，形成了一个准平原。这个准平原深处，由于多层的物质分异，使熔融的底层浮起的较轻物质与上层沉落的较重物质互相遇合，分别向上向下溃决，致使地壳活化，形成波状振荡，在地表发生一系列的槽向斜与槽背斜合成中条地槽。中条地槽可能有几带槽向斜与槽背斜。可以确定的一带槽向斜是中条山轴部，可以推定的另一带槽向斜在中条山轴部东南数十公里的地带。两带中间是一个槽背斜。可以确定的一带槽向斜就是中条系分布的储藏铜矿的地带，另一带之所以说可以推定，是因为我们没有直接观察，只凭王植所做的地质图推论而来。至于两带中间所夹的槽背斜，则是根据它们之间出露着小部分前中条系和横岭关花岗岩而判断的。在这带槽向斜的西北和东南，还并排着另一些地带的槽背斜与槽向斜。以下提到中条山轴部的槽向斜时，就是槽向斜一；提到它东南的另一个槽向斜时，就是槽向斜二。

中条山轴部现在所露出的是横岭关花岗岩，不是中条系。为什么在臆想构造发展图中，把中条山轴部划成槽向斜一所在的地带呢？前已提到，横岭关花岗岩不是一个简单的侵入体，它的部分可以是前中条系的侵入，出露在中条系西北的中条山轴部。担山石石英岩及其底砾岩是过渡型沉积，可以作为中条旋回末期山间坳陷的建造，出露在中条系分布地带的东南侧。这一分布关系说明，中条系在中条山东南侧的出露，只占槽向斜一的一部分，而且是它的东南边部，并且说明在中条旋回第一幕，下中条系褶皱变质的时期，中条山轴部地带正当回返之处。因此说，中条山轴部是槽向斜一的沉陷最深部分，而中条系出露的地带只是槽向斜一的东南侧翼，这也可以说明中条系之所以不厚的缘故。既然推测了中条山轴部是中条地槽槽向斜一沉陷最深的地方，在中条山轴部西北，由于断落被新生界掩盖的地带，自然应该也有中条系的存在。

越过担山石石英岩及其底砾岩，再向东南，出露岩层不是安山岩系，便是震旦石英岩系。这个地带的东南部分，有些地方出露着中条系，就是中条地槽槽向斜二的所在。这就不能不指出，担山石石英岩及其底砾岩所在，是一个山间坳陷地带，在安山岩系及震旦石英岩系以下所掩盖的，就可能是构成槽背斜的前中条底部杂岩了。但在王植所填的地质图上，槽背斜所在的偏东南部分，还出露着中中条系的铜矿峪绢云母石英片岩。这又证明，下中条系两个槽向斜之间在回返以后，形成了另一套建造。也就是在原来槽向斜一和槽向斜二的部位，由于回返隆起，形成两个中央凸起；在原来槽背斜部位，由于沉陷，构成了一个山间坳陷。因此，剥蚀区与沉积区倒换了地位。

　　简单地说，在前中条末期，由于中条山区的地壳活化，发生波状振荡运动，在地面上形成了一系列的槽向斜与槽背斜，构成了中条地槽（图 8a）。可以确定或推定的有槽向斜一和槽向斜二。这两个槽向斜中，由于槽背斜以及地槽以外古陆的物质供给，沉积了下中条系。下中条系底部沉积的是长石砂岩，即所谓的前岭石英岩。这是在广泛的前中条结晶片岩系地面上沉积的，所以主要以长石砂岩为主，并不一定是因当时的波状运动激烈，幅度很大，致使地面高低悬殊，来不及很好地风化，剥蚀速搬运快所沉积的东西。下伏结晶片岩的不整合面上，往往覆盖有不厚的底部长石砂岩，这是相当自然的现象。由底部砾岩向上，是各种片岩、片状结晶石灰岩与大理岩的夹层，说明是复理石建造。一般来说，下部的片岩与片状结晶石灰岩夹层多，上部的大理岩多。这个说明，初期地槽缓和下沉，沉积了不厚的长石砂岩；中期激烈振荡，沉积了复理石建造；晚期比较稳定，沉积了石灰岩。石灰岩沉积以后，地槽发生了回返，槽向斜一和槽向斜二都在它们的轴部变成了中央凸起，其两侧发生褶皱断层变质，伴随着的变化有岩浆活动，槽背斜的所在形成了山间坳陷。这样一来，就把原来的剥蚀区变成沉积带，原来的沉积带变成剥蚀区了。由此便进入了中中条时代，沉积了中中条系。

　　下中条时代末期的回返，使中条山脊部所在地带变成中央凸起，作为中中条系的沉积来源。这个地带西北的汾河地堑所在地带，可能是一带前缘坳陷。如果通到龙门山区的吕梁山一带是个古陆的话，它也可能是一带山间坳陷；如果龙门山到吕梁山区也是一带中条期槽向斜而隆起的中央凸起的时候，中条山轴部则成为一带山间坳陷，因为更东南一带是槽向斜二所成的中央凸起（图 8b）。因而，在中中条时期，也有两个接受沉积的地带，处在中条山轴部，即当时中央凸起地带的两侧。这一中央凸起，在它的西北与东南两侧，分别供给以上所说的两个山间坳陷带的沉积物，形成了中中条系。中中条系的下部是刘庄冶片岩。这是一个复杂的复理石建造，包括各色各样的片岩，并夹有结晶石灰岩，说明当时的振动运动是频繁的。但由于沉积不厚，升降幅度不大。它的上部有一层较薄的黑色片岩，说明当时是海滨相沉积，由于远古时代的下等植物繁茂，形成了炭质页岩。这个是中中条时代从振荡频繁到比较稳定沉积的过渡时期，也是中条式铜矿的成矿时期。这个时期，生于下中条系底部砾岩中的原生铜矿，由于风化侵蚀，转运到中中条的滨海，形成含铜页岩，从中条式铜矿总是追随着这层黑色片岩可作判断。铜矿峪铜矿似乎是个例外，那里没有黑色片岩及与之相伴的结晶石灰岩，只有绢云母石英片岩、片麻岩、由泥质岩形成的片岩、长石砂岩和灰瓦岩。但它们相当于中中条系，与马家窑片麻岩年龄相当，并可能与刘庄冶片岩的一部分相当。因此，铜矿峪铜矿和胡家峪铜矿的差别，不在于成矿的时间和方式，而在于沉积物类型。一个沉积于长石砂岩和硬砂岩中，而另一个则沉积于黑色泥质物中。沉积之后，后者的铜质被溶液转运到了结晶石灰岩中。

中中条系的上部是马家窑大理岩，它和下边刘庄冶片岩是连续沉积。由于中中条晚期构造运动变得比较稳定，沉降缓慢，沉降幅度不大，且由于海水面广，中条山轴部所在中央凸起的陆地缩小，地势渐平，缺少陆屑来源，不得不沉积碳酸质岩石，这就是马家窑大理岩的前身。一般来说，中条式铜矿多含在这层大理岩的底部。这一层位是和刘庄冶片岩上部的黑色片岩相追随的，马家窑大理岩中的铜矿，似乎是以刘庄冶片岩的黑色片岩转移而来。在什么时候发生转移，这是一个问题。

中中条系形成以后，中条山两边的山间盆地也曾回返，在山间盆地轴部形成再一代的中央凸起，使中中条系发生褶皱变质。至于岩浆活动是怎样情况，尚待进一步了解。由于中中条系与上中条系之间明显的交角不整合，不像下中条系与中中条系之间的那样隐蔽，可以判断，中、上中条系之间，有更加长期的间断。

上中条系的担山石石英岩及底砾岩分布在中条山的东南麓，其他地方没有出露。这是由于晚中条时期没有沉积，或是沉积了，因后中条的侵蚀没有保留，都是不易判断的。因此，图8c中担山石石英岩的三带沉积，只有中带是肯定的，旁边两带是推测的。

根据担山石石英岩比较纯净的性质可以判断，中条山区在中中条以后，已经是带有稳定的地台性质了。担山石石英岩的比较单纯，可以是由于中中条以后地壳再没有遭受到激烈的振荡运动，再没有较大的升降幅度，陆屑物质可以经过比较长期的搬运、再搬运，磨灭了一切可以磨灭的岩屑，形成了比较纯净的石英砂岩。矛盾的是，担山石石英岩的底砾岩，在朱家庄一带却是球度很差，带有棱角或圆棱状，又说明升降运动比较迅速，就近沉积。但必须指出，担山石底砾岩的成分都是石英碎块，这种前担山石的石英岩颜色淡白，稍带黄红色调，颗粒不粗，距朱家庄数十公里的铜矿峪山上才有这样的石英岩。至于它属于中条系的哪一层位，现在尚未查明。这又说明什么呢？由此可以说明，胡家峪一带担山石以前的中条系内，曾有过这样的石英岩，经过前担山石较长期的侵蚀，没有保留的了。

铜矿峪南口所产生的担山石底砾岩和朱家庄大不相同，它的砾石比较粗大，有时长达半米，球度较高，棱已磨圆，成分也较纯净，多是前担山石的老石英岩，来源就在附近。似此可以说是山间坳陷的磨拉石沉积。

担山石石英岩及底砾岩的沉积范围比较小，沉积地区似较多。原因是，接近中条时代后期，由于两代地槽性质的沉积及其回返，已经把中条山区分成许多带的山间坳陷，这都是分散的，范围较小的山间坳陷。由于范围小，振荡幅度也就不大，岩相也就似乎为地台相了。

担山石石英岩沉积以后，到了中条旋回最后一幕。这一次回返，使担山石石英岩及其底砾岩发生褶皱，使前担山石已经褶皱变质的岩层褶皱得更加复杂，变质得更加强烈。胡家峪和上玉坡一带的背斜层，以及在这一背斜轴部，出露于毛家湾以北的花岗岩小侵入体，就是在这时形成的。在构造发展臆想图中，这一侵入体当着铜矿带西北一点的地位。

中条旋回的最后一幕，并没有在担山石石英岩以后即行结束。在一度侵蚀以后，曾经发生火山活动，形成安山岩系的喷出（图 8d）。这一喷出作用是有局限性的，只见于中条山区的中部和东北部，不见于中条山区的西南部，但是中条山区的西南部只有前中条的底砾岩和震旦及其以后的岩系，并没有中条系的存在。由此可知，中条地槽可能没有通过中条山区的西南部，或者中条地槽曾经通过这一带，却由于前震旦、后中条的长期剥蚀，中条系和其最后的火山岩已完全蚀去了。如果后者说法不错，则更足以证明，前震旦安山岩系的形成，是吕梁运动时期或以前，而不是震旦纪初期。也就是说，不应把这一巨厚的安山岩系看作下震旦系，而应把它看作后中条前震旦的一个火山岩。应该认为，由于一期火山作用结束一个地槽的大旋回，似乎比较用它来开始一个地台大旋回要强一些。这一安山岩系的分布相当广泛，在黄河以南河南西部陕县和宜阳都有分布，往往同震旦系的石英岩相追随，又似乎是震旦系底部的东西。这种情况下，就要了解这些地区是否有中条系的存在，以便确定火山岩系是否确属震旦系底部的东西。到目前为止，这方面的调查研究还是不够。

以下谈一谈中条山区震旦纪及其以后构造发展情况。

安山岩系喷出以后，中条山区已经成为中朝陆台山西地块的一部分。这个地区在安山岩喷出以后，一直到第三纪初的构造运动，都是一般振荡运动，只是在海西旋回的末期，发生了一些广泛的波状振荡运动，使中条山区连到它西北的汾河地堑，形成一个广大的台背斜，分隔了鄂尔多斯地台和沁水台向斜。到第三纪及第四纪，才发生块断，汾河谷地断陷，中条山翘起，形成一带西北侧陡、东南侧平缓的不对称山脉。

安山岩系形成以后，可以想象，中条山的地面很平坦。如果说在安山岩以前，曾因剥蚀作用形成平坦地面，则安山岩系在这个平坦地面上加积，很可能使这个地面发生很不平坦的状态。安山岩系喷出的同时及其以后，自然还会由于安山岩层的积累发生地面沉陷，但这种沉陷往往不能补偿火山岩的积累。因此，在震旦系石英岩沉积以前，应有一个长期侵蚀，形成一个震旦的剥蚀平原。不管在中条山区的东北部或西南部，不管在它西北侧的汾河谷地或东南侧的丘陵地带，都曾形成同一个广大的剥蚀平原。

地壳的一般振荡使震旦海进海退，震旦纪的浅海开始出现在上述广大剥蚀平原上，不同时代的岩层上沉积了厚砂层、薄砂层夹泥土的地层，后来变成了石英岩夹板状页岩。当时沉积是在广阔的海滨形成。由于这种淡紫红或淡红褐的石英岩，丰富地表现着交错层、波痕、干裂、雨痕，并且这样的石英岩分布极广，在霍山山脉、中条山西南部到东北部，甚至达到河南的西部山区，陕西的商县、洛南。这充分说明：（1）这一海滨地带的广泛性；（2）中朝陆台的一般振荡，数公尺的沉降或上升都可影响到数百公里长宽的地带；（3）一般振荡的频率很高；（4）一般振荡的总趋势是沉陷。汾河地堑当时可能连接到吕梁山和五台山区，曾是一带隆起地区，供给了霍山、中条山，以及河南西部山地沉陷带的陆屑物质。稷山没有发现震旦系的石英岩，可以证明这一点。

震旦时期，中条山区沉陷最深的地带是中条山西南部。在解县、芮城、虞乡三角地区，发现震旦系的矽质石灰岩，厚达 300 米，加上震旦石英岩和板状页岩，总厚度达 800～900 米。这个地区已稳定地沉陷成较深海盆的时候，中条山东北地区可能已经隆起成为平缓的陆地了。因为后一地区的石英岩厚度不过数十米，可能原来沉积就不厚，也可能沉积了较厚的石英岩，却在震旦纪剥蚀掉了，只剩下现存的数十米厚的地层。

震旦纪以后，中朝陆台一般振荡性的升起，使广大的陆台冒出海面，形成一个广大平原，在它上面进行了风化剥蚀，到后来，越加平坦。因而，到寒武纪一般振荡沉降的时候，就发生了比震旦纪更加广泛的海侵，以致数十米厚的或不过 100～200 米厚的馒头页岩，分布到更加辽阔的地区。

馒头页岩的底砂岩以上，是细砂岩、页岩和薄层石灰岩的间互层，可以说是一般性振荡频繁时期。馒头页岩的上部是紫色页岩，说明当时地壳已经比较稳定，但一般是沉降趋势，沉降幅度不大。

馒头页岩向上，逐渐由页岩夹石灰岩的互层，过渡到厚层的鲕状石灰岩，就到了张夏石灰岩的沉积时期。这个时候的运动是沉降式的一般振荡，沉积速度不大，海水不深，因而沉积了鲕状石灰岩。更上层是细晶状的结晶石灰岩、白云质石灰岩，海水可能较前深些。

以上所说的馒头页岩、张夏石灰岩、结晶石灰岩都在中条山轴部最高的桦山顶部发现，到中条山西北的稷山也有出露，可以证明，中条山区在寒武纪从始至终都有浅海淹没。就是在震旦纪，因石英岩存在于中条轴部，证明中条山区也曾为震旦初期海水所沦陷，不过在西北部沉降的少些罢了（图 8d）。

奥陶纪石灰岩没有发现，很可能中条山区曾有沉积，但在志留泥盆纪剥蚀掉了。我们知道，华北各地相当普遍地存在着奥陶纪石灰岩。这是由于中朝陆台在寒武纪末期升起以后，到奥陶纪再一次沉降所遗留的东西。这也是一次一般性振荡，这样的振荡很难遗漏一些地区不被沦没。因此说，中条山区很可能曾有奥陶纪的沉积。初期加里东旋回在中朝陆台上，表现的是一般上升，不免有些地区上升得比较另一些地区高些，因而有些地区剥蚀较深，奥陶纪的沉积完全蚀去了，另一些地区保留了奥陶纪石灰岩。中条山区就是曾经剥蚀较深的地区。

中朝陆台初期加里东的一般上升运动，使它在志留泥盆纪完全变成了陆地，在它上边进行喀斯特式的侵蚀。

到石炭二叠纪，中条山区是一个继承性的平缓隆起地带，这里可能没有沉积石炭二叠系，纵有沉积，也不会厚。这里所说的中条山区平缓隆起地带并不限于中条山本身，不过是一个相当大的平缓隆起的东南边缘地带。这个大隆起带，主要是连接着五台山区和吕梁山区的汾河地堑，它西北是不断沉降的鄂尔多斯台地，东边是巨大的沁水台向斜，北边有大同台向斜，南边有垣曲和渑池台向斜。实际上，这个广大的隆起带是一个分隔这些台向斜和鄂尔多斯台地的大台背斜。

连接着五台山区、吕梁山区和汾河地堑的古代台背斜，在海西期不断隆起，作为鄂尔多斯地台、大同台向斜、沁水台向斜、垣曲和渑池台向斜的二叠三叠沉积的来源。中条山一带是这一古代台背斜的东南侧，当时也属于剥蚀地区，所以二叠三叠系可能是没有的。这个古代台背斜，通过侏罗纪、白垩纪，都曾隆起剥蚀，供给了鄂尔多斯台地以及垣曲和渑池台向斜等地区的沉积物质。只是到了第三纪，这一古代台背斜才发生块断，形成汾河地堑，遗留了它的东南侧翼翘起形成中条山脉。这一带翘起的中条山，在第三纪末期和第四纪一直成为汾河地堑，以及中条山东南侧许多小盆地为皋落盆地和垣曲盆地沉积的剥蚀来源。

从图8e中可以看出，中条山好像一带巨大的西北翘起的地块，只是在山上由于深切剥蚀，看不到向东南缓倾的地层罢了。但在东南低处，仍然保留了向东南缓倾的古生代地层。这就告诉我们，中条山翘起的历史。

由上述可知，中条山一带的大地构造发展，并不像前人所说的是自震旦纪以来的隆起剥蚀地块，而是纵贯山西南北的古代台背斜东南侧翼。这个侧翼上，曾在古生代有几度海进海退，到中生代才形成一个剥蚀地区，一直到新生代晚期，才翘起成山。

四

总之，中条山一带的地层系统及大地构造发展是复杂的。我们不能认为它是一带自震旦纪以来长期隆起的古陆块，而是中朝陆台中，山西地台上一带西北翘起、东南倾陷的从东北向西南延伸的巨大块断山。

中条山一带的断层，可以分为前震旦纪变质的下构造层，与震旦纪及其以后的上构造层，以及新生代地层。下构造层分为两大系统：一为太古代的底部杂岩，其中主要是副片麻岩、泥质岩所变成的黑云母片岩等。它们都曾为火成岩所复杂化了。二为中条系较浅的变质岩，这一系变质岩又可分为三系，即下中条系、中中条系、上中条系。它们之间都有一个不整合关系。岩石成分主要为长石砂岩、片岩、大理岩和石英岩。前震旦纪的沉积旋回和构造运动，很可能是随地不同，不能把相隔很远的地区的岩层相对比。所以，一方面中条系不一定是滹沱系，另一方面它也不一定是嵩山的岩系。因此，中条系有一独特的性质，应具有独特的地方名称。至于上构造层，从震旦系以至近代沉积，具有华北的一般性质。

中条山区的构造运动：前中条时期，中条山一带曾经在未暴露的远古的基础上，形成了太古代地槽。这一地槽在褶皱运动、岩浆侵入、深深变质以后，又在中条时代形成第二代地槽。第二代地槽的中条旋回中，曾经三度沉积，三度回返，由于褶皱运动、岩浆作用，发生变质。此后，吕梁运动时期发生广大的安山岩喷出，然后成为山西地台的一部分。古生代经过几度海进海退，沉积了平薄的上构造层。古生代后期、整个中生代和早第三纪，中条山形成一带不断隆起的台背斜的东南翼，这才转成一带剥蚀的地区，并不是自从前震旦纪以来，就成为一个地块剥蚀区。直到晚第三纪和第四纪，中条山一带才在它的西北侧发生断裂，翘起成山。中条山西北形成一带构造复杂的汾河地堑，东南加深垣曲盆地，本身则成为西北翘起、东南倾陷的块断山脉。

参考文献

〔1〕侯德封，王光. 中条山区地质矿产报告. 未刊稿

〔2〕Lecent P. et E. Teilhard de chardin. On the basal beds of the sediment ary series in southwestern Shansi. Bull. Geol. Soc. China, 1927, Vol. Ⅵ, P61-64

〔3〕张伯声. 运城盐池及中条山地质矿产报告. 中国地质学会西安分会会刊，1953 年第 1 期；1954 年第 2 期

〔4〕郭令智，夏树芳. 汾河流域之地质地貌. 南京大学学报，1956 年第 5 期

〔5〕王植，白瑾等. 中条山勘探队铜矿峪区最终地质勘探报告. 油印本，1956

〔6〕王植，闻广. 中条山式斑岩铜矿. 地质学报，1957 年第 37 卷第 4 期

〔7〕霍敏多夫斯基. 中国东部地质构造基本特征. 地质学报，1952 年第 32 卷第 4 期

〔8〕 张伯声.《中国东部地质构造基本特征》读后. 地质学报，1954 年第 34 卷第 3 期

〔9〕 黄汲清. 中国区域地质特征. 地质学报，1954 年第 34 卷第 3 期

〔10〕 王鸿桢. 从中国东部前寒武纪岩系发育论中国东部大地构造分区. 地质学报，1955 年第 35 卷第 4 期

〔11〕 马杏垣. 关于河南嵩山区的前寒武纪地层及其对比问题. 地质学报，1957 年第 37 卷第 1 期

〔12〕 买宝元. 垣曲县胡家峪附近地区地质图. 未刊，1956 年

〔13〕 张尔道. 河南嵩山前寒武纪地层. 地质学报，1954 年第 34 卷第 2 期

〔14〕 王植. 有关马杏垣近著《关于河南嵩山区的前寒武纪地层及其对比问题》和《五台山区 地质构造基本特征》的一些意见. 地质论评，1957 年第 17 卷第 4 期

〔15〕 马杏垣. 对王植《有关〈关于河南嵩山区的前寒武纪地层及其对比问题〉和〈五台山区地质 构造基本特征〉的一些意见》的答复. 地质论评，1958 年第 18 卷第 2 期

〔16〕 冯景兰，张伯声等. 豫西地质矿产调查报告. 中南地质调查所开封分所编辑，河南省人民 政府工业厅印行，1952 年

〔17〕 张伯声. 嵩阳运动和嵩山区的五台系. 地质论评，1951 年第 16 卷第 1 期

〔18〕 В. В. Белоусов. Основные Вопросы Геотктоники. Глава 1954, 36

从陕西大地构造单位的划分提出一种有关大地构造发展的看法[①]

张伯声

一

陕西地区在大地构造上，牵涉中国的许多构造单位。它跨有华北地台及华南地台的部分，并占有分隔上述两个构造单位的秦岭褶皱带的一部分。因此，陕西地区在中国大地构造的部位，可说带有关键性。以下就要从陕西大地构造单位划分，谈到作者对中国大地构造发展的初步意见。这个初步意见，只是最初步的粗浅看法，提出来请同志们批评指正。

作者对于中国大地构造发展的初步认识，可以说是受到黄汲清、西尼村、霍敏多夫斯基、喻德渊、张文佑、陈国达近年来的许多著作，以及陕西地质研究所最近编的 1/500,000 陕西省地质图的启发。对于陕西大地构造单位的划分，主要根据是 1/500,000 陕西地质图，而陕西地质图的编出，则多依据石油工业部前西安地质调查处、陕西地质局秦岭区测队及水文工程队、陕西煤炭工业局、陕西冶金局和西北大学地质系历年所积累的资料。同时，张传淦、郭勇岭对鄂尔多斯大地构造的探讨，阎廉泉对秦岭大地构造的意见，张尔道、关恩威、赵力田对汾渭地堑的看法，以及高焕章、安三元、叶俭对汾渭断陷的新认识，都给作者很大帮助。以下所提出的看法和前人有一致的地方，也有不一致的地方。但没有前人工作的启发，就很难提出以下的初步意见，所以对他们都表示深深感谢。

讨论中国大地构造发展的初步意见以前，先摆一摆陕西的大地构造区划，因为这个的确是中国大地构造图景的缩影。

①本文 1959 年发表于《西北大学学报》（自然科学版）第 2 期。

陕西大地构造分区基本上分为三带：北秦岭即秦岭地轴及其以北地区，属于华北地台的一部分；巴山及其以南，属于华南地台的一部分；两个地台之间的中秦岭及南秦岭地带，才是秦岭古生代褶皱带（图1）。

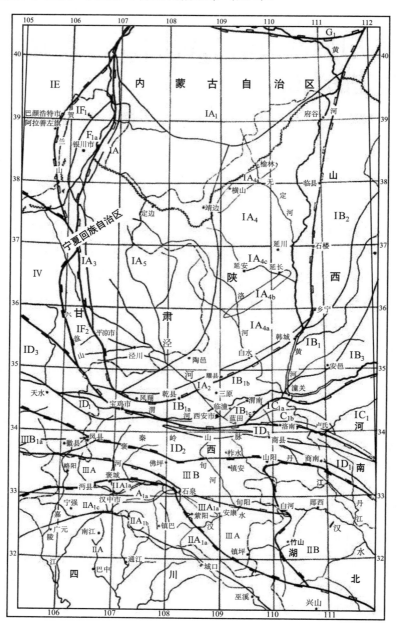

图1　陕西及其邻区大地构造分区简图

Ⅰ-华北块断地台：IA. 鄂尔多斯挠褶台向斜　IA_1. 东胜隆起　IA_2. 南缘断褶翘起　IA_3. 西缘断褶翘起　IA_4. 陕北翘起　IA_{4a}. 横山凸起　IA_{4b}. 鄜县凸起　IA_{4c}. 三延凹陷　IA_{4d}. 旬邑凹陷　IA_5. 陕甘宁蒙边区坳陷　IB. 山西挠褶台背斜　IB_1. 汾渭断陷　IB_{1a}. 宝鸡浅陷　IB_{1b}. 大荔深陷　IB_{1c}. 骊山仰起　IB_2. 吕梁隆起　IB_3. 中条翘起　IC. 豫西挠褶台背斜　IC_1. 崤华翘起　IC_{1a}. 华山仰起　IC_{1b}. 金堆城凹陷　IC_{1c}. 洛南卢氏断陷　ID. 北秦岭地轴　ID_1. 轴心太古隆起　ID_2. 轴南元古褶皱带　ID_3. 轴北元古褶皱带　IE. 阿拉善地块　IF. 贺兰六盘断褶带　IF_1. 贺兰燕山断褶带　IF_{1a}. 银川断陷　IF_2. 六盘喜山断褶带　IG. 内蒙地轴　IG_1. 河套断陷　Ⅱ-华南断块地台：ⅡA. 四川挠褶台向斜　$ⅡA_1$. 大巴山断褶翘起　$ⅡA_{1a}$. 汉中凸起-$ⅡA_{1ai}$. 城固断陷　$ⅡA_{1b}$. 米仓凸起　$ⅡA_{1c}$. 宁强凹陷　$ⅡA_{1d}$. 镇巴凹陷　ⅡB. 武当地块　Ⅲ-秦岭古生地槽褶皱带：ⅢA. 南秦岭加里东褶皱带　$ⅢA_{1a}$. 石泉断陷　ⅢB. 中秦岭海西褶皱带　$ⅢB_{1a}$. 徽县断陷　Ⅳ-祁连古生地槽褶皱带

今列表如下：

（一）华北块断地台

1. 鄂尔多斯挠褶台向斜

　　a. 东胜隆起

　　b. 南缘断褶翘起

　　c. 西缘断褶翘起

　　d. 陕北翘起

　　e. 陕甘宁蒙边区坳陷

2. 山西挠褶台背斜

　　a. 汾渭断陷

　　　　①宝鸡浅陷

　　　　②大荔深陷

　　　　③骊山仰起

3. 豫西挠褶台背斜

　　a. 崤华翘起

　　　　①华山仰起

　　　　②金堆城凹陷

　　　　③洛南断陷

4. 北秦岭地轴

　　a. 轴心太古隆起

　　b. 轴北元古褶皱带

　　c. 轴南元古褶皱带

（二）华南块断地台

1. 四川挠褶台向斜

   a. 大巴山断褶翘起

      ①汉中凸起

      ②米仓凸起

      ③宁强凹陷

      ④镇巴凹陷

（三）秦岭古生地槽褶皱带

1. 南秦岭加里东褶皱带

2. 中秦岭海西褶皱带

第一级构造单位，主要是在加里东旋回和海西旋回中发展起来的。它们是：（一）华北块断地台，（二）华南块断地台，（三）秦岭古生地槽褶皱带。所以说，块断地台是要区别于典型地台。俄罗斯、西伯利亚、加拿大等典型地台是古生代及以后，其中没有显著分裂的块体作相对差异运动，并且这些块体中没有显著挠曲断裂的地台。华北地台与华南地台，则是在早古生代由中国广大的地台整体开始分裂形成以后，又经加里东和华力西期的再度分裂，形成许多台背斜和台向斜，互作显明的差异运动，到燕山期又发生挠曲、褶皱、断裂的台地，因此叫作块断台地。

第二级构造单位，主要是在海西旋回及阿尔卑斯旋回中的燕山旋回发展起来的。它们是：华北块断地台的鄂尔多斯挠褶台向斜、山西挠褶台背斜、豫西挠褶台背斜和华南块断地台的四川挠褶台向斜。挠褶是形容这些台向斜和台背斜在分裂形成的时候，作不均匀的陷落或升起，到了最后发生褶皱断裂，特别是在台背斜和台向斜的边缘地带。这些褶皱断裂更加显著，如鄂尔多斯挠褶台向斜的南缘断褶翘起和西缘断褶翘起，以及四川挠褶台向斜北缘的大巴山断褶翘起，后者都是第三级构造单位。

第三级构造单位的名称，一般用隆起和坳陷。但由于构造形式不同，往往采用不同的名称。如果在台向斜的边缘，具有褶皱的构造带一边因断层翘起，另一边俯倾，这样就叫作断褶翘起，如大巴山断褶翘起；作地堑式陷落的地带，叫作断陷，如汾渭断陷。

第四级构造单位的名称，一般用凸起与凹陷。它们的发展往往在阿尔卑斯旋回晚期，且往往与新构造运动有关。一边翘起，一边俯倾的构造，叫作仰起。断陷内部也可有相对升起的部分和沉降的部分。相对升起的部分叫作浅陷，相对沉降的部分叫作深陷。汾渭断陷中，就有骊山仰起、宝鸡浅陷和大荔深陷。

下面把陕西各级构造单位扼要叙述一下：

（一）华北块断地台

华北块断地台包括的隆起单位，有内蒙地轴、辽东挠褶台背斜、山东挠褶台背斜、大别地块、秦岭地轴、阿拉善地块、山西挠褶台背斜、豫西挠褶台背斜；包括的沉陷单位，有鄂尔多斯挠褶台向斜、河淮新沉陷、燕山褶皱带、贺兰六盘断褶带。

一般来说，华北块断地台在前震旦纪大体固化了，底部都是结晶岩系，但在震旦纪还是比较活跃的，它的上边有些地带活动性很大，如燕山褶皱带，接受了万余米的震旦纪沉积，又如陕西的金堆城凹陷，接受了几千米的震旦纪沉积。两处地层虽厚，但沉积都是石英岩和硅质灰岩等地台型建造，褶皱形式宽缓，都是过渡型，变质程度微弱，不能看作地槽。到寒武奥陶纪，已更加稳定，只作一般振荡的沉降运动，因而沉积了相当广泛但不过几十到几百米厚的碳酸盐岩和少量碎屑岩。志留泥盆纪及早石炭纪的一般振荡上升，使华北地台变成广大的剥蚀区，没有沉积代表。中晚石炭纪又发生广泛海侵，沉积了很薄即仅几米以至几十米的砂页岩及石灰岩。二叠纪的华北地台，已经不像以往平稳，振荡中已经不是一般性升降，而是在台面上有些上升与沉陷的差异运动，但总趋势是上升，所以在沉陷带沉积了一些陆相煤系地层。到三叠纪，继承性的沉降带沉积了陆相红层。到侏罗白垩纪，华北地台发生一次大分裂，形成鄂尔多斯台向斜及鄂尔多斯以外地区的台背斜。鄂尔多斯台向斜内，沉积了侏罗纪煤系及白垩纪的红层。第三纪及第四纪中，有河淮新沉陷及许多小型的断陷地带，如汾渭断陷。河淮新沉陷区及其他小断陷带，都发生了新生代的沉积。鄂尔多斯在第四纪才又升起，所以也曾接受了第三纪和第四纪的松散沉积。

以下将撇别其他华北地台的构造单位，只谈一下陕西所有的华北地台部分：

1. 鄂尔多斯挠褶台向斜

鄂尔多斯挠褶台向斜范围相当宽，陕北只是它的一部分。它的四周主要为断裂所限。西边和山西台背斜的分界，是通过乡宁－石楼－保德的大断层，断层西边是自从三叠纪经常沉陷的鄂尔多斯台向斜，东边是经常上升的山西台背斜。台向斜的南边，是通过凤翔－耀县－澄城－韩城的大断层，断层西北是台向斜，东南是山西台背斜在新生代断落的汾渭断陷。所以把这一部分划归山西台背斜，是因为汾渭断陷在构造上是不可分割的一个单位，而汾河断陷则是直捣山西台背斜中心的新断陷。所以，这里把渭河断陷看作山西台背斜向西南伸展的一个尾巴。台向斜的西边，南段以断层和六盘山褶皱带为邻，北段以另一断层与银川断陷为界，北界又以断层与河套断陷相接。

鄂尔多斯台向斜在地势上是西北高东南低，但在构造上是东高西低，说明在较新的及最新的构造运动中，鄂尔多斯台向斜有西北抬高、东南倾俯的活动。

鄂尔多斯台向斜的四周，都曾在台向斜形成过成中逐步翘起，因而四周出露的都是较老地层。东侧的较老地层有寒武奥陶系及石炭二叠系。东南侧大部分也是寒武奥陶系，但在韩城的寒武奥陶系下边，还见到少量的前震旦结晶岩系。西边的老地层，主要是震旦系和寒武奥陶系。北部的东胜隆起上，则出露着前震旦的结晶岩系。因此，鄂尔多斯台向斜的基底，是普遍存在的结晶岩系。震旦系多铺在西部的基底上面，寒武奥陶系则除北部外，可以广泛存在于台向斜的底部。东侧及东南侧有一宽带的石炭二叠系，是陕西黑腰带的基础。西侧和北侧也有石炭二叠系的零星出露，说明煤系也普遍存在于台向斜的底部。三叠侏罗系依次西推出露，大部分在陕北境内。这是陕北储油的地带。到陕甘宁蒙边区，则是白垩系及第三系出露的地区，这是台向斜地层最厚的所在，总厚可达7000米。台向斜倾角平缓的新老地层上，有个广泛的古老准平原，它的上边不整合覆盖着上新统的三趾马层和更新统的红色黄土及黄土等，厚处可达200多米。

鄂尔多斯台向斜次一级构造单位的划分，主要是根据以上所说的、反映着隆起与坳陷的地层出露情况。四周出露的是最古或较老地层，都是隆起带或翘起带。例如，东胜隆起出露的是前震旦结晶岩系，所占地区都在内蒙古自治区，其实是鄂尔多斯的本部地区，鄂尔多斯台向斜就是由此处得名的。西缘断褶翘起是很狭窄的地带。这里的震旦系及寒武奥陶系倾斜较陡，出露零星。鄂尔多斯台向斜的西部坳陷，就是陕甘宁蒙边区坳陷相当深沉，因而紧邻它的西缘断褶翘起的褶皱断裂也比较强烈，地层产状就要陡且乱些。陕甘宁蒙边区坳陷是台向斜沉陷最深的部位，有巨厚的白垩系和第三系红层，铺在其下相当厚的三叠系及侏罗系之上。南缘断褶翘起也是由于翘起关系，它的北边发生长带沉陷，地层变动比较强烈。这里寒武奥陶系的碳酸盐岩及石炭二叠系的煤系，往往形成轴面倒向西北的不对称褶皱，而且有向北冲的迭瓦构造。这就说明，这个翘起带的北边曾有相当深的沉陷，南面有相当高的隆起，不过到新生代，它的南边发生了断陷罢了。这也是不能不考虑汾渭断陷是山西台背斜一部分的理由。陕北翘起主要是三叠系和侏罗系分布地区，这些地层都形成单斜构造，向西和西北缓倾，形成一条很宽的地带，几乎全占了陕北地区。它并不是简单的翘起，其中还有更次一级的凸起与凹陷，如横山凸起、鄜县凸起，以及夹在它们之间的三延凹陷和南边的旬邑凹陷。

2. 山西挠褶台背斜

山西挠褶台背斜围绕在鄂尔多斯挠褶台向斜的东边和东南边，以凤翔－韩城断层及乡宁－保德断层与它相接。山西台背斜的南边，以秦岭北坡的大断层与秦岭地轴相邻，并以同一大断层与豫西挠褶台背斜相接。东边是太行山东麓的大断裂，断裂以东为河淮新沉陷，北边以大同坳陷与内蒙地轴相连，东北以五台隆起与燕山褶皱带比邻。山西台背斜在二叠纪后大部升起，仅在很少地区，如沁水坳陷有三叠纪沉积，大同坳陷有侏罗煤系及较新沉积，垣曲坳陷有第三纪沉积。其余地带除五台隆起、吕梁隆起、中条翘起等地分布着古老结晶岩系以外，大部出露震旦、寒武、奥陶的灰岩系及石炭二叠煤系。这些地层由于宽缓的褶皱与断裂，到处重复出现。纵贯山西台背斜的中部，出现了一带新断陷，这就是汾渭断陷，北边可通过太原以北，西南可通到宝鸡以西。汾渭断陷里沉积了几百米厚的第三纪和第四纪地层。渭河谷地两侧的阶地上，有较古的第三系和老第四系，如临潼、蓝田、渭南的三角地区，高出河床几百米，形成三四级阶地。渭河两岸的广大平原，即一、二级阶地之下，则存在有数百米厚的最近沉积物。由于这些松层的分布及实测的断层，把陕西境内的汾渭断陷分为骊山仰起、宝鸡浅陷和大荔深陷。因此，汾渭断陷并不是想象的那么简单，而是一个块断的复杂地堑构造。山西境内的稷山仰起，孤立在汾河河谷之中，也证明了这一点。

3. 豫西挠褶台背斜

豫西挠褶台背斜只在陕西境内钻入一角。豫西台背斜看来应和山西台背斜合为一个二级构造单位,将其划开的缘故是它们有不同的构造线。山西台背斜的构造线一般走向北东或偏北些,或偏东些,但豫西台背斜的构造线走向南东东。它们的分界大致是在崤华翘起北麓的断层。豫西挠褶台背斜的西南边与秦岭地轴相邻,在邻接线的东北,也就是豫西挠褶台背斜一边,有一带断断续续的凹陷,金堆城凹陷就是这个凹陷带最西北的一个凹陷。豫西台背斜在陕西部分是崤华翘起的一角,而后者在陕西还可分为两个第四级单位,它们是华山仰起与金堆城凹陷。华山仰起是西北仰起,东南俯倾。它的岩系是由燕山期花岗岩破坏的前震旦结晶岩系,大部分看到的是花岗岩,零星分散在花岗岩中的有各式各样的片麻岩及片岩。金堆城凹陷中的地层,最老的是前震旦纪的中基性火山岩系。不整合于这一火山岩系以上的是几千米厚的震旦系,其中有石英岩及矽质灰岩。再上为寒武系灰岩。震旦寒武系构成一个大向斜。这个大向斜以南,还有断陷保存的寒武系石灰岩。

4. 北秦岭地轴

北秦岭地轴横亘陕西中部,是华北地台的最南镶边。它的北面以秦岭北麓断层与山西台背斜的汾渭断陷为界,并以从蓝田以南向东通过洛南到卢氏一线的大断裂,与豫西挠褶台背斜的崤华翘起相接。北秦岭地轴的南界,大致是以通过凤县–佛坪–柞水–商南以南的一线。地轴在陕西可分为三带。中带是轴心太古隆起带,出露岩系主要为太古代的片麻岩,而以带状片岩为常见,中有各种侵入体,从花岗岩及闪长岩到辉长岩和超基性的橄榄岩都有。构造线走向南东东。轴心太古隆起两侧为元古褶皱带,北面为轴北元古褶皱带,南面为轴南元古褶皱带,它们的岩层主要为各种片岩,如柘榴石黑云母片岩、二云母石英片岩、角闪片岩、绿色片岩及大理岩。

北秦岭地轴出现了两条较老的断陷带,一条是洛南断陷,包括草凉驿断陷,一条是商县断陷。洛南断陷及草凉驿断陷是石炭纪和二叠纪就开始发展的。这里找到了煤系。洛南断陷一直到第三纪及第四纪还在发展,沉积了第三纪的红层和第四纪的松层。商县断陷是侏罗纪发展起来的,这里沉积有侏罗煤系、白垩红层、第三纪红色砾层及第四纪的松层。

（二）华南块断地台

华南块断地台方面，陕西也占一点边，这就是四川挠褶台向斜的大巴山断褶翘起。

华南块断地台的隆起构造单位，有华夏破裂台背斜（破裂在这里的含义是比较挠褶的变动剧烈得多，并且许多断裂切到地壳较深地方，使岩浆活动特别活泼）、江南挠褶台背斜和康滇地轴。它的沉陷构造单位，有四川挠褶台向斜、鄂黔褶皱带、浙赣湘挠褶台向斜和滇桂挠褶台向斜。

以上所说的一些二级构造单位，在振荡运动中作为华南块断地台的总体来看，是和华北块断地台的升降相反的，因而华南的地质发展就和华北迥然不同。华南块断地台的基底岩系，仍然是片麻岩及片岩一类的老结晶岩系，但也有变质较轻的，如江南挠褶台背斜上的千枚岩、板岩、石英岩等。震旦系底部，华南块断地台的冰碛层分布很广，上部也有矽质灰岩，但不如华北的发育，石英岩的形成更加少些。寒武系发育，华南华北已略平衡。奥陶系则华北多厚层灰岩，而华南的碎屑岩较多，石灰岩少。志留泥盆系及下石炭系，华南发育，华北没有。中上石炭系的海相碳酸盐岩南北都广泛建造，但华南比华北要厚得多，也全得多。二叠三叠系在华南是厚层的海相碳酸盐岩建造，华北是陆相碎屑及煤系建造。侏罗白垩系不论华北华南（华南除极少地区外）都是一些内陆盆地的建造，侏罗多煤系，白垩多红层。第三系及第四系不论在华北或华南，都形成于较新的断陷或洼陷盆地。这样不同的地层发育是很有意义的，将在此后加以讨论。

以上所说是华南块断地台地层发育的梗概。华南地台还要分为许多第二级构造单位，它们的振荡运动容或有不完全符合于上述规律，但这是不碍大体的，如四川挠褶台向斜，在泥盆石炭纪就没有沉积建造，三叠纪有海相建造，而其他单位较少或没有。

撇开华南块断地台其他构造单位，只谈一下四川挠褶台向斜。四川台向斜以大巴山断褶翘起的北边断裂与秦岭古生代地槽褶皱带相接，东南以巫山到南川一线为界，过渡到鄂黔褶皱带，西北以穿过江油到灌县一线，与龙门山古生代地槽褶皱带相邻，南边界线还不太清楚，大致在峨眉雷波以南是康滇地轴，雷波叙永以南是滇桂挠褶台向斜。

四川挠褶台向斜也和鄂尔多斯挠褶台向斜一样，四周翘起，中部坳陷。东南翘起地带宽，西北坳陷范围大，北边翘起显著。但不同的是，在北边大巴山，多古生代各系的缓褶断裂。

现在只就台向斜的北边大巴山断褶翘起多谈一下。占着陕西南部边区地带的大巴山断褶翘起，又可按构造的凸起与凹陷，分为四个第四级构造单位，即汉中凸起、米仓凸起、宁强凹陷与镇巴凹陷。

汉中凸起西起汉中东到西乡以东，南起大巴山麓，北至洋县到勉县一线。汉中凸起分为南北二部，以通过洋县－城固的断层为界。断层以南是抬起区，以北是陷落区。抬起区可以叫作汉南抬起，陷落区可以叫作城固陷落。汉南抬起出露的岩层为前震旦的片麻岩及花岗岩。城固陷落是第三纪以来的事情，它的南边可以见到第三系，其大部分都分布着第四系松散沉积。

米仓凸起比汉中凸起小得多，只占米仓山的一段，是宕水和巴水的发源地。出露岩层也是前震旦的结晶岩系。

宁强凹陷在汉中凸起西南，龙门地槽褶皱带北端以东，地层以下部古生界为主，震旦、寒武、奥陶、志留各系都有，它们都辗转作缓褶状。

镇巴凹陷以镇巴附近为中心，向西插入汉中凸起、米仓凸起之间，向东顺大巴山延展很远。地层从下部古生界到侏罗系，只缺泥盆石炭系。构造作宽缓褶皱状，局部有歪倒的褶皱。构造线多变化，夹在汉中凸起与米仓凸起之间的走向近东西，到镇巴以东转向近南北，再往东则作南东走向。

以上四个构造单位组成大巴山断褶翘起，在四川挠褶台向斜的北缘翘起成山。

（三）秦岭古生地槽褶皱带

秦岭古生地槽褶皱带直到现在研究得还很不够。其中地层的划分还不能完全肯定，所以它的发展历史还不清楚。

秦岭地槽褶皱带，北以通过凤县－柞水－山阳一线与北秦岭地轴为邻，南以通过勉县－洋县－紫阳一线与四川挠褶台向斜的大巴山断褶翘起相接。它本身分为南北两带，南带可以叫作南秦岭加里东地槽褶皱带，北带可以叫作中秦岭海西过渡褶皱带。之所以叫作过渡，是因为按它的沉积建造、构造形式、岩浆活动、变质程度来说，都够不上地槽褶皱带的要求。

　　南秦岭加里东地槽褶皱带的范围并不大，大致形成在石泉、安康的一个三角地带。西边到石泉就尖灭了，东边碰到武当山地就截止了。至于是否像附图上所画出的断续伸延到西部，通过略阳入于甘肃，则有待以后调查证明。

　　南秦岭加里东褶皱带的地槽建造，是志留系的火山碎屑岩、矽质板岩及矽质岩、复理石等。志留系以下是震旦系和寒武系。在巴山和武当，以及山阳和柞水所出露的震旦系、寒武系，都是华南相地台型建造，以灰岩为主。至于奥陶系，以理推测是难以发现的，因为大巴山的中奥陶系宝塔灰岩，往往在它的层面上形成干裂，说明是海边地带，不能再向北方进展了。因此，志留地槽是从早古生代地台基础上发展起来的。

　　南秦岭加里东褶皱带在构造上说，可分三带。中带是复背斜褶皱带，出露较老的火山碎屑岩系及花岗岩侵入体。两侧是复向斜，出露的是一些复理石和钙质岩层。

　　南秦岭加里东地槽褶皱带到中生代再度被夷平以后，曾经发生过两条断陷带。一是紫阳断陷，这里沉积了侏罗煤系；一是石泉断陷，这里沉积了第三纪红土层及第四纪松层。

　　南秦岭加里东地槽的回返褶皱，升起引起它两侧发生过渡型的沉陷带，这就是中秦岭海西沉陷带及位于南秦岭与大巴山之间不大的沉陷带。后者因为很小，并且调查研究不够，只是在紫阳地方零星见到泥盆纪化石，这里从略。

　　中秦岭海西过渡褶皱带和南秦岭加里东地槽褶皱带的分界不是那样明确，因为研究还嫌不够，大致以通过留坝－洵阳一线为界。海西褶皱带又可分为两带，在北的是泥盆系所占的复背斜，在南的是石炭系所占的复向斜。石炭系可能在加里东褶皱带的准平原基础上，以超覆不整合关系与志留系，甚至更老的地层相接触。这里所说的复向斜，就不能必以泥盆系作为它的铺底。地层方面，泥盆系多为板岩、石英砂岩及石灰岩，有时有千枚岩、泥灰岩或绢云母钙质片岩等，变质程度不深，褶皱形式较缓。石炭系主要以厚层及薄层的灰岩为主，还有燧石灰岩、钙质片岩、石英砂岩等。它的构造形式更加缓和。

　　到侏罗纪，在中秦岭海西褶皱带夷平的基础上，徽县地区发生了凹陷，沉积了侏罗煤系、白垩第三系的东河砾岩，以及徽县统的红层、第四纪的松层。

　　以上关于陕西大地构造单位的划分，只是就目前所掌握的地质资料，特别是石油工业部前西安地质调查处、陕西省地质局秦岭区侧大队及西北大学地质系历年来的调查研究资料提出的。其中，可能有两种因素影响它的准确性与全面性。一个是主观因素，即作者本身限于认识不够，进行了错误的划分；一个是客观因素，即在目前的资料条件下，还不可能有很好的、全面的、准确的划分。这要待同志们的指正与修订了。

二

在大地构造单位划分的基础上，可以分析各个单位构造运动的特点。把各个运动的特点联系在一起来作对比，可以想到，中国同级构造单位的运动有一定的规律性。其规律是，同级的相邻构造单位在地史发展过程中，总是作相对的差异升降运动。这样的运动，可以在它们的邻接地带发生较深洼陷，从而有较高升起，如秦岭古生地槽褶皱带就发生在华南华北两地台之间，而且是由于两个地台的差异振荡所引起的。贺兰山的非地槽褶皱带是发生在鄂尔多斯台向斜与阿拉善地块之间，也是由于两块的差异运动所引起的。因此必须肯定，稳定区的一般振荡，一定要同活动带的波状振荡联系起来，不能把两处不同性质的振动运动孤立起来。从而更要认为，活动带不一定是本质上的柔软，最可能是一个大地块在分裂的地带，由于差异振荡运动形成活动地带。所以，地壳的稳定性不是一成不变的，而稳定地壳的一部分（加起来等于全部）可以活化、再活化、再活化。

以下就从各级大地构造单位的运动特点，说明这一问题：

（1）华北块断地台与华南块断地台的相对振荡运动。在陕西境内，属于华北块断地台的有鄂尔多斯挠褶台向斜的一大部分、山西挠褶台背斜的很小一部分、豫西挠褶台背斜的很小一部分，以及秦岭地轴的一部分。华南块断地台的次一级构造单位，有四川挠褶台向斜的大巴山断褶翘起。

华北块断地台从元古代开始，就有和华南块断地台分裂的迹象。震旦纪早期，华南普遍出现冰碛层，华北没有冰碛层，而有相当广泛的风化及风蚀现象，说明中国的大地台（包括华北地台、东北地台、华南地台、西藏地台，以及西北的几个地块），在震旦纪初就有北低南高的差异振动运动。震旦纪大部分时期，华北逐渐沉陷，发生震旦海侵。华南虽也有沉陷，但不似华北的深。相对来说，华北对华南是上升的，因为华北原来地面不高，稍一沉陷，就发生海侵；华南原来很高，必须作快速沉陷，才能有相当海侵。因此，华北地台和华南地台已在震旦纪开始就有了雏形。

到了寒武奥陶纪，华北海侵仍较广泛，仍较深沉，因为华北的碳酸盐岩较广而厚，华南的沉积较薄且多为碎屑建造。这样的情况到奥陶纪尤其显著。但就地壳运动来说，两边的振荡差异性并不明显，因为两边的沉积情况，在寒武奥陶纪和震旦纪没有明显差异。好像天平的平衡运动，震旦初期，华南地台向上活动，华北地台向下活动；到震旦纪中晚时期，两边开始回返运动。虽说华北地台所在的地位稍下，但相对来说，华南地台是沉陷，华北地台是上升。这样，华北和华南就有了明显的差异运动。到了寒武奥陶纪，两边沉积情况没有显著变化，说明两边达到平衡，没有什么差异运动。

平衡只是相对的、暂时的。两边达到平衡，只是暂时状态。向上运动的一边继续向上，向下一边继续向下。到了奥陶纪晚期或末期，华北地台和华南地台的沉积环境已大不相同，华北地台已普遍形成陆地，在志留泥盆二纪使广大的寒武奥陶纪碳酸盐地层受到喀斯特式的侵蚀，但华南地台的振动运动仍有向下的趋势，发生大面积志留海侵及部分泥盆海侵，说明华南地台作整体振动运动的同时，还有次一级的分裂。四川台向斜就是这个时候分离出来的。四川台向斜缺失泥盆石炭系，而其他地区广泛分布有泥盆石炭系，足以证明这样提法的正确性。

华南华北两边大天平运动的趋向不能没有止境。到石炭纪晚期，两侧又趋平衡。两侧都有广泛分布的晚石炭纪海相碳酸盐沉积，就足以证明这一点。

相对的平衡仍是暂时的。华北地台到二叠纪转为上升趋势，华南地台反而下降。这样，到了二叠三叠纪，两边就有了很不相同的沉积环境。华南地台在二叠三叠纪发生了广大海侵，沉积了广厚的碳酸盐地层，华北地台形成了大陆。华北地台的大陆上，发生了次一级分裂活动，有一些地方洼陷，另一些地方隆起，开始形成了许多造煤盆地，如陕北黑腰带，及许多剥蚀区，如东胜隆起及秦岭地轴。在此须说明的是，东胜隆起、秦岭地轴，以及外省的吕梁隆起、嵩山隆起等正性的构造单位，固然在很早以前就经常有上升的趋势，但不显著，显著上升的时期，还在二叠三叠纪和以后的时期。作者在论中条山区的大地构造发展时就指出了这一点。所以二叠三叠纪也可以说是第二、三级构造单位形成的孕育时期，但四川挠褶台向斜早已在泥盆纪分离出来了。

　　侏罗白垩纪是华北华南大天平的平衡时期。华北地台作为整体来说，维持了它的原来水平，华南地台由于上升变成和华北地台类似的陆地，在它们之上的洼陷地区，沉积了陆相地层，如四川台向斜和鄂尔多斯台向斜，都曾沉积了侏罗纪的煤系和白垩纪的红层。但在侏罗白垩纪，华北华南大天平两侧已不像古生代早期和中期的整体运动了，而是在大天平两侧还存在了较小的天平。也就是说，在二叠三叠纪时，华北地台内部开始发生分裂，行将形成次一级的构造单位了。但华南地台的分裂成为次一级单位，还要早在泥盆纪。到了侏罗白垩纪，这种次一级的分裂发展得更加显著，如鄂尔多斯台向斜和它四周构造单位的差异运动，四川台向斜和它四周构造单位的差异运动，都是在这两个纪中更加明显化。鄂尔多斯台向斜对它四周构造单位来说是沉陷的，所以在鄂尔多斯台向斜中，继续二叠三叠纪的陆相沉积，发育了侏罗白垩纪的陆屑建造。而在山西台背斜，不是普遍发育二叠三叠纪陆相地层上，只有极其局限的侏罗白垩纪陆屑建造及含煤建造，如大同盆地；在隔着汾渭断陷及河套断陷的秦岭地轴及内蒙地轴上，也只有零星断陷的山间盆地，接受了侏罗白垩纪的陆相沉积，如大青山煤系、亮池寺煤系、勉县煤系。鄂尔多斯台向斜西边的贺兰山与六盘山是在它和阿拉善地块之间，它和祁连褶皱带之间的第二级构造单位，它们是在第二级大天平轴部发展起来的，好像在华北地台与华南地台之间的第一级大天平轴部发生的秦岭褶皱带，不过规模小些、时间上晚些罢了。

　　四川台向斜和它四周构造单位的差异运动，与鄂尔多斯台向斜相似。它的中部在侏罗白垩纪沉陷，四周的构造单位升起，所以中部沉积了广大巨厚的侏罗白垩纪地层，四周升起的单位上的沉积建造往往只到三叠纪为止。如有侏罗系，也是极其零星分散的，如陕南西乡镇巴的侏罗系与贵阳西北及遵义附近的侏罗系。

　　华北地台与华南地台在第三纪和第四纪的运动特点，还是没有彼升此降的差异运动，而是在第二级分裂差异运动之内，发生进一步的第三级差异运动。这样，就在鄂尔多斯台向斜中发生了东胜隆起、南缘断褶翘起、西缘断褶翘起、陕北翘起、陕甘宁蒙边区坳陷。鄂尔多斯台向斜北边的河套断陷可以看作内蒙地轴的次一级构造单位。银川断陷可以看作贺兰褶皱带的次一级构造单位。汾渭断陷可以看作山西台背斜的次一级构造单位。崤华翘起则是豫西台背斜的次一级构造单位。大巴山断褶翘起可以作为四川台向斜的次一级构造单位。

（2）秦岭地槽是怎么发展起来的，这一问题可以在前一节的讨论中得到答案。前已提到，华北地台和华南地台是在震旦纪初期从中国的大地台分裂后，互相作相对振荡运动而形成的。在这以后，两个地台就像一个巨大天平的两个盘子，互相上下变动着。震旦纪开始是南升北降，其中大部分时间是天平盘的回返运动；到寒武奥陶纪是暂时的平衡；志留纪开始造成北升南降的形势；泥盆纪继续北升南降；石炭纪晚期，华北华南两个巨大天平盘子又一次得到暂时平衡；到二叠三叠纪，进一步北升南降；侏罗白垩纪，两侧又恢复平衡状态。同时，在两个大天平盘子中，又出现了一些次一级的天平盘子互作相对运动。从物理现象来看，压迫水面时，受压面附近便要形成凸起的波浪；黏糊的局部表面上给以压迫，可以得到同样结果，但在很短时间它们仍可恢复表面的原状。如用塑性物质，则受压部分的周围可以在去掉压迫时继续保持凸起的波浪。用弹性物质，如木板一类东西放在两个支点上，从木板中部施压，它就在中部下凹，两端翘起；去掉压迫时，它还回复自己的原形。所以，不论什么东西，都有在被施压部位的周围或临近地方作凸起的波浪运动。如果把两个地台的相对运动看作一边不动，另一边对它做辗转一上一下的运动，其边缘就要有和它相反的辗转一上一下的运动。广大地台的微弱振荡，往往使它的边缘狭窄地带发生剧烈的振动运动，这就形成了地槽的形式。回头看看华北地台与华南地台互相一上一下的振动运动，在空间和时间上对秦岭地槽发展的关系，就更足以证明地台振荡运动是地槽波浪运动的函数了。以下从时间和空间两方面作一概略的比较：

在震旦纪，北秦岭地轴以南还没有地槽的发展，秦岭古生地槽当时还属于华南地台的一部分。震旦纪初期，华南地台对华北地台相对下降时，才发生了秦岭地轴。而在秦岭地轴北侧发生了相当深陷的地带沉积了相当厚的震旦纪石英岩和矽质灰岩，如在渭南金堆城及其东边由于震旦系所形成的大向斜。北秦岭地轴以南，也形成了一个较浅的沉陷带，从湖北的西北隅通过山阳伸到柞水。但这一带以南还有一带隆起，从汉中向西插到安康以东。因此，最北一带的金堆城凹陷带，可以是由于华北地台的相对升起（这里所说的相对升起是对华南地台而言，但由于中国大地台下沉的总趋势，华北地台在震旦纪还是受到了广大海侵），而北秦岭地轴的穹起，可以是由于华南地台的相对下降。但这一穹起地带，并不是一条简单地带，而是西部宽、东部窄、中部具有从汉中到安康以东的分支地带。

寒武纪是华南华北两个地台相对运动的暂时平衡期，因而海侵扩大了范围，它的轮廓还是和震旦海差不多，不过超覆了后者罢了。

奥陶纪仍属暂时平衡，但华南地台稍微作相对上升，因而对寒武海来说是一个退覆情况。巴山普遍见到中奥陶纪石灰岩具有干裂，并且秦岭地轴以南的寒武纪石灰岩上，只在有限地区见到奥陶纪地层，就是证明。

志留纪华北地台剧烈上升，使四川台向斜的巴山断褶翘起以北地带，形成了一带南秦岭加里东地槽，主要分布在安康专区，东达湖北的竹山以东，西边可达略阳以西。其中沉积了早期的火山碎屑岩、泥质岩和矽质岩与晚期的碳酸盐岩及复理石建造。

泥盆纪由于华南地台继续下降（虽然四川台向斜有上升运动，但总体来说，华南地台对华北地台是下降的），引起了南秦岭加里东地槽的回返，形成相当强烈的褶皱变质。这个时候，南秦岭加里东地槽褶皱带的两侧，形成了过渡形式的海西沉陷带。这一沉陷带主要分布在镇安－留坝一带，这是北带；其次在紫阳－岚皋一带，这一带可与龙门褶皱带遥遥相对，其中沉积了一些碎屑及碳酸盐建造。

石炭纪有了暂时的平衡。过去的加里东褶皱带逐渐夷平，石炭纪海侵能够超覆各种较老的地层以上。例如在略阳，石灰岩以不整合关系超覆于比志留系更老的岩层上面；草凉驿煤系以不整合关系超覆在元古代变质岩系上面；石泉也有石炭纪的石灰岩，一方面与志留系成断层接触，一方面与前震旦的火山岩系成不整合接触。由于后来的褶皱变动，使石炭纪地层在秦岭中的分布比较零散。

二叠纪是华南地台比华北地台相对下降时期，秦岭地槽带也就成为上升区了。因此，二叠纪石灰岩在巴山地带特别发育，二叠纪煤系在华北地台广泛发育。但在秦岭，既少二叠纪石灰岩（即有出露也极零星），也少二叠纪煤系（只在洛南断陷中找到一点二叠煤系）。

三叠纪是华南地台相对华北地台继续下降时期，秦岭地槽带不只是上升，而且在海西褶皱运动以后，所以秦岭地槽褶皱带见不到三叠纪地层。这里主要是夷平时期。

侏罗白垩纪华南地台与华北地台的平衡状态和秦岭海西褶皱带的进一步夷平，

以及秦岭褶皱带局部凹陷的发展，就有零星的侏罗纪煤系及白垩纪红色砂砾层的沉积，如徽县盆地的亮池寺煤系及东河砾岩、商县盆地的侏罗煤系及白垩系砂砾层、勉县煤系及砂砾层、紫阳煤系等。这些煤系和砂砾层都以交角不整合关系，覆盖在各期古老的地层上面。

第三纪和第四纪，中国大地台受到较新及最新构造运动的影响，进一步发生分裂。秦岭地区也不例外。这里除侏罗白垩纪所形成的凹陷继续沉积第三纪第四纪地层，如徽县盆地、商县盆地以外，还有新形成的红色盆地，如石泉红色盆地及汉中盆地（汉中盆地中的第四纪沉积特征和石泉不一样），也有不再继续发展的侏罗白垩纪煤盆地，如勉县及紫阳的两个盆地。

由以上二节的讨论可以得出这样一个结论：地槽褶皱带的发展和相邻地台的天平式差异振荡运动是息息相关的。地台固然来自地槽褶皱的僵化，地槽也可因地台的分裂而在后者的基础上发展起来。

三

由于以上对陕西大地构造单位的划分，进一步分析讨论了陕西以至中国的大地构造发展，得出了相邻同级构造单位的相对差异运动，可以引起它们之间的地带活动化，因而在原有地台基础上，形成地槽褶皱带或次一级比较和缓的沉陷褶皱带。这样就对于地槽与地台的发展提出了一个新问题，也就是地台与地槽在什么情况下如何互相转化的问题，将在下边进一步加以讨论。

一般对大地构造单位的划分，似乎是首先根据地壳的活动性及稳定性分为地槽和地台。如果提到地台，这就是说在前震旦纪曾经是活动而变成的稳定带。如果说到加里东地槽、海西地槽或阿尔卑斯地槽，它们就已经不是活动的，而是已经变成稳定的地带了。既然它们都是曾经活动的地槽，后来经过回返、褶皱、变质，以及岩浆活动而变成的稳定地台，就可以全部称为地槽，或全部称为地台。前震旦纪活动的地带，就可以称为前震旦纪地槽；后震旦纪活动的地带，便依次称为加里东地槽、华力西地槽和阿尔卑斯地槽。前震旦纪变成稳定的地区，已经公认为地台，其他在后震旦纪变成稳定的地带，也可依次称为加里东地台、华力西地台和阿尔卑斯地台了。所以，关于大地构造单位的划分，实际上不是简单地根据活动性和稳定性，首先划分为地槽和地台，而是根据由活动地带变为稳定地区的地质时期来决定。

按前一段的提法，稳定的地台区似乎都是由于活动的地槽转化而成的。最初由于地槽转化的地台是很小的、分散的，后经围绕分散的小地台的地槽带逐期依次转化，使地槽区渐渐缩小，地台区渐渐增长，以致许多分散的小地台连接起来，变成目前巨大的地台。这样一来，就必须人为，任何时期的地槽前期，这一地槽所在的地带没有经过稳定的时期，或说这一地带在地槽前期总是地槽。

以上说法是不是合适呢？作者认为可以商讨一下。一方面说，地台是由地槽转化而来；另一方面也可以考虑一下，地槽是由地台转化而来。拿陕西地区来说，秦岭古生代地槽带就是在地台上发展起来的。秦岭和大巴山地区的震旦、寒武、奥陶三纪的地层，都是地台相。汉中附近和城固、西乡、镇巴等县的大巴山带，大多分布有地台相震旦纪矽质灰岩。陕西湖北交界地区，围绕武当山区也有震旦纪的矽质灰岩。北秦岭地轴南侧的柞水以南，也见到震旦纪的矽质灰岩。假整合在以上所说地带震旦纪地层之上的，有地台相寒武纪陆源碎屑地层和鲕状灰岩层。根据大巴山寒武奥陶纪砂岩成分主要为黑色燧石碎颗，可以证明，它的来源是震旦纪的矽质灰岩，而且证明这种砂岩是由于秦岭地带的上升剥蚀，大巴山地带的凹陷沉积所形成的。这样就不能不承认，秦岭地槽在古生代还不存在，而只是奥陶纪以后才在地台上发展起来的。

这一从地台发展成地槽的事实不难理解。在震旦纪和寒武纪，中国地台的南北两部，实际上还是一个整体，但震旦纪到奥陶纪已有分类的迹象，到志留纪泥盆纪分裂已很明显。当时，中国地台南北两部的振荡运动有了一些差异。西藏地台的振荡运动和华南华北也有不同。西藏地台从寒武纪到志留纪，都是上升剥蚀地区；华北华南在寒武奥陶二纪，是陷落沉积地区。但在寒武奥陶纪，华北地台的沉陷比华南地台要多一些。这样就使华北地台发生普遍海侵，沉积广大面积且相当厚的石灰岩；华南地台则有部分海侵，仅在部分地区沉积了较薄的陆屑及石灰岩地层；西藏地台没有海侵，只是剥蚀。这样差异的振荡运动，使开始分裂的三个地台接界地带，开始发生波动式的振荡运动，这就是当地地槽形成的开始。如果说中国地台是活化地台，这也就是活化的开始。到了志留纪，西藏地台更加上升，华北地台也作上升运动，但运动幅度不大，华南地台则继续下降。相对地说，华南华北两个地台到志留纪的振荡运动恰好和寒武奥陶纪相反。也就是，寒武奥陶纪华北地台相对下降，华南地台相对上升（即华北沉陷比较多些，华南沉降比较少些）；到了志留纪，华北地台相对上升，华南地台相对沉降。但就西藏地台来说，它对华北华南都是相对上升。三个大块地台反复一升一降的相对运动，不能不引起它们的边界地带发生更大差异的波动振荡或深大的断裂运动，因而在三个大块地台之间形成了地槽或准地槽或块断带，如秦岭地槽褶皱带、下扬子准地槽褶皱带、龙门山地槽褶皱带和西藏地台与华南地台之间的块断地带。

以上情况同样可以适合于准噶尔地块与塔里木地块之间的天山地槽褶皱带，阿拉善地块与柴达木地块之间的祁连山地槽褶皱带，柴达木地块、塔里木地块与西藏地台之间的昆仑山地槽褶皱带。

追溯到元古代的褶皱带，也同样可以说明由地槽转变为地台，再由地台转变为地槽的现象。中条山的庞家庄片麻岩可以代表太古代的老地台基底，而中条系可以代表元古代的地槽相建造，到震旦纪成了较新一代的地台基底。嵩山的登封片麻岩，可以看作太古代的老地台基底，而嵩山石英岩及五指岭片岩，可以代表元古代的地槽相建造，到震旦纪成了较新一代的地台基底。北秦岭地轴中有轴心隆起带的秦岭片麻岩，代表太古代的地台基底，而它南北两侧的元古代结晶片岩系，可以代表元古代的地槽建造，到震旦纪也成了较新一代的地台基底。这一新的地台基底，到志留泥盆纪又在中秦岭地带形成地槽。由此看来，地槽可以通过沉积层的褶皱变质与岩浆作用转化为地台，地台也可以由于分裂及差异振荡运动，在不同地块之间发生地槽、准地槽或块断带转化。

地球在数十亿年的历史中，经历过几十次的大旋回。一个旋回中，在不同地带形成了一些地槽，转化了一些地台。另一旋回中，在另一些不同地带形成了另一些地槽，转化了另一些地台。这样，地台转化为地槽、地槽转化为地台的变化过程，反映着地壳活动与稳定两种因素的矛盾斗争。许多旋回期间，活动因素占上风的地带形成地槽，稳定因素占上风的地区形成地台。但地壳的活动是绝对的永恒的，稳定是相对的暂时的。因而地壳的活动稳定互相胜败，反映到地槽地台的互相转化，写成了地壳的发展历史。这种活动性与稳定性的互相斗争、地槽地台更替转化的说法，不应简单看作机械的团团转的说法，因为空间不同，时间有异，转化形成的物质内容也是发展的。就是说，不同地带和不同时期有不同的地理环境，不同的气候条件，生物进化程度不同，地球内部排出的物质成分也有不同，这就不能不有地质的定向发展。

中国地台在古生代有大块分裂，除上边所说的华北地台、华南地台、西藏地台三个大块外，还应加上东北地台和塔里木、柴达木、准噶尔几个较小的地块。古生代分裂而成的大块地台，在海西地槽褶皱带稳定化以后，到中生代又发生了第二期的分裂。鄂尔多斯台向斜就是在这次分裂过程中成为较小地块。相对地说，它对东邻的山西台背斜和西边的阿拉善地块与祁连地槽褶皱带，是沉降的。但它西边的情况比较复杂。它和阿拉善地块之间，有贺兰凹陷的燕山期断褶带；它和祁连地槽褶皱带之间，有六盘凹陷的喜马拉雅期断褶带。四川台向斜主要也是这次分裂出来的较小地块。四川台向斜对它西北的龙门山地槽褶皱带、西南的康滇地轴、东南的鄂黔褶皱带来说，都是沉降的。

古生代的第一期分裂，有大地块（华北地台、华南地台和西藏地台）伴有小地块（塔里木地块、柴达木地块和准噶尔地块）。同样，中生代的第二期分裂，也有较大地块（鄂尔多斯台向斜、山西台背斜、四川台向斜、汉南台背斜等）伴有更小构造单位（贺兰褶皱带、六盘山褶皱带等）。

第一期分裂中，地台与地台之间，或与地块之间，发生了地槽褶皱带。第二期分裂中，地台内部发生了大块或小块的隆起与凹陷。到了第二期分裂末期，也就是燕山运动时期，华南的华夏台背斜和华北的燕山褶皱带、东北的大兴安岭褶皱带由于严重的断裂，岩浆侵入及喷出活动特别激烈。岩浆侵入活动更加广泛，秦岭地轴也曾在这个时期发生内部分裂，有燕山期花岗岩的侵入。

到新生代，中国地台区发生了第三期分裂。鄂尔多斯台向斜四周的断陷，如河套断陷、银川断陷、汾渭断陷，秦岭中的徽县断陷、汉中断陷，以及襄樊断陷，甚至最大的华北平原的大面积断陷，都是第三期分裂的结果。至于塔里木地块及柴达木地块在中生代和新生代的沉降，则属于继承性的分裂断陷。

总之，一方面可以认为，稳定地台是由活动地槽的发生、发展、稳定化，从无到有、从小到大、从分散到结合而形成的。这样由原始地槽形成的地台，叫作原生地台。另一方面还应承认，稳定地台形成以后，也可以通过地块分裂，在地块之间发生新的地槽，经过稳定化再变为地台的组成部分。这种再活化、再稳定的构造单位，稳定以前是次生地槽，稳定以后是次生地台。作者认为，原始地槽转化所成的原生地台部分是很难找到的。我们知道，地壳发展曾经数十亿年的历史，每期构造旋回所占时间约为一亿五千万年，因而地壳的构造旋回可能有十几期。每一期构造旋回所形成的地槽，其空间位置不尽相同。元古代以后的构造旋回只有三期。这三期所形成的地槽区，就已经广泛分布到大陆的许多部分，因而可以设想，前震旦纪的十几期构造旋回中，由于地台转化所成的地槽区能够分布到大陆的任何角落，而且实际上也是这样。任何古老地盾和有些地块上，都可以在变质的结晶片岩系中发现三个以上不整合关系，说明许多前震旦纪的地槽褶皱带，都是在早一期的稳定基础上发展起来的。因此，地壳的发展历史，是由地槽稳定化结合增大为地台，再由地台活化分裂为较小地块，并在分裂的地块之间发生发展为次生地槽，更由次生地槽转变为次生地台的递进变化过程。

四

总而言之，陕西地区在中国大地构造中的地位来说，是带有关键性的。因为它跨有中国南北两大地台，并占有秦岭古生代褶皱带的一段落。所以，划分了陕西的构造单位，分析了陕西地质构造的发展，就可以透视全国地质构造发展的轮廓。

中国大地台不同于世界其他地区的地台，它是活动性较大的地台，从震旦纪开始就相当活跃。分析起来，它的活动是由于华南华北两个地台，以及西藏地台和几个地块的分裂活动而开始。这些地台地块分裂一开始，就互相进行天平式的相对的、差异的振荡运动。这样，在两个单位作差异运动的接触带，就引起了波浪式的振荡运动，这就是地台的活化。因此说，中国地台的活化很早就开始了，不仅在震旦纪开始，就是在元古代甚至太古代，也有活化的证据。因此就提出了这样一个地质问题，即地槽地台是在一定条件下可以互相转化的，而且自古以来，任何地方地壳的活化同僵化，都不是一次。这就说明，在地面的任何部分，都难指出原始地槽，或原始地台。

同时还提出这样一个问题：对于地壳运动的两种形式，不能孤立来看。就是说，一个地区的一般脉动振荡运动，可以引起另一地带的波动振荡，而一个地带的波动振荡，也可以引起其他地区的脉动振荡；一个广大地区的微弱脉动，可以引起一个狭窄地带集中强烈的波动运动，而一个狭窄地带的强烈波动，只能引起它以外广大地区的微弱脉动；往往脉动振荡是原生的，而波动振荡是派生的，但也不能排斥原生的波动振荡，因为无论是脉动振荡或波动振荡的根本原因，直到现在没有弄清。

中国大地台的活动性不同于其他地台的稳定性，只有量的差异，没有质的区别。因为其他地台也有不同程度的活动性，否则，按本文的结论就不能在其他地台上，或地台与地台之间发生地槽了。这个看着是个严重问题，但一经分析，其他地台地槽的发生还是符合这一规律的。例如，斯堪的纳维亚的加里东地槽的发生，可以指出是由于波罗的地盾与北海地台（海下地台）相对的差异运动；原来海西地槽的发生，可以归因于波罗的地盾与阿尔卑斯所在古生地台的相对运动；乌拉尔地槽的发生，可以认为是俄罗斯地台与西伯利亚地台相对活动的缘故；喜马拉雅地槽的发生，可以看作是由于西藏地台与印度地台相对振荡的结果；阿帕拉吉安地槽的发生，可以相当于阿帕拉吉安东现在处于大西洋底的古陆与北美中部地台的差异运动；等等，举不胜举。

中国大地台上的各级构造单位，既然比其他地台的活动性大些，只是定量的，而不是定性的，对中国大地台上的各级构造单位不应具有特别的名称。作者认为，在相应名称上，加上一个二个形容词就够了。因此，有断块地台、挠褶台向斜、断褶翘起、断陷、仰起等名称。

最后讨论，容或不当，希望同志们批评指正。

镶嵌的地壳[①]

张伯声

一

为了纪念中国地质学会成立四十周年，作者提出《镶嵌的地壳》这一篇短文，说明目前地壳的构造图案，为进一步探讨地壳构造的历史发展及其运动变化的原因，提出一个理论基础。根据"百花齐放，百家争鸣"的方针，作者对大地构造问题提出自己的见解。这种见解是否能够成为一本之花、一家之言，还是问题。这有待同志们批评指正和以后实践证明。

镶嵌的地壳，就是由于集中的条条运动的活动带或活动面，把分散的块块运动的不太活动的地块，拼合而成的地壳。本文的前一部分，只就这一现象加以叙述，然后阐明镶嵌构造的特点及其对于矿产的关系。至于地壳构造的地质历史发展和地壳运动原因，有待日后另著论文来讨论。

镶嵌的地壳这一观点，是作者（1959）在《西北大学学报》上发表的《从陕西大地构造单位的划分提出一种有关大地构造发展的看法》一文的引申。这种见解是受到许多作者的启发而形成的，特别是中国和苏联所出版的一些地质图和大地构造图（黄汲清，1958，1960；张文佑，1958；H·C·沙茨基等，1954，1957）启发最大。近年来，中国地质学者对地壳构造有不少著作，除李四光（1939，1945，1954，1955，1958）根据我国大量的地质资料，从地质力学观点出发，广泛而深入地对地壳的构造型式，特别是我国大地构造的型式提出了独到的、有价值的见

①本文 1962 年发表于《地质学报》第 42 卷第 3 期。

解外，其他地质学者，如黄汲清（1945，1954，1955，1959，1960）、张文佑（1955，1958，1961）、陈国达（1956，1959，1960）、喻德渊（1954）、谢家荣（1961）、马杏垣（1960，1961）等，对我国全面的或部分的大地构造单位的划分及其发展，都有或多或少的贡献。有不少苏联地质学者对我国大地构造分区及发展进行了讨论，如Ю·M·谢音曼（1937）、B·M·西尼村（1948，1955，1956）、A·C·霍敏多夫斯基（1953）、B·B·别洛乌索夫（1957）、H·И·尼古拉耶夫（1959）等，他们对我国大地构造虽各有不同见解，但对作者的看法都起了一定的启发作用。

近年来，从地球物理观察与海洋测量研究地壳的构造，特别是关于大洋地壳的构造，以及大陆与大洋构造关系的地质学者很多，如 B·顾屯保及 C·F·李赫特（1938，1939）、H·H·赫斯（1948）、P·威弗尔（1950）、H·W·麦纳德（1955）、别洛乌索夫（1955，1961）、M·N·希尔（1957）、J·F·拉弗林（1958）、A·M·斯米尔诺夫（1958）、C·L·德雷克等（1959）、G·F·考夫曼（1959）、C·B·奥费瑟等（1959）、L·G·威克斯（1959）、E·K·乌斯奇耶夫（1959）、江原神木（1960）等。他们的工作对建立新的地壳构造运动理论，有很大帮助。

关于近代各种大地构造见解和假说，B·E·哈茵（1955）作了简介和评述。在地槽学说的发展方面，哈茵对 M·凯依、H·施蒂勒、别洛乌索夫等作了较详阐述；在褶皱幕问题上，他介绍了 J·伟拉里（1949）对施蒂勒观点的争辩，以及苏联学者对这一观点的补充批评。哈茵还介绍了 H·F·昂布格罗夫与 F·A·威宁－梅涅斯对区域构造线的不同看法，指出顺着这些区域构造线的孤岛、海沟和超基性岩带所表现的深大断裂是第一级的。这是长期继承下来、屡次复活的断裂褶皱带所形成的区域构造线。

根据海底的峡谷、断裂或挠曲阶梯、截顶锥、中央海岭等现象，别洛乌索夫（1955，1961）总结了海洋的构造与发展历史，认为大洋都是从中生代起才由海底地壳受到基性化，经过深陷落而发展起来的。这种看法和以前认为太平洋是原生地台（E·B·巴甫洛夫斯基，1953）的结论有很大出入，须作进一步探讨。

对于地壳发展的一般性规律问题，强调大陆的增长。例如，沙茨基（1946）、H·M·斯特拉霍夫（1948）、别洛乌索夫（1951，1954，1955）等，认为地壳发展是由地槽到地台的变化。也有认为是由地台分裂为地槽的，如 A·B·裴伟与西尼村（1950）、裴伟（1956）等。地台形成以后，再行某种激烈的变动，有的学者叫作地台活化，如别洛乌索夫（1951），有的学者叫作穿裂运动，如巴甫洛夫斯基（1953）。尼古拉耶夫（1955，1959）则对地槽转化为地台这一方向，补充了前地槽、后地台这两个阶段。马杏垣（1960）对前寒武大地构造发展的初期阶段，提出了"萌地台"和"原地台"的看法。陈国达在最近还没有发表的一篇文章《以毛泽东思想为指导　试论大地构造学的哲学问题》中，把地壳发展分为原始底壳→……→地盆区→地原区→地槽区→地台区→地洼区→Y_1等阶段，说明地壳如何进行螺旋式发展。这些著作的论点，对作者的思想均有所影响。

　　不能不提到 W·布契尔（1933）及 M·A·乌索夫和 B·A·奥布鲁契夫的脉动说，R·W·V·白默伦（1949）、别洛乌索夫（1954）、凯依（1955）等对地槽发展的各种看法，裴伟（1956）的深大断裂的重大意义。有关各地方古地槽的讨论，如谢音曼（1959）对老构造带的分析，A·瑙夫（1958）对于欧洲华力西地槽的研究，P·B·金（1950）对于北美阿帕拉契地槽的讨论，Б·A·别特鲁雪夫斯基（1955）对于天山地槽的阐述，A·E·朗巴德（1948）对阿尔卑斯与阿帕拉契二地槽的比较，D·N·瓦蒂亚（1953）对喜马拉雅地槽的分析，等等，无不对作者对地壳构造及其发展的见解有所提示。最后，还要提到哈茵及E·E·米兰诺夫斯基（1955）的著作，这和布契尔、西尼村、裴伟、威克斯、别洛乌索夫、张文佑等的著作，特别对作者"镶嵌的地壳"这一命题有决定性的提示作用。

　　"镶嵌"相当于"Mosaic"。把地壳的部分构造比作镶嵌，早有由来。威克斯（1959）曾这样说："在刚强的地壳中，对滑动的不规则抵抗，可以发生扭力应变。这可能是众所周知的，地壳由断裂形成四边形镶嵌图案的原因。在地壳的任何部分都可看到这样图案或上迭图案。不管在局部或大区，甚至世界的范围内，都曾有各种镶嵌图案的描述。"威克斯把太平洋地壳构造比作镶嵌；别洛乌索夫（1961）也曾把太平洋西岸地壳比作镶嵌。作者在这里把整个地壳比作镶嵌。整个地壳首先分裂为太平洋、北大陆、冈瓦纳三个巨大地块，它们是由自古以来，各时代重复的深大断裂及褶皱起来的地带镶嵌起来的。这三个巨大地块，又分为许多三角形、四边形或其他多边形的次一级巨大地块，或成大陆地台，或成海洋盆地，它们也是由于不同时代的深大断裂或褶皱带镶嵌起来的。大地台和海洋盆地又分为次一级、更次一级不同大小的地块，为各种不同复杂程度的或简单的断裂褶皱带镶嵌起来。因而，这里简述的是整个地壳的镶嵌图案。简单地说，这是一个由于大大小小的、多边形的、或上升或沉降的、或左推或右移的地块，其大的为深大断裂、深大坳陷、复杂的褶皱带，以至岩浆活动带所结合起来，其小的为断层、牵褶、岩脉或矿脉所结合起来的镶嵌图案。这样的特点可以由各种反映出来，也可以由地形反映出来，从大的构造地形到比较小的构造地形，都反映了这样的镶嵌图案。

谈大地构造也要根据现实主义，将古论今，应该从目前构造形态谈起。目前构造轮廓活生生地表现在现代的地形方面，因为地表地形发展和构造发展是一个过程的两方面。可以说，地表地形是构造运动的表现，而构造运动是构成地形的基本因素。谈现在的构造图案，就要从活的、新的大地构造谈起。要谈活的大地构造，就要从目前地表地形入手。因而，在探讨地壳构造图案的发展以前，先谈一谈地壳构造图案的现状。

二

就全球形态来说，可以划分出两个基本范畴，即硅镁与硅铝两个巨大地块。硅镁部分是太平洋巨大地块，硅铝部分是外太平洋巨大地块。外太平洋巨大地块又可次分为北大陆与冈瓦纳两个巨大地块。但也可把外太平洋巨大地块分为几个次生大洋巨大地块与几个大陆巨大地块。太平洋地区可以看作一个很少经过改造的"原生大洋"（哈茵及米兰诺夫斯基，1956）地台的巨大地块。大西洋、印度洋、北极海是几个曾经改造的"次生大洋"（别洛乌索夫，1954，1955；哈茵等，1956）地台的巨大地块。几个大陆地区，则是屡经改造的大陆地台的巨大地块。太平洋原始海洋巨大地块与外太平洋巨大地块，是以全球性的最大最深的断裂或坳陷相结合而镶嵌起来的。太平洋区是全球性最大的深沉陷地区，而外太平洋巨大地块，即各大陆和围绕它们的大西洋、印度洋、北极海合起来的整个地区是最广大的隆起区。不仅现代如此，在地球历史中的总趋向说，前者也是一般的沉陷区，后者是一般的上升区，虽然它们都有过无数次的升降运动。太平洋巨大地块与外太平洋巨大地块之间的缝合线，是在任何其他地带所极少见的最大最深断陷，这是地球上一些最显著的深渊，最深的海沟。这是从世界地图上可以明白看出的。这些海沟一般是宽不过 20,000 ～ 100,000 米，长达数千公里，深到 7,500 ～ 11,000 米。例如，马利亚纳海沟（−10,863 米）、菲律宾海沟（−10,830 米）、千岛海沟（−10,377 米）、汤加－克马德克海沟（−9,427 米）、布根维尔海沟（−9,148 米）、阿塔卡马海沟（−7,625 米）、阿留申海沟（−7,676 米）等。这些深渊式海沟的分布，一般是沿着链状列岛以及和列岛相遥接的巨大半岛外侧。这些列岛和半岛上的山地，总是很年轻的。有些较小的链状列岛，往往是最近更加年轻的火山或珊瑚礁－火山所形成。大的半岛如堪察加半岛，大的岛屿如日本、苏联的萨哈林岛、菲律宾群岛、新西兰以及我国的台湾等。小的列岛如阿留申群岛、千岛群岛、马利亚纳群岛、汤加群岛等。但在南美洲和中美洲西边沿岸的海沟，则和大陆直接相邻。大陆沿岸地带，分布着的也是年轻山地。海沟一侧固然是高出海面的大陆与岛屿，另一侧却往往是比海沟高的平台状原生大洋地台。海沟往往呈弧形凸向大洋。沿岛屿的海沟地形差异，可能也代表较新构造运动的幅度，有些地方达到惊人巨大的数值 14,000 ～ 16,000 米。海沟底部要比原生海洋地台低到 3,000 ～ 5,000 米。海沟斜坡平均为 5 ～ 10°。但千岛海沟的斜坡上有不少斜度成 45°或更陡的一些纵断层陡坎，成梯级下降。海沟底部一般是平坦的。它们可以看作正在激烈沉降的槽状断陷，很少为沉积物的堆积所补偿。海沟表现为巨大的正重力异常带，说明它们仍有下降趋势。上升岛弧与下降海沟的边界上，显然是积极发育着的深断裂带，这也是强烈震源所在的地带（赫斯，1958；威克斯，1959；考夫曼，1959；哈茵等，1956）。

在最巨大的深断裂带，特别是那些岛弧上和美洲大陆西岸，分布着几百个巍峨参天的活火山，如累尼尔火山、圣彼得罗火山、俄利萨巴火山、富士山、克柳切夫火山等。它们的喷出物直接或间接充填着大陆的边缘海和弧状列岛环境的海，以及列岛外围的海沟。

最引人注目的另一点是沿太平洋巨大地块的海沟带外围，不论是亚洲的边缘弧状列岛上，或美洲大陆的西岸地带，都分布着新近褶皱起来的年轻山地。因而，太平洋巨大地块与外太平洋巨大地块，可以说是由晚近褶皱断裂及岩浆岩所焊接而镶嵌起来的。但在焊接的同时，并且紧挨着焊接地带，又发生了海沟式的第一级深大断陷，有些地带的断裂深度竟达 700,000 米（顾屯保等，1938，1939）。

上述海沟所环绕的太平洋巨大地块与综合各大陆及围绕它们的大西洋、印度洋、北极海的外太平洋巨大地块，不仅地形上有那样大的差别，而且还有一个最显著的质的差别。众所周知，太平洋区实际上缺乏或仅有不连续的很薄的硅铝层。因而这里有广大的硅镁层分布。这种情况特别表现在"安山岩线"（赫斯，1948）所圈定的太平洋中心部分。根据各种地球物理观测，太平洋的大部，特别是中心部分的底部，物质都具有大密度与高磁性。这是缺乏硅铝层的主要标志。因此，可以把太平洋巨大地块看作是原始的地壳块体，具有一般的下沉趋势，保持着原始地台体系直到现代。在地球历史中，这里很少成为陆地，除火山喷发物和宇宙尘外，很少接受过其他沉积物，也很少受过褶皱。这个还没有卷入到大规模上升的大地槽体系的发展和没有经过次生大陆型地台的形成作用的、原生的、古老的地台残余，叫作"原生地台"（巴甫洛夫斯基，1961），比较符合原生大洋地台由硅镁物质所组成的本质。近来，别洛乌索夫（1961）提出了太平洋是古代大陆由于基性化造洋作用所形成。这种说法还要进一步加以探讨与证明。

和太平洋区相反，几块大陆和围限它们的大西洋、印度洋、北极海综合的外太平洋巨大地块，是经过改造的部分，特别是大陆巨地块，它们是屡经改造的部分。外太平洋巨大地块在地质历史中，一般有上升的趋势。而大西洋、印度洋、北极海等巨大地块，可以看作太平洋巨大地块与大陆巨地块中间的过渡部分，它们是曾经由原生地台改造成大陆，而又从大陆沉陷为海洋。这样说是因为大陆巨地块与次生海洋巨地块，确实有一些共同性的基础。大陆巨地块所在的地壳上层都是硅铝层，而大西洋、印度洋和北极海地区的地壳上层，基本上也是连续的硅铝层，仅在有些局限的深水盆地，特别是沿小安的列斯群岛和巽他群岛的海沟缺乏硅铝层，但这是一种划分北大陆与冈瓦纳大陆的特殊活动带，缺乏硅铝层是可以理解为次生来源的。在硅铝层的共同基础上，还可以看到大西洋、印度洋沿岸的加里东、华力西及阿尔卑斯褶皱带有被剪切的现象；大西洋两岸大陆构造相似的情形，如北美的阿帕拉契褶皱带与西欧的华力西褶皱带，南非的开普山脉和南美的华力西褶皱带的遥相呼应，以及大西洋、印度洋与北极海内的岛屿的大型结构。这都说明，次生海洋在过去某些时期曾经形成大陆，而后来又沉陷的历史（别洛乌索夫，1954，1955）。同时，大陆与次生大洋的接触关系和它们与原生海洋的接触关系基本不同。大陆与原生海洋的接触关系，是前已提到的一带一带的年轻山地，或弧形列岛所伴随的地壳上最深陷的海沟，或者说是正在发展中的最新阶段的大地槽，并且在这种接触带两侧的地壳成分基本不同。但大陆与次生大洋盆地的关系，一般是大陆棚与深海之间的大陆坡。它们在大洋底部一般是狭窄的、陡约 4 ~ 13°的、高为 2000 ~ 5000 米的陡坡。它们几乎是直线或稍弯曲，延伸几千公里的陡坎，分开大陆与次生大洋盆地。它们在大西洋、印度洋、北极海的周围是很典型的。它们是深断裂带或宏大的坳陷带。其实，深坳陷两侧也可以看作深处断裂，或将要发生深断裂的反映。它们是地质历史中比较新近的产物，多半形成于中生代末叶或新生代，甚至有在最新构造运动中发生的，比利牛斯与阿特拉斯阿尔卑斯褶皱带被大西洋岸所横截，非洲东侧莫三鼻给与特兰斯瓦尔之间的深大断裂，都足以说明这一点。所有大陆上的褶皱带，从前寒武纪、加里东直到阿尔卑斯褶皱带的构造线杂乱地被剪切，很不一致，都说明，大陆坡逐渐向大陆地块的边缘部分侵进，"毁掉"它们并转化为大洋底部（哈茵等，1956），这进一步证明次生大洋过去的大陆本质与晚近沉陷的情况。

必须澄清另一种第一级的结合带，这是基本上成东西向的、规模不亚于太平洋巨大地块与外太平洋巨大地块之间的、最深最大的褶皱隆起与伴随的深坳陷带。它的大部分是分开大陆与大陆巨地块的镶嵌带，局部是分开大陆与大洋，以及分开大洋与大洋的镶嵌带。从东向西，起自澳洲大陆与印尼群岛之间的深断裂，向西北延伸形成印尼群岛与印度洋之间的爪哇沟，到恒河深断裂，分开了印度地台与其北面的西藏地块，更西延伸通向波斯湾及伊拉克平原所在的深断陷，镶嵌了阿拉伯地块与伊朗地块，再西延为东地中海深断陷，连接到非洲西北隅的断陷带。东地中海断陷实际上从突尼斯洼地延向西南成为非洲阿特拉斯山以南的前缘凹陷，在这里通向大西洋卡内里群岛以南的较深凹陷，没入大西洋，形成不明显的镶嵌带。这个凹陷再由卡内里群岛以南，转向东北，在亚速尔群岛以南过渡到北美沿岸大西洋深坳陷（德雷克等，1959）。更由此向东南转折达到小安的列斯海沟。从这里向南到委内瑞拉，然后向西到哥伦比亚接安第斯褶皱带（威克斯，1948）。基本上成东西延伸的这个地带，可以看作沿着阿尔卑斯－喜马拉雅断裂褶皱带南侧的前缘凹陷。这个第一级深断裂带的两端，局部发生了海沟，在大陆与大陆之间，则为阿尔卑斯－喜马拉雅断裂褶皱带的前缘凹陷。它们的特点，不论在地形上、地震上、构造上、岩浆活动上，都很像分开太平洋巨大地块与外太平洋巨大地块的列岛－海沟带。所不同的是，它们被来自高山的碎屑物所充填，而在表面上看不到像海沟那样的深洼罢了。恒河平原与喜马拉雅山地的关系和地中海与阿尔卑斯山地的关系，在地形上、构造上，如果除去堆积补偿的部分，也像太平洋上的许多列岛与年轻山地，以及其所伴随海沟的差异规模。因此，可以把与原生太平洋巨大地块对立的次生外太平洋巨大地块，分为北大陆巨大地块和冈瓦纳巨大地块。北大陆巨大地块包括欧亚大陆、北美大陆和亚速尔群岛以北的北大西洋、北极海；冈瓦纳巨大地块包括南美洲、澳洲、印度、南极大陆和南太平洋、印度洋。由此来说，整个地壳可以认为是由于太平洋、北大陆、冈瓦纳三个巨大地块镶嵌而成。它们之间的镶嵌带则是阿尔卑斯、喜马拉雅或太平洋断裂褶皱带和分布在这些断裂褶皱带外侧的前缘凹陷或深渊式海沟。

我们既已看到，整个地壳是由三个巨大地块镶嵌而成，还会看到这三个巨大地块又是由较小的巨地块镶嵌而成。太平洋巨大地块深深淹没在广大的水体以下，了解还很不够。但不难由火山－珊瑚礁列岛及水下海岭的分布看出，深陷而平坦的太平洋巨大地块，又分为若干较小的巨地块。这些列岛和海岭的走向，基本上是南北向的，有马利亚纳群岛、汤加－克德马克群岛和东太平洋海岭；基本朝西北倾斜的，有夏威夷海岭、芬宁海岭、吉尔贝特群岛；基本上成东西向的，有加罗林群岛与不明显的威克岛海岭。它们的延伸交叉，加上太平洋四周海沟的限制，把太平洋巨大地块分为许多海盆巨地块，如菲律宾海盆、马利亚纳海盆、北太平洋海盆、中太平洋海盆、南太平洋海盆、东太平洋海盆、别林斯高津海盆、秘鲁－智利海盆等。它们都由火山－珊瑚礁列岛或海岭所隔离。这些列岛及海岭绝大部分是以深断裂带的火山喷出物为基础。因而，太平洋中的许多巨地块是由被许多断裂带分开，再由岩浆岩焊接而成的。

太平洋巨大地块和由它分裂成的许多巨地块，有一个值得注意的特点，即它们基本上都有一边仰起、一边俯倾的缓斜表面。整个太平洋底有东高西低的趋势，它的东部为水底高原，西部为较深的海盆。北太平洋海盆和菲律宾海盆、南太平洋海盆等，也都有向西或西南缓倾的趋势。因而，许多巨地块的翘起方位和太平洋巨大地块的翘起方位基本一致。

次生的大西洋、印度洋、北极海巨地块也由水下的海岭、海穹分割成许多大地块。大西洋中间通过的南北向海岭，把大西洋分为两半。许多联系海岭与大陆的东西向海穹或斜向海岭，又把这两半大西洋分割成许多海盆大地块，如北美海盆、北非海盆、巴西海盆、安哥拉海盆、海普海盆、阿根廷海盆等。北极海中也有罗蒙诺索夫海岭，把它分为两半。印度洋中有中印度洋海岭及阿拉伯－印度海岭，把它分为印度－澳大利亚海盆、中印海盆、阿拉伯海盆及索马利兰海盆等。这些庞大海岭在水下的地形是很复杂的。它们宽达 500,000 ～ 1,000,000 米，与深海底比高有 3000 ～ 6000 米，脊上有一系列的年轻火山岛，由各式各样的熔岩组成。地形上，这些海岭有一排一排狭长的纵长山脊及凹地相互交替。山脊与凹地之间的斜坡陡、比高大，可达 2000 ～ 3000 米。纵列的海底山脊有很多横向平底凹槽，有的深达 5500 米，槽壁很陡。它们没有沉积盖层。这都说明，它们是晚近生成的断块构造（哈茵等，1956）。

次生大洋的大地块也都有一边仰起、一边俯倾的趋势。与太平洋中的巨地块多数朝一个基本方向缓倾不同，在大西洋中，由于海岭、海穹分隔的大地块都有缓倾向大西洋的两侧，即两侧海盆底部从中部海岭分向东西缓缓朝大陆方向倾斜。印度洋中的海盆有同上类似的情况。

以上一般谈到大陆巨地块，多由于其边缘的南北向、东西向和斜向断裂及挠褶坳陷，形成海沟或大陆坡与大洋分开，或形成大陆与大陆之间的阿尔卑斯断裂褶皱带的前缘凹陷，使北大陆与冈瓦纳大陆彼此分开。这些斜向和正向断裂互相交错，使大陆轮廓都成三角形或多边形，与大洋巨地块或大陆彼此之间互相隔离，互相镶嵌。

其次谈一谈大陆本身，它们又都无例外地由于另一些或大或小的深断裂或褶皱带，分割成次一级的大地块。例如，欧亚大陆（沙茨基等，1957），在大地构造上，用阿尔卑斯－喜马拉雅断裂褶皱带和其南边的前缘凹陷，把它和其南边属于冈瓦纳大陆的阿拉伯及印度地块分开。所以，除印度半岛及阿拉伯半岛这两部分以外，可以说欧亚大陆是一个巨大的整块。这个囊括在大陆坡深海沟及最大的前缘凹陷以内的整块大陆巨地块，实际上又用各个不同时期的断裂带或褶皱带分割成更次一级的大地块。阿尔卑斯－喜马拉雅断裂褶皱带本身，是卷进了许多较小的山间地块的一带长条状的大地块，雄峙在欧亚大陆（阿拉伯及印度除外）的南缘。阿尔卑斯褶皱带西段的北支，向西延伸为比利牛斯褶皱带，这一褶皱带和它北麓的深断裂，分隔了西班牙地块与法兰西－德意志地块。这两地块都是经过华力西旋回所形成的褶皱带。法兰西－德意志地块以喀尔巴阡褶皱带北侧的深断裂，联合斯堪的纳维亚半岛南端所形成的一线与俄罗斯地台及芬兰－斯堪的纳维亚地盾相隔。法兰西－德意志华力西地块和斯堪的纳维亚地盾的西北，是斯堪的纳维亚－苏格兰加里东褶皱带所形成的地块。俄罗斯－芬兰－斯堪的纳维亚联成的大地块，则以乌拉尔华力西褶皱带与西西伯利亚地坪相隔。乌拉尔褶皱带和西西伯利亚地坪，都是华力西旋回所形成。可以说，乌拉尔褶皱带是西西伯利亚地坪（плита是新地台，为了与老地台区别，不译作台坪）西边翘起的部分。西西伯利亚地坪与西伯利亚地台的分界明显，在地形上可以反映一带深大断裂，这是沿叶尼塞河东侧较陡的斜坡。勒拿河河谷反映了另一个断裂褶皱带分隔着西伯利亚地台与东北西伯利亚中生代褶皱带所形成的大地块。广大的加里东及华力西褶皱带，隆起于西西伯利亚地坪与西伯利亚地台的南边自成一系的非常复杂的分裂地块，隔开了中朝地台的大地块和塔里木地块。这一广大的加里东－华力西褶皱带，西延淹没在平原以下，成为土兰地坪。土兰地坪以南是由科比特山脉的阿尔卑斯褶皱带所隔离的伊朗地块。塔里木地块以南是昆仑海西褶皱带，以北是天山海西褶皱带。这两个褶皱带所成的条带状断块，都在地质近代非常活动（别特鲁雪夫斯基，1955；西尼村，1956）。昆仑华力西褶皱带以南和喜马拉雅褶皱带以北是西藏地块，这是由古生代到中生代发展起来的褶皱地块（张文佑，1958）。中朝地台以南，有秦岭东西古生代褶皱带，其南边是复杂的扬子地台与华东南加里东褶皱带。扬子地台与西藏地块的隔离，则是横断山脉的深断裂带，这一断裂带向南扩散形成越南地块。东北西伯利亚地块、中朝地台、扬子地台、华东南加里东褶皱带和越南地块的东边与南边，有一些大地块沉到水下，形成大陆边缘海，如白令海、鄂霍次克海、日本海、黄海－东海、南海等，都是大陆的一部分。它们是地质近代才沉积的。它们的外围有一系列的弧形列岛，在以往会与大陆相连。这些弧形列岛，如阿留申群岛、千岛群岛、日本群岛、琉球群岛、我国的台湾群岛、菲律宾群岛、印度尼西亚群岛、安达曼群岛等，都属于亚洲大陆东边缘及东南边缘的太平洋褶皱带。它们内测围限着大陆边缘海，外侧形成前已谈到的海沟，与大洋作断然的分界。

　　大陆巨地块分裂而成的大地块和海洋巨大地块中的巨地块一样，绝大多数是一些互相镶嵌的一边仰、一边俯的多边形大地块，但其轮廓更加明显。从其上地层的分布情况和构造格局来看，其在不同时期或仰或俯的不平衡性更加清楚。整个欧亚大陆的轮廓，就是一个不等边三角形。其中，由于断裂或褶皱带分隔起来的大地块，一般作菱形或梯形。它们的边界交角，一般到锐角处愈加尖锐，到钝角处逐渐变圆，如日本海地块、鄂霍次克海地块等。圆角与尖角相配合时，甚至形成眼状，如塔里木地块、西藏地块等。大地块在邻接地槽褶皱带，特别是褶皱带转弯处，多边形大地块的边界交角往往变圆，如西伯利亚地台，其南缘围绕的是里费褶皱带，西边和西北围绕的是华力西褶皱带，东边和东北围绕的是中生代褶皱带，大多数的交角都成浑圆了。

大陆中大地块一边仰、一边俯的不对称性，表现得比大洋地区更加明显。欧亚大陆的边缘海，基本上都是这样，如日本海地块，就是在日本群岛处仰起，靠近大陆处深陷，向西俯倾。其他如东海和南海及鄂霍次克海，则是近大陆地带较浅，靠列岛地带较深。这可能是原来靠大陆深陷的地带，由于碎屑堆积所补偿的缘故。

大陆上，中生代改造了的古生代褶皱带所形成的蒙古地块和北满地块，都是在东南仰起，向西北俯倾。中朝地台这一大地块，则分为若干地块，分别在一边仰起，向另一边俯倾。如果把芬兰－斯堪的纳维亚地盾和俄罗斯地台看作一个大地块，按其上的地层分布来看，就可以清楚看到，自古以来它有西北仰、东南俯的趋势。从地层和构造上，可以说明西西伯利亚地坪是南高北低，而西伯利亚地台是北高南低。西西伯利亚地坪与西伯利亚地台接触处的断裂带，曾经做过旋转式的差异错动。但由于西西伯利亚地坪对西伯利亚地台整个来说是断裂的俯倾，所说的旋转式差异错动不明显。相邻地块如果都是在相同方面仰起，朝相似方向俯倾，就可在俯倾地带形成广大的块断盆地。亚洲几个边缘海盆，一般是这样形成的。辽冀大断陷盆地也是这样形成的。地质历史中两个有上升趋势的地台大地块之间，一般是一个沉降的大地块，如西西伯利亚地坪实质上形成一个规模宏大的地堑，而两侧地台则是宏大的地垒。

欧亚大陆的附加部分，阿拉伯和印度两个大的半岛（瓦蒂亚，1953），整块从欧亚大陆由阿尔卑斯－喜马拉雅断裂褶皱带及其边缘凹陷所分开，自成两个大地块，但阿拉伯半岛又可说是由红海深断裂与非洲分开的部分。从地层分布及地形上看，它们很明显也是两个一边仰起、一边俯倾的梯形大地块。阿拉伯大地块是个西北－东南向延伸的长梯形，它在西北仰起，向东南俯倾。印度大地块是个西北－东南向的较短而尖的梯形。就现代地形看，是西北仰起，向东南俯倾；但就构造看，过去是东南仰起，向西北俯倾。

其他大陆巨地块同样分成许多三角形或多边形的大地块，也有一边仰起，一边俯倾的，如南美洲；也有两侧翘起，中部坳陷的，如北美洲。

我们可以进一步看到，大地块由于深断裂或大断裂带或次一级活动性不太激烈的褶皱带，分为许多多边形的一边仰起、一边俯倾的地块。这种情况在中国大地块中表现得最突出。把中朝地台这个大地块作为例子，贺兰山褶皱带分开了阿拉善地块和鄂尔多斯台向斜；基本上沿黄河的大断裂分开了鄂尔多斯台向斜和山西台背斜；太行山东侧的大断裂割裂了山西台背斜和辽冀大断陷；隐蔽的断裂分离了辽冀大断陷和山东台背斜；燕山断裂褶皱带隔开了内蒙地轴与鄂尔多斯台向斜；豫淮断褶带分开了秦岭地轴、淮阳地块与山西台背斜、辽冀大断陷及山东台背斜；顺辽东半岛西岸向东北延伸的大断裂隔断了辽冀大断陷与辽东台背斜。

以上所列举的许多地块，除内蒙地轴、秦岭地轴以外，大多数是三角形或斜方形或梯形的地块。它们往往也是一边仰起，一边俯倾，如鄂尔多斯台向斜过去曾向西倾斜，现在却向东南倾斜（张伯声，1962），山西台背斜基本上是向东南俯倾，辽冀大断陷向西南俯倾，秦岭地轴东北边仰起，而淮阳地块在南边仰起。

如果从这些地块的互相关系来看，又可把山西台背斜看作大地垒，把它两侧的鄂尔多斯台向斜及辽冀大断陷看作大地堑。这是不管它们升降时代的说法，因为鄂尔多斯沉陷从三叠纪起已很显著，而辽冀大断陷的沉降，是比较新近的事情。

扬子地台的东西两边是两个地轴。西边是康滇地轴，东边是江南地轴。地台北侧由大巴山断褶带与秦岭地槽相隔，南侧以滇东断褶带和黔中南台向斜过渡到华东南加里东褶皱带。其中包围着四川台向斜和鄂黔断褶带两个斜方形地块。如果把它们与江南地轴连起来看，就可以看到它们共同在东南仰起、向西北俯倾的趋势。再连上康滇地轴，又可以把扬子地台看作一个周边翘起的巨大盆状地块。

　　进一步分析时，以上所说的由大地块分裂而成的地块，又可以由于次一级的分裂形成小地块。例如，秦岭古生代地槽褶皱带，可以分为加里东和华力西两带，这两带中有很多基本上成北西西走向的长条状楔形断块，往往在它们的北侧仰起，南侧俯倾。这个以陕西安康的凤凰山断块表现得最为突出，它在北部仰起，向南俯倾。秦岭地轴也由大断裂形成了不少楔形断块，一般也是北仰南俯，突出的是太白断块或终南断块（张伯声，1962）。山西台背斜基本上由于断裂，分为南北两半。北半个是吕梁－五台隆起，南半个沁水坳陷。更由于新生成的汾渭断陷，把它们分成东西两半。在山西北部，把北吕梁地块与五台地块分开；在南部，把南吕梁地块与沁水盆地分开（张文佑，1958）。这样的分裂镶嵌很有意义。鄂尔多斯台向斜及辽冀大断陷中，虽然由于较新生成的盖层厚，但也可由地球物理资料，分出许多次一级的隆起与凹陷（郭勇岭，1957）。鄂尔多斯台向斜的周围，由于汾渭断陷、银川断陷、河套断陷这些地堑式小地块，以及其他小地块的镶嵌，也是很有意义的（黄汲清，1955；张伯声，1959）。

　　小地块并不是最基本的单位，它们还要分割成更小的单位，如汾渭断陷这个地堑式的小地块中，我们可以看到不少的三角断块，像临潼断块、稷山断块等，都是明显突出于渭河及汾河的平原上，还有一些隐蔽的小小地块，互相镶嵌，埋在汾渭平原以下（张尔道，1959；张伯声，1962）。即便是临潼断块本身，也有很多断层，把它们分成更小的断块（张尔道及关恩威，1959）。可以发现无数的小小地块，纵然在很大比例尺的地质图中也难表明，并且在岩石薄片中也往往用显微镜看到各式各样的微细块体作镶嵌的构造。

三

　　在镶嵌的地壳中，可以看到以下特点：（1）镶嵌起来的块体，大多是三角形或四边形，少数成多边形。大多地块一边仰、一边俯。（2）镶嵌构造说明了缓和的块块运动与激烈的条条运动相结合，因而难得见到泛地台时期或泛地槽时期。（3）一个时期相邻的块块运动有上有下，其间地带的条条运动也应有正有负，因而地轴可以划归条条运动范畴，不应属于地台部分。(4) 相邻地块越大，夹在中间的条条运动地带规模越大，构造历史越复杂，矿产越丰富。(5) 在三个以上的地块交接处，即条条运动地带成丁字或十字交叉处，往往发现一些较小地块零星分布，地壳在这里的活动性较强，构造史较复杂，矿产较丰富。

第一个特点，以前已反复论述，不再赘述。

第二个特点，和缓的块块运动与剧烈的条条运动相结合，需要稍加解释。从目前构造分裂来看，往往在两个相邻的一上一下的、或左推右移的、或大或小的地块之间，分布着一条一条楔状地条交替作比较剧烈运动的地带。凹槽越深，相伴的中间隆起或外侧隆起越高。沿海有岛弧与海沟相伴，如西太平洋沿岸的列岛与海沟；大陆之间有高山与地中海或深坳陷的平原相伴，如阿尔卑斯山脉与地中海、喜马拉雅山脉与恒河平原。大陆地块之中有同样情况，如相对上升的西藏高原与下降的塔里木盆地两个地块之间，一方面是昆仑山脉，一方面是和田凹槽；相对上升的柴达木盆地与下降的阿拉善地块两个块体之间，一方面是祁连山脉，一方面是酒泉盆地。较小地块之间有类似情形，如相对上升的阿拉善地块与下降的鄂尔多斯两个地块之间，一方面是贺兰山脉，一方面是银川断陷；相对上升的山西高原与下降的华北平原两个地块之间，一方面是升高的太行山脉，一方面是沿太行山脉东麓的深凹陷。两个地块的分裂，有时可以表现为大背斜隆起的轴部断陷，大的如红海的分裂非洲与阿拉伯，小的如山西高原中的汾河断陷。

以上说的是目前地块分裂的情况，至于古代，两个地块间充填了的断裂坳陷，曾经发生强烈的褶皱甚至变质的运动。例如，沿现在海沟的环太平洋列岛和沿岸山脉，与在北大陆与冈瓦纳大陆之间顺断裂坳陷延伸的喜马拉雅山脉和阿尔卑斯山脉。这些都是由阿尔卑斯地槽系褶皱起来的山系，而伴随这些山系的褶皱隆起，却是目前最深最大的断裂坳陷。这种剧烈的断裂坳陷，并不是在阿尔卑斯旋回的山系形成之后，而是与其同时形成，而且现在还在起着一边继续隆起，另一边继续坳陷的作用。所以不能说，阿尔卑斯旋回作了结束，才开始目前的地槽体系，而是前者在进行结束的同时，后者就在开始。同样，燕山断裂褶皱带的褶皱隆起，也正是阿尔卑斯地槽系的断裂坳陷。它们都是息息相关的，看不出一边在褶皱隆起，另一边是四平八稳，只是在前一边褶皱隆起后，这一边才开始进行断裂坳陷。

这样说，就是割裂了地壳发展的历史。再向前推，燕山地槽体系开始断裂坳陷的时期，也正是华力西带褶皱隆起的时期，华力西地槽体系断裂坳陷的时期，又正是加里东带褶皱隆起的时期。由此类推，以至加里东与贝加尔的关系，贝加尔与其以前的断裂褶皱带的关系都是一样。后一期断裂坳陷一般是靠近前一期的褶皱隆起。但这并不是一条不变的规律，有时是相当新的断裂坳陷发生在隔一期或隔几期较老的褶皱带，如现代的黑海、里海坳陷，就是横跨华力西、阿尔卑斯两个褶皱带，波罗的海坳陷带以前寒武纪褶皱带为基础。小的如汾渭断陷的基础也是前寒武纪褶皱带。至于阿尔卑斯断裂坳陷，有时以华力西褶皱带为基础，有时以前寒武纪褶皱带为基础。燕山断裂坳陷也有同样情况。所以，前后两个旋回的褶皱带空间分布，可以互相联系，互相追随，互相依靠，多少有一些继承性的关系，也可以完全脱离，在更加古老的基础上开创性地发展起来。但就时间关系来说，前后两个旋回发展不是一期套一期，而互相重叠，互相交错的。根据这种发展，可以得到一种结论，即在地壳的发展中，永远是块块条条相结合，没有块块的互相上下，或相对平移，很难看到其间的条条运动。因此，在地面上，过去和现在一样，总是会看到一些地区在进行和缓的升降运动或左右推移运动的同时，另一些地带在进行着比较激烈的运动。断裂坳陷是一带条条运动的开始，但不能说它不是激烈的运动。这样就进一步得到另一个结论，即地面上不曾有泛地台，也不曾有泛地槽。这样结论与流行的见解相反，但提出来作为一个对立面来讨论，未始不对获得较合理的理论有好处。

第三个特点，块块运动有一升一降、左推右移的特点，条条运动也有相间地一升一降、左推右移的特点。激烈上升的地条应该划归条条运动带，不应划归块块运动区。附带提一下，两个相邻地块或地条互作上升下降左推右移运动的同时，不能不看到它们是在作相向或相背的斜向运动，包括上下和水平的斜向运动是正常现象。真正相对一升一降的垂直运动和真正左推右移的水平运动，只能看作两种极端现象，而极端现象总是少见的。

条条运动中，两个相邻地条相对升降的运动是比较激烈的。一个地槽体系中的中间隆起，很自然地划归条条运动地带。但是，似乎处在地槽体系以外，追随着而且密切依靠地槽体系的地轴，也是强烈的正性活动带。作者在这里建议，把它也划归条条运动的地带，而不再依附于块块地区。例如，内蒙地轴或阴山地轴及秦岭地轴，实质上都是激烈上升的条条，而不是什么稳定地区。前一个可以划归蒙古地槽体系，另一个可以划入秦岭地槽体系，西接祁连中间隆起，宋叔和（1959）把它们连起来合称"秦祁地轴"是有充分理由的。同时，内蒙地轴也可以通过阿拉善西延为天山褶皱带的中间隆起。由于"地轴"两侧地质构造发展的不平衡性，断裂坳陷的时期可以不同。追随"地轴"外侧的断裂坳陷，可以在空间上断断续续，在时间上不相连续，但不能因为它在某些地段与块块相接，就把它划归块块运动区，如不应因"秦岭地轴"与中朝地台在有些地方相接，而把它划归中朝地台。

第四个特点，相邻的地块越大，其间结合的断裂褶皱带越长、越宽、越大。深达几百公里的震源，就是沿太平洋最长最宽的地带。极深震源说明地壳断裂的深度。这种断裂褶皱的宽度可达数百公里，甚至一千多公里。它们的长度几乎是全球的。地形上，它们的高度无与伦比。世界最高的喜马拉雅山珠穆朗玛峰，就在这样的地带。比高也特别大，深海沟的底部和沿岸高山的比高可达十几公里。这样的地带，就是环绕太平洋巨大的太平洋褶皱带和海沟带，与分开北大陆和冈瓦纳巨大地块的阿尔卑斯－喜马拉雅褶皱带及它们的前缘凹陷。大陆坡是第二级又深、又长、又宽、比高又大的地带，它们所镶嵌的是大陆巨地块与次生大洋巨地块。各大陆上的地台与地台大地块之间又深又大的断裂带，或又长又宽的褶皱带，也是很显著的。分开西伯利亚地台与中朝地台的是一个很宽很长的褶皱带，宽达一千多公里，长达一万多公里，其中包括几个构造旋回的褶皱带，贝加尔、加里东、华力西、燕山等褶皱带，在这个大褶皱带内各占不同的部位。它从阿尔泰及哈萨克斯坦，向北延伸，埋藏到较新的沉积层下，形成西西伯利亚地坪。这个隐藏的褶皱带，分开了俄罗斯地台与西伯利亚地台这两个大地块，它们本身又形成了一些地块。把大地块分成较小地块的褶皱带或断裂带就更小了，如在中朝地台中分隔阿拉善地块和鄂尔多斯台向斜的贺兰断褶带，分割内蒙地轴与辽冀大断陷和山西台背斜、山西台背斜与鄂尔多斯台向斜的断裂或断褶带等。这样的断褶带，往往长不过几百公里，宽几十公里，如果只是断层分开，断层带往往是很窄的，如山西台背斜与鄂尔多斯台向斜之间的断层，就比较简单。把以上所说的台向斜或台背斜，这样分割成为更小地块的挠褶带或断裂带，更加简单、短小，但在较小比例尺的地质图上，表现得还是很明显。把更小地块分割成再次一级小地块的断裂或挠褶，是一些比较小的构造，在小比例尺的地质图上往往不清楚，但从地层关系上还是可以看出。大地块之间活动性强，构造史复杂的长、大、深、广的断裂褶皱带，往往有多种多样的丰富矿产。例如，横贯欧亚大陆的复杂断裂褶皱带，就是分开北大陆与冈瓦纳巨大地块并长期发展的极复杂的活动带，阿尔泰山、天山、祁连山、昆仑山、秦岭、横断山脉，就在这一地带，有的已经证明，有的即将证明，是矿产特别多样而丰富的地带；又如，乌拉尔山地在俄罗斯地台与西西伯利亚地坪之间，也是矿产丰富多彩的地带。最复杂的断裂褶皱带，自然是前寒武纪的部分，在块块运动区出露的地方，它们也是矿产丰富的地区。以上所指是原生矿床，次生矿床不在这里赘述。

第五个特点，在三个以上地块的结合处，或两个以上断裂褶皱带成丁字或十字形的交叉地带，活动性较强，地块较碎小，构造历史较复杂，矿床较繁多。大大小小的地块在地壳中的分布不很均匀，往往大小相间。在三个较大地块之间的地区，往往分布着许多较小的地块。例如，太平洋巨大地块、冈瓦纳巨大地块和北大陆巨大地块（这里指西伯利亚联合地块）之间，恰好是太平洋断裂褶皱带和阿尔卑斯－喜马拉雅断裂褶皱带（包括华力西断裂褶皱带）交合的地区，出现了中国更加分裂的较小一些地块。又如，中朝地台、扬子地台、塔里木地块和西藏地块之间的昆仑、祁连、秦岭、横断山脉几个断裂褶皱带交会的地区，就有像柴达木、松潘等构造复杂的较小地块。更小的实例，如在四川台向斜、江南"地轴"和秦岭"地轴"之间，是加里东断裂褶皱带（即秦岭褶皱带、下扬子断褶带与黔鄂断褶带）成丁字形交会的地区，这里出现了黄陵、武当、南阳、江汉等较小的地块。国外最鲜明的例子，是在天山、阿尔泰、乌拉尔等断裂褶皱带遥相交会的地区，出现了准噶尔和哈萨克斯坦地区的许多较小地块，它们恰好分布在西西伯利亚、土兰和塔里木三个大地块之间。这样的分布规律正好说明，一个整体破裂后重新焊接起来的图案。

断裂褶皱带交会地区的构造历史，往往非常复杂。太平洋断裂褶皱带和阿尔卑斯－喜马拉雅断裂褶皱带相交会的中国地区，由于较小一级的地块很多，频繁地互相作差异运动，在各地块之间所伴随的断裂褶皱带，也就具有强烈的活动性，多旋回性也特别显著，其结果是发生多次造矿。从矿点分布来看，我国的断裂褶皱带交会地区的矿藏，将由勘探证明，一定会是极其丰富。乌拉尔、阿尔泰、天山断裂褶皱带交会的哈萨克斯坦地区是矿产丰富地区。加里东断裂褶皱带交会的川、陕、鄂边区，已发现有多种多样的矿点，将来有可能证明是矿产丰富地区。可以推知，将来在松潘地块周围，也会发现不少矿产。

四

总之，我们的地壳是一个由大大小小破碎块体镶嵌起来的。最大的地块是由阿尔卑斯或太平洋褶皱带及其深大前缘凹陷所分开而镶嵌的太平洋巨大地块、北大陆巨大地块和冈瓦纳巨大地块，次一级的地块是由三个最大的地块分裂又焊接的各大陆及各大洋海盆巨地块。各大陆与各大洋海盆又是再分裂再镶嵌的许多大地块所形成，它们最显著的代表是大陆上各地质历史时期中形成的新老地台，它们都是由深断裂和褶皱带所分割而又结合起来的地壳块体。不论新地台或老地台，它们都以再次一级的深断裂、大断裂或更次一级的褶皱带结合起来。更有各式各样的大一级套小一级的断裂褶皱带，把这些较小的地块分割为更小的，以至用显微镜才能看到的碎块，这些碎块也都曾以不同的焊接形式镶嵌起来。所说不同形式的焊接，在大范围中大多是褶皱变质和岩浆凝结，在小范围中则多为简单的断层、岩脉或矿脉结合。这些由大大小小断裂褶皱活动带所分隔的大大小小的块体活动地区所形成的镶嵌构造的特点是：（1）块块往往是一边仰起、一边俯倾的三角形或多边形块体；（2）作和缓运动的块块，总是与作激烈运动的条条相结合，泛地台与泛地槽的地壳发展阶段是不存在的；（3）相邻的块块或上或下，或左或右，夹在其间的条条也是有正有负、有左有右，因而"地轴"应该划归条条运动范畴，不应属于地台部分；（4）相邻地块越大，夹在其间的条条运动地带规模越大，构造越复杂，矿产越丰富；（5）三个以上相邻地块的交接处，如丁字或十字的交叉处，往往发现比较零星的一群小地块，在这种地区地壳的活动性较强，构造较复杂，矿产较丰富。

参考文献

〔1〕 W. H. Bucher. Deformation of the Earth's crust. 1933

〔2〕 Ю·М·谢音曼. 论中国地盾的历史. 见：科学译丛·地壳发展的规律性与区域大地构造. 科学出版社，1937，P132-147

〔3〕 B. Gutenberg and C. F. Richter. Depth and geophysical distribution of deep-focus earthquakes. Geol. Soc. Am., Bull., 1938, 49, P249-288

〔4〕 B. Gutenberg and C. F. Richter. Depth and geophysical distribution of deep-focus earthquakes (second paper). Geol. Soc. Am., Bull., 1938, 50, P1511-1528

〔5〕 Lee J. S. Geology of China. 1939（中国地质学. 正风出版社，1952）

〔6〕 T. K. Huang. On major tectonic forms of China. Geol. Serv. China, Memoirs A, 1945, 20.（中国主要地质构造单位. 地质出版社，1954）

〔7〕 李四光. 地质力学之基础与方法. 中华书局，1945

〔8〕 H·C·沙茨基. 魏根纳假说和地槽. 见：地质专辑·第9集. 地质出版社，1946，P4-20

〔9〕 H. H. Hess. Major structural features of western North Pacific, an interpretation of H. O. 5485, bathymetric Chart, Korae to New Guinea. Geol. Soc. Am., Bull., 1948, 59, P417-446

〔10〕 B·M·西尼村. 中国陆台的构造及其发展. 见：科学译丛·地壳发展的规律性与区域大地构造. 科学出版社，1948，P123-131

〔11〕 A. Knopf. The geosynclinal theory. Geol. Soc. Am. Bull., 1948, 59, P649-670

〔12〕 A. E. Lombard. Appalachian and Alpine structures—a comparative study. Am. Assoc. Petrol. Geol., Bull., 1948, 32, P709-744

〔13〕 Н. М. Страхов. Основы исторической геологии. 1948（地史学原理. 地质出版社，1955）

〔14〕 R. W. Van Bemmelen. The geology of Indonesia, the Hague（in Russian, 1957）. 1949

〔15〕 J. Gilluly. Distribution of mountain-building in geologic time. Geol. Soc. Am., Bull., 1949, 60, P561-590

〔16〕 P. B. King. Tectonic framework of southeastern United States. Am. Assoc. Petrol. Geol., Bull., 1950, 34, P635-671

〔17〕 А·В·裴伟，B·M·西尼村. 地槽学说与某些主要问题. 见：地质专辑·第9集. 地质出版社，1950，P12-51

〔18〕 P. Weaver. Variation in history of continental Shelves. Am. Assoc. Petrol. Geol., Bull., 1950, 34, P351-360

〔19〕 G. M. Kay. North American geosynclines. Geol. Assoc. Am. Memoir, 1951, 48（北美地槽. 科学出版社，1959）

〔20〕 B·B·别洛乌索夫. 地壳构造和地壳发展的问题. 见：科学译丛·地壳发展的规律性与区域大地构造. 科学出版社，1951，P54-71

〔21〕 B·E·哈茵. 大地构造. 见：科学译丛·地壳发展的规律性与区域大地构造. 科学出版社 1952，P87-118

〔22〕 E·B·巴甫洛夫斯基. 地壳发展的若干一般性规律. 见：科学译丛·地壳发展的规律性与区域大地构造. 科学出版社，1953，P38-48

〔23〕 А·С·霍敏多夫斯基. 中国东部地质构造基本特征. 地质学报, 1953 年第 32 卷第 4 期, P243-297

〔24〕 D. N. Wadia. Geology of India. 1953

〔25〕 Н. С. Шатский. 1 : 6,000,000 геологическая карта Евразии, МВД СССР. 1954

〔26〕 李四光. 从大地构造看我国石油资源勘探的远景. 石油地质, 1954, 16

〔27〕 黄汲清. 中国区域的地质构造特征. 地质学报, 1954 年第 34 卷第 3 期, P217-244

〔28〕 喻德渊. 中国大地构造与矿产分布. 地质学报, 1954 年第 34 卷第 3 期, P257-270

〔29〕 张伯声.《中国东部地质构造基本特征》读后. 地质学报. 1954 年第 34 卷第 3 期, P279-289

〔30〕 В. В. Белоусов. Основные вопросы геотектоеики. 1954（大地构造基本问题. 地质出版社, 1956）

〔31〕 李四光. 旋卷构造及其他有关中国西北部大地构造体系复合问题. 科学出版社, 1955

〔32〕 H. W. Menard. Deformation of the Northeastern Pacific basin and the west coast of North America. Geol. Soc. Am., Bull., 1955, 66, P1149-1198

〔33〕 黄汲清. 鄂尔多斯地台西沿的大地构造轮廓和寻找石油的方向. 地质学报, 1955 年第 35 卷第 1 期, P23-39

〔34〕 张文佑. 我国大地构造研究工作中存在的一些基本问题. 地质知识, 1955 年第 8 期, P1-5

〔35〕 Н·И·尼古拉耶夫. 根据新构造资料看地壳构造及地形的发展. 地质译丛·2. 地质出版社, 1957, P1-12

〔36〕 В·Е·哈茵. 世界大地构造学的现状. 地质译丛·10. 地质出版社, 1957, P1-15

〔37〕 Б·А·别特鲁雪夫斯基. 关于乌拉尔、西伯利亚海西后期地台与天山的中新生代发展史. 地质译丛·9. 地质出版社, 1957, P37-47

〔38〕 В·В·别洛乌索夫.普通大地构造学基本问题.地质学报, 1955 年第 35 卷第 3 期, P117-206

〔39〕 В·В·别洛乌索夫.大洋盆地的地质构造及发展.地质学报, 1955 年第 35 卷第 3 期, P207-224

〔40〕 В·М·西尼村. 中国大地构造基本轮廓. 地质译丛·7. 地质出版社, 1956, P1-14

〔41〕 陈国达. 中国地台"活化区"的实例并着重讨论"华夏古陆"的问题. 地质学报, 1956 年第 36 卷第 3 期, P239-266

〔42〕 敖振宽. 试论中国地台南部加里东运动影响及大地构造发展史. 地质学报, 1956 年第 36 卷第 3 期, P273-298

〔43〕 В·Е·哈茵, Е·Е·米兰诺夫斯基等. 地表现代地形基本轮廓与新大地构造. 地质出版社, 1956

〔44〕 А·В·裴伟. 深大断裂的特点、分类及其空间上的分布. 地质译丛·11. 地质出版社, 1956, P22-30

〔45〕 А·В·裴伟. 深大断裂与沉积作用、褶皱作用、岩浆活动和矿产形成之间的关系. 地质译丛·12. 地质出版社, 1956, P6-13

〔46〕 В·М·西尼村. 地壳成因和发展问题. 地质译丛·5. 地质出版社, 1957, P1-7

〔47〕 В·М·西尼村. 昆仑弧的构造性质. 地质译丛·7. 地质出版社, 1957, P38-39

〔48〕郭勇岭，甘克文. 鄂尔多斯地台大地构造分区图说明. 西北大学学报（自然科学版），1957年第 2 期，P109-115

〔49〕Н. С. и др. Шатский. Тектоническая карта СССР и Сопредедьных стран. 1957

〔50〕В·В·别洛乌索夫. 中国中部和南部大地构造基本特征. 地质译丛·1. 地质出版社，1957，P1-14

〔51〕M. N. Hill. Recent geological exploration of the ocean floor, chapter 5 in Anrens', L. H. et al. (editors) "Physics and chemistry of the earth", 1957, Vol. 2, P129-163

〔52〕李四光，孙殿卿，吴磊伯. 旋卷和一般扭动构造与地质构造体系复合问题. 科学出版社，1958

〔53〕中国科学院地质研究所. 中国大地构造纲要及 1∶4,000,000 中国大地构造图. 见：中国科学院地质研究所地质专刊第一号. 科学出版社，1959

〔54〕J. F. Lovering. The nature of Mohorovicic discontinuity. Trans. Am. Geophs. Union, 1958, 39, P947-955

〔55〕А. М. Смирнов. О сочленении Монголо-Охотского и Тихоокеанского складчатых поясов и Китайской платформы. Иэв, АН СССР, сер. геол., 1958, 8, P76-92

〔56〕陈国达. 动定转化递进说(论地壳发展一般规律). 地质学报，1959 年第 39 卷第 3 期，P179-292

〔57〕张伯声. 从陕西大地构造单位的划分提出一种有关大地构造发展的看法. 西北大学学报（自然科学版），1959 年第 2 期，P13-30

〔58〕Zhang Bo-sheng. The Pre-Cambrian systems and the geotectonic development of Chungtiao Shan, Shansi. Scientia sinica, 1959, Ⅷ, No. 5, P523-556

〔59〕C. L. Drake et al. Continental margins and geosynclines: coast of North America, North of Cape Hatheras, Chapter 3 in Anrens', L. H. et al. (editors) "Physics and Chemistry of the earth", 1959, Vol. 3, P110-194

〔60〕G. F. Kaufmann. Productive and prospective petroliferous zones with tectonic framework of Japan and adjacent areas. Am. Assoc. Petrol. Geol. Bull., 1959, 43, P381-396

〔61〕Н·И·尼古拉耶夫. 关于研究中国新构造的若干理论问题和方法问题. 科学出版社，1959

〔62〕C. B. Officer et al. Geophysical investigations in the eastern Caribbian: summary of 1955 and 1956 Cruises. Chapter 2 in Anrens L. H. et al. (editors) "Physics and Chemistry of the earth". 1959, Vol. 3, P17-109

〔63〕张尔道，关恩威. 从地质-地貌方面对西安附近地区新地质构造运动的初步研究. 西北大学学报（自然科学版），1959 年第 2 期，P83-99

〔64〕黄汲清. 中国东部大地构造分区及其特点的新认识. 地质学报，1959 年第 39 卷第 2 期，P115-134

〔65〕宋叔和. 关于祁连山东部的"南山系"和"皋兰系". 地质学报，1959 年第 39 卷第 2 期，P135-146

〔66〕Ю. М. Шейиманн. Древнейшие структуры платформ и их эначение для обшей тектоники. Совем, 1959, геол. 3, P27-41

〔67〕 L. G. Weeks. Geologic architecture of circum-Pacific. Am. Assoc. Petrol. Geol., Bull., 1959, 43, P350-388

〔68〕 E. K. Устьев. Охотскии тектоно-магматическии пояс и некоторые с ним проблемы. Совем. 1959, геол., 3, P3-26

〔69〕 Shingo Ehara. Geotectonics of the Pacific: geotectonics of the Ryukiu atcuate islands and its influence upon the western Part of southwestern Japan. Jow. Geol. Soc. Japan, 1960, 66, P229-241

〔70〕 黄汲清. 中国地质构造基本特征的初步总结. 地质学报, 1960 年第 40 卷第 1 期, P1-32

〔71〕 陈国达. 地洼区的特征和性质及其与所谓 "准地台" 的比较. 地质学报, 1960 年第 40 卷第 2 期, P167-186

〔72〕 马杏垣. 中国东部前寒武纪大地构造基本轮廓. 科学通报, 1960 年第 16 期, P481-484

〔73〕 马杏垣等. 中国大地构造的几个基本问题. 地质学报, 1961 年第 41 卷第 1 期, P30-44

〔74〕 W. Y. Chang. On the mechanism of block-faulting of the Chinese craton. Scientia Sinica, 1961, X, 3, P361-376

〔75〕 谢家荣. 中国大地构造问题. 地质学报, 1961 年第 41 卷第 2 期, P218-229

〔76〕 V. V. Beloussov and E. M. Ruditch. Island arcs in the development of the earth's structure (especially in the region of Japan and the Sea of Okhotsk). Jour. Geol., 1961,69,6, P647-658

〔77〕 Zhang Bo-sheng. The analysis of the development of the drainage Systems of Shensi in relation to the new tectonic movements. Scientia Sinica, 1962, XI, 3, P399-414

〔78〕 刘以宣. 广东地质构造发展特征. 地质学报, 1962 年第 42 卷第 1 期, P62-71

陕西水系的发育同新构造运动关系分析[①]

张伯声

一、引　言

　　解放前，曾有不少地质学家和地理学家在他们的著作中，讨论陕西的地貌和河谷发育。例如，威里斯（B. Willis）等[1]、王竹泉[2]、德日进（P. Teihard de Chardin）和杨钟健[3]、赵亚曾和黄汲清[4]、谢家荣[5]、李连捷[6]、李承三[7]、王志超[8]、冯景兰[9]等等。其中，许多人对这里的自然地理阶梯现象很感兴趣，并且从整体上强调地壳的交替升降运动。然而，很少或根本无人来探讨近代地质时期的块断运动对该省河道发育的影响。

　　解放后，冯景兰[10]、张伯声[12, 15]、王乃梁[13]、楼桐茂[16]、祁延年[17]、张尔道和关恩威[19]等，在他们的著作中对陕北地区渭河谷地的河道发育情况，新构造运动和地貌特征进行了论述；同时，朱震达[11]、沈玉昌[14]、张保升[18]等，也在著作中对秦岭地区的河谷发育作了解释。他们都对该区提出了许多新的观点，但问题仍远远没有解决。

　　由于现今水系是在过去地史中长期持续发育的结果，因此水系发育成为现今的状态并不是偶然的，其有规律的发育过程是可以被认识的。在水系发育过程中，存在有许多控制因素，如该区的气候条件、基岩岩性特征、地层的构造及地壳运动，其中最后一个可认为是主要因素。本文的重点在于论述陕西新构造运动和水系发育之间的关系。我们首先将探讨水系的突出特征，然后论及新构造运动，最后在构造运动的基础上，特别是新构造运动的基础上，对陕西水系的发育情况进行分析。

――――――――――

①原文为英文，1962年发表于《中国科学》第11卷第3期。本文系由解建民译，孟庆任校。

二、陕西水系的突出特征

陕西水系的突出特征是：①主干河流两侧支流的不对称性；②陕北地区河流的逆向性；③陕北的树枝状水系；④陕南的格子状水系；⑤主要的横向河谷通常切过中、新生代的红色盆地；⑥深切曲流发育；⑦渭河谷地的过渡性特征（图1）。

（1）主干河流两侧支流的不对称性，是陕西水系的突出特征之一。陕西与山西交界处，向南流动的黄河两侧，其东侧所有支流比西侧的要短得多，仅汾河例外。在陕西境内，黄河西侧的支流，如窟野河、秃尾河、无定河、延水等，都比黄河对岸那些支流长，如蔚汾河、湫水、三川河、昕水等。渭河从陕西中部横向流过，然后注入黄河，其支流的分布也不对称。渭河北侧的支流，像泾河、洛河都是大而且长的河流，而南侧的支流大多数较短，仅灞河和黑水例外。至于横穿陕西南部的汉江，其北侧也有许多比南侧又长又大的支流，表现出明显的不对称性。汉江北侧的支流，如褒水、湑水、旬河和丹江，与主干河流南侧的支流，如牧马河、任河和岚河相比，都是较大且长的河流。嘉陵江是长江最大的支流之一，其支流分布的不对称性表现得最为显著。嘉陵江西侧的支流要比东侧的长得多，大得多。还有另一条叫作洛河的河流，它是黄河最大的支流之一，向东流入河南省，其支流分布也表现出不对称特征，北侧的支流要比南侧的长得多。

同样的，支流本身也表现出相同的特性。例如，作为嘉陵江东侧源流的东河，其西北侧次一级的支流，比东南侧的相对要长一些。褒水西侧的支流要比东侧的长。旬河东北侧的支流要比西南侧的大。丹江北侧，泾河东北侧，北洛河西侧，以及无定河西侧和南侧的支流，都比其对面的支流长。

上述支流的不对称性，在全国范围是一种总的特征，而下述特征则大多是局部性的。

（2）水系的第二个突出特征是河流流向与地层倾向相反。这种现象主要局限于陕北地区。该区的河流绝大多数是反向的，即水流方向与沉积岩层的倾斜方向相反，只有少数河流的部分河道与地层走向一致。黄河在陕西与山西交界处的一段似乎是个例外，因为它明显地与地层走向一致；然而，黄河在由壶口至禹门口这一下流段，其河道再次发生改变而与地层倾向相反。

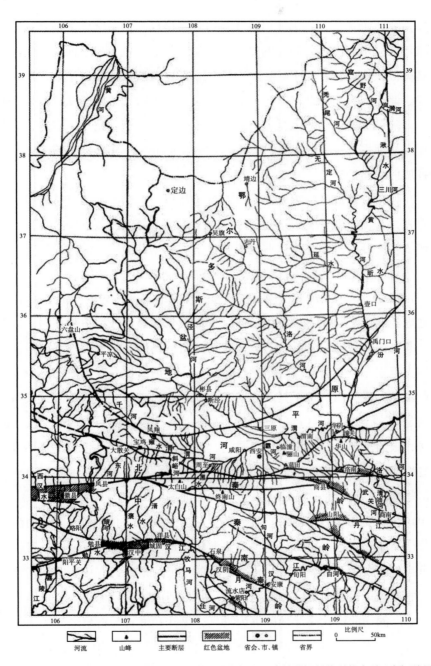

（1）水系支流的不对称性；（2）陕北的树枝状水系；（3）秦岭地区的格子状水系；（4）处于中间地区的渭河平原；（5）秦岭地区切穿红色盆地的河流；（6）陕西主要断裂系统（主要断裂系统和红色盆地主要根据陕西地质研究所的陕西地质图）

图1　陕西主要水系图

（3）陕北水系的另一个突出特征是树枝状格局，但沿鄂尔多斯盆地南缘的狭长带状地区，水系呈不太明显的格子状格局。例如，位于彬县西北面的泾河上游段，具树枝状格局，而其下游在流经鄂尔多斯盆地边缘狭窄地段时，却转为格子状格局。北洛河也是如此，其上游呈树枝状，而下游却呈格子状。另外还有一种情况，即陕北最北部的水系呈放射状分布。这一地区包括靖边、定边、志丹和吴旗等地，从那里，无定河上游各支流呈放射状向北、向东和向南流去，从而形成了一种放射状格局。

（4）处于秦岭地区的陕南水系具有格子状格局。主干河流汉江和较小的主干河流丹江，皆流动于纵向峡谷之中。汉江的支流如褒水、湑水、旬河、任河等，皆下切成横向峡谷，而上述这些河流的小支流，却又在较小的纵向峡谷中流动。另外，还有一些更小的支流，下切成一系列纵横交替的小峡谷。

（5）秦岭山脉中的主要横向河流，通常切割纵向延伸的中、新生代红色盆地，这些盆地的两侧常存在有一系列峡谷。例如，作为嘉陵江源流的东河，以及嘉陵江的一些支流，穿过徽县红色盆地，并切穿盆地两侧的一系列峡谷。丹江是汉江最长的支流之一，它首先流经洛南红色盆地，然后穿过一系列峡谷，最终流过商南红色盆地。最突出的例子是汉江，它不像月河河道那样，从石泉到安康呈直线型，而是两次流过安康红色盆地，从而形成了一个巨大的弓形曲线。汉江的支流如任河和银河，与丹江的支流如老君河、武关河和清油河，它们都是切过新生代红色盆地或侏罗系含煤盆地的横向河流。这两类盆地，在构造上都是断块盆地。上述这些特征，无疑是这些河流发育历史的证据。

（6）在陕北和秦岭地区，广泛分布着深切曲流。陕北的那些深切曲流，通常切入黄土高原以下约二百米。泾河、洛河和无定河等深切曲流一般呈直径约二至三公里或更巨大的 S 形。另外，沿着它们的支流河道，还有更小的深切曲流。黄河深切曲流的规模是非常大和相当深的，并且河曲的直径可达十公里以上。在秦岭山脉中，深切曲流比陕北地区更为常见。汉江在洋县与石泉之间的河道，呈一直径约三十公里的巨大曲线型。也有直径约几公里至十公里的河曲，譬如在紫阳到安康之间的流水店附近的河曲，就是如此。由于河流的挖掘和侧蚀作用，有时沿着较小的深切曲流颈部或狭窄地段，还可引起河流的截弯取直现象。例如，彬县以东的断泾村附近，沿泾河河道就有两个这样发育于河流下切时期的截弯取直现象（图 2）。主要的深切曲流在进入主干河谷时，主要发育在谷口以内，如滑水和旬河。这些深切曲流的特征，也为陕西河流的发育历史提供了证据。

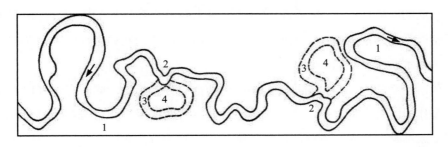

1. 深切曲流现象；2. 下切深度约为一百五十至二百米已穿透的截弯取直段；3. 已干涸的河道；4. 环绕圆形小丘现象

图 2　断泾村－彬县一带的泾河

（7）渭河水系具有由陕北水系过渡到秦岭地区水系的明显过渡特征。在渭河谷地内广布的泛滥平原上，形成了许多大大小小的曲流。靠近并沿渭河的南面，秦岭山脉高达一千多米，并具有许多较陡的斜坡。在斜坡上形成许多短的沟壑，和一些较长的急速流向广阔泛滥平原的格子状河流。在渭河北侧，有一系列广泛分布的阶地和巨大的鄂尔多斯黄土高原。长而复杂的树枝状河流，就是由那里流向渭河谷地的。

简而言之，陕西水系可分三类，①陕北巨大的树枝状水系，它们深深切入鄂尔多斯黄土高原；②秦岭山脉中的格子状河流，它们在古老的准平原上冲出深深的河道，横向流过红色盆地；③渭河泛滥平原上错综复杂的蛇曲河流，其北侧为大而长的树枝状支流，而南侧为小而短的格子状支流。但总的来说，所有河流，不管大小，其两侧支流的发育都具不对称性。

三、陕西地区的新构造运动

如上所述，现今陕西水系的明显特征，是过去水系演化的结果，而这种演化一直受到构造运动，尤其是新构造运动的控制。下面我们将详细论述这些运动：

新、老构造运动之间的界限是很难划分的，但为了方便起见，我们可以这样规定，即新构造运动是从上新世开始的，而最新构造运动仅限于晚第四纪和近代。

陕北黄土高原上的黄土平原、土岭和土丘的形成，曲流的下切和阶地的形成，渭河两侧阶地的抬升，渭河泛滥平原之下的厚层松散沉积，秦岭地区古老准平原的抬升和遭受强烈的下切作用，断块盆地中第三纪、第四纪地层的侵蚀，以及由此而形成的秦岭山脉中的峡谷和阶地等，所有这些毋庸置疑的事实，都说明了陕西新构造运动的活动性，无须再做进一步的讨论。我们在这里仅强调，新构造运动对陕西水系发育的影响。

陕西较老的，尤其是新构造运动以褶曲活动方式为主，同时在许多地方伴随有断裂作用。许多情况下，第三纪地层，并且有时侏罗纪和白垩纪地层与更老的地层形成不整合接触。例如，凤县、勉县和紫阳一带，侏罗系与较老地层之间存在有不整合关系，凤县地区白垩系与第三系超覆于侏罗系之上，再往西至徽县盆地，第三系横向超覆于白垩纪地层之上。后一种情况显然表明，从侏罗纪至第三纪的不同时期，徽县红色盆地中发生过几个不同方向的褶曲运动。在商县盆地，从侏罗纪到第三纪期间，盆地有从西向东迁移的趋势。在安康盆地，早第三纪地层与较老地层呈不整合关系，而在洛南盆地，晚第三纪地层与二叠纪煤系和古老的变质岩不整合。在鄂尔多斯盆地，三叠纪至第三纪的岩层，存在着一种由东南向西北的退覆现象，最后使得老第三纪地层只能沉积于盆地西侧的六盘山地区。然而，陇山运动却又使得六盘山发生褶皱和隆起，以至于第三纪晚期的沉积重新返回鄂尔多斯盆地。与此同时，陕西与山西的交界处，存在一个与山西吕梁山地区隆起相对应的下降地带。在渭河断陷谷地的某些地方，如临潼骊山地区，还有另一个下沉地带，其中接受了第三纪的沉积。因此，在继中生代以后的第三纪至第四纪期间，陕西许多地区存在有隆起和下降情况，表现出一系列或大或小的升降区。一级沉降区是平缓而广阔的鄂尔多斯盆地，而一级隆起区是平缓而巨大的秦岭隆起。在巨大的鄂尔多斯盆地里，还有许多二级的隆起和盆地，黄河谷地位于其东，一个脊状隆起位于其西，而在甘肃东部，依次还有一个槽型盆地。在巨大秦岭隆起之上，也有一系列二级隆起和盆地，其中北秦岭带是一个脊状隆起，而汉江地带却是一个槽型盆地。在后一地区，同样有一系列更小的隆起和盆地，譬如徽县盆地、安康盆地、商县盆地和洛南盆地等（见图1）。与此同时，渭河断谷地带介于广阔的鄂尔多斯盆地与巨大的秦岭隆起之间，呈过渡状态，其中也存在二级的隆起和盆地，如临潼凹陷和周至凹陷。

早第四纪是处于褶曲作用早期和断层作用晚期之间的过渡时期。鄂尔多斯盆地以前是在东南方向上倾，向西北倾俯，这时却开始向相反方向倾斜。也就是说，西北侧隆起，向东南倾俯。尽管如此，盆地的东南边界地带与渭河谷地相比，仍然处于隆起状态（图3）。当时秦岭地带已经开始向上翘起，而其南带发生沉降。与此同时，开始出现一些深断裂，将巨大的秦岭隆起分成许多长条状的楔形断块。这些深大断裂的突出例子，就是通过蓝田和洛南、商南和商县、凤县和斜峪、安康和石泉等那些断层（见图1，图4）。与秦岭地区相比，渭河断陷谷地是一个比较强烈的沉降带。无论是在该断陷谷地的南侧还是北侧，伴随有断层作用的沉降早已开始，并形成了断陷裂谷的雏形（图5）。这就是为什么早第四纪在渭河断陷谷地分布极为广泛的三门系，在陕北和秦岭地区很少见到的原因。

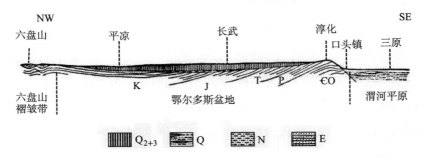

根据时代连续的地层分布，可以看出构造运动的交替变化。盆地东南部在晚第三纪以前上倾，而后下倾。

图3　鄂尔多斯盆地剖面图

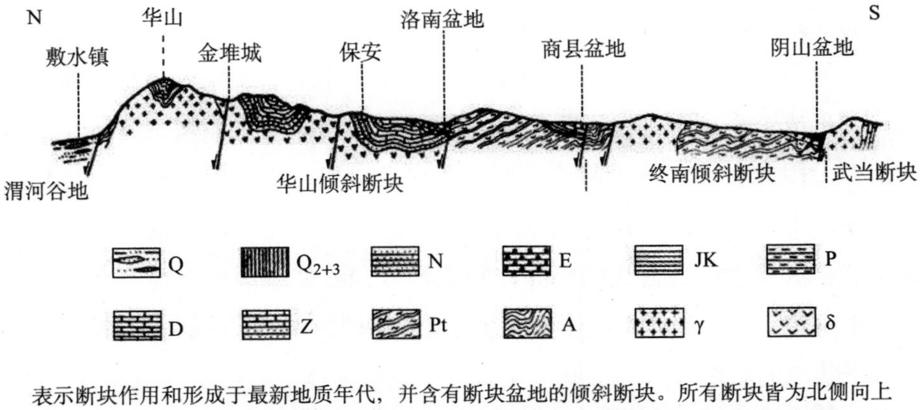

表示断块作用和形成于最新地质年代，并含有断块盆地的倾斜断块。所有断块皆为北侧向上翘起，而向南倾俯。这些则是引起秦岭地区水系不对称性和格子状格局的主要控制因素。

图4　渭河谷地至山阳盆地剖面图

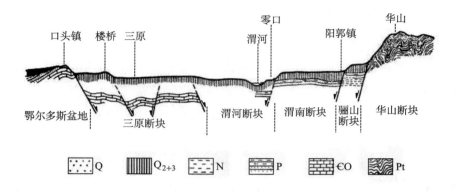

表示地堑复合特征的形成（据张尔道，关恩威等）。很清楚，缓倾斜断块形成于最新地质时期。它们都背离渭河谷地倾斜（比较图 3 和图 4）。

图 5　渭河地堑剖面图

第四纪中期是淡红色壤土或老黄土的沉积时期。在该时期末，鄂尔多斯盆地已逐渐被老黄土填满，同时盆地的西北部已缓慢抬升，东南部缓慢下降。这种情况直到盆内河流流向东南，最后流入断陷谷地为止（见图 3），谷地内已经发育了古老的渭河，并且沉积了老黄土。与此同时，在秦岭地区的徽县、汉中、洛南等盆地中，也沉积了老黄土。

在老黄土或淡红色的黏土沉积之后，断层作用成为构造运动的主要形式，鄂尔多斯盆地也急剧抬升；与此同时，盆地的西北部分上升得越来越高，东南部分也在上升，但上升的速率较小，然而这一部分与渭河断陷谷地相比，仍呈现抬升状态。最后，陕北黄土高原的顶面高出渭河泛滥平原约四百至五百米，因而黄河、泾河、洛河及其支流下切得越来越深，原来众多大大小小的曲流开始下切，并形成一系列深达二百至三百米的深切曲流。由于最新构造运动呈跳跃式的抬升，因此在深切曲流两侧，形成了许多组三、四级的侵蚀——沉积型阶地。现在，下切的深度已达古老侵蚀面之下约二十至三十米。这一古老侵蚀面就是老黄土沉积之前的古代准平原，它起初是向西北缓倾的，而不是像现今这样向东南倾俯。尽管如此，位于鄂尔多斯盆地南缘的黄河、泾河和洛河出口处，近于水平状态的软硬岩层的层状夹层，对于这些河流上游阶地形成的控制作用，也应视为阶地形成的控制因素之一。

同时，秦岭山带的最新构造运动状态与陕北地带相比，部分相似，部分不相似。秦岭带隆起的速率要比陕北带快得多，与渭河断陷谷地相比，一般来说，秦岭带至今已上升约二千米（见图4，图6）。这种不相似性在于，秦岭带不像陕北带那样大规模抬升，而是形成长条形楔状块体，即断块，并以倾斜方式抬升，通常向南倾俯，并在其南侧形成断块（见图4，图6）。因此，先成河流如汉江及其支流，就必须交替流过宽阔平坦的盆地和深深的峡谷。此外，峡谷中还有众多的深切曲流，开阔的谷地中还有阶地形成。例如，河南洛河的上游纵向流过洛南盆地。该盆地内有一个深断裂带，其北侧有一个表面倾向这一断裂带的倾斜断块，南侧为另一个背向此带倾伏的倾斜断块。这样就形成了一个断块盆地，其中的主干河流——洛河，其支流北侧长，南侧短。商县和商南地带同样也是一个断块盆地，其中的主干河流——丹江，其支流也是北侧长，南侧短。同时，该主干河流在横向流过断块盆地时，不管沿其上游至断块盆地的北侧，还是沿其下游至盆地南侧，都发育了一系列峡谷。沿汉江、嘉陵江和其他河流，也有类似情况（见图1和图4，图7，图8）。总而言之，秦岭地区楔状断块，也表现为跳跃式抬升。沿上述河流及其支流，也可见到各种各样的阶地。

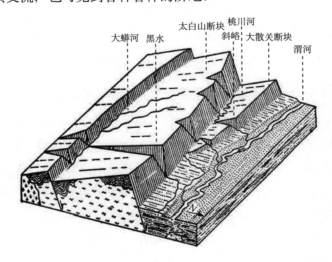

表示在最新地质时期，秦岭地区的一部分被分割成许多倾斜断块。所有断块北侧上倾，向南倾俯。同时还表明，在太白山隆起上，黑水和斜峪河的先成特征，以及分别位于倾斜断块向南倾俯的面上的大蟒河、桃川河及黑水、斜峪河上游的顺向性。太白山与渭河断陷谷地之间的积累落差在三千米以上（关恩威编绘）

图6 太白山臆想断块图

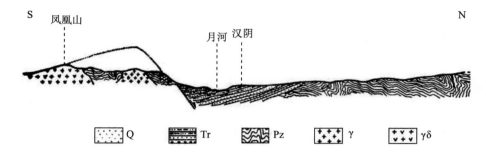

表示秦岭部分地区被分割成北侧翘起、向南倾俯的断块，这些断块造成了月河的不对称性、格子状格局和众多的深切曲流。

图 7　安康（石泉）盆地剖面图

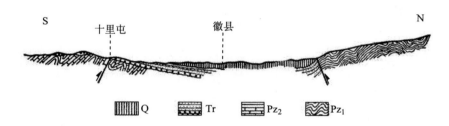

表示断块南侧翘起、向北倾俯。主要断层位于盆地北缘。这在秦岭地区是个例外。

图 8　徽县（凤县）盆地剖面图

就渭河断陷谷地而言，地质状况已与以前不同。在第四纪，渭河断谷基本上是一个沉降区，其中沉积了三门系，并在已经变形的三门系侵蚀面上，沉积了老黄土（见图 5）。在老黄土沉积之后，断谷的断裂下陷仍在继续，但却被进一步分割成许多楔状断块，呈倾斜状态，并且断块彼此之间还存在差异运动。临潼的骊山断块可视为一例。由骊山断块向外，许多小河流呈放射状分布，并且西南侧的较长，东北侧的较短。另一个例子是凤翔和扶风地区。该区有一个叫雍水的切入黄土阶地的小河流，其北侧的支流长，而南侧只有很短小溪。这表明该区必定有两个紧靠的倾斜断块。值得一提的是，下陷最深的周至断块，其中接受了数百米的松散沉积。因此，渭河断陷谷地是由断层作用和侵蚀作用所形成的泛滥平原、不对称的小丘以及阶地组成的。

在晚近地质时期，由于断块上升和沉降的方向已经固定，因此陕西水系也已固定下来，仅有少量进一步的变动。上升断块上升得越来越高，而沉降断块下降得越来越深，它们都同样以跳跃方式在变动。

简而言之，根据第三纪和第四纪地层的分布，第四纪地层与较老地层的关系，它们的断层作用特点及流过它们河流的侵蚀状况，清楚表明，晚第三纪和第四纪早期的新构造运动主要表现为褶曲，而第四纪晚期的最新构造运动则以断层作用为主。于是，陕西被深断裂分成三部分：陕北部分不均衡上升，其西北部翘起，向东南倾俯；秦岭部分从整体上说，北侧抬升，向南倾俯，并且这一巨大的倾斜断块也依次形成了许多较小的倾斜断块，几乎所有的倾斜断块都向南倾斜；渭河断谷部分也有一种不均衡的运动，其南侧比北侧沉降幅度大，并且也进一步被分割成许多向南倾俯的断块。

四、陕西水系发育过程的分析

上面已经简要论述了陕西水系和新构造运动的突出特征，然而，水系的格局并非一开始就是这样，它们肯定经历了一定的发展过程，并且这种过程必然与构造运动，尤其是新构造运动密切相关。这种发展应该是一个连续的过程，但可以分成若干阶段。

海西运动后，三叠纪陕西的侵蚀区和沉积区是这样分布的：中秦岭和南秦岭地区形成了褶皱山隆起带，成为一个广阔的侵蚀地区；位于秦岭以南，包括四川省的巴山地带，是一个具有海相沉积的广阔沉降地区；北秦岭隆起带，可能还包括渭河断陷谷地，是介于中秦岭和南秦岭剥蚀地区与鄂尔多斯盆地沉积区之间的过渡地区。鄂尔多斯盆地当时是一个接受陆相沉积的内陆盆地。这样，当时古代河流自然应从南秦岭带往南流入包括巴山和四川在内的海相盆地，同时也从中秦岭带往北，穿过北秦岭和渭河断谷这一过渡地带，流向鄂尔多斯陆相盆地。与此同时，来自吕梁山隆起和阴山隆起的众多河流，也流入鄂尔多斯盆地。这一结论看来是无疑的，因为这是根据三叠纪沉积地层的分布而得出的。

侏罗纪时的地质变动很明显。尽管当时鄂尔多斯盆地的沉积界线逐渐向西北迁移，但陕北地区仍然是该内陆盆地的一部分，其中沉积了侏罗纪的含煤、含油层系。巴山地带已逐渐抬升，成为一个剥蚀地区，但仍然有一些零星的小型沉积盆地。广阔的四川海盆，也已逐渐变成一个陆相盆地。同时，秦岭地带，包括北秦岭、中秦岭和南秦岭，已成为具有差异振荡运动的古老准平原，从而形成凤县、商县、勉县和紫阳等许多侏罗纪含煤盆地。所有这些清楚表明，秦岭两侧广阔的沉降，沉积地区在逐渐收缩，分别向北向南后退；而秦岭带的隆起剥蚀地区却在逐渐扩大。尽管如此，由于不均衡隆起，秦岭地带形成了许多分散的小型含煤盆地。从地貌上看，起伏从突出而变为平缓的现象，可由水系的变化反映出来。在秦岭和巴山地带，流域盆地增多，并且规模变小，散布全区，因而形成了许多侏罗纪的含煤盆地。然而在秦岭两侧，尽管河流变得又短又小，但仍然分别流向鄂尔多斯和四川内陆盆地。

燕山运动时期，吕梁山和阴山地带进一步隆起，而贺兰山地带却发生了褶皱断裂。秦岭地带进一步隆起，并伴有火成活动。由于邻近的贺兰山褶断带比其他隆起带抬升更高，使得鄂尔多斯盆地的地质状况也发生了变化，盆地西部比其他地区沉降更深，而盆地东、南、北部变为向西缓倾，因此，水系逐渐向西北迁移。类似的，由于秦岭和巴山地带的隆起，隆起南坡上的河流也都有向四川盆地方向移动的趋势。由于秦岭地带的火成活动和差异隆起，绝大多数内陆小型含煤盆地逐渐沉降得越来越深。地形的变化使河流的侵蚀变得更为强烈，因此，在四川和陕北的白垩系底部，以及秦岭山脉中分散的内陆盆地里，形成了大量砾岩。然而，水系的大致形态并没有大的变化。

早第三纪时，由于构造运动和缓，因而是一个广泛的均夷作用时期。像秦岭这样的隆起地区，在该期已逐渐剥蚀成准平原；而像陕北这样的沉降地区，也逐渐被填平。因此，剥蚀地区处于缓慢收缩状态，变得越来越小，而沉积地区越来越为广泛，很可能延伸到了渭河断陷谷地的南部，如陕西的临潼骊山地区。这时，鄂尔多斯盆地东侧仍然没有通向海的出口，渭河断陷谷地这个介于秦岭和鄂尔多斯之间的过渡带，当时已成为分散着许多第三纪小盆地的广阔平原。因此，鄂尔多斯盆地中相对较大较长的河流，应当认为是由秦岭地区流向西北的。秦岭地区当时是一个非常广阔的准平原。秦岭地区分散盆地的面积也在扩大。除了像徽县和商县这样已经扩大了的中生代盆地外，还发育了一些诸如商洛和安康盆地这样的新盆地。

秦岭地区的古老河流，自然地分别流入上述分散的盆地。但是可以认为，汉江在当时可能已经大体上发育成现今的形态。虽然巴山和秦岭在当时还没有受到流水下切，但在它们之间，汉江可能已有许多大的环绕曲流，同时很可能已在东边夺路而出。当时汉江的先成源头，可能远远向西穿过嘉陵江，而现今嘉陵江的水源，可能就是古代汉江的源头。沿汉江河道有许多巨大的深切曲流，伴有许多幽深的峡谷，而将像凤凰岭（其相对高差有一千米）这样的巨大山脉分割开来。因此，应该把汉江看作是在秦岭地区早第三纪准平原上，早已形成的古老大河。汉江的上游沔水，流动于巨大的纵向谷地之中，在嘉陵江巨大河谷附近，该谷地缓慢抬升成为为很低的分水岭，沔水的水量很小，因而与其巨大的谷地相比，显得极不相称。同时，嘉陵江西侧的支流极长，像西汉水，但东侧的支流却极短，然而沔水的大部分支流，却都延伸得非常接近嘉陵江河谷。这些现象可以认为是以前的汉江，曾经延伸到嘉陵江以西的证据。"西汉水"之名，可以认为是中国古代地貌学家的正确见解，因为这实际上意味着曾经发生过嘉陵江对汉江的河流袭夺过程。我们还不确知这一河流袭夺的确切时间，但这仍然可以认为是较近地质时期的一个地质事件，因为和秦岭地区绝大多数分水岭相比，嘉陵江河谷与沔水源头之间的分水岭太低了。

从早第三纪到晚第三纪这一过渡时期，正是阿尔卑斯运动的高潮时期，陕西地区也在进一步分化，一些地区抬升，另一些地区沉降。从整体上说，秦岭地带为隆起区，鄂尔多斯和渭河断谷地带为沉降区。然而秦岭隆起带却开始分裂成许多倾斜断块，并在以前沉降地区的基础上，形成了许多断块盆地，如徽县盆地、洛南盆地、商县盆地和安康盆地，以及在其他地区形成的盆地，如汉中盆地。渭河断陷谷地以深断裂与秦岭带分开，并且又以另一条较前者小些的大断裂与鄂尔多斯地区分开。事实上，鄂尔多斯盆地当时仍然是一个沉降区。

在普遍发生断层作用的初期，总的来说，有这样一种趋势，秦岭断块北侧上翘，向南倾俯，并且整个断块又分裂成许多较小的倾斜断块，一般都是北侧抬升，向南倾俯（见图1，图4，图6，图7），只有少数断块向相反方向倾斜（见图8）。例如，沿商洛盆地延伸的断层是一个深大断裂，将北侧的华山断块与南侧的秦岭地轴分割开来。这两个断块都是倾斜断块，北侧抬升，向南倾俯。沿宝鸡地区斜峪河的上游，即桃川河谷存在着另一个大断裂，将北秦岭西部分割成两个倾斜断块，即南侧的太白山断块和北侧的大散关断块，二者也是北侧抬升，向南倾俯。然而，桃川断层是一个巨大的掭转断层，在凤县以东，该断层南侧上冲，而在凤县以西，同是该断层却北侧上冲，以至于该断层以西地段两边的断块改变了方向，不是向南而是向北倾斜。勉县含煤盆地以南，有一个相对较小的断层，其两侧的倾斜断块也同样向南倾斜。穿过安康和石泉的凤凰山大断层，两侧也有两个倾斜断块，都向南倾俯。因此，倾斜断块不论大小皆向南倾俯是一个总的趋势，也是秦岭地带构造运动的突出特征之一。正因如此，该区绝大多数河流的支流发育，才具有一种不对称性，即北侧长而南侧短。

　　一般来说，整个渭河断谷块体也是北侧抬升，向南倾俯（见图 5），并分裂成许多较小的断块，其中大多数断块都有着相同的运动趋势，即向南倾俯，如骊山和沁水倾斜断块。因此，渭河的支流及其支流的支流，也都具有一种不对称的发育，北侧长而南侧短。但必须注意的是，在晚第三纪，渭河、黄河仍然没有向东的出口，这就是为什么在渭河断陷谷地中，广泛分布着早第四纪的河流、湖沼沉积，即三门系的原因。与此同时，鄂尔多斯盆地南缘仍然很高，致使河流向西北流动。由于这种原因，当时还没有像泾河、洛河这些流入渭河的河流，在渭河断陷谷地之中，也没有来自于这些河流的沉积物。

　　在晚第三纪，进一步的构造运动使得块状断裂活动发生强化。总的说来，秦岭地区这一古老准平原的北侧上升得越来越高，向南倾斜得越来越厉害，倾斜运动的速度大于渭河支流的下切速度；这时，这些支流的源头就被袭夺了，转过来向南流而不像以前那样向北流，仅有周至的黑水是个例外（见图 6）。黑水量之大，侵蚀速度之快，都足以与秦岭的向上翘起相抗衡，于是，黑水的上游切过秦岭主脉，继续向北流去。因此，古老的秦岭准平原上，几乎所有的河流都向南流，最终变为汉江的主要支流。这些支流在地块倾斜或断裂作用时期的进一步侵蚀，成为许多巨大的横向河谷，并具有许多作为先成河流的深切曲流。这样，便在横向河谷的两侧发育了后来的纵向河谷，并在纵向河谷的两侧，发育了许多反向的和再次顺向的河流。结果，汉江及其支流变成了一系列大小不同的格子状水系。汉江的主要支流还在以前形成的和新近形成的盆地中填满了晚第三纪沉积，并在自己形成的泛滥平原上迂回流动，在后来的上升隆起时期，当它们流经这些盆地时，形成了许多切入红色地层的深切曲流。

　　在晚第三纪到早第四纪这一过渡时期，介于鄂尔多斯盆地和渭河断陷谷地之间的隆起地带仍然很高，分隔了其两侧的古老河流。由鄂尔多斯盆地南缘向北流的水体水量越来越小，侵蚀能力逐渐减弱，在盆地南部的沉积作用也缓慢下来，然而与此同时，从盆地西缘向东南流动的水体水量越来越大，在盆地西北部分的沉积作用加快，使这个一度深深沉降的地区被填满。同时，新构造运动使盆地的这一部分上升得越来越高，使盆地地表逐渐倾斜，最后向东南倾斜。这时，流向西北的河流不得不转过来流向东南。此外，鄂尔多斯盆地南缘沿隆起带南侧，还存在有河流的溯源侵蚀。与以上两种过程相联系，发育了又长又大的泾河和洛河。早在泾河和洛河发育以前，婴年黄河可能就已穿过鄂尔多斯盆地的西缘而进入盆地，直到盆地西缘升高，遏阻了婴年黄河水系的灌入，而银川断块盆地的深深沉降，足以容纳黄河流水。此后，婴年黄河进入银川盆地和河套盆地，最后又一次从鄂尔多斯盆地的东北角进入该盆地。婴年黄河以后的发育过程与泾河类似，并终于在鄂尔多斯盆地东南角的禹门口夺路而出。

根据陕北水系的上述发育过程，可以解释以下事实：（1）鄂尔多斯盆地中又长又大的河流向东南流动，并在盆地南缘形成深深的河谷；（2）当这些河流在向东南倾俯的地面上流动时，最初形成了树枝状格局和众多的曲流，后来为晚第三纪和早第四纪松散沉积所覆盖；（3）老黄土高原上的深切曲流发育于鄂尔多斯盆地南缘的河谷深深下切的时期；（4）最后，河水在切入基于相对较老，且向西北倾斜的地层上的古代准平原时，形成了一套具有反向河谷的上迭河流。对陕北水系发育的这种解释，是与水系的突出特征大体吻合。否则，如果认为河谷在早第三纪，或更早地质时期已经形成，那么像反向河谷、深切曲流等这样一些简单问题都不能解释，更不用说那些较为复杂的问题，诸如河谷之间的黄土梁和黄土丘形成时的所谓沉积方式，尤其是水系的树枝状格局，因为在具有单斜地层上的古代准平原上发育的只能是格子状格局，而不可能是别的。

在早第四纪，位置较高的鄂尔多斯盆地和位置较低的渭河断陷谷地中，同时沉积了老黄土。当黄河、泾河和洛河的入口处接受松散沉积时，渭河断陷谷地中填积已达海平面以上约七百米，几乎与河南和山西交界处盆地以前出口地的高度相似。黄河、泾河和洛河流入渭河断陷谷地，加快了谷地的填积作用。当黄河在山西与河南交界处掘开河口时，渭河断陷谷地中形成了复合型阶地。这有时是由于出口处侵蚀速率的交替变化，或者是由于在滑坡障碍物的出口处，因软硬岩层的夹层而引起侵蚀和沉积的交替变化，或者是由于普遍振荡运动的结果，有时也是由于在断陷谷地中，某些地区倾斜断块差异运动的结果。

从晚第四纪至今这一时期，陕西水系已经基本形成，而无大的变化。由于秦岭山脉持续上升，河谷则继续向下深切。从整体上说，秦岭北侧上翘，向南倾俯，并彼此分裂成许多大体上都向南倾俯的倾斜断块。

陕北水系自从晚第四纪形成以来，基本上很少或没有变动。尽管这样，由于黄土高原逐渐地一步步抬升，导致了河谷的深切和阶地的形成；另一方面，黄河、泾河和洛河谷地处，软硬岩层夹层的控制因素，也是不应忽视的。

渭河成型之后，其水系也很少有或没有什么变动，渭河河谷的加深，不仅由于断陷谷地出口处的深切作用和断陷谷地中某些断块的抬升，而且是断陷谷地中部分断块沉降的结果。渭河泛滥平原有一部分就是一些断块沉降的结果。

对陕西水系发育过程的上述分析，主要是以构造运动，尤其是新构造运动的控制因素为基础的。把这两种控制因素结合起来，就可以充分解释全地区水系不对称的突出特点，陕北水系的树枝状格局和反向河流的矛盾，秦岭地区水系流过红色盆地和水系格子状格局的发育，所有河谷中深切曲流和阶地的形成，以及河流袭夺现象的发育。

对关恩威同志和杨金钿同志协助绘制图件，作者在此表示感谢。

参考文献

〔1〕 B. Willis et al. Research in China. Carnegie Institution of Washington，Gibson Brothers. 1907

〔2〕 C. C. Wang. Explanation to the geological map of china, Taiyuan-yulin sheet. Geol. surv. china. 1926

〔3〕 德日进，杨钟健. 山西西部陕西北部蓬蒂纪后黄土期前之地层观察. 地质专报甲种第八号，1930

〔4〕 赵亚曾，黄汲清. 秦岭山及四川之地质研究. 地质专报甲种第九号，1931

〔5〕 C. Y. Hsieh. Note on the geomorphology of the north Shensi basin. Bull. Geol. soc. China, 1933, 7 (2)

〔6〕 L. C. Li. A physiographical study of the lower Wei Ho graben. Bull. Geol. soc. china, 1933, 7 (4)

〔7〕 C. S. Lee et al. Report on the geographical expedition of the Chialingkiang valley. Geographical Memoirs of China Institute of Geography, 1946, No. 1

〔8〕 T. C. Wang. Report on the geographical expedition of Hanchung basin. Geographical Memoirs of China Institute of Geography, 1946, No. 3

〔9〕 K. L. Fong. The asymmetrical development of the drainage systems of China. Science Reports,

Tsinhua Univ., Ser. C, 1948, 1 (3)

〔10〕冯景兰. 黄河流域的地貌，现代动力地质作用，及其对于坝库址选择的影响. 地质学报，
　　　1955 年第 35 卷第 2 期

〔11〕朱震达. 汉江上游丹江口至白河间的河谷地貌. 地理学报，1955 年第 21 卷第 3 期

〔12〕张伯声. 从黄土线说明黄河河道的发育. 科学通报，1956 年第 3 期

〔13〕王乃梁. 对于张伯声先生《从黄土线说明黄河河道的发育》一文的意见. 科学通报，1956
　　　年第 7 期

〔14〕沈玉昌. 汉水河谷的地貌及其发育史. 地理学报，1956 年第 22 卷第 4 期

〔15〕张伯声. 陕北盆地的黄土及山陕间黄河河道发育的商榷. 中国第四纪研究，1958 年第 1 卷
　　　第 1 期

〔16〕楼桐茂. 陕西无定河流域的几个地貌问题. 地理学报，1958 年第 24 卷第 3 期

〔17〕祁延年，王志超. 关中平原与陕北高原南部的地貌及新地质构造运动. 地理学报，1959 年
　　　第 25 卷第 4 期

〔18〕张保升. 秦岭南坡洵河的地貌发育. 中国第四纪研究，1959 年第 2 卷第 2 期

〔19〕张尔道，关恩威. 从地质—地貌方面对西安附近地区新地质构造运动的初步研究. 西北大
　　　学学报（自然科学版），1959 年第 2 期

在块断构造的基础上说明秦岭两侧河流的发育[①]

张伯声

一

解放以前，涉及秦岭两侧构造地貌与河流发育的论述颇多，较著名的有：李连捷[1]、赵亚曾与黄汲清[2]、李承三等[3]、王德基[4]、冯景兰[5]等。解放以后，随着国民经济的发展和水利建设的跃进，对秦岭两侧地貌也有了更多的讨论，如朱震达[6]、沈玉昌[7]、赵力田、张伯声[8]、张尔道及关恩威[9]、张保升[10]、安三元及叶俭[11]、祁延年等[12]。

地质构造的发展是河流地貌的基础，河流地貌是地质构造的反映。这个可以在作者的《陕西水系的发育同新构造运动关系分析》[13]一文得到说明。目前这篇短文可以说是前文的继续。以前曾用陕西的新构造运动，历史地分析了本地区水系发育，现在还要根据这一点对秦岭两侧的河流发育作进一步的探讨，进一步阐明构造因素对于河流发育的密切关系。

作者的前文及此短文，都是在前陕西地质研究所编制的陕西省地质图（1961）基础上及作者的实践认识上写出来的。其结论主要依据秦岭水系分布的状况，以及新生代地层分布的规律，尤其主要的是根据变质基岩与新生代松散层界面（无松散层处则用最古剥蚀面）的差异运动。

秦岭地区的新构造运动是继承喜马拉雅运动的块断运动。整块北仰南倾是这一地区地壳运动的一般情况。整个断块又分为许多次一级的小断块，除个别

---

①本文 1964 年发表于《地质学报》第 44 卷第 4 期。

断块外，一般都是北仰南倾，形成"盆地山岭"式的构造（图1，图2，图3，图4）。秦岭断块北部仰起，向南倾俯，在长期的地质历史中形成了对渭河地堑差异在2000米以上的巨大断崖。在这一饱经剥蚀的巨大断崖两侧发育成两组截然不同的水系。一组是由秦岭分水岭北下的短小急流；另一组是由此南下源远流长的河流。二者分布有显著的不对称性[5]。在这两类一般性的河流以外，还有两种特殊发育的河流。一种是由秦岭分水岭先向南流，再折向东或西，最后向北穿过或大或小的北仰南倾的地块所形成的山梁的钓钩型水系；另一种是顺着断块所形成的构造谷，溯源侵蚀，袭夺了南流的汉江支流的源头，形成东西向河谷。

现将以上所说秦岭四种河流发育的块断运动背景，分别叙述于后。

二

秦岭的构造背景是很复杂的。在这里只能把坚硬的变质基岩看作一个整体，在燕山旋回中有挠褶，到喜马拉雅运动中有块断，而且块断运动现在还正进行[13]。

秦岭地带和渭河平原可以看作两个大断块，一升一降，互相错动。随地段不同，有不同的差异运动，如华山北坡错动的垂直差距在1750米以上，到太白山北坡则要在3000米以上。这个可以从华山与太白山上所残存的老剥蚀面与两个山脚下第四纪堆积所掩盖的可能是同一剥蚀面的错动差距加以证明。如果把渭河平原以下第三纪埋藏的老剥蚀面比作同一期的老剥蚀面，则自第三纪以来秦岭地块的升高与渭河地块的下降的差距就更大了。

秦岭断块长期以来整个作北仰南倾的倾斜变动。渭河断块大部分在南边也作北仰南倾的倾斜运动。这样就在秦岭北坡形成一个巨大的断崖。这一断崖虽然由于第三纪以来的长期剥蚀难以看出，但在最新构造运动继续作用下，秦岭山麓还可以看到这一断崖的痕迹，它表现为无数的三角面山嘴，整排地陡立在平原之上。从这些三角面山嘴的斜坡可以证明，秦岭北麓大断层面向北倾斜，倾角在45°左右，因而是正断层性质。

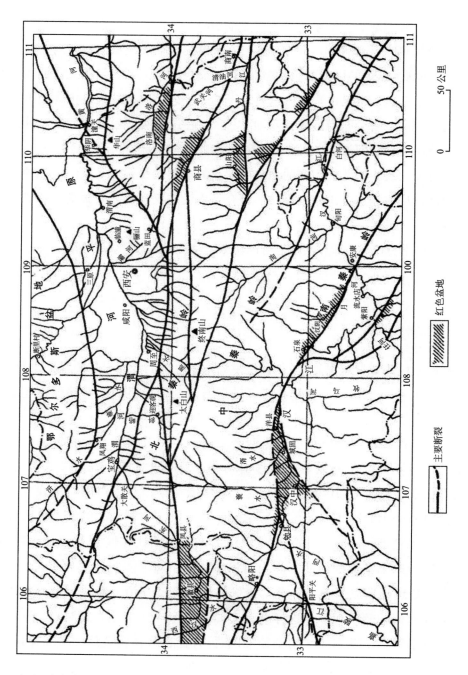

表示:（1）倾斜块断的"盆地山岭"构造;（2）由倾斜块断关系所形成的水系不对称性;
（3）横贯"盆地山岭"的汉江支流;（4）秦岭北坡的七十二峪。

图 1 秦岭中段水系及构造略图

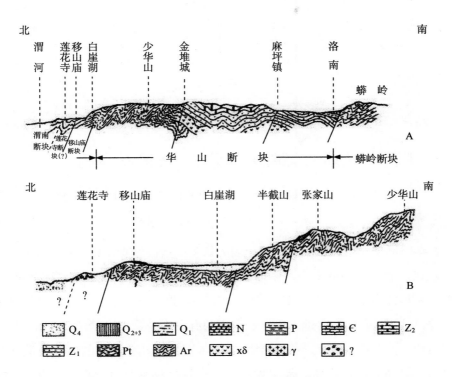

A. 从渭河平原穿秦岭的一个剖面，长约50公里。表示一系列北仰南倾的断块。

B. 同上剖面的一段，即渭河到少华山剖面，长约5公里。表示移山庙断块与少华山断块之间形成的白崖湖。

图2　从渭河平原穿过秦岭剖面图

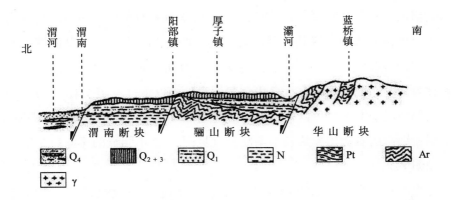

由渭河平原到秦岭的一个剖面，长约50公里。表示内秦岭断块（如华山断块）及外秦岭断块（如渭南断块及骊山断块）的关系。它们都是北仰南倾的断块。

图3　从渭河平原到秦岭剖面图

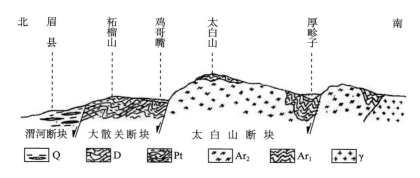

从渭河平原通过太白山的一个剖面，长约 50 公里。表示断块北仰南倾的情况。

图 4　从渭河平原通过太白山剖面

在秦岭断块和渭河断块中，又分裂为许多二级的断块，除个别断块以外，它们一般也作北仰南倾的姿态，因而在倾斜块断的山岭中间形成一些较小的块断盆地。明显的有洛南盆地、商县盆地、山阳盆地等（见图 1）；不明显的有华阳川盆地、桃川（斜峪）盆地，小得不足道的有白崖湖盆地（见图 2）。一般说来，相邻断块之间的断裂规模多是相当大的。根据上述几个盆地的厚层松散层与其南边的山岭高差，可以估计都有数百米。这就构成典型的"盆地山岭"式的构造地貌。

这许多二级的断块，可以根据它们所在地位分为内秦岭断块与外秦岭断块。秦岭大断层以南的叫作内秦岭断块，以北的叫作外秦岭断块。内秦岭断块在东部的是洛河以北的华山断块，它的形状是东宽西尖的楔形。华山断块以南是蟒岭断块。中部是太白山断块，形成狭长的东西走向巨大条块，其西端耸起为太白山，向西成楔状过凤州而尖灭。在太白山西北崛起的是大散关断块，向西展开到甘肃，向东成楔状，在太白山北麓倾没地面以下（见图 1 和图 4）。外秦岭断块大都埋没于渭河平原以下。秦岭山麓地带，也有一些断块突出于平原以上，其中明显翘起的有骊山断块及渭南断块（见图 3），不明显的小断块是移山庙断块（见图 2）。

秦岭内内外外所形成的这些断块，在新构造运动中一般都作了一边仰起、一边俯倾的变位，而且翘起高度很不平衡。在渭河平原上，太白山断块翘起在 3000 米以上，华山断块翘起在 1750 米以上，大散关断块翘起约 2000 米，骊山断块翘起 500 米左右，移山庙断块翘起 100 米左右。

　　秦岭内外断块的或升或降，一可以由老剥蚀面的变位，二可以由现堆积面的错动加以证明。关于老剥蚀面的变位，可用太白山和华山的例子。太白山的晚成年侵蚀面在跑马岭及拔仙台上向南倾斜 7°左右，东西延长数十公里，南北宽展十余公里（图 5）。华山三峰所代表的晚成年剥蚀面多少向北倾斜，南北、东西延展都不到 1 公里（图 6）。面积虽小，所代表的剥蚀面却很明显。它们可能都是在上新世及其以前长期剥蚀的准平原残留部分。但它们的海拔在太白山是 3600 米，华山是 2200 米，说明不同断块上升的不同高度。由于剥蚀面的倾斜，又可以看出同一断块在不同部位也有相对的升降。

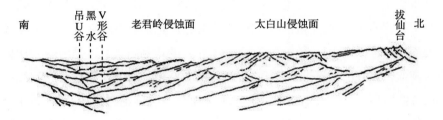

　　由下而上表示黑水河谷中的 V 形谷、吊 U 谷及其上的老君岭侵蚀面和太白山侵蚀面。

图 5　由老君岭西望太白山及黑水河谷

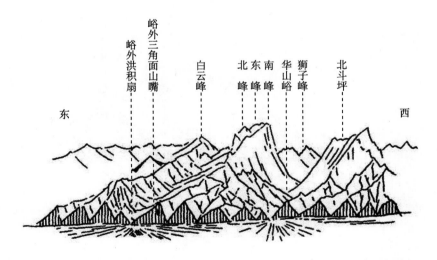

　　表示东、南、西三峰所在的华山侵蚀面及北峰侵蚀面，V 形谷及峪外洪积扇和断层形成的三角面山嘴。

图 6　由华阴南望华山

　　可能同一个老剥蚀面，在渭河地堑中一般是埋没于冲积层或较老的第四纪地层以下，但在某些地方还没有埋没，如莲花寺附近的移山庙断块，它的上边有一群小山包，形成一个稍微向秦岭山麓倾斜的波浪状地面，因而在移山庙与秦岭山麓之间造成一个湖盆，到目前已因湖水淤积变成季节性池沼。在移山庙断块表面上沉积有极薄的第四纪红色土及黄土。移山庙的高程约为450米，高出平原100米左右。它距离华山不远，是少华山的山麓丘陵。华山山顶已升高到2200米。看样子，少华山的升高不会太低于这个数字。因此可以说明，在新构造运动中，这一地段的秦岭升高与渭河断谷沉陷的差距可达1750米（见图2）。

　　顺太白山北斜峪上游的桃川是一个巨大的断裂。断裂以南是高耸入云的跑马岭，其上有保存完好的古剥蚀面；断裂以北是大散关断块，它也有一个北仰南倾的剥蚀面，因而在桃川形成一个长20公里左右的块断盆地，这是由斜峪切口而消灭的古湖盆。太白山古剥蚀面已升高到海拔3600米，如果计算它已经剥蚀掉的部分，应当更加高了。但桃川断裂以北的剥蚀面已经沉落到海拔1000米以下高程。这就不能不考虑，这里的断层垂直差距至少应在3000米以上。如果计算秦岭以北，周至地区的沉陷幅度，秦岭与渭河断谷在这里由于新构造运动的断裂差距就非常惊人（见图4，图7）。

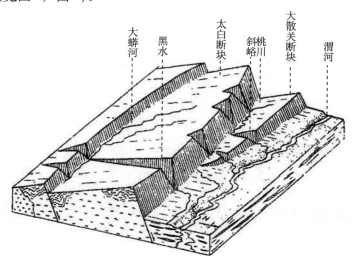

表示秦岭的一部分地段在最新地质时期分裂为许多倾斜断块，所有断块都是北仰南倾。同时表示黑水和斜峪与太白山断块的仰起呈反向的特点，而它们的上游大蟒河和桃川河则顺着倾斜块体的表面南流。太白山和渭河谷地之间的累积。

图7　太白山臆想块断图

　　太白山和华山上古剥蚀面的变位并不是"毕其功于一役"，一下子上升到目前的高度。秦岭的上升既是一种不断升起的发展，又是分阶段振荡上升的发展。在太白山及华山的古剥蚀面以下，可以看到另外两个面，但不似前者基本上完整地保存，而是由于它们在上升后的剥蚀已经深深割切，只能从峰峦平面或沟谷形态加以判断。从峰峦平面加以证明的是太白山剥蚀面以下的老君岭剥蚀面，或华山顶部以下的北峰剥蚀面。老君岭剥蚀面很明显，其高程大约在 2000 ～ 2700 米，对渭河平原来说，高过 1300 ～ 2000 米，好像一个巨大的峰海，峰海的上面雄峙着宏伟的太白山。在这个面上的峰峦并不是一般平，整个来说它们组成长十几公里的巨大波浪。这样情况，从老君岭和平安寺等处看去，最为明显（图8，图9）。这个剥蚀面是在秦岭上升过程中，一度停滞于较低水平所形成的，嗣后再度上升而被改变。它的低洼处代表当时的辽阔谷地，高处代表当时的平广岗陵。在新构造运动中，老君岭剥蚀面在太白山区，对渭河平原来说，升高了 2000 米左右。华山区北峰剥蚀面所表现的面貌和太白山区老君岭剥蚀面大致相似，所不同的是北峰剥蚀面上升得比较低，对渭河平原来说，在 1000 米左右，说明秦岭地带不同的断块在新构造运动中的不同上升幅度。

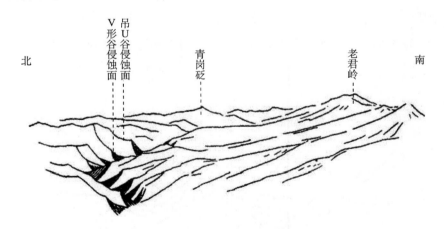

老君岭与青岗砭代表老君岭侵蚀面，形成一个峰海。峰海之下为后一期侵蚀面所形成的广谷，
由于其后一期的 V 形谷侵蚀，形成一系列的吊 U 谷。

图8　由老君岭向东望青岗砭谷形

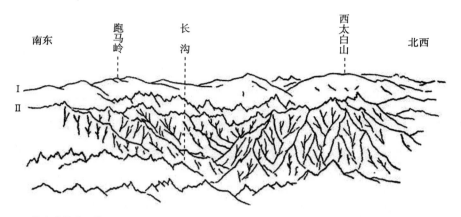

Ⅰ. 从东南的跑马岭到西北的太白山，表示向南倾斜的太白侵蚀面在北侧翘起的岭脊带。Ⅱ. 在太白山跑马岭北麓低于山脊约 1000 米的峰海，表示深受割切的老君岭侵蚀面，形成许多系列的梳状脊，其间所夹的长沟及其支沟都成Ｖ形。

图 9   由平安寺向西南望太白山

峰海巨大波浪状剥蚀面形成以后的上升，导致了进一步深切，在原来的广阔谷地上，又由流水侵蚀成了状似 U 形的宽谷（图 10，图 11）。这些似 U 形宽谷也是在秦岭上升放慢或间歇时形成的。最近地质时期的上升，引起它们的再度深切，完成目前的似 U 谷套 V 谷的谷中谷形象，可以叫作吊 U 谷。它们恰好反映了在最近地质时期，秦岭上升—间歇—上升的运动规律。吊 U 谷深切数百米，甚至千余米，V 谷深切数十米到百余米。这说明了秦岭新构造运动的剧烈性。

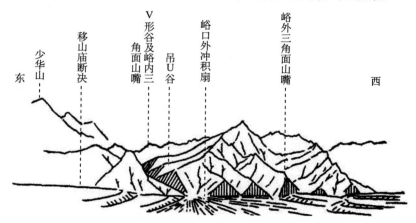

表示吊 U 谷及 V 形谷地貌，峪外断层形成的三角面山嘴、峪内河流侵蚀的三角面山嘴及峪外洪积扇。

图 10   由莲花寺车站南望小敷峪素描图

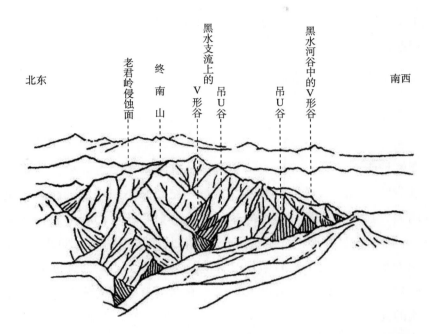

表示（1）终南山上已被破坏的向南缓倾的太白山侵蚀面；（2）宽缓波状的老君岭侵蚀面；（3）黑水河谷上层的吊 U 谷侵蚀面；（4）黑水支流河谷上层的吊 U 谷侵蚀面；（5）黑水河谷下层的 V 形谷；（6）黑水支流河谷下层的 V 形谷及其侵蚀面所形成的三角面山嘴。

图 11　由青岗砭东南望终南山及黑水河谷素描图

　　堆积面的断裂表现在渭河断谷中某些阶地的发展。渭河断谷中的阶地不完全是由老的堆积面上升侵蚀所成，有些是断裂的结果。根据安三元等[11]的分析，渭南、临潼之间的第四级阶地和第三级阶地的界线非常明晰，是由临潼向东南直抵秦岭山麓的断层，断层西南为四级阶地高高抬起的骊山断块，它在西北翘起，向东南倾斜，抵触秦岭的翘起断块，在秦岭山麓形成一俯一仰的断块构造谷，作为灞河的一段河谷。断层东北为降落数十米的第三级阶地，这就是著名的广大渭南平原，这里也可以叫作渭南断块。渭南断块的东北，又以一条走向接近南东东的断层与更加沉降数十米的华县断块相接（见图 3）。由此可见，渭河断谷并不是整体沉降，而是在秦岭山麓分作许多俯俯仰仰的断块，或沉降得少些，或沉降得多些，作综合沉降。

　　在秦岭北麓也可以看到最近断裂的沉降面。华山峪口的右侧，就有近代砾石层高悬在三角面山嘴的山坡上，而峪口以外洪积砾石层的表面，却落在高悬的砾石层以下 20 米左右。这说明秦岭断块和渭河断谷在最近的时期，还有 20 米左右的差异运动。

三

对秦岭地带"盆地山岭"式的构造运动有了基本概念以后，就可了解其两侧河流发育的规律性了。秦岭断块自第三纪以来不断在北部翘起，向南俯倾，其两侧自然形成两类一般性河流。一是由秦岭分水岭顺古老剥蚀面向南流入汉江，源远流长的顺向先成河；一是顺着长期发展的断崖向北流入渭河，谷短流急的反向河。由于秦岭断块又分为许多较小的、东西延展的、长条状的楔形断块，在同一断块上可以发育成具有向南流的顺向河源，然后转折汇入向北流的先成河主流的钓钩水系。还有向东流的较大河流顺断谷溯源侵蚀，割切较快以致夺去向南流的汉江支流的水源。后两种河流在特殊情况下才能形成。

首先谈一下秦岭分水岭南侧的顺向先成河水系。它们从秦岭山脊发源，河谷坡度平缓，源远流长，支流众多，依次汇合形成较大河流，南下入于汉江，如丹江、洵河、子午河、褒河等。秦岭断块在北部翘起使它们南流，这是它们的顺向性。它们在通过断陷盆地以后，又贯穿了由大断块分裂所成的许多较小断块的翘起山岭，这是它们的先成性。它们割切的速度超过了这些断块翘起的速度，它们堆积的速度超过了这些断块俯倾沉降的速度，因而不论在上升地带或下降地带都能维持它们的河道。它们能够在沉降地带形成冲积平原所展布的盆地，如洛南盆地、商县盆地、山阳盆地等。它们又能在地块翘起地带穿过山岭形成深切蜿曲。蜿曲切割的深度一般为 150～200 米，但也有超过 500 米，甚至更深的，这要看当地翘起的高度。

这些水系的图案一般是格子型，主要是由于构造的缘故。断块之间的断裂带多半成北西西走向。丹江、洵河、子午河、褒河等主流横穿翘起断块的同时，有近于东西向的支流即纵向河在断层谷中发展起来。秦岭地层走向一般也是北西西向，而顺走向发育的次成河谷也近东西。在较小断块的南侧又会形成一些较小的顺向河，北侧形成一些顺断崖落下的反向河。这些较小的顺向河及反向河，又有一些更加小的次成河与其相交，近于直角。因而，秦岭南侧的水系是顺向河、先成河、次成河、反向河等纵向谷与横向谷，交织在一起所形成的格子型水系。

整个秦岭断块的升降情况表现在洛南盆地、商县盆地、山阳盆地等几个红色盆地中第三纪和第四纪地层的堆积与割切。一般可以见到三级到四级阶地。最高阶地对河谷底部的比高可达 150～200 米。盆地与盆地间的峡谷中也有显示，往往在 150～200 米深的深切弯曲之上有一较宽的谷形，它和深切的窄狭 V 形峡谷结合成谷中谷地貌。因而，可以看到秦岭整块升降与局部断块仰倾运动相结合的情况。

其次谈一谈秦岭北侧短谷急流的反向河水系。它们从岭脊北下，坡度较陡，平时只有涓涓细流，洪水时期汹涌急湍，可以冲下大量砂石。长年累月，不断侵蚀，把秦岭北坡拉成无数大大小小的山沟，稍大一些的有七十二峪，如华山峪、小敷峪、石头峪、汤浴、翠华峪等等。

峪中地貌相当复杂。从低到高，有三谷重叠，最上还有太白山剥蚀面的残留（见图 5，图 9，图 11，图 12）。三谷重叠指的是，在下的狭窄 V 形谷、中间的似 U 形谷、上层的广谷互相重叠。它们在不同地段的所在高程并不一样，说明秦岭的各个断块曾经且正在不断上升，而且是分阶段作不平衡的上升。前已分别讨论，这里不再多谈。这里只谈峪内外的两种三角面山嘴和悬谷，以及峪外洪积扇和冲出锥的不同形式。

谷内外的两种三角面山嘴和悬谷：秦岭七十二峪，峪内、峪外都有明显的三角面山嘴和悬谷（见图 6，图 8，图 10 ，图 11）。峪外沿秦岭北麓，从潼关到宝鸡，到处可以看到或大或小的三角面山嘴，高数十米，在数公里外远望，看得非常清楚。就近看，大都是 45°左右的陡崖。目前沿华山北麓的铁路恰好就通过这样一系列数不清的三角面山嘴的崖根。由于新错动较快，侵蚀作用跟不上，三角面山嘴之间的冲沟也有形成悬谷的，如莲花寺以南约 3 公里的秦岭北麓半截山西侧，就有一个高 50～60 米的悬谷，它的出口处形成一个急流瀑布。这些情况都说明，最新错动的垂直断距达数十米。

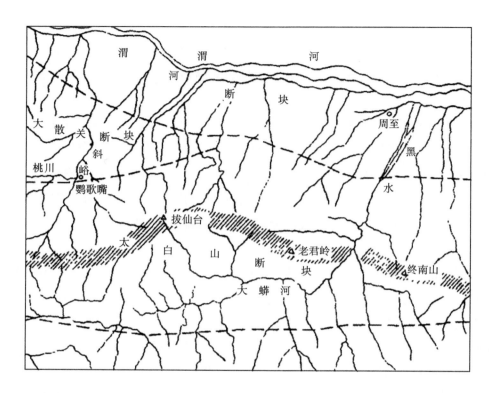

表示黑水发源于太白山最高峰拔仙台下，先顺北仰南倾的断块表面南流，而后平行于太白山南侧大断层向东流，最后北流切穿秦岭脊部向东北出山入渭河。桃川、斜峪的关系与之相同。

图 12　黑水钓钩状水系图

　　峪内的三角面山嘴和悬谷比较峪外的规模小一些，但数目更多一些。在构峪，往往见到一系列高数十米到数米的小三角面山嘴，它们中间有一系列的小小悬谷，悬谷上游的冲沟长不过百米，顶多 200 ～ 300 米。黑水河谷上的支流就长大得多。这样的现象在多数峪中都可见到。它们说明，秦岭北坡的七十二峪却因秦岭在最近地质时期升高，都在加速深切侵蚀，它们两侧的冲沟则由于暂时流水关系，跟不上主流深切的速度，才在峪的两侧形成许多系列的小三角面山嘴和小小悬谷。主峪和小沟的横剖面却成 V 形，都是流水侵蚀产物。

　　大峪、小峪和冲沟口外洪积扇不同形式的表现是显著的。敷峪、杜峪等大峪口外的洪积扇一般是宽大平缓，甚至看不出来，华山峪、构峪、小敷峪等小峪口外的洪积扇较陡，但还有数里长宽的规模，表面上往往切成十几米深、数十米以至百余米宽的浅沟。秦岭山麓尚有大大小小的冲沟，在其口外堆积陡而尖的洪积锥，往往迭置在以上所说的大峪和小峪口外的洪积扇上，可以叫作寄生洪积锥。这些大小长短不同的山沟口外不同样的洪积扇或锥的表现，是很有意义的。可以认为，大峪水大，侵蚀速度可以跟上秦岭上升，因而可在口外展开它的沉积物，造成宽大平缓的洪积扇。小峪水小，切蚀较慢，跟不上秦岭上升的速度，就在口外积累成较小较陡、但还相当大的洪积扇。但在秦岭上升放慢或停滞时期，小峪流水侵蚀反能在洪积扇上进一步深切，形成宽浅的河谷。至于许多大大小小冲沟的流水往往有季节性，侵蚀能力更小，速度更慢，可以在较大洪积扇堆积放慢或停止发展的时期，形成许多寄生洪积锥，迭置在较大的洪积扇上。因此，从大峪、小峪和许多冲沟口外不同形式的冲积扇或洪积锥，也可以说明秦岭与渭河地堑在新构造运动中的波浪式发展。

值得注意的是，在许多峪口表现一种共同现象，就是从峪口上溯一个不太长的距离，大约 2 公里，河谷一般较直较宽，在这以上往往遇到深切蜿曲。蜿曲以上，河谷又变得较宽较直，再经过 2～3 公里或更长一些距离又出现一次蜿曲。看来有几个蜿曲峡谷带和宽直谷带互相交替着，它们都说明秦岭经历过不断上升和上升阶段的发展过程。

再次谈一谈钓钩型水系。它们往往发源于北仰南倾的断块南侧老剥蚀面上，先由北向南流，当遇到南面断块翘起一侧的阻碍时，便转折，顺断层谷向东或西流，最后汇入一条先成河，切穿断块翘起的山梁，蜿蜒出山流入渭河。这样河流形似钓钩，可以叫作钓钩型水系。周至的黑水是个典型例子（见图 7 和图 12）。

黑水发源于太白山的拔仙台下，从这里南流，在古老准平原向南缓倾的斜坡上，形成二爷海－三清池的串池山沟，更向南穿过一个较陡的斜坡，这是黑水的上游。在太白山南侧顺一断层谷向东流经过厚畛子，渐向东北转折，穿过老君岭与终南山之间的深峡，最后转向北，出山流到渭河平原。黑河全长 200 多公里，是渭河南侧的最大支流。它所穿过的深峡两侧相对峙的老君岭和终南山，实质上是秦岭轴部。从老君岭向西逐渐升起，可以连到太白山顶。这里有向南缓倾的太白山剥蚀面斜坡（见图 5）。由此南流的河水就成了黑水的源头。由终南山的顶部，也可以隐约望到向南缓倾的斜坡。因此终南山、老君岭、太白山本是连在一起的。太白山剥蚀面翘起以前，似乎就有这一较大的黑水在这个剥蚀面上向北流动。当这一剥蚀面翘起的时候，原来向北缓倾的面逐渐变平，然后向南缓倾，但由于黑水流量较大，侵蚀能力较强，侵蚀速度能够跟上老君岭－终南山的上升，渐渐切蚀，达到老君岭剥蚀面的高度。在以后老君岭剥蚀面掀起时，黑水继续深切，把老君岭与终南山分开，一直经过吊 U 谷阶段，到目前 V 形谷的情况。因此，黑水在发展上说是一个先成河。终南山及老君岭对黑水的比高都在 1500 米以上。这就说明，只是在老君岭剥蚀期以后的一段时间，秦岭的太白山地段就至少升高了1500 米，甚至可达 2000 米。

斜峪和它上游的桃川是另一个例子（见图 7 和图 12）。斜峪在鹦哥嘴以下，以先成性的河谷切开大散关断块翘起的东端，打通了通向渭河平原的峡口。鹦哥嘴以上的桃川，顺走向流贯太白山断块与大散关断块之间的断块盆地。它的源流是由大散关断块的老剥蚀面向南流的，因而，斜峪也像黑水是一个钓钩型水系。

较小的钓钩型水系也在华山地带发现。这里的敷峪发源于华山断块南侧，先向南流，在华阳川断层谷中转向西，最后转折北流，切开华山与少华山之间的峡口，流到渭河平原。

在华县莲花寺附近，还有一个长不到 5 公里的很小河道，却表现为典型的钓钩型。这里有一个很小的移山庙断块，北部翘起，形成北面断崖。现在比高不到 100米，长不过 5 公里。断块表面向南倾斜，直抵秦岭大断层。在移山庙西侧有一小沟向南缓落，接到白崖湖盆，这是一个很小的断块湖盆，长不过 3 公里。湖盆中有一季节湖坪，长不到 1 公里。湖盆与渭河平原在移山庙东侧有一个北流的小沟相连。

灞河是一个复式钓钩水系。它发源于灞源以北，在华山断块向南倾斜的老剥蚀面上，流到灞源，遭遇南边断块，向西转折，再转向西北，以先成河穿过华山断块西端的峡谷，然后流到蓝田盆地。在这里接受了由骊山断块向南流的几个支流，形成复式钓钩，最后切开白鹿原与骊山之间的峡谷注入渭河。

以上说明秦岭北侧的钓钩型水系确切形成一个发育规律，它们都有向南流的顺向河源，向东或西流的断层河谷和向北流的先成河谷。顺便提一下，不论什么地方，如果遇到类似的构造地貌发育，就会表现同样的钓钩型水系，大之如雅鲁藏布江、黑龙江、松花江等，小之如滹沱河、无定河等，都是经过这样构造地貌发展而形成的钓钩型水系。因而，这不是一个地质上的局部性问题，而是一个一般性的有意义的问题。

最后谈一谈袭夺水系。秦岭南侧洛河对于丹江支流的夺源，是个显著的例子。

洛南盆地是个典型的断块盆地，它的北边是向南倾俯的华山断块，南边是北侧翘起的蟒岭断块。在洛南保安镇之间，洛河接受着从华山断块南流的源远流长、切割山岭很深的几条支流，如大汶河、麻坪河等。但从南边蟒岭断块的断崖带流来的支流非常短小，在保安镇以南隔一道相当低的分水岭，而且分水岭上散布着第四纪的砾石层。这个低分水岭隔开了洛河与丹江的一条支流——腰市河。腰市河由腰荆镇南流穿过第三纪红色盆地，以先成河切开蟒岭断块的峡谷到商县以北汇合丹江。很明显，洛河源头和其支流大汶河曾在地质时代不久以前，顺着向南倾斜的剥蚀面流入腰市河，而作为丹江的源头，但在洛河顺洛南盆地的断裂带向西溯源侵蚀的过程中，夺去了这个源头。很可能由洛南以北入洛河的石门川曾是丹江的另一支流的源头。因而，在洛河向西溯源侵蚀过程中，不仅袭夺了一个二个丹江支流的源头，而是一系列的源头。在这里的调查研究还很不够，作者只是初步提出这样一种看法，进一步的调查研究，就可证明这一种说法的真实性。

四

总之，秦岭两侧河流，由于"盆地山岭"式的新构造条件，发展成为四类水系。秦岭南侧的水系，由于北仰南倾的秦岭断块次分为许多北仰南倾的较小断块，使其谷道平缓，源远流长，流贯一串一串的峡谷与盆地，为水利建筑创造了有利条件。秦岭北侧河流因为是在长期活动的巨大断崖上发展起来的，不免坡陡流急，大雨成灾。兴修水利时，往往工程大，收效小。只有在爆炸能源充裕时，才可用定向爆破，兴建梯级水坝来保持水土。在特殊情况下个别的发展时期，较长北流河的侵蚀可以超过秦岭断块的翘起速度，就能够成为横断断块的先成河，汇合南侧斜坡上的顺向河，形成钓钩水系。这种水系在秦岭北坡往往比较长大，在它们的谷道上常有山峡、宽谷相继出现，可以作为坝址库区。至于洛河这一袭夺水系，它的谷道是顺着华山断块与蟒岭断块之间的断裂带发展的，在这里搞水利工程时，一定要特别注意当地的断层构造。

稿成后，曾根据夏开儒及张保升二位教授的意见加以修改，并由关恩威先生协助制图，特致谢忱。

参考文献

〔1〕 李连捷. 渭河断谷之地文. 中国地质学会会志，1933 年第 12 卷第 4 期

〔2〕 赵亚曾，黄汲清. 秦岭山及四川之地质研究. 地质专报甲种第九号，1931

〔3〕 李承三等. 嘉陵江流域地理考察报告上卷·地形. 中国地理研究所地理专刊第一号，1944

〔4〕 王德基等. 汉中盆地地理考察报告. 中国地理研究所地理专刊第三号，1944

〔5〕 K. L. Fong（冯景兰）. The asymmetrical development of the drainage systems of China, Science Reports, series C, 1948, vol. 1, No. 3, Tsinghua Univ.

〔6〕 朱震达. 汉江上游丹江口至白河间的河谷地貌. 地理学报，1955 年第 21 卷第 3 期

〔7〕 沈玉昌. 汉水河谷的地貌及其发育史. 地理学报，1956 年第 22 卷第 4 期

〔8〕 张伯声. 陕北盆地的黄土及山陕间黄河河道发育的商榷. 中国第四纪研究，1958 年第 1 卷第 1 期

〔9〕 张尔道，关恩威. 从地质－地貌方面对西安附近地区新地质构造运动的初步研究. 西北大学学报（自然科学版），1959 年第 2 期

〔10〕 张保升. 两河关以上洮河西干流踏勘初步报告. 西北大学学报（自然科学版），1959 年第 3 期

〔11〕 安三元，叶俭. 陕西渭南附近黄土原的成因. 西北大学学报（自然科学版），1959 年第 2 期

〔12〕 祁延年，王志超. 关中平原与陕北高原南部的地貌及新地质构造运动. 地理学报，1959 年第 25 卷第 4 期

〔13〕 Zhang Bosheng（张伯声）. The analysis of the development of the drainage systems of Shensi in relation to the tectonic movements. Scientia Sinica, 1962, vol. XI, No. 3

地壳波浪运动——形成镶嵌构造的一个主要因素[①]

张伯声

一、前言

作者（1962，1964）根据地面上分布的两个宏伟断裂褶皱带，即环太平洋断裂褶皱带与特提斯断裂褶皱带，说明了整个地壳是由三个巨大地块镶嵌起来的。由于两个宏伟断裂褶皱带分隔而镶嵌起来的三个巨大地块，是太平洋巨大地块、冈瓦纳巨大地块和劳兰特－安加拉巨大地块。这三个巨大地块又在各自的块体中，用次一级断裂褶皱带分裂为次一级的地块。后者又以更次一级断裂褶皱带，分裂为更次一级的地块。由此类推，直至分成非常小的地块，构成大地块套小地块，小地块套更小地块的镶嵌图案。同时，断裂褶皱带本身一样地表现为镶嵌构造。宏伟的断裂褶皱带则分带或分枝分权，在其中镶嵌着中间地块。分隔中间地块的分枝分权断裂褶皱带之中，又包括有较小的中间地块。由此类推，直至分成非常小的中间地块。

从目前的构造地貌上看，以上所说一级套一级的各种大小的地块，不仅在分布上有一定的规律性，而且在起伏形势上也有其规律性。这就是作正性运动的地块与作负性运动的地块，好像波浪状相间起伏，同时又像不同波系的波浪互相交叉，互相干扰，互相割裂，把地壳分成许多块段，构成错综复杂的地块波浪，形成复杂的镶嵌图案。

[①]本文摘要曾载于 1965 年《中国地质学会第一届构造地质学术会议论文摘要汇编（第一册）：区域构造　前寒武纪及变质岩构造　大地构造》。根据西北大学 1964 年 9 月打印稿，收入陕西科学技术出版社 1984 年出版的《张伯声地质文集》。

为了说明这样的地壳波浪运动及其对镶嵌构造形成的影响，以下分别阐明：

（一）地壳波浪运动的普遍性；

（二）地壳波浪运动的永恒性；

（三）地壳波浪形成的原因及其对镶嵌构造的关系。

二、地壳波浪运动的普遍性

从空间来说，大级套小级、一级套一级、级级相套的地壳波浪是地壳运动的普遍形式，在地面上无处不有，处处有，而且系统繁多。它们所形成的各级大小的波峰波谷，互相交织，互相干扰，使地壳形成错综复杂的构造地貌及镶嵌图案。

波浪是物质运动的一种表现形式。水体运动的波浪显而易见，像地壳这样固体物质的运动所形成的波浪，就要做一些解释，才能明了。

地壳运动非常缓慢，除地震外，很难直接感觉，必须利用地貌起伏、构造升沉、地史发展加以综合分析，才能证明地壳到处是在永无休止地运动着，而且它的表现形式是波浪状，可以把它叫作地壳波浪。这里所说的地壳波浪运动与别洛乌索夫（1954）在白默伦（1933）波动假说基础上发展的地槽中的波浪运动不同，而且在形成原因和机制上的解释也有区别。别洛乌索夫把波浪运动放在地槽的发展方面，且把形成波浪构造的原因和机制解释为：地壳以下深部的放射性物质向上迁移，壳下物质因而冷却，在冷却不均匀的情况下，比较迅速变冷的地带形成地槽，随后地槽深部的岩浆由于冷却较快，分异也较迅速，在这里集中酸性岩浆与放射性元素，因而加热膨胀，形成地槽的中央隆起，分隔内地向斜的一系列变化过程。作者则根据布契尔（1933）、乌索夫（1940）、奥勃鲁契夫（1940）的脉动假说，在本文阐明地壳波浪运动是由于地球收缩与膨胀相交替，而形成普遍且永恒的运动形式。

地壳运动的表现形式，不是褶皱，就是断裂。褶皱运动固然可以比作波浪，怎么能把断裂运动也说成地壳波浪运动呢？如果把经常伴随着褶皱构造的断裂，看作地壳挠曲或褶皱时剪力集中的面或带，切断了完整的挠曲或褶皱的波形，而且夹在它们之间的地壳段，总是表现为相间起伏、有时反复升降的形式，这就不难领会，断裂与断裂之间的地块运动也都成为波浪形式了。因此，块状起伏的波浪运动可以认为是最常见的地壳运动，而简单的不伴随断裂的挠曲或褶皱起伏的波浪运动却是少见的。这样，把大部分的地壳波浪叫作地块波浪，可以说更好一些。

横向波浪的特点是波峰与波谷相间起伏。地壳波浪也不例外。不论在什么地方看到什么样的挠曲、褶皱或断块构造，它们没有不表示相间起伏的形式。在构造地貌上，从未见到连续不断的没有边界的隆起或坳陷。隆起与坳陷是地壳中的一个对立统一现象。隆起的两侧必有坳陷，坳陷的两侧必有隆起，没有不伴随坳陷的隆起，也没有不伴随隆起的坳陷。它们是互相对立、互相联系、互相制约的。而且可以看到，地壳块段隆起得越高越大，它的相邻块段就坳陷得越深越广。因而，不仅地壳的挠曲和褶皱清楚地形成波峰波谷，断块的间互起伏也可设想为波峰波谷。

水面上往往由于波浪的自相干扰，以及波峰上的水暂时顺坡下流，发生大波浪套小波浪的复杂现象。地壳波浪也有类似的结合。有些挠曲或断块在地面上形成了特别巨大的规模壮阔的石化波浪。这些轩然大波还不免套着次一级的波浪，次一级的波浪又套着更次一级的波浪。由此类推，在有些地带可以看到很多级的、级级相套的情况。就规模来说，巨大波浪的波长可以达几千公里，它们的波幅可以到几万米，小的波浪的波长和波幅可以小到几米甚至更小。

地壳波浪满布地面，系统很多。归纳起来，有正向的南北系统和东西系统，也有斜向的东北和西北系统。正向的两个系统纵横交错，又为斜向的系统所交织。

大一级套小一级、级级相套的一个波浪系统与其他的大一级套小一级、级级相套的波浪系统互相交织，它们的复杂程度是可想而知的。因此，它们往往彼此相互隐蔽了自己的形态，使我们难以想象出它们非常复杂的图景。如果加以条分缕析，却也不难看出它们的头绪。作者打算从世界范围内看大的构造方向，从中国地区，特别是一些小地区的构造加以分析，最后落到中国地段地质构造由地壳波浪形成镶嵌构造的特点。

为了方便，首先从目前的构造地貌看地壳波浪是容易理解的。

从构造地貌上看，地壳中有两大明显的地壳波系：一为北极－南极波系，形成接近东西向的波峰带与波谷带，略与纬线平行；一为太平洋－欧非波系，在太平洋两侧形成接近南北向的波峰带和波谷带，大部分与经线约略平行。但在许多地方，往往由于地壳物质分布不平衡、地壳应变不均一的影响，或由于不同地壳波系之间的互相影响，互相干扰，或由于另一些波系的牵制，而远离纬线或经线的方向。

除两大明显波系外，还可以看到不很明显的两大波系：一是西伯利亚－南大西洋波系，一是北美－印度洋波系。此不很明显的两大波系也有约略平行的波峰波谷带，但都是斜向的，它们与两大明显的波系都成斜交。

北极－南极波系，由特提斯的复杂波峰带南北两侧几带相间的波谷带和波峰带组成（图1）。特提斯波峰带以北排列着中纬波谷带，欧亚大陆上分布在这一带的有波罗的海、北里海、咸海等盆地，北美有大湖区的盆地，北大西洋则有通过亚速尔群岛与冰岛之间的洼盆。中纬波谷带以北为高纬波峰带，欧洲大陆表现为芬兰－俄罗斯地台、西伯利亚地台，北美有加拿大地台，北大西洋则是通过冰岛的侧向海岭。高纬波峰带以北，就是北极海波谷区。特提斯波峰带以南是一带深坳陷，叫作地中海波谷带，欧洲大陆及其以南有地中海、波斯湾、阿拉伯海、印度河平原、恒河平原、孟加拉湾、爪哇海沟等沉降地带，大西洋有北美海岸以东已经被厚沉积埋藏的海沟，以及波多黎各海沟和委内瑞拉盆地。地中海波谷带以南则为冈瓦纳波峰带，这里有隆起的非洲、印度、澳洲及南美洲。冈瓦纳波峰带以南为大洋波谷带，更南则形成南极大陆波峰区。北极－南极波系就是这样形成一个在南北两极不对称的波系。地里的北极、南极在这个意义上也可以叫作地质极，它们所占的比较稳定的洼陷区或隆起区，叫作地质极构造区。

太平洋－欧非波系，同样从构造地貌上显示为一系列相间的波峰带和波谷带（图1）。环太平洋的复杂波峰带内，则是一个坳陷的海沟带，这里有日本海沟、阿留申海沟、琉球海沟、菲律宾海沟、安第斯海沟等。海沟波谷带之内是太平洋的海底高原及海盆地区，分带还不很清楚。南北美洲的科迪勒拉和西太平洋岛弧带及亚洲大陆东岸的山地，都属环太平洋波峰带。复杂的环太平洋波峰带外侧波谷带，除在东亚因为特提斯分带交接的干扰，表现不很明显以外，一般是显著的。这一波谷带有分隔澳洲与印度的印度洋东部海盆，接近南极大陆的南太平洋海盆、南美洲的拉普拉特平原、北美洲的密西西比平原及大湖盆地。北极海中的加拿大海盆也属于这个波谷带的一环。进入东亚则形成西伯利亚的勒拿河平原，因而可以叫作勒拿－密西西比波谷带。这个波谷带以外是西藏－阿帕拉契亚波峰带，这一带包括中西伯利亚高原、西藏高原、印度、南极大陆、巴西高原、阿帕拉契山地、格陵兰和北极海的罗蒙诺索夫海岭等地。更外侧为西西伯利亚－大西洋波谷带，包括大西洋、非洲以南的南大洋部分、印度洋西部、阿拉伯海、伊朗高原、土兰平原、西西伯利亚平原、北极海等地。最后是欧非波峰区。欧非波峰区对太平洋也形成一个好似两极不对称的波系。非洲中部乍得的提贝斯提高地和太平洋的科克群岛，可以看作太平洋－欧非波系的两个对应的地质极，而欧非大陆和太平洋则是两个地质极构造区。

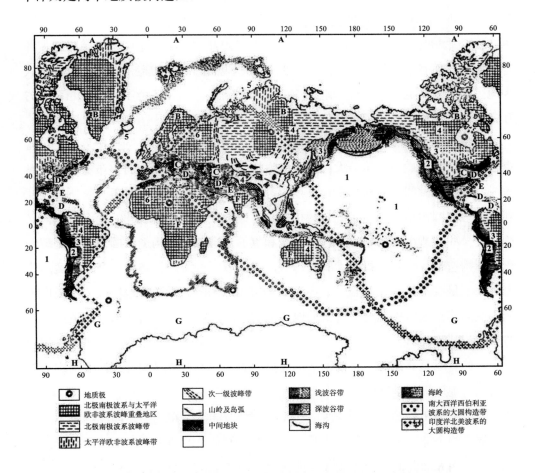

表示四大地壳波系的交织，从而把地壳分成相间起伏的地壳波浪，形成的镶嵌图案。

北极－南极波系：A－北极海波谷区；B－环北极海波峰带；C－北特提斯波谷带；D－特提斯波峰带；E－南特提斯波谷带；F－南大陆波峰带；G－南大洋波谷带；H－南极波峰区

太平洋－欧非波系：1－太平洋波谷区（包括中太平洋波峰区及环太平洋海沟带）；2－环太平洋波峰带；3－外太平洋波谷带；4－西藏巴西波峰带；5－大西洋波谷带；6－欧非波峰区

图1　地壳波浪所形成的镶嵌图案（关恩威编图）

必须指出，地质极和地理极相似。地理极之间有一个大圆的赤道地带，两个地质极之间也就出现了一个大圆构造带，在相应的地质极与大圆构造带之间，还有一系列的小圆构造带。大圆构造带可以看作围绕着一个极点的一系列小圆构造带的极限，并且作为一对极点的"赤道带"，应该比这些小圆有更大的构造活动性及重要性。实际上，的确是这样，占据着南北地理极的地质极之间，有一个非常强烈的活动着的特提斯构造带，在赤道以北与赤道多少成斜列关系或说约略平行关系。在非洲乍得的提贝斯提高地，地质极与太平洋的科克群岛反地质极之间，也有一个非常强烈活动着的环太平洋带。但必须注意的是，这两个大圆构造带都有些偏心，而且很不规则。形成这样偏心而不规则的大圆构造带的原因，可以认为地壳物质分布的不平衡性，地壳应变的不均一性，以及各个不同的地壳系统的互相制约、互相干扰起了主要作用。

顺便指出，作者在这里提的地质极构造区及与其相应的大圆构造带，是布鲁克（1956）的地质极与构造大圆概念的发展。二者含义有所不同。布鲁克所提出的一系列构造大圆，是根据索拉、斯堤芬斯、文宁梅涅斯、保塔考夫等所曾注意到的某些大圆构造，加以系统化的构造线，而地质极是相应大圆的两个极点，又往往是一些构造小圆的中心。它们是线和点的概念。他的构造大圆往往远远地偏离实际构造带。作者所指的大圆构造带，追随着一些实际构造带，范围较宽，代表面而不是线，且往往偏心，如环太平洋构造带偏向太平洋的地质极，特提斯构造带偏向北极地质极。这里所指的地质极构造区，则是在大圆构造带两侧地质极的隆起与洼陷相对立的构造区。相应的地质极不一定是通过地心的一条轴线的两极，它们有时是非常偏心，如以下将要提到的两个不很明显的波系的大圆构造带与相应的地质极就是这样。

两组不很明显的波系，是西伯利亚－南大西洋波系和北美－印度洋波系。它们也都是两个地质极不对称的波系。首先把西伯利亚的通古斯河上游高地看作西伯利亚－南大西洋波系的地质极，把在南大西洋上位于南乔治亚东北的一点作为它的反地质极，则西伯利亚地台就是它的地质极隆起构造区，南大西洋就是它的反地质极洼陷构造区。这两个地质极构造区都是广大的稳定地区，而在它们之间的大圆构造带，却成为比较强烈的活动带。在这个构造带上，可以看到新西兰、北美的阿帕拉契、欧洲的比利牛斯和亚平宁等褶皱带，以及红海大断裂和斜贯印度洋的西北东南向的海岭（见图 1）。在这个大圆构造带和它的一对构造极之间，也分布着一系列的小圆构造带。但由于前述两大明显波系强烈活动性的干扰与掩蔽，西伯利亚－南大西洋波系的大圆构造带，只能有不明显的反映，但在有些地带的显示也很清楚，如通过南极－北极波系的大圆构造带，在阿尔卑斯山地，有明显北西走向的构造带与后者成斜交关系。它们是比利牛斯－西西里波峰带、第勒尼安波谷带、亚平宁波峰带、亚得里亚波谷带；中东有红海波谷带、阿拉伯波峰带和波斯湾波谷带，北美纽芬兰－阿帕拉契的波峰波谷也很明显，它们在这里与特提斯带相重合。至于西伯利亚－南大西洋波系的小圆构造带，可以围绕西伯利亚的同心状构造带，如萨彦－贝加尔、阿尔泰－蒙古等带得到反映（见图 1）。

再看北美－印度洋波系。加拿大地台中的哈德逊湾中部，可以看作它的一个地质极，印度洋南部的克尔格冷岛看作它的反地质极。加拿大地台这一较稳定的隆起区是一个地质极构造区，印度洋海盆是它的另一地质极构造区。它们的不对称关系是很明显的。它们中间的大圆构造带也相当活动，有些地带非常活动，如太平洋上的新西兰、新赫布里底、马里亚纳、日本，欧洲的阿尔卑斯，非洲的阿特拉斯等地带，活动性都是非常激烈的（见图 1）。在前述两个明显波系的影响下，它的波峰波谷带也和西伯利亚－南大西洋波系一样难得明显反映；但在有些地带，也就是上述非常活动的地带，它们的波峰波谷带才比较显著，如马里亚纳群岛是明显的波峰带；它们的东侧有显著的海沟波谷带，顺阿尔卑斯北东走向的波峰波谷带也很明显，还可以清楚地看到南美东岸的波峰带与它两侧的波谷带。环加拿大地台和绕印度洋海盆的小圆构造带，虽受其他波系的干扰，也有清楚的显示。

顺便指出，北极－南极和太平洋－欧非两个明显波系的两个大圆构造带，分别对它们的地质极，即北极－南极和提贝斯提－科克群岛来说，都是相当偏心的。但从这些构造及其所占的稳定构造区来说，地质极的位置却是非常对应的。至于西伯利亚－南大西洋和北美－印度洋两个不太明显的波系，则与上述二者相反。它们的大圆构造带看来是接近大圆的，但它们的地质极及其所占的稳定构造区却是很歪的，难以对应的。如以西伯利亚地台的中心为西伯利亚－南大西洋波系的北地质极，它的南地质极理论上应该在南美南端以南的海面上，但与西伯利亚地台相对的稳定洼陷区实际上却在南大西洋，因而西伯利亚的反对极就由南美南端以南的地点，向北东东移到南乔治亚岛的东北很远了。同样，如以加拿大地台上哈德逊湾的中部为北美－印度洋大圆构造带的北地质极，它的南地质极理论上应该在印度洋最南部接近南极大陆的地方，但与加拿大地台相对应的稳定洼陷区却在印度洋南部，而加拿大地台的反对极就由接近南极大陆的地点，向西北移到克尔格冷岛附近了。

指出四大波系的四个大圆构造带的交叉地区，应该是很有意义的。很明显，北极－南极波系的特提斯大圆构造带，与太平洋－欧非波系的环太平洋大圆构造带，相交于东亚和中美，在这两个地区形成非常活动的两个巨大的三角地区。北美－印度洋波系的大圆构造带，在东亚顺西北方向通过日本、朝鲜等地带，交叉了环太平洋带与特提斯带，复杂化了东亚的三角活动区，又在欧洲顺北东走向斜贯了特提斯带，复杂化了阿尔卑斯地带的构造。西伯利亚－南大西洋波系的大圆构造带在北美重合了特提斯带的阿帕拉契，到中美穿过了特提斯与环太平洋二带所形成的三角活动区，因而使这一地区复杂化。同一大圆构造带也在阿尔卑斯地带交叉，因而欧洲西部也成了三个大圆构造带互相交叉的地区，这里大地构造带的复杂性，自然和东亚与中美两个三角地区一样，甚至更严重。

由此看来，四个大圆构造带对地壳镶嵌构造的控制是很显著的。在没有大圆构造带通过的地区，有一些稳定的地台，如加拿大地台、巴西地台、非洲地台、印度地台、澳洲地台。在活动性不太强烈的大圆构造带通过的地方，也可出现地台，如西伯利亚地台与芬兰－俄罗斯地台；在活动性很强烈的大圆构造带通过的地带，没有地台。

大圆构造带的互相交叉，规定了大陆的三角形轮廓，如欧亚与南美、北美三个巨大三角形大陆，都以这些大圆构造带为边缘。

在两个以上大圆构造带交叉的地区，构造非常复杂，纵横交错、斜交网贯的非常复杂的断裂褶皱带中间，往往有很多被镶嵌起来的三角形、四边形或多边形的中间地块，有规律地排列在网孔之中。这样的地区有三个，它们是东亚、西欧和中美。特提斯和环太平洋两带，在东亚相交形成的巨大三角活动区，不仅有北美－印度洋波系的大圆构造带来交，还有西伯利亚－南大西洋波系的大圆构造带来会。前者从马里亚纳向西北延伸，经过日本、朝鲜、我国的小兴安岭，贯穿了东亚三角活动区的东北角，后者在新西兰和澳洲东南部掠过了这个三角活动区的东南角。

以上所说的四个地壳波浪系统，在它们各自的四个大圆构造带中，波峰波谷带表现得特别显著，在一个大圆构造带与它的两个地质极之间的过渡带，自然也有或明显或隐晦的小圆波峰波谷带。因而，四个波系的波峰波谷的网状交织，不仅表现在它们的大圆构造带上，也表现在许多小圆地带，地台上与海盆中都可得到它们的反映。可以说，这是地面上正向构造线与斜向构造线形成的基本因素。它们都是原生构造线。不同波系的地壳波浪相遇时的互相干扰，又可以派生其他方向的构造线。同一波系的地壳波浪在推移中，也可由于不同地带不同性质的地壳地段的不同应变，派生另一些不同方向的构造线。这些原生构造线与次生构造线，既可以互相穿插，又可以互相重合。镶嵌构造的错综复杂性，因此更加显示出来。

不同波系的巨大波峰波谷带之中，还显示次一级的和又次一级的、再次一级的波峰波谷带。中国地区的特提斯带中，就有一系列在西部辐辏、向东方扩散的波峰波谷带，它们的分枝分权相当繁多。这些枝权从西向东逐渐辅散。作为波峰带的有喜马拉雅、昆仑、祁连、天山等；作为波谷带的有西藏、塔里木等。在喜马拉雅、昆仑、祁连、天山等次一级的波峰带中，还有更次一级的波峰波谷构造地貌；在西藏、塔里木等次一级的波谷带中，也还有更次一级的波峰波谷构造地貌。至于环太平洋波峰带，也有次一级的波谷带。弧形列岛是一带波峰，边缘海是一带波谷。辽东、山东和东南的沿海山地，又形成波峰带；松辽平原、华北平原、江汉平原，又形成波谷带；大兴安岭、山西及鄂黔山地，又是波峰带；鄂尔多斯及四川，又是波谷带；贺兰山、龙门山、横断山等，则形成环太平洋最外侧的一带波峰。这些次一级的波状构造地貌，又套着更次一级的波峰波谷。东亚套山字型构造（张伯声，1963，1964）的波峰波谷带，可以看作西伯利亚－南大西洋波系在西伯利亚地质极构造区南侧围绕的小圆构造带。东亚走向北西的波峰波谷带，同时可以看作北美－印度洋波系的反映。这些不同系统的波峰波谷带，在中国纵横交错，互相干扰，使其大地构造图案非常复杂，以致不能用一般的构造发展规律说明中国的构造发展。

缩小范围来看，陕西及其邻区的构造地貌，就反映了所有四个波系的波峰波谷带。北极－南极波峰波谷带，分别在陕西表现为秦岭褶皱带、鄂尔多斯地块，以及夹在其间的渭河地堑。秦岭这一波峰带表现为“盆地山岭”式的构造地貌（张伯声，1962，1963b），它本身又形成一系列的波峰波谷带。鄂尔多斯地块在中部洼陷，南北两侧翘起，反映了再次一级的波谷波峰。渭河地堑夹在秦岭与鄂尔多斯之间，形成目前的波谷。它的南面屹立着秦岭波峰，北面的鄂尔多斯也可相对看作波峰。鄂尔多斯以北的河套地堑又成波谷，内蒙地轴升起成为波峰。由此可见，南以秦岭向北通过渭河地堑、鄂尔多斯地块、河套地堑直到内蒙地轴，从南到北形成一系列东西方向约略平行的波峰波谷带，构造地貌上反映了比较新近的特提斯波峰带的再次一级的地壳波浪运动。

同样，在鄂尔多斯地块两侧，可以看到从西到东成排的南北方向约略平行的波峰波谷带。最西边的贺兰－六盘褶皱带，曾在地质晚近升起。它的东侧有银川地堑。地堑以东，就是早第三纪以前西北坳陷、东南翘起，但晚近反转而西北翘起、向东南倾斜的鄂尔多斯地块（张伯声，1958，1962b）。高原东缘是一个较新的南北向坳陷带，黄河河谷大致就是顺着它发育起来的。黄河谷地以东是高高抬起的吕梁山地，更东是汾河及滹沱河地堑。它们显然是一系列近南北向约略平行、相间起伏的波峰波谷带。

环太平洋波系在秦岭东西褶皱带中的反映，自然是不明显的，但就秦岭中的红色盆地分布规律来看，也有相当显示。对应着银川的波谷带，可以看到在秦岭分布成排的徽成盆地及勉县的侏罗煤盆地；对应着鄂尔多斯地块本身的，则为秦岭升起较高的地带。但是，在这一带的东部，却出现了南北成排的一系列红色盆地，它们是洛南盆地、商南盆地、山阳盆地、汉阴盆地，以及紫阳以南的侏罗煤盆地。它们的南北排列不是偶然的，应该看作环太平洋带的再次一级波谷，重叠在秦岭波峰带上的鞍部地带。

其他两个波系在大圆构造带的表现，已经不是那么显著。离开这两个大圆构造带的陕西地区，其反映自然更加模糊，但分析起来，也可看到它们的迹象。例如，祁吕山字型构造在陕西的地段，就反映了环绕西伯利亚地台的西伯利亚－南大西洋波系的小圆构造带。我国西北向构造线，可以看作北美－印度洋波系的小圆构造带反映，如祁连秦岭褶皱带，从青海、甘肃通过陕南，直到豫鄂皖边界上的大别隆起及其两侧褶皱带，不妨设想是这样小圆构造带的部分表现，它们在西部则与西伯利亚－南大西洋波系重合，在东部与北极－南极波系重合。

由上可知，大级套小级、级级相套的地壳波浪，是地壳运动的普遍波系形式，它们是无处不有、处处有的构造现象。在地面上明显地看到四大地壳波浪系统，它们集中表现在四个大圆构造带。有两个大圆构造带，环太平洋与特提斯构造带的次一级和再次一级的波峰波谷带，在中国地区作网状交织，形成严重干扰。其他两个大圆构造带距离中国地区较远，但西伯利亚－南大西洋波系的小圆构造带，也在中国地区有相当明显的反映。这就复杂化了中国的构造地貌。

三、地壳波浪运动的永恒性

以前谈到地壳波浪无处不有，处处有，随处有不同系统的地壳波浪，大一级套小一级，表现为互相交织、互相干扰的不同程度的复杂形式。

以下将从时间的角度来看地壳波浪运动。地壳波浪是无时不有时时有的后浪赶前浪、一浪推一浪、永无休止的波浪运动。运动中有时激烈有时缓和，但缓和并非完全平静，它只是暂时接近平衡。所以地壳运动的似平衡状态只是暂时的、相对的、有条件的，运动则是永恒的、绝对的、无条件的。这可由相间隆起与洼陷的不同地壳块段，永无休止地进行反复升降和往返推移加以证明。关于地壳中相邻地块的反复升降，作者曾有论述，把它叫作天平式摆动（张伯声，1959）。隆起与洼陷地带的往返推移，符合葛利普（1924）的地槽迁移说，而地壳波浪运动可以看作地块隆洼、反复起伏和地槽水平迁移的主要因素。

先谈一下相邻地块的反复升降运动。

就大范围来说，太平洋巨大地块与外太平洋巨大地块之间，曾有明显的天平式摆动。太平洋底部的平顶海丘及深层珊瑚礁（曼纳德，1955；别洛乌索夫，1961）表示，在中生代或早第三纪的海底上升，到目前却沉降了千百米的深度。但是，大西洋和印度洋中部，都在第三纪以来升起了巨大的海岭（托尔斯太，伊温，1949；托尔斯太，1951）。这些资料恰好说明，太平洋与外太平洋两大地块彼此作天平式摆动的关系，也就是太平洋底在中生代升起，使其底部火山锥暴露水面，受到剥蚀，而印度洋及大西洋海底却在同时作较深的凹陷。但到新生代，部分太平洋底反而深深降落 1200 ～ 1800 米，大西洋和印度洋底却在这时隆起，特别表现在它们的中央海岭。这些海岭宽达数百到一千公里，长达六万公里，升高几千公尺，就不能不使这里的大量海水回灌沉降的太平洋海盆。

外太平洋的两个亚一级的巨大地块，也有天平式互相上下摆动的情况。沉积层的分布证明，在古生代，劳兰特－安加拉巨大地块的下沉时期多些，冈瓦纳巨大地块上升的时期多些。但到中生代，前者反而有较多上升，而后者开始崩溃沉陷。第三纪时，印度洋及大西洋发生中央隆起，劳兰特地块北部和中部则有严重的分裂与沉陷，安加拉地块的中间地带，从东欧到中亚有广泛的沉陷地带，如波兰、里海、咸海、巴尔喀什湖等地。

太平洋和外太平洋的三个巨大地块，随时代变迁的天平式摆动，可能是由地球脉动的收缩与膨胀反复运动所引起。三个巨大地块反复做天平式运动，不可避免地使其中间地带进行比较激烈的活动，形成两大激烈活动带，即特提斯带与环太平洋带，就是以上所说的两个大圆构造带。中国恰好处于这样构造带的东方丁字接头处，在这里分离出来许多较小的中间地块。它们相互之间也进行反复起伏的天平式波浪运动。

现在，把华北包括鄂尔多斯、山西、华北平原、山东等地块在内的整个地块，对华南包括四川、鄂黔、江南、桂湘赣、华夏等地块在内整个地块的反复升降运动做一对比。在元古代，华北地块相对上升，华南地块相对下降。这可以从两处前寒武岩层的时代和分布得知。元古代的较晚时期，华北块段有较多的上升剥蚀现象，广泛暴露了太古代及早元古代的岩系。当时，华南地段有较普遍的洼陷沉积现象，沉积了晚元古代岩层。因而，在两个地块之间，可以看出明显的相对升降运动。

到震旦纪，在中国地面上出现波浪起伏的同时，华北整块对华南来说是沉陷较深的。当时华北有不少深坳陷，那里沉积了数千米厚的震旦纪石英岩和矽质灰岩，有些地方，如蓟县凹陷，震旦系厚在 7000 米以上。但华南的震旦系出露较少，地层较薄，而且它的底部往往有冰碛层，说明当时有较高的地面。

寒武奥陶纪是南北两块相对回返的比较平衡时期。华北、华南普遍海侵。但华北多碳酸盐岩相，华南多碎屑岩相；华北地层一般较厚，华南较薄，但局部的桂湘赣加里东褶皱带在早期古生代有较深凹陷。

到了志留泥盆纪及早石炭世，南北两块又打了颠倒，有明显相反波动。华北各地见不到这些时期的地层，华南各地却往往发现它们。这就清楚地说明了北升南降的历史。

华北华南两地块在中晚石炭世的相对回返，使它们再一次得到平衡。因而，中上石炭统特别是上石炭统，不论在华北华南，都得到了广泛的发育。但这一平衡又被以后的颠倒运动所打破。到二叠纪华南普遍海侵，三叠纪也有相当大面积的海侵，但华北却只有陆相沉积。

到侏罗及白垩纪，南北地块的相反波动，基本上又趋于平衡。陆相的煤系及火山岩系，不论在华南华北都得到普遍发育。

到新生代，南北地块的相反升降又打了颠倒。在北方的广大地区，如鄂尔多斯盆地和华北平原，接受了新生代的厚层沉积，但南方的晚近沉积，纵然也有相当厚的，却只限于零星的小盆地。

随着南北两大地块互相上下、反复起伏的波浪运动，夹在它们之间的活动地带也分为条带状地块，更加集中地互相上下、反复起伏，更加清楚地表现波浪起伏的运动。以秦岭褶皱带为例，前震旦时期，狭义的太古秦岭地轴（阎廉泉，1963）及其两侧坳陷中的沉积，由于南北两大地块上下起伏、颠倒反复的早期运动，形成前震旦褶皱带。到震旦纪，华南华北的颠倒错动超过了天平式平衡阶段，又在北侧元古褶皱带以北，形成金堆城一带的深坳陷，这里发育了厚达数千米的火山岩、石英岩及矽质灰岩地层。到寒武奥陶纪，南北地块得到天平式平衡的时期，秦岭地带的波浪起伏运动也较平静。奥陶纪晚期，南北地块再一次反复波动，使南秦岭在安康一带形成了志留纪的深坳陷。四川地块在泥盆纪的局部回升，引起了南秦岭加里东褶皱带北侧在镇安、山阳一带的晚古生代坳陷。南北两地块在二叠三叠纪的进一步相对起伏，使这一晚古生代坳陷褶皱为中秦岭海西（印支）褶皱带。南北两地块基本得到平衡的侏罗白垩纪，严重的分裂在秦岭地带也有表现。这里发生了许多分散的煤盆地和红色盆地，如徽县盆地、商县盆地、汉阴盆地等。隆起部分有花岗岩侵入，如华山花岗岩。第三纪的新反复，使秦岭地带发生"盆地山岭"式的构造运动，把这一褶皱带分为许多北仰南俯的条状地块，表现为另一种波浪起伏的形式（张伯声，1962）。

以上概述了华南华北两大地块反复起伏、互相上下的天平式波浪运动，以及夹在其间的秦岭褶皱带中许多条状地块反复相间升降的波浪运动。至于华北地块与东北地块之间，也有同样的反复起伏运动，夹在它们之间的内蒙地轴与其两侧的褶皱带，也有同样的带状波浪式反复起伏（张伯声，1964）。

华南、华北、东北等地块本身，又分裂为再次一级的地块，同样有反复起伏的运动。例如，以江南地轴分开的桂湘赣褶皱带和鄂黔褶皱带，以山西地块分隔的鄂尔多斯地块与华北地块等，都曾随时代的变迁反复升降，进行了天平式的波浪运动（张伯声，1964）。

以下谈一谈地壳中的活动带随时代变迁不断地反复变动，也就是葛利普（1924）所提出的地槽迁移的说法。他只提到地槽的横向迁移，我们又注意到地槽的纵向摆动。

阿尔卑斯活动带一向随时代变迁向南迁移，北美阿帕拉契地槽也随时代反复迁移（朗巴德，1948）。

就中国的褶皱带来说，它们随时间变迁在空间上的摆动也是很明显的。一般说，中国的特提斯断裂褶皱带及环太平洋断裂褶皱带的各分带，往往采取不对称迁移，而对称迁移则有很大局限性。镶边分带，如特提斯最南分带、喜马拉雅褶皱带及其最北分带、萨彦-贝加尔结合阿尔泰-蒙古褶皱带，不对称迁移表现最明显；中部分带，如昆仑及天山褶皱带，则表现一些对称性，但基本上也相当不对称。

兹以大喜马拉雅结晶带为中轴，它的北侧在古生代到三叠纪的一般波动沉陷以后，侏罗白垩到老第三纪曾作地槽式坳陷，老第三纪末期褶皱隆起。与此同时，负性活动带摆向大喜马拉雅的南侧，这里沉积了第三纪地层。这一带的褶皱升起，使第四纪的坳陷沉积逐渐南移到恒河平原。

萨彦-贝加尔褶皱带随时代变迁，空间上的不对称迁移也很明显。贝加尔东南侧的维奇姆高原有一带中央结晶带，由这里向东南出现贝加尔褶皱带，依次向东南移则有加里东褶皱带和海西褶皱带。这样的迁移，在萨彦褶皱带的表现也很明显。

天山褶皱带及昆仑褶皱带随时代的迁移似乎对称，又不对称。它们的迁移有时相背，有时相向。天山中央隆起的南侧震旦纪已有坳陷，在加里东旋回，地槽扩展到中央隆起两侧，但海西褶皱带在它的北侧得到广泛发育，南侧有局限性，比较狭窄。中新生代的山前坳陷分布在天山南北两侧，同时还有山间坳陷出现在天山中部。因此，晚期坳陷地带的迁移表示一定的对称性。

昆仑褶皱带随时代迁移的不平衡性，好像天山褶皱带迁移的镜像反映。昆仑中央结晶带南侧，有广泛发育的加里东、海西、燕山等褶皱带依次向南排列，但北侧与天山褶皱带相对，面向塔里木盆地一侧，古生代褶皱带却非常狭窄，这一带之外的山麓地带，也出现一个中新生代的山前坳陷。

秦岭褶皱带已如前述，随时代的横向摆动是很不平衡的。如果排除秦岭地轴以北零星分布的不同时代褶皱带，秦岭褶皱带就可以看作半边发展的褶皱带。这样，应该作为中央隆起的"秦岭地轴"，从祁连的中央隆起带过渡到秦岭地轴，就变成秦岭褶皱带的边缘隆起了。在这里，加里东旋回所形成的地槽褶皱带远离地轴而位于汉江流贯的安康一带，海西褶皱带则向北迁移到地轴南侧，处于地轴与加里东褶皱带之间。到中新生代，上述几个褶皱带之中发生了几排煤盆地和红色盆地。第三纪和第四纪深坳陷，则转移到秦岭北侧的渭河地堑。

以上所述，指出了活动带的横向迁移。它们的纵向迁移也是很明显的。因此，地壳波浪不仅横向上随时代变迁辗转推移，纵向上也有随时代的发展反复摆动。例如，内蒙地轴南侧的活动带，在贝加尔旋回时期，集中于冀东；到燕山旋回，略向西迁到冀北、晋北的燕山一带；到喜马拉雅旋回，又向西移到张家口一带，地质近代则西移到河套一带，形成断陷盆地。又如，秦岭地轴及其东延的大别山北侧活动带，与内蒙地轴南侧有类似情况，在贝加尔－加里东旋回，深坳陷的中心在华山以南的金堆城一带，豫西及陕西的陇县都有波及，到海西旋回，活动带迁移到大别山北侧，到燕山旋回与喜马拉雅旋回，地轴北侧的活动带相当扩大，自豫西到皖北都有波及，但地质近代深坳陷就转移到渭河地堑了。

地壳随时间变化隆起与坳陷带的迁移运动，不仅表现在广大范围的地槽带，而且在地槽带内次一级构造带中，也有显著的波峰波谷带推移运动。看一看华山及秦岭地轴蟒岭地段之间的地质构造发展，就可以清楚了。这一地带经秦岭地质队及西北大学许多同志[①]的调查研究，已经初步确定了它的底层构造情况。分析起来，可以看到在狭义的太古秦岭地轴以北及太古华山地块以南，有一个反复的地壳波浪推移过程：先在狭义的秦岭地轴以北，发生了元古代坳陷；到震旦纪，坳陷向北迁移到华山南侧的金堆城一带；在寒武纪，金堆城坳陷又向南扩展到洛河

[①]在这方面，秦岭地质队阎廉泉及张思纯二同志，西北大学高焕章、陆岩、叶俭、刘德长等同志，曾在交换意见时对作者有不少启发。

流贯的地带；石炭二叠纪的坳陷，更向南移到洛南一带；到新生代，又形成了"盆地山岭"，表现了一系列的断裂地块状波峰波谷构造地貌。

当然，上段所说的每一带，又出现了更加次一级的断裂与褶皱，形成更加次一级的地壳波浪。限于篇幅，不多赘述。

不仅特提斯各分带本身都有后浪赶前浪、一浪推一浪的波浪状发展，从整体来说，全部特提斯带的波浪状反复迁移运动也是很显明的。最北的萨彦－贝加尔褶皱带，以贝加尔褶皱和加里东褶皱为主，天山－蒙古褶皱带、昆仑－秦岭褶皱带，则以加里东和海西褶皱为主，喜马拉雅褶皱带，则以燕山褶皱和喜马拉雅褶皱为主。而在最近时代，深坳陷迁到恒河平原。这样看来，中国及其邻区整个特提斯带的波浪运动，有从北向南的趋势；但在燕山旋回以后，还有从南向北回摆的趋势。所有分带都显示了燕山期的活动，喜马拉雅期的活动则有越向北越显著的情况，如贝加尔带的最新深断陷，就是在特提斯断裂褶皱带的最北方。

环太平洋各分带的波浪状迁移也很明显。它的最西分带龙门山褶皱带，主要分为东西两带，西为摩天岭加里东褶皱带，东为包括海西旋回的燕山褶皱带。目前在龙门山的东南，又发生一带新生代的深坳陷。贺兰褶皱带是跨着古生代、中生代的燕山褶皱带。它的西侧曾有白垩纪坳陷，到第三纪和第四纪，又反过来在它的东侧发生了银川断陷。

龙门及贺兰偏东的一个环太平洋分带是鄂黔及太行褶皱带，这两带的活动性虽然不算强烈，但也可看出它们的坳陷带横向上的迁移：从江南地轴向西北通过鄂黔褶皱带到四川盆地，可以看到由老到新，从震旦纪、早古生代到二叠纪—中生代顺序变迁的坳陷带；最后到第三纪，又返回来在江南地轴上形成深陷的红色盆地。太行山有类似的情形，但时代稍有出入。从太行山向西通过沁水盆地到汾河地堑，可以看到从元古代、古生代—三叠纪坳陷到新生代断陷的顺序迁移。但在地质近代，最大的坳陷回迁到太行山东麓地带。

从龙门到贺兰褶皱带，或是从鄂黔到太行褶皱带构造发展的不同期性，自然表明了它们在构造上的纵向迁移。

综合的环太平洋断裂褶皱带中，也有随时间变迁的空间转移。贝加尔及加里东旋回中，它的活动带在西分带有强烈发展，中国东南各省往往发现贝加尔－加里东褶皱带。大兴安岭也有加里东褶皱。海西褶皱带见于日本西部及库页岛北部，由此可知海西褶皱带可以延及鄂霍次克海与日本海（别洛乌索夫，1961）。我国台湾也有海西褶皱的迹象（毕庆昌，1962），因而海西褶皱带也可以从日本海南延，通过东海到台湾，燕山及喜马拉雅褶皱带更依次向东迁移。同时，还可以看到，燕山旋回及晚近坳陷带转回大陆及东海的迁移，但总趋势是向东摆动。

以上说明，坳陷带及其随时代变迁的反复移位，往往像波浪一样，一波未平，一波又起，彼起此伏，形成地壳波浪。而且可以看到，大一级的波峰波谷带还套着次一级和又次一级的波峰波谷带。地壳波浪不仅在横向上辗转迁移，而且在纵向上由于其他波系的影响，也不断发生纵向迁移。

由以上论述地壳构造波浪式运动可知，地壳波浪随时代变迁在作垂直的天平式摆动的同时，又在进行横向及纵向的水平推移。这与水面上的波浪起伏、反复推移没有很大区别，所不同的是地壳波浪变化非常迟缓，而且往往形成块状波浪。从发展来看，地壳波浪运动是无时不有，时时有，永无休止的。即便有局部的、暂时的平衡与平静，这都是相对的现象。

四、地壳波浪形成的原因及其与镶嵌构造的关系

以上概略地阐明了地壳中不同系统的地壳波浪运动普遍存在和永恒不息，也就是不同方向的波峰波谷带，网贯在地面的各个角落，而且是永无休止地在发展变化着。

地壳中有四个不同波系，其中的北极－南极波系和太平洋－欧非波系，在地面上表示非常明显，形成波长数千公里、波幅数万米的气势壮阔的轩然大波。其他两大波系，西伯利亚－南大西洋波系和北美－印度洋波系，没有那么明显。四大波系的共同特点，是它们的对极性。相应波系的地质极，在构造地貌上说都不对称，表现为反向的隆起与洼陷构造。相应的地质极之间，都有一个大圆构造带；相应的地质极与大圆构造带之间，分布着一系列的小圆构造带；大圆构造带和小圆构造带本身，又套着次一级、再次一级、更次一级的波峰波谷带。

四大波系的四对地质极在地面上的分布，由于不同程度的偏心，并不匀称，但配合它们相应的四个偏心的大圆构造带，形象化地把地球形成一个不规则的四面体。根据布鲁克（1956），地球成为四面体的形状，早在上一世纪中叶就为欧文

所指出，并经格林找出它的四个焦点，以后成为布鲁克地质极和构造大圆概念的发萌。格林曾注意到，这个四面体构造图案有不对称的缺陷，因而引用大陆漂移的说法来解释这一四面体歪曲的原因。到本世纪二十年代，霍布斯试图避免大陆漂移假说，采用以地盾为四个角尖的四面体。但由于地球缺乏较好的对称性，使四面体的概念很少说服力。作者从地壳波浪概念出发，来恢复四面体的说法，可以不用过多计较地球构造的对称性。认为地面上四个隆起极构造区，占着形象化的四面体的角尖部位；四个洼陷极构造区，占着四个面的部位；四个偏心的大圆构造带，占着棱边部位。形成这样构造的原因阐明如下：

这里应该提出这样一个问题：地壳中曾经进行并在进行着什么样的构造运动，最后把地球形象化地发展成一个不规则四面体的构造形式？看来采用布契尔（1933）、乌索夫（1940）、奥勃鲁契夫（1940）的地球收缩与膨胀相交替的脉动假说，来阐明这个问题是恰当的。球形物体收缩时，收缩到最小体积的趋势应该是四面体，因为四面体表现最小限度的体积。地球上就这样发生了四个收缩中心。北极海、太平洋、印度洋、南大西洋就是地球收缩时发展起来的这样四个收缩中心所在地区。由于收缩的缘故，它们形成了四个大洼陷。四个大洼陷的四个地质极的对极，在南极大陆、欧非大陆、北美大陆和西伯利亚，它们都是很大的隆起。大隆起都是大洼陷的对立面，都只能反映地球的收缩。地球膨胀时，就要向真正的球形转变，因为真正的球形表现物体最大限度的体积。这样一来，过去的深洼陷与大隆起就有相对回返的趋势。隆起与洼陷地壳段落的中间地带是隆起与洼陷的枢纽地带，当然显示较大的活动性。在一对地质极的两个半球，由于收缩而相对挤压、相对起伏，形成半球规模的巨大地壳波浪时，它们中间接近大圆的地带受力最大，活动性最强，因为两个半圆稍微地相对升降，把运动集中到较狭的大圆地带，就能引起这里强烈的波浪运动。这样强烈的波浪运动，又要反射，而向地质极波动，形成一系列的小圆波峰波谷带；相对起伏的小圆地段中间的枢纽地带，也要形成一系列的小圆构造带。

由于地壳物质的不均一性及其应力应变的不平衡性，各对地质极构造区相对起伏的地块规模大小不会一致，形状轮廓难以规则，围绕它们的地壳波浪，也就追随了这样不规则的形状。当地壳波浪传导到与它们相应的大圆构造带时，往往是偏心的，而且接近大圆的地带，又不免表现很复杂的弯曲情况。

　　有时在多少偏心的大圆构造带两侧的两个半球，好像一个半球的地壳箍套在另一个半球的地壳上，掩覆于后者之上。以上这些情况，完全可以在环太平洋大圆构造带和特提斯大圆构造带看到。环太平洋带好像外太平洋半球的地壳，箍在太平洋半球的地壳上，而向后者掩覆；特提斯带好像是劳兰特－安加拉半球的地壳，箍在冈瓦纳半球的地壳上，而向后者掩覆。这就实际上证明，不同对立半球的地壳，在地壳收缩时相对挤压，一个掩覆在上，另一个压迫在下。地壳波浪也就这样开始形成了。

　　不同波系的地壳波浪，除了由于地壳物质的不均一性及其应力应变不平衡性所发生的不规则性质而外，还可由于大圆的斜切经线和纬线，在偏心大圆构造带的不同部位上表现不同的走向。例如，太平洋－欧非波系在环太平洋大圆构造带的东亚部分是北北东走向，在南北美洲部分则是北北西走向，到阿留申群岛则接近东西走向。又如，西伯利亚－南大西洋波系的大圆构造带，从印度洋到大西洋通过红海，斜贯阿尔卑斯，都是北西走向，但从北美的阿帕拉契，穿过中美，过太平洋到新西兰，则转为北东走向。北美－印度洋波系的大圆构造带，从新西兰北部顺太平洋的"安山岩线"，过日本西南部及朝鲜到西伯利亚，或明显或不明显地表现为北北西走向，穿过西欧的阿尔卑斯到西北非的阿特拉斯，再越过大西洋到南美洲东岸的构造线，都是北东走向。

　　围绕一个地质极的地块同心状小圆构造带的走向变化，自然更加复杂。西伯利亚地台东南西三面，围绕着一系列的同心状小圆构造带，如萨彦－贝加尔构造带在内圈，阿尔泰－蒙古构造带在外圈，乌拉尔－喜马拉雅－台湾－琉球构造带在更外圈。它们的走向都是随地而异的。

　　正向和斜向的构造带在地面上的网状分布，因此可以得到解释。

　　不同波系的大圆构造带，以及同心状小圆构造带互相交接，有时互相交叉，有时互相重合，它们的互相制约、互相干扰，又要在各地壳波浪的不同部位，影响它们各自的走向。

　　特提斯带在中国以丁头状与环太平洋带接触。接触处，前者迁就了后者，前者的分带就要转弯，弯转角度不等，最大可达 90°，与环太平洋分带的走向相适应。例如，在云南西部的横断褶皱带，就是由西藏来的近东西向的昆仑、唐古拉、喜马拉雅等特提斯分带逐渐弯折，过渡到环太平洋分带的走向。有时也可看到，环太平洋分带迁就特提斯分带的构造线而转折自己的走向，如龙门山褶皱带及六盘山褶皱带之迁就秦岭褶皱带的走向。

特提斯的北分带则与环绕西伯利亚的同心状小圆构造带互相联系，往往作切线状的交接关系，如天山－内蒙褶皱带与阿尔泰－蒙古－大兴安褶皱带的切线状交接关系，祁连－太行构造带与昆仑－秦岭构造带的切线状交接关系等。

特提斯的南分带在受到环太平洋带的影响转变方向以外，还受到北美－印度洋波系的环印度洋小圆构造带影响，它在缅甸和马来半岛的走向，就是由于这样小圆构造带的干扰。可以认为，阿尔金－祁连－秦岭构造带向北凸出，也显示着这样小圆构造带的迹象。

由上可知，四个地壳波浪系统的构造带，在中国的交接关系非常复杂。这里既是环太平洋带的西部分带与特提斯各分带的网状交织，又有环西伯利亚小圆构造带和环印度洋小圆构造带的干扰。但主要交织关系却是环太平洋分带与特提斯分带的交织，其他两种构造带不过在这两大构造带的交织关系中出现一些挑花现象罢了。

四个波系的地壳波浪有时重合，有时交织，互相制约，互相干扰，随时随地维持自己的方向，扭转别系的方向，或迁就别系的方向，转变自己的方向，使地壳的镶嵌构造不断复杂化。

还要看到，在地壳波浪运动的同时，由于地球自转速度的变化及地壳物质传导波浪的不平衡性，都可影响不同地带地壳波浪运动的方向。李四光（1939）所提出的各种山字型构造、歹字型构造等的形成自然与此有关。地壳的这样运动难免水平扭动，多字型构造、羽毛型构造，可以由此发生。在水平扭动的同时，一个地块由于一侧地块的推动，另一侧地块的牵制或相反运动，就可使其旋转，形成旋卷构造。这些运动都能形成附加的地壳波浪，使构造线更加复杂化。

总之，地壳波浪形成的原因，首先应该联系到地球的收缩与膨胀相交替的脉动。收缩时，有向四面体发展的趋势。这样就发生发展成四对隆坳相反的地质极构造区，在其间形成一带大圆构造带。大圆构造带与其相应的地质极之间，发生一系列的小圆构造带，因而形成一系列的地壳波浪组成一个波系。四对隆坳相反的地质极构造区与其相应的四个大圆构造带及许多小圆构造带，总共在地壳中形成四个波系。更由于地球自转速度的变化以及其他原因，还可发生发展一些附加的波系。这些波浪系统不同等级、不同方向的波峰波谷互相交织、互相起伏、互相推移，使夹在它们之间的枢纽带形成不同方向、不同规模、不同烈度的构造带。这些构造带把地壳分成不同大小的一级套一级的地块，把它们镶嵌起来，形成地壳目前的镶嵌图案。通过地壳一个地段构造带的密度，是控制着被镶嵌地块大小的因素；通过地壳一个地段地壳波系的复杂性，是控制着被镶嵌地块形状的因素。几个大陆的三角形轮廓，实际上都是由于大圆构造带的镶边。中国地区通过的两个大圆构造带的分带，密度很大，因而这里分成了许多比较碎小的地块，镶嵌在它们互相交织的网孔之中。由西向东辐射的分枝分权的特提斯分带与似平行排列的环太平洋分带，在中国的网状交织，自然使许多碎小地块形成三角形或梯形。其他两个大圆构造带不在中国通过。围绕西伯利亚的一些小圆构造带，对这里的许多地块形状影响不大，因为它们往往在很多地段与两个大圆构造带的分带相迁就、相重合。

五、结语

本文概略地阐述了地壳波浪运动与其所形成的波浪构造，并说明了它们对地壳构造镶嵌图案的关系。

根据地面上目前构造地貌相间起伏所形成的地壳波浪或地块波浪的分布，可以看到它们是无处不有、处处有的普遍现象。

根据不同地壳地段的地质构造发展，可以看到目前相间起伏的构造地貌并非始终如一、一成不变。它们是随时代变迁而变化隆起与洼陷的性质，形成相邻地块的天平式运动，它们又是随时代变迁而转移隆起与洼陷的地带，好似波逐波、浪赶浪的运动。这样的运动不仅表现在地壳波浪的横向方面，也表现在它们的纵向方面。因此说明，地壳波浪运动又是无时不有、时时有的、绝对的、永无休止的现象，其间容或有一些比较平静的平衡状态，但这是相对的、暂时的现象。

地面发现的地壳波浪，可以分为四个系统，即北极－南极波系、太平洋－欧非波系、西伯利亚－南大西洋波系和北美－印度洋波系。

四个波系的发生与发展，看来用地球收缩与膨胀相交替的脉动运动来解释，比较合适。地球收缩时，有收缩到形象化的四面体的趋势，因而发生四个收缩中心，形成四个巨大洼陷。巨大洼陷四个相应的反极地区，形成四个巨大隆起。这样，就不可避免地在每对隆起、洼陷的地质极中间地带，形成一个相应的大圆构造带，相应的地质极与大圆构造带之间，发生一系列隆洼相间的小圆构造带。综合起来，在地面上表现为纵横交错、正斜网贯的波峰波谷带。这些网贯交织的构造带之中，镶嵌着大块套小块、一级套一级、大小不等的地壳块块。地球膨胀时，又有反向真正球体发展的趋势，隆起与洼陷地带因而有互相回返的运动。但由于物质运动习惯势力的影响，地球的四对地质极及其相应的四个大圆构造带的地位可能变化不大。又由于收缩与膨胀的对立斗争，在地球脉动的运动中，收缩很可能居于主导方面，地面上的主要隆起与洼陷地区或地带的位置与轮廓可能变化不大，而变化较大的则是隆洼波峰波谷带及其最终形成的断裂褶皱带的摆动迁移。无数构造带的摆动迁移，最终可以扫遍全部地面。但在任何一段地质时期，总有活动带与稳定区的对立统一。因而，从总的地质时代来说，地面上的各个角落，都经过不同程度的活动阶段；分期来看，地面上很难想象曾经出现过泛地台与泛地槽的阶段。这样，就不能不设想，不管哪个地质时期的地壳构造样式，都可认为是条条结合块块的镶嵌构造。

总之，地壳的镶嵌构造是地壳波浪运动的结果，地壳波浪是地壳运动的表现形式，地球收缩与膨胀交替的脉动是地壳波浪运动的直接原因，而地球自转是地壳波浪运动的补充因素。但地球脉动的根本原因是什么，这一问题要进一步探讨。

以上论点是否妥当，望批评指正，以便进一步探讨。

本文附图由关恩威同志编绘，初稿由郭勇岭同志与王保仪同志校阅，特此致谢。

（参考文献略）

从镶嵌构造观点说明中国大地构造的基本特征[①]

张伯声

　　解放以前，葛利普教授（1923，1924，1928）在分析研究了中国地层以后，提出了地槽迁移的说法；李四光教授（1939，1945）根据中国当时的有限地质资料，进行了科学分析，运用地质力学原理，创造性地总结了中国大地构造型式，并通过精心的模拟试验，卓有独见地提出了构造型式的形成机制与构造运动的原因；孙云铸教授（1943）科学地总结了中国构造运动的历史；黄汲清教授（1945）在编制 1∶1,000,000 中国地质图的基础上，总结并初次划分了中国大地构造单位。他们的结论都为进一步探讨中国大地构造奠定了良好基础。

　　解放以后，由于社会主义建设的迫切要求和工农业生产的迅速增长需要，地质事业得到很快发展，地质资料得到丰富积累。在这样基础上，有不少地质工作者，如霍敏多夫斯基（1953）、喻德渊（1954）、张文佑（1955）与其所主编的《中国大地构造纲要》（1959）、陈国达（1959，1960）、马杏垣（1960，1961）、谢家荣（1961）等，或先或后对中国大地构造的样式、分类与发展提出了不少独到的见解。作者近年来（1962a）初步从镶嵌的地壳观点，探讨了中国大地构造的背景与特征。本论文将作进一步的阐述。不妥之处，希望同志们批评指正。

一、中国的大地构造背景

　　不少地质学者提到地壳的这一部分或那一部分，甚至地壳的全部是镶嵌构造，

[①]本文 1965 年收录于《中国大地构造问题》（论文集），科学出版社出版。当时因篇幅所限，"关于大地构造分类的一个建议"一节被删去。1984 年陕西科学技术出版社出版《张伯声地质文集》时收入其中，恢复了原稿全貌。

如布鲁克（1956）、斯米尔诺夫（1958）、威克斯（1959）、裴伟（1960）、哈茵（1960）、别洛乌索夫（1961）等都有论及，而且霍敏多夫斯基称中国地台为"凑合地台"，谢音曼（1960）还把地壳构造比作"巨大角砾"。但是，他们多是一般性指出，对于地壳的镶嵌情况未作具体说明，只有布鲁克（1956）曾从全球构造的几何图入手，进行统计分析，把地盾，特别是非洲地盾划分为一系列镶嵌的地壳碎片。作者（1962a）根据地面上分布的两个宏伟断裂褶皱带，即环太平洋断裂褶皱带与特提斯断裂褶皱带，说明了整个地壳是由三个巨大地块镶嵌起来的，而且这三个巨大地块又在各自块体之中用次一级的断裂褶皱带分裂为次一级的巨地块，后者更以又次一级的断裂带或褶皱带分为又次一级的地块。由此类推，以至分成非常微小的地块，构成大块套小块，互相镶嵌的图案。中国大地构造位置则处于两大断裂褶皱带的一个丁字接头地区，也由一级分一级的断裂褶皱带镶嵌着一级套一级的大大小小地块。

　　地壳镶嵌图案非常明显的特征之一，是正性构造运动与负性构造运动的地带相结合，它们的间互上下运动，使整个地壳成为波峰波谷带相结合的地壳波浪，而且是一级套一级的地壳波浪。总的来说，地壳波浪分为两大系统，一为北极–南极系统，一为太平洋–欧非系统，它们形成各自不同系列约略平行的波峰波谷带相间的构造。它们互相交叉，互相干扰，互相割裂，分成许多段落，构成错综复杂的地块波浪。这些表现为波浪状彼起此伏的地块，互相结合，形成了非常复杂的镶嵌构造。还有其他不太明显的巨大波浪系统，使地壳的镶嵌图案更加复杂化。

　　北极–南极波浪系统的波峰波谷带走向约略与纬线平行。从构造地貌上可以明显看出，北极海凹陷与南极隆起之间，分布着几带间互起伏的波峰与波谷。北半球高纬度地带，即俄罗斯地台与西伯利亚地台所在地带，有一和缓的隆起带形成波峰；中纬地带，即波罗的海、里海、咸海所在地带，有一平缓的凹陷带形成波谷；斜跨南北半球的低纬地带，即特提斯断裂褶皱带，形成一带高度隆起波峰，其南侧伴随着一带深凹陷的波谷，如地中海、波斯湾、恒河平原等地。南半球低纬带是冈瓦纳隆起的波峰带，这是南美、非洲、大洋洲的南大陆地台带。南大洋又表现为南纬的中纬波谷带。南极则是一个波峰区。从北极到南极，就这样形成一个反对称的地壳波浪构造（图1）。

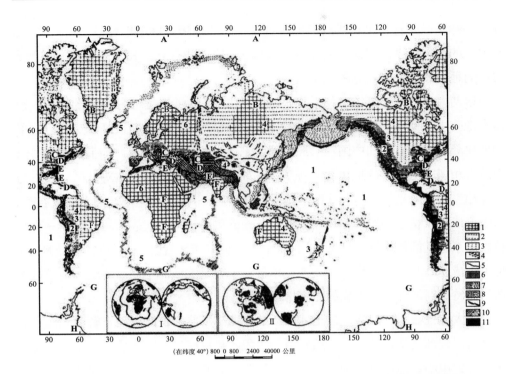

表示太平洋－欧非波系与北极－南极波系两大系统波峰波谷带的交织关系，从而把地壳分成
间互起伏的地块波浪。
太平洋－欧非波系：1—太平洋波谷带；2—环太平洋波谷带；3—外太平洋波谷带；4—中国
西藏－巴西波峰带；5—大西洋－印度洋波谷带；6—欧非波峰带
北极－南极波系：A—北极海波谷带；B—环北极海波峰带；C—北特提斯波谷带；D—特提斯
波峰带；E—南特提斯波谷带；F—冈瓦纳波峰带；G—南大洋波谷带；H—南极波峰带
附图：　Ⅰ—表示太平洋－欧非波系的分布；Ⅱ—表示北极－南极波系的分布
图例：1—准纬向隆起及准经向隆起重叠；2—准纬向隆起；3—准经向隆起；4—次一级隆起；
5—山岭及岛弧；6—山间地块；7—浅陷地区；8—深陷地区；9—海沟；10—海岭；11—隆起
（附图）即波峰带

图 1　波浪状地壳运动所形成的地块波浪图

　　太平洋－欧非波浪系统的波峰波谷带，除一些小圆地带外，接近大圆地带的
走向约略与经线平行，这里同样可以从构造地貌看出，太平洋凹陷与欧非大陆隆
起之间，分布着几带间互起伏的波峰与波谷。环绕欧非大陆的是一带波谷，在海
洋方面，通过北极海、大西洋、西部印度洋；在大陆上，通过亚洲的西西伯利亚
地坪、吐兰地坪及伊朗高原，后者则是阿尔卑斯－喜马拉雅波峰带中的鞍状部位。
这一巨大波谷的外围，环绕着一带巨大的波峰，通过南北美洲的东部山地和高原、
南极大陆、澳大利亚西部、中国、西伯利亚地台等地区。这个波峰带以外，则是

环太平洋褶皱带许多平行排列的波谷波峰相间的地带。这里也像特提斯褶皱带，有世界的最大山系。因此，太平洋海盆与欧非隆起相对立，其间也形成了一个反对称的地壳波浪系统（见图 1）。

这两大地壳波浪系统互相干扰，好像在水面上两个波系互相干扰的情形，因而在地壳中彼此交切成为相间起伏的地块。一带波峰与另一带波峰相交时，这里的地块隆起特别高，如中国和欧洲南部就是这样的地区。相反，一带波谷与另一带波谷相遇时，这里的地块凹陷特别深，如北美海盆、北非海盆等地区。波谷与波峰相交地区的地块或隆起或凹陷则看具体情况，一般是一个波峰遭遇到波谷时，这里形成鞍状构造地貌，如伊朗高原及其南北侧的山地，代表着阿尔卑斯－喜马拉雅山系之间的构造地貌鞍部。波谷带中次一级波峰带遭遇到另一波系的波峰时，也可形成驼峰状的构造地貌，如亚速尔群岛，就是大西洋中间海岭遭遇到通过大西洋的特提斯波峰带所形成的驼峰构造地貌。

两大地壳波系的形成，由地球脉动的收缩与膨胀的反复运动来解释，似乎比较恰当。地球物体收缩时，收缩到最小体积的趋势应该是四面体，因而可以发生四个收缩中心。地球收缩的四个中心，最明显的两个是太平洋中部和北极海，不太明显的两个是印度洋及南大西洋偏南地区。这些地方形成世界上最广大的洼陷（北极海被大陆环绕，相对说，也可看作最大洼陷之一）。最大洼陷自然引起它们对极的最大隆起，使隆起与洼陷相对应。这就是非洲、南极大陆、北美洲、西伯利亚四个最大的隆起地区。四个大洼陷是地球上最广大最稳定的海盆地，四个大隆起是地球上最广大最稳定的地台。在互相对应的一隆一洼中间，往往形成一个接近大圆的最宏伟最活动的地带，如特提斯断裂褶皱带是南北两极之间的大圆活动带，环太平洋断裂褶皱带是太平洋和欧非两极之间的大圆活动带。不太明显的一隆一洼的两极之间，自然存在着不太清楚的大圆活动带，如通过巴西与阿根廷东岸、阿尔卑斯山地、日本西部、马里亚纳群岛和新西兰北部的地带，可能是印度洋与北美两个极区之间的大圆活动带，通过红海、地中海、比利牛斯山脉、亚速尔群岛、阿帕拉契亚山脉和新西兰地带，可能是南大西洋与西伯利亚两个极区之间的大圆活动带。但在地球脉动的膨胀阶段，以前的波峰波谷带可以发生回返，而它们的大圆活动带地位可以不变。因此，特提斯与环太平洋两带之所以长时期维持其活动性，不是偶然的。北极和太平洋两个收缩中心激起两大系统的地壳波浪，印度洋和南大西洋两个收缩中心没有激起明显地壳波浪。北极－南极波系在特提斯断裂褶皱带归结成巨大的波峰波谷带；太平洋－欧非波系同样归结为环太平洋的巨大波峰波谷带；东亚和中美地区则是两大地壳波浪系统最大波峰波谷带的相交处，形成两个三角地区。其他两个大圆活动带的来会，更加复杂化了东亚三角地区的构造，这里地壳运动的活动性自然是很强烈的。中国就是在东亚三角形活动地区的一角。中国大地构造这样的位置，规定了其大地构造的特殊性。

中国大地构造位置，不仅正当环太平洋断裂褶皱带和特提斯断裂褶皱带的一个丁字接头处，并且是特提斯带的分带由西向东作扇面展开，与环太平洋带的分带交织成网的地区（图2）。这就决定了它支离破碎的地块是包在激烈运动的地带之中。

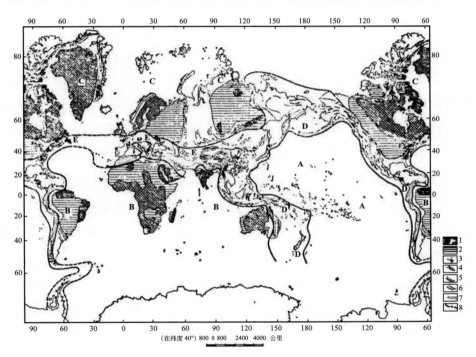

太平洋巨大地块（A）、冈瓦纳巨大地块（B）和劳兰特-安加拉巨大地块（C）被环太平洋断裂褶皱带（D）和特提斯断裂褶皱带（E）结合起来的镶嵌图案，表示中国恰好处在两大断裂褶皱带的一个丁字接头地区，又是它们的分带交织网贯地区，因而明显地指示中国大地构造的非地台性质。

地台：1—古老基底；2—地台盖层

后元古代褶皱带：3—古老基底；4—加里东褶皱带；5—海西（包括印支）褶皱带；6—燕山褶皱带；7—阿尔卑斯褶皱带；8—界线

图 2　镶嵌的地壳

比较劳兰特－安加拉巨大地块和冈瓦纳巨大地块来说，中国的支离破碎地块就不能不在构造运动上更加活泼多变，在构造发展上更加错综复杂，而且具有它自己的构造特殊性。这就是中国地壳在整个地壳中的部位，也就是它的大地构造背景。

为了进一步阐明中国大地构造的背景，有必要概略地谈一下整个地壳由环太平洋和特提斯两个宏伟断裂褶皱带镶嵌三个巨大地块的状况。这三个巨大地块是太平洋巨大地块、劳兰特－安加拉巨大地块和冈瓦纳巨大地块。后二者可以叫作外太平洋巨大地块（见图 2）。

太平洋巨大地块与外太平洋巨大地块之间的镶嵌带，是环太平洋断裂褶皱带。这是环球最大的活动带，在地质发展上是很复杂的。它的内带是世界最深的海沟带。在大西洋岸，向外围依次有新褶皱山所形成的岛链带、火山带、边缘海带。过渡到大陆，有重叠在老褶皱带基础上的约略平行于太平洋沿岸走向的大多数燕山褶皱带，可以作为环太平洋的外带。次平行的内带与外带，都形成次一级的波峰带与波谷带。如果从日本海沟计算到大兴安岭，或由琉球海沟计算到贺兰山，环太平洋带在东亚的宽度达 2,500 公里。中国东部几乎完全包罗在环太平洋带的外带之内。

分开劳兰特－安加拉巨大地块与冈瓦纳巨大地块的特提斯断裂褶皱带，其规模与环太平洋带相似。后者有世界最深的海沟，前者有世界最高的山岳，喜马拉雅山脉是世界的屋脊，珠穆朗玛峰是世界的极峰。喜马拉雅山脉与其山前坳陷恒河平原的比高，也是世界第一。这不过是特提斯断裂褶皱带的南部边缘。由此向北，依次排列着唐古拉山脉、昆仑山脉、天山山脉、阿尔泰山脉等，以及由它们向东绵延的山脉所在的断裂褶皱带。它们虽然形成于不同的地质时代，但都可以看作特提斯的分带，因而这个巨大波峰带也包括了许多次一级的波峰与波谷带。它们在中国的西端聚敛，向东作扇面展开，以南北两臂搂抱了中国，其中间分带横贯了中国，到东部分别在有些地方穿过了几个环太平洋分带，在另一些地方被后者所穿过，形成网状镶嵌（图 3）。这样就决定了整个中国地块的总三角形轮廓。

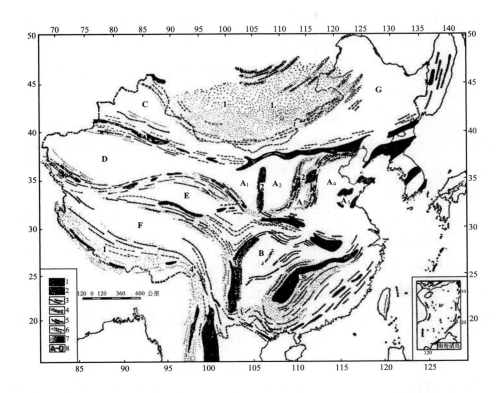

表示环太平洋和特提斯两大系统断裂褶皱带的分布，互相交织的关系及东亚套山字型构造的
轮廓。其中，A—G 是活动的中国三角地区残留的三角地块。A_1—A_5 华北地块，B 西南地块，
C 准格尔地块，D 塔里木地块，E 柴达木地块；F 西藏地块（？），G 松辽地块（？）。1. 蒙古
山字型构造，2. 祁吕山字型构造，3. 昆仑－扬子山字型构造，4. 喜马拉雅－印尼山字型构造
图例：1—古老基底出露地区；2—前震旦纪构造线；3—加里东期构造线；4—海西期（包括
三叠纪早期）构造线；5—燕山期构造线；6—阿尔卑斯期构造线；7—套山字型构造；8—中
国三角地区中的中间地块

图 3　中国及其邻区各旋回的褶皱带分布略图

　　中国处在两个宏伟断裂褶皱带的一个丁字接头地区，既决定了中国及其邻
区地块的总三角轮廓，又决定了由它所次分的零星地块的形状和后者的排列
关系。

　　中国及其邻区在构造上形成一个巨大的三角形，它的东边限于环太平洋内带，
包括千岛、日本、琉球、菲律宾，以及我国台湾等所形成的花边列岛与其内侧的
海沟带，它的西南边限于喜马拉雅山脉及其向东南延伸的印尼群岛所形成的岛链
与其南侧的山前凹陷或海沟带，它的西北侧限于天山、阿尔泰及外贝加尔等山脉。

在这个巨大三角地区，分布着约略平行的环太平洋断裂褶皱带的分带以及向西端辐辏，向东方成扇状辐射的特提斯断裂褶皱带的分带。两组分带的网状交织，把这个巨大三角区域的地壳分为许多零星的三角形或四边形地块。网状分裂的中国地块正好处在这个巨大三角区域的西端。

以上所说的巨大三角地块中，从西向东作扇状放射的特提斯分带，在大陆东部网贯了环太平洋分带，多数延伸到海边。它的南分带是喜马拉雅褶皱带，依次北排是唐古拉、昆仑、天山、阿尔泰等分带和它们向东延分支的次一级分带。喜马拉雅断裂褶皱带向东触到环太平洋外带时急转南下，与其合流，到苏门答腊再转向东成为印度尼西亚断裂褶皱带。由西藏地块隆起的唐古拉断裂褶皱带向东抵触环太平洋外带时，也急转南下，形成横断山断裂褶皱带，到云南西部，横断带又作帚形散开，分为二带，西带顺澜沧江及怒山山脉南下直到马来半岛，东带则从哀牢山脉顺红河延伸到中越边界上。昆仑褶皱带在柴达木地块以西，分为南北两支。南昆仑向东南延伸，到松潘地区又分为二支，一支东接秦岭断裂褶皱带，另一支转向南，接到康滇地轴与环太平洋最外带合流，南下为哀牢山断裂褶皱带所截断。北昆仑向北东东延伸为阿尔金断裂带，再向南东东转折形成祁连褶皱带，更向东则为秦岭褶皱带，东接下扬子褶皱带。天山与阿尔泰两褶皱带向东延伸会合起来，形成蒙古褶皱带，到大兴安岭与环太平洋外带相交。蒙古褶皱带以北，有萨彦-贝加尔褶皱带平行东延。这些特提斯分带，从北到南各有不同发展旋回，从西到东也各有不同旋回的地段，在同一地段也有不同旋回的地带。

东亚巨大三角形地块的东侧，排列着一系列的环太平洋分带。由东向西，依次为环太平洋内带的花边列岛断裂褶皱带，断断续续为日本海及东海切断的海滨断裂褶皱带，小兴安岭-辽鲁-华夏断裂褶皱带，大兴安岭-太行-鄂黔断裂褶皱带，贺兰-龙门-横断山断裂褶皱带。这些环太平洋的外带，都被特提斯分带所贯穿，截成了许多段落，各不连贯，因而在地质构造旋回上也多所差异。

如果把从西到东作放射状排列的特提斯带各分带比作织布的经线，从东南到西北近于平行排列的环太平洋带各分带比作织布的纬线，在它们相互交织的情况下，就不可避免地要在其网孔中分布着许多南北和东西都成排的次一级地块。西藏、塔里木、柴达木等地块，分布在特提斯分带的收敛部位，由于特提斯分带向东有分支的现象，使它们在东西方向延伸形成眼状的样子。阿拉善正当祁连山与天山断裂褶皱带相遇后，随即又向东分开而与环太平洋外带的贺兰褶皱带相抵触的地区，松潘地块正当南昆仑带向东分岔而为环太平洋外带的龙门山地段所拦截的地区，它们都成了三角形小地块。在放射的特提斯分带比较张开地区的地块处于环太平洋外带之间，它们多呈长宽相似的四边形，如鄂尔多斯地块、四川地块等。在鄂尔多斯及四川以东的地块，越偏东的越在南北方向延长，如海西旋回后的大兴安岭地块，古老而具缓和褶皱的山西地块，具有稍强褶皱的鄂黔地块等，都在南北方向显著延长，更偏东的松辽平原、河淮平原等地块，更加在南北方向延长，而日本海、东海、南海等边缘海地块，就延长更多了。由此可见，中国地块的总轮廓，以及从它分裂而分散的碎小地块，的形状与排列关系，都决定于特提斯和环太平洋两个宏伟褶皱带的丁字接头，以及它们分带的网状交织。

总之，中国的大地构造地位，恰好处于地壳中两个最宏伟的断裂褶皱带的东方丁字接头地区，囊裹在两个断裂褶皱带里，完全在活动带以内。自然，这里很难找到像地台规模的大地构造单位。所谓的"中朝地台"及"塔里木地台"，实质上都是活动带内的中间地块。这样的大地构造背景，决定了中国地壳的支离破碎，它的构造运动的活动性，构造发展的复杂性，岩浆活动的分散性，以及矿产的丰富多样性，也就决定了中国大地构造非地台的特殊性。这样就很难用外人的大地构造理论，硬套中国大地构造的实际了。

二、中国大地构造的基本特征

中国大地构造的特性，决定于它的大地构造背景。如前所述，中国大地构造位置恰好处于特提斯和环太平洋两大断裂褶皱带的一个丁字交接地区，而且它们的各分带把中国地壳地段分成次一级不很大而相当活动的地块，这些地块反过来镶嵌在各分带作网状交织的网孔之内。因此，不能不把它们看作活动带本身之中的中间地块，其中任何一块都谈不上地台。

张文佑教授（1959）认为，中国大地构造的特性之一，是"中国地台比一般地台（如俄罗斯地台、北美地台等）活动，而地槽比一般地槽（如乌拉尔地槽、阿帕拉契地槽）稳定"。这是不难结合作者的观点来进行解释的。国外特提斯带的分带非常集中，因而活动性特别强烈。中国西部这些分带开始分散，但仍相当集中，活动性仍很强烈。它们向东逐渐作扇状分散，活动性不免递减。相反，环太平洋带的分带大约顺经向作似平行排列，越偏东的分带活动性越强，过渡到中国大陆，活动性已相当减弱。在中国西部才开始分散，而仍相当集中的特提斯分带所形成的地槽带的活动性，虽然比国外的地槽带小，但在中国仍属活动性最强的地带。到中国东部，这些分带就过于分散。它们的活动性还相当显著，如内蒙地轴和其南侧的褶皱带，秦岭地轴东段的大别隆起和其两侧的褶皱带，都是比较活动的地带。环太平洋的内带自然是典型的地槽带，活动性很强，但在它们西部过渡到中国大陆上的外带，除少数地段外，大多数活动带的断裂性大于褶皱性，有些地段甚至只表现为深断裂带，如郯城-庐江深断裂。这样地带的活动性自然比起国外的地槽褶皱带更加小了。但是，在两大断裂褶皱带的分带作网状交织的网孔之中，镶嵌的地块却因为它们都混夹在活动带之中，就难免有相当大的活动性。因而，在大地构造单位的划分方面，把它们划归非地台的范畴，可说是正确的。

在这样非地台性的中国大地构造总特性基础上，中国大地构造的特征将在以下分为三部分作进一步讨论：①从构造运动上来看中国大地构造的发展及其结果；②从构造的平面分布上来看中国大地构造带交织的关系及其交织的形式；③在以上基础上略谈中国的岩浆活动与矿产特征。

（一）从构造运动上来看中国大地构造特征

从构造运动上可以看出地壳波浪运动，即地质构造的波浪状发展，最终形成地块波浪的结果。

前已提到，在构造地貌上可以看到，地壳中有北极-南极和太平洋-欧非两大地壳波系，它们可能是由地球收缩与膨胀交替的脉动作用，在地壳中形成的波浪运动。这样运动使地壳表面出现相间起伏的波峰带与波谷带，并且是在大波浪中套着小波浪，随时间的变迁，一个波峰带可以在以后的一个时期转变为波谷带，在更后的一个时期又返回为波峰带，这样辗转变化，好像水面上的波浪，一波未平，一波又起，一时缓和，一时激烈，但总是一浪推一浪，永无休止。地壳波浪有两大明显的系统及两大不明显的系统，他们互相干扰，互相交切，把地壳分为许多大小不同的、大一级套小一级的多边形地块。相邻地块往往互作天平式的上下摆动，最终形成目前的地块波浪。

两大明显地壳波浪系统的波峰波谷带，在中国地区的交织是很明显的。从北到南排列着特提斯带的次一级波峰波谷带，它们是阿尔泰波峰带、准噶尔－松辽波谷带、天山－阴山－长白山波峰带、塔里木－鄂尔多斯波谷带、昆仑－秦岭波峰带、四川－洞庭波谷带、南岭波峰带等。从东到西排列着环太平洋的次一级波峰波谷带，它们是台湾波峰带、台湾海峡波谷带、浙闽波峰带、苏北－鄱阳波谷带、辽鲁－淮南波峰带、松辽－河淮－洞庭波谷带、兴安－太行－鄂黔波峰带、鄂尔多斯－四川波谷带、贺兰－龙门波峰带等。再向西，环太平洋带的影响就不大了。

以上所说的次一级波峰波谷带本身，再分为更次一级和更更次一级的波峰波谷带，反映在目前地壳的镶嵌图案上，成为一级套一级的镶嵌地块。

不仅从目前构造地貌上可以看到明显的地壳波浪，在地质的发展中也很清楚。以下将从中国大地构造发展来谈中国各地块随时间变迁的反复相对升降运动，夹在地块之间的活动带随时间变迁在空间上的摆动，以及对地壳波浪的表现形式进行讨论，最后说明作者对地轴的看法。

1. 相邻地块的反复相对升降运动

相邻地块的反复相对升降运动，在构造运动的发展中是很典型的。作者（1959b）曾提出相邻地块在构造运动中的天平式摆动，实质上就是地壳的波浪运动，结果就形成构造地貌上的波浪形象。

地壳的天平式波浪运动，其实是地壳运动的一种通性。在说明中国地区相邻地块的天平式运动以前，有必要谈一下地壳的三个巨大地块的天平式运动。这样才能明显看出中国地壳构造的特殊性是不能脱离地壳运动的一般性而存在的。

这里先谈一下太平洋巨大地块与外太平洋巨大地块相互间的天平运动。太平洋底部的平顶海丘，在中生代曾经历陆上剥蚀，现在却湮没在水下千百米的深处，大西洋中部在第三纪以来升起了巨大的海岭，证明两者曾有此升彼降及此降彼升的天平摆动关系。这就是太平洋底在中生代升起，使其底部火山锥暴露水面，受到剥蚀，而大西洋与印度洋却作较深的凹陷。但到了新生代，部分太平洋底沉降1200～1800米，而大西洋及印度洋隆起，特别表现在它们中央升起的海岭，这些海岭宽达数百到一千公里，长达六万多公里，升到几千公尺，这里的海水就不能不回灌沉降的太平洋海盆。

外太平洋的两个巨大地块也有互作天平式上下运动的情况。从沉积层的分布证明，在古生代，劳兰特－安加拉巨大地块的下沉时期多，冈瓦纳巨大地块上升的时期多；但到中生代，前者反而有较多的上升，而后者则开始崩溃沉陷。第三纪时，印度洋及南大西洋发生中央隆起，劳兰特地块北部和中部有严重的分裂陷落，安加拉巨地块的中间地带从北欧到中亚有广泛的沉陷。

太平洋和外太平洋三个巨大地块随时代变迁，由于地球收缩、膨胀相交替的脉动作用所形成的天平式运动，不可避免地使其中间的大圆地带进行比较激烈的活动，形成两个激烈活动带，即特提斯带与环太平洋带。中国在这样激烈的活动带的一个丁字接头地区分离出来许多中间地块，相互之间也要作反复起伏的天平式波浪运动。

现在，把华北包括鄂尔多斯、山西、华北平原、山东等地块在内的整个地块，与华南包括四川、鄂黔、江南、桂湘赣、华夏等在内的整个地块的反复升降运动作一对比。在元古代，华北地块相对上升，华南地块相对下陷。这是可以从两处前寒武纪岩层的变质程度推知的。一般说，华北的前寒武纪地层变质较深而华南的较浅。在华北，不论山东的泰山杂岩，东北的鞍山群、辽河群，山西的桑干杂岩、五台群、滹沱群（中条群），或河南的登封杂岩、嵩山石英岩、五指岭片岩，都是由变质较深的片麻岩、云母石英片岩、绿泥片岩、石英岩、大理岩等组成，而在华南，除零星地区出露片麻岩及云母片岩等较深变质岩以外，大多数是变质较浅的千枚岩、板岩、石英岩、硬砂岩组成的板溪群岩层。这就说明元古代较晚时期，华北地块有较多的上升剥蚀现象，暴露了太古代及早元古代的岩系；华南地块有较普遍的凹陷沉积现象，沉积了晚元古代的岩系。因而，在两个地块之间，可以看出明显的相对升降运动。

到震旦纪，在中国地块表面上出现波浪起伏的同时，华北整块对华南整块来说是较多下沉的。在华北有不少深凹陷，那里沉积了厚达数千米的震旦纪石英岩和硅质石灰岩，有些地方如燕山褶皱带蓟县凹陷的震旦系，厚达 10,000 米以上。华南的震旦系出露较少，地层较薄，它的底部往往有冰碛层。

寒武奥陶纪是南北两块回返振荡比较平衡的时期，华南华北普遍海侵。但华北多石炭岩相而华南多碎屑岩相，华北地层一般较厚，华南地层一般较薄，虽然局部的桂湘赣加里东褶皱带在早期古生代有较深凹陷。

到了志留泥盆纪及早石炭世，南北两地块才打了颠倒，有明显相反振荡。华北各地见不到志留泥盆两系及下石炭统，而华南各地往往发现这些时代的地层。即便在部分地区，如桂湘赣褶皱带，有加里东褶皱变动及短时期的上升剥蚀现象，在泥盆纪及早中石炭世，还是有较深下陷而沉积了这些时期相当厚的地层。这就清楚说明了北升南降的历史。

早石炭世，虽然有南低北高的形势，但又开始相反振荡。早中石炭世海侵在华南比较广泛，华北各地基本上还是陆地，只是到了晚石炭世，海侵才在华北展布，说明到了石炭纪晚期，南北地块又得到了平衡。这个平衡不久又为以后颠倒运动的相反振荡所打破。到二叠纪华南有普遍海侵，三叠纪有相当大面积的海侵，但在华北却只有陆相沉积。

侏罗纪及白垩纪，南北地块的相对振荡大抵趋于平衡。这个时期，南北地块都进一步分裂，形成次一级的地块。但从煤系和火山岩系的堆积，以及喷出和侵入岩浆的活动来说，南过于北。

到新生代，南北地块的升降运动才打了颠倒，北方的广大地区，如鄂尔多斯盆地及华北平原，接受了新生代的厚层沉积，但南方的晚近沉积，只局限于零星的小盆地。

随着南北两大地块互相上下、反复错动的波浪起伏，夹在它们之间的活动地块带，也分为条带状地块，更加集中地互相上下、反复错动，更加清楚地表现波浪起伏的形式。在前寒武纪，狭义的太古秦岭地轴及其两侧坳陷沉积，由于南北两大地块上下错动颠倒反复的开始时期，形成前震旦纪褶皱带。到震旦纪，华北华南的颠倒错动超过了天平式平衡的阶段，又在这一元古褶皱带的北侧，如华山南侧金堆城一带，出现了较深一些的坳陷带。南北地块在寒武奥陶纪得到一个比较平衡的阶段，秦岭地带的波浪起伏运动也较平静。到奥陶纪晚期，南北地块的再一次反复上下运动，使南秦岭如安康一带，形成了志留纪的深坳陷。四川盆地在泥盆纪的局部回升，引起了南秦岭加里东褶皱及其北侧如镇安、山阳的中秦岭晚古生代坳陷。南北地块在二叠三叠纪的进一步相对沉陷与升起，又使中秦岭发生海西褶皱（包括印支褶皱）。南北地块基本得到平衡的侏罗白垩纪，严重的分裂也在秦岭有明显表现，这里发生了许多分散的煤盆地及红色盆地，如徽县盆地、商县盆地等，并有不少晚期燕山花岗岩的侵入，如华山花岗岩。第三纪的新反复，使秦岭地带发生"盆地山岭"式的构造运动，把秦岭褶皱带分为许多北仰南俯的条带状地块，作另一种波浪起伏的形式。

以上概述了华南华北两大地块互相上下、反复错动的天平式振荡运动，以及夹在其间的秦岭条状地带互相起伏的波浪运动。至于华北地块与东北地块之间，也有类似的天平式运动。震旦系与下古生界在东北地块很少发育，但志留泥盆系则有发现。石炭二叠纪，东北地块的构造运动相当活跃，在吉林的永吉、磐石至哈尔滨一带，堆积了厚达 5000 米的砂页岩、石灰岩及火山岩，以后形成海西褶皱带。三叠纪准平原化以后，到侏罗白垩纪有断裂的隆起凹陷。凹陷中堆积了千余米到数千米厚的碎屑岩系、煤系及火山岩系。中生代末期，发生地垒地堑式的断裂运动，继续有新生代的一些沉积岩及火山岩发育。由此看来，东北地块对华北地块反复起伏的天平式运动，与华南华北两地块之间的关系大同小异。两个相同的天平式运动一起在整个华北地块进行上升运动的时期，华南与东北两地块却在下降；华北下降时，华南、东北反而上升，这恰好成为反复的地壳波浪运动。这是既符合于地壳构造的通性，又表现了中国地壳构造的特性。

夹在华北地块与东北地块之间的地带，作为天平式运动的枢纽带，是相当活跃的。这一活动带大致分为两带，北带以正性运动为主，南带以负性运动为主。正性运动的北带，实质上是内蒙地轴的东延部分；负性运动的南带，则是燕山地槽的东延部分。只因这一部分是燕山地槽的梢尾，不是那么活动罢了。可以想象，震旦纪东北地块相对上升而华北地块相对沉降时期，引起了枢纽地带的燕山坳陷，在坳陷的旁侧升起了地轴。寒武奥陶纪的平衡时期，枢纽地带的坳陷与隆起也都比较平静。到中、晚古生代，活动带移到东北地块之上，不能不引起地轴枢纽地带的激烈上升，作为其北侧深坳陷的沉积来源。海西褶皱运动以后，两个地块得到颠倒的相对错动。这样运动在三叠纪继续发展。到侏罗白垩纪，东北地块的多处凹陷，又引起轴部南侧燕山地槽的剧烈坳陷和火山喷发。到白垩纪末期，东北地块与华北地块再一次反复的上下运动开始，使燕山地槽及其东延的梢尾进行相当强烈的褶皱。各时代在地轴两侧的多次深坳陷，不能不引起地轴激烈隆起，作为两侧大量沉积的源泉。

华南地块与西藏地块之间，有同样的反复升降错动关系。西藏地块在早期古生代隆起剥蚀，到泥盆纪及石炭二叠纪才有沉陷，得到沉积。海西褶皱运动以后，有新的坳陷。继三叠侏罗纪的，还有白垩纪与早第三纪的沉陷，现在却形成了 5000 米以上的高原。由此可见，华南地块在早期古生代沉陷时，恰好是西藏地块的隆起时期，到晚期古生代，两地块基本得到平衡。在早期中生代两地块开始相反运动，直到晚期第三纪，两个地块的互相上下运动才再一次反复。

至于夹在华南与西藏地块之间的横断山断裂褶皱带的波浪起伏运动，就不是那么容易得到解释。原因在于它不像其他断裂褶皱带的构造线那样，明确地横列在两个地块之间。横断山断裂褶皱带是西藏、华南、印支和印度四个地块的结纽，在这里结成一个水字型构造（见后）。由于华南与印度地块的约束，断裂比较密集，褶皱比较紧闭。但在过渡到西藏地块的地带，向西北逐渐作帚状辐散，过渡到印支地块的地带，向东南逐渐作帚状辐散。从构造线的方向上说，它在这里可以作为环太平洋的最外带来看；从它在西北和东南方向上的水字型辐散来说，又应看作特提斯带。从昆仑褶皱带延伸而来的康滇地轴来会合的地带，又明显地迁就了环太平洋构造线。像这样纽结在一起的复杂断裂褶皱带，需要更多的地质资料来进行分析。李春昱（1963）曾对"康滇地轴"地质构造的发展史作了比较客观的分析，证明在它的两端和两侧，随时代变迁进行了不平衡的运动。

华北、华南、东北、西藏四个地块本身分裂的次一级地块，如以江南地轴分隔的桂湘赣褶皱带与鄂黔褶皱带，以山西地块分隔的鄂尔多斯地块与华北地块等，也都有反复起伏的地壳波浪运动。

由此可见，由于两大系统的地壳波浪所形成的波峰波谷带，在中国地区的干扰交切而分裂的次一级地块，彼此之间反复起伏的波浪运动有非常明显的表现。它们的波浪运动结果，在目前形成波浪状的构造地貌（见后）。这样的构造运动，不仅表现在特提斯带与环太平洋带的分带分隔的较大地块之间，而且在又次一级的地块之间，也有同样反复起伏的地壳波浪运动，目前形成又次一级的构造地貌。为了节省篇幅，不多赘述了。

2. 中国各活动带中的波浪运动特征

中国各活动带中的波浪运动，比较它们两侧地块的波浪运动更加明显。也就是特提斯带与环太平洋带的各分带，在中国大地构造发展中的不平衡性，或随时代变迁，各分带在空间的摆动性非常明显。

活动带随时间的变迁，在空间上的摆动性相当于葛利普（1924）曾经提出的地槽迁移的说法，这样性质也是地壳构造运动的通性。葛利普只提出了地槽的横向迁移，实际上活动带还有纵向迁移，而且还有活动带的综合迁移。环太平洋与特提斯各分带在中国构造发展的这种不平衡性或摆动性，形成了中国各活动带网状交织的图案，以及同其他地带不同的构造活动性和构造发展史。

首先谈特提斯各分带随时间变化在空间上的摆动。从每个分带每一段落来说，它的活动地带往往随时间在空间上采取不对称迁移，但对称迁移也只能局限于某一时限，因此说，在任何一个分带的范围内，不对称的反复迁移是基本的，因而这样在空间上的变迁，可以适当地叫作活动带的摆动。一般说，镶边分带，如喜马拉雅带与联合的萨彦－贝加尔及阿尔泰－蒙古带中的不对称摆动性很明显，而中部的分带，如昆仑带及天山带的对称性迁移较明显。如以大喜马拉雅结晶带为中轴，它的北侧在古生代到三叠纪的一般振荡沉陷以后，到侏罗白垩纪和早第三纪曾作地槽式坳陷。这个坳陷在早第三纪末期褶皱隆起的同时，负性活动带摆向大喜马拉雅的南侧，在这里沉积了第三纪的地层。这一带的褶皱上升，使第四纪的坳陷沉积逐渐南移到恒河平原。

萨彦－贝加尔褶皱带的摆动也很明显。在贝加尔东南侧的维奇姆高原，有一带古老地轴（这里所说地轴与褶皱带的中央隆起同义，见后），地轴东南是贝加尔褶皱带。贝加尔湖西北的贝加尔山脉是一带以寒武系组成的前缘坳陷褶皱带，同时在外贝加尔，即贝加尔褶皱带东南出现了加里东褶皱带。更向东南迁移的是蒙古海西褶皱带。这样不对称的迁移，在萨彦褶皱带表现也还清楚。维奇姆古老地轴在贝加尔湖南端向西转折形成萨彦中央结晶带，结晶带东北是狭窄的早加里东旋回褶皱带，西南有一广阔的加里东褶皱带，再偏西南就是阿尔泰－蒙古海西褶皱带。到中生代，有东外贝加尔－滨阿穆尔燕山褶皱带出现在加里东褶皱带南部。萨彦结晶带东北，也在侏罗纪发生了坳陷，形成伊尔库茨克盆地。

天山褶皱带随时代变迁的空间摆动，有时对称，有时不对称。在震旦及早期加里东时期，天山的中央隆起带南侧已有坳陷，加里东旋回的较晚时期，地槽扩展到南北两侧，加里东褶皱以后，海西褶皱带在北侧得到广泛发育，特别是在博格多山及却尔塔格地区尤其广泛，南侧的海西褶皱带却较狭窄并带有局限性。中、新生代的山前坳陷分布在天山褶皱带外侧，南侧有库车坳陷，北侧有乌鲁木齐坳陷。在中、新生代，天山褶皱带中部也发生了许多山间坳陷，吐鲁番坳陷是其中最大的一个。这些事实说明，天山褶皱带的摆动有一定程度的对称性。

天山褶皱带的中央隆起带向东湮没在居延盆地以下，过渡到阿拉善有所扩大，向东延形成内蒙地轴。地轴两侧的构造发展，有显著的不平衡性。地轴以北的海西褶皱带与蒙古海西褶皱带合流，过大兴安岭南端又分开，从松辽断陷以下过渡到长白山地区。地轴南侧与北侧不同，在震旦纪，地轴东段的南侧已有很深的坳陷，此后这一段地壳比较平静地过渡到中生代，在侏罗白垩纪又显示了特别的活动性，形成燕山褶皱带。到新生代，翘陷地带又向西移，目前在河套地带形成断陷。因此，一个活动带在纵向上也有明显的摆动性。

昆仑褶皱带西段，在其中央隆起带南北两侧的构造发展，有些平衡，又不平衡。它的情形好像是天山的镜像反映。天山中央隆起北侧，有比较广大的古生代褶皱带；面向塔里木盆地的南侧，比较狭窄，且有局限性；昆仑中央隆起带的南侧，有比较广大的加里东褶皱带；加里东褶皱带以南，更有海西褶皱带，且有中生代宽缓褶皱重叠于后者之上，并在其南边发展；面向塔里木北侧，只有狭窄而局限的加里东及其外侧的海西褶皱带；塔里木盆地边缘，出现的也有一带中、新生代和田山前褶陷。

昆仑褶皱带向东北，由阿尔金断裂褶皱带过渡到祁连断裂褶皱带。祁连断裂褶皱带的横向摆动，有些平衡，又不平衡。先在祁连中央隆起带南侧形成震旦褶皱带，然后在它南侧广大地带及北侧较狭窄地带发展加里东褶皱带。祁连北侧的海西缓褶带更加北移。重叠于南侧加里东褶皱带之上的海西褶皱带（包括印支褶皱），分布在南侧震旦褶皱带与加里东褶皱带之间。最后有中、新生代的山前坳陷发生于祁连褶皱带的外侧，如北侧的走廊坳陷及南侧的中、新生代坳陷。而且祁连褶皱带的中部，还有一些山间坳陷。

由祁连断裂褶皱带过渡到秦岭断裂褶皱带，这里的横向摆动更加不平衡。如果不算秦岭地轴北侧零星分布的不同时期坳陷褶皱带，秦岭褶皱带就可以看作一个半边发展的构造带。如果把秦岭地轴作为它的北带，远离地轴的大巴山北麓有加里东褶皱带。到海西旋回，秦岭的坳陷带又北移到地轴与加里东两带之间。中、新生代在秦岭也发生一些山间盆地。新生代的沉陷活动，则转移到秦岭北侧的渭河断陷。

秦岭地轴向东南连到大别山地带，有些膨大，形成一个较小地块。它的南侧为下扬子褶皱带，这一带从震旦纪到三叠纪一般是沉陷时期，可以看作最末期的海西（印支）褶皱带。大别山北侧有狭窄的震旦及海西褶皱带。中、新生代的坳陷活动，在其南北两侧都有表现。

昆仑南带调查研究的资料比较贫乏。它的中央隆起带向东南延伸，在松潘地块西南湮没于海西（印支）褶皱带以下，似乎在金沙江与雅砻江上游之间隐约起伏，直达康定附近接上康滇地轴，与环太平洋最外带合流。地轴以东是一带以断裂褶皱带为主的活动带，牵涉到的断层自震旦系到三叠系都有，偏北还有侏罗凹陷，地轴以西是一个三叠侏罗纪凹陷。

横断山断裂褶皱带已如前述，是几个断裂褶皱带的合流。哀牢山结晶带和澜沧江结晶带，都可以说是在横断山带发展起来的，它们向西北湮伏在唐古拉褶皱带以下。至于高黎贡结晶带，则是大喜马拉雅中央隆起带向西南转折的延续部分。澜沧江结晶带与高黎贡结晶带之间，有海西及燕山褶皱带。澜沧江结晶带与哀牢山结晶带之间，有燕山褶皱带。哀牢山与康滇地轴之间，也是燕山褶皱带。高黎贡结晶带以西，则为喜马拉雅褶皱带。由此可以可看出，它们发展的不平衡性或摆动性也是显著的。

以上所述多为活动带的横向迁移。它们的纵向迁移也是明显的，如内蒙地轴南侧活动带，在贝加尔旋回集中于冀东，在燕山旋回略向西迁移到燕山及冀东、晋北一带，到喜马拉雅旋回又行西移到张家口一带，地质近代则转到河套形成断陷，为将来的褶皱作准备。秦岭地轴（包括大别山地带）北侧活动带与内蒙地轴南侧有类似情形。在贝加尔－加里东旋回，活动中心在华山以南的金堆城附近和豫西地带，陕西陇县一带也有波及；到海西旋回，活动带移到大巴山北侧；燕山旋回与喜马拉雅旋回，地轴北侧活动带相当扩大，自豫西延到皖北，但在地质近代则转到渭河地堑，为将来褶皱打基础。

不仅特提斯断裂褶皱带的各分带本身都有发展上的不平衡性或纵、横方向上的摆动性，从整体来说，全部特提斯带在横向发展上，也有明显的不平衡性或摆动性。最北的萨彦－贝加尔褶皱带，以贝加尔和加里东旋回为主，阿尔泰－蒙古褶皱带、天山－阴山褶皱带与昆仑－秦岭褶皱带，以加里东和海西旋回为主，喜马拉雅褶皱带，以燕山旋回及喜马拉雅旋回为主。这样看，就有从北向南摆动的迹象。而且在燕山旋回以后，褶皱带有自南向北摆回的趋势。所有分带都显示了燕山旋回的活动，在燕山地带和外贝加尔－滨阿穆尔地带有很好的发育。喜马拉雅旋回及最新时期的活动，也有越向北越显著的情形，如贝加尔湖一带的最新深断陷，就在特提斯断裂褶皱带的最北方。

纵向发展上，特提斯带总的方面也有摆动的迹象，如昆仑褶皱系的西部，一般是在海西阶段结束活动，但到它的东部分支，像祁连、秦岭、西康等地带，则在印支阶段（作者认为是海西的末期）结束活动。

环太平洋断裂褶皱带的各地段，同样有发展上的不平衡性或摆动性。龙门山褶皱带主要分为东西两带，西边为摩天岭加里东褶皱带，东部为包括海西旋回的燕山褶皱带。目前在龙门山褶皱带东南，又有一带新生代的深坳陷。贺兰褶皱带是古生代与中生代二重旋回或跨旋回的燕山褶皱带，在它的西侧曾有白垩纪的坳陷，第三纪和第四纪反过来在它的东侧发生了银川断陷。

这里把大兴安岭－太行山－鄂黔一带看作环太平洋外带的一条分带，这一分带的不同段落，各有不同的地质发展，说明活动带在纵向上有明显的迁移。

就横向迁移来说，大兴安岭原在古生代的蒙古海西褶皱带东端，燕山旋回中有严重的断裂与岩浆活动。在这同时，断陷带却转移到松辽平原，靠近大兴安岭有些地方沉陷竟达 3000 米的深度。太行山地带虽说褶皱比较缓和，它的两侧凹陷，却也显示了清楚的摆动性。海西旋回末期隆起时，它的西侧形成一个中生代的沁水盆地。到新生代，它的东侧形成广大的华北断陷，靠近太行山有些地带的深坳陷竟达 7000 米。夹在江南地轴与四川地块之间的鄂黔褶皱带是一个过渡型褶皱带，从震旦纪到中生代，坳陷活动有从东向西越来越深陷的样子。

如果把江南地轴及其两侧的褶皱带合起来看作一个广阔的活动地区，则其西侧鄂黔褶皱带在加里东旋回中比较缓和坳陷的同时，其东南侧却进行比较剧烈的坳陷与其后期的严重褶皱。海西旋回中，鄂黔地带到二叠纪才有一些沉积，湖南、广东及其他地区则有泥盆、石炭、二叠纪的巨厚沉积。

综合的环太平洋断裂褶皱带，在发展上同样有不平衡性或摆动性。中国与日本地段的环太平洋带，其西北—东南方向有随时间在空间上摆动的情形。贝加尔旋回及加里东旋回中，活动带偏西，在中国东南各省区形成加里东褶皱带。如果把蒙古褶皱带东端的大兴安岭地段包括进去的话，这里也有加里东旋回的表现。海西褶皱带见于日本西部及萨哈林岛北部。由此可知，海西带可以蔓延到鄂霍次克海及日本海，也可能达到东海。这样就说明，对加里东来说，海西褶皱带是向东摆动的。海西褶皱带的两侧，出现了燕山褶皱带或太平洋褶皱带，一方面表现在日本的东部，另一方面表现在大陆的岸边，如朝鲜南端及中国浙江福建等地。环太平洋最外带的贺兰山及龙门山都有反映。喜马拉雅褶皱带转移到环太平洋的最内带，在日本东岸及琉球群岛都有表现。中国台湾和日本本州北部好像例外，但由北海道东岸的中、新生代褶皱带南延和中国台湾以东列岛上出露新生代的安山岩等，可以想到日本本州及中国台湾以东的喜马拉雅褶皱带是淹没在海底的。环太平洋的内带以东是目前深沉陷的海沟，表示今后的最活动地带早已在这一海沟开始了。同时，还可以把日本海及东海地带，看作大陆沿岸的燕山旋回以后活动带的东移，把新生代的华北断陷，看作太行山的燕山运动以后活动带的东移，银川断陷及成都坳陷，也可以分别看作贺兰山及龙门山的燕山运动以后活动带的东移。总的来说，在中国及日本地段的环太平洋褶皱带，是随时代的变迁而摆动的，但总趋势是向东摆动。

以上说明，坳陷及其随后的褶皱带随时代变迁往复移位，往往像波浪一样，一带挨一带，彼起此伏，形成地壳波浪。也就是说，一个地槽结束的同时，往往在它一侧或两侧较早形成的刚硬地块基础上，形成较新一代的地槽坳陷；这个地槽坳陷结束的同时，又在后者的外侧较老刚硬地块的基础上，抑或回到上期褶皱硬化的基础上，形成更新一代的地槽坳陷，或边缘坳陷，或内部坳陷；由此类推，以至更加新时代的坳陷。由此可知，较老地槽的结束引起较新坳陷的形成，是互相联系、互相依赖的关系。较老地槽规模越大，褶皱范围越大，其旁侧较新坳陷的规模越大，较老地槽褶皱上升越高，其旁侧较新坳陷的沉降越深，也是带有规律性的。太古代和元古代较老和较新的褶皱带，也有类似的关系，秦岭地轴两侧与内蒙地轴两侧，都有隆起与"轴缘坳陷"相结合的现象。因此认为，旧坳陷的褶皱隆起与其近侧较新坳陷的发展，是有连续性和继承关系的。

以上两节使我们容易了解，相邻地块的天平式波浪运动与其间活动带的摆动式波浪运动，是密切结合的。因而不难看出，激烈运动的条条，可能是由缓和运动的块块所引起，它们反过来又作了块块的界限，而且它们是在块块的基础上发生与发展，最后又成为新生块块的组成部分。条条块块在地壳发展中是对立统一的结合。地壳中，往往看到块块在某些地带分裂的同时，在另一些地带进行着条条创伤的愈合，这些愈合了的创伤，又成为较后某些时代块块运动的基础。这样就不能认为，地壳发展历史的长河中，有任何一个时期在地面上完全处于活动带的泛地槽阶段，或完全形成一个整块的泛地台阶段。作者曾从其他方面涉及这一问题，认为在震旦纪以后不同旋回的褶皱运动，既然都是不同时在全部大陆地面上进行的，在一处早些，另一处晚些，这样就很难想象，前震旦纪每个旋回的褶皱带都能遍布全部大陆地面，形成泛地槽的状况。况且实际上，前震旦纪的褶皱带，也是在一处为早一旋回的，在另一处为晚一旋回的。谢音曼曾经指出，在地台的古老基础上，有褶皱体系的残留部分与新褶皱带不整合，老褶皱带与新褶皱带发展的长期性和复杂性相似，新褶皱带切断并埋葬地台上的老褶皱带，地台破坏的结果是部分构造坳陷形成新一期地槽，部分构造褶皱形成晚一期地台，因而不同地带的地台与地槽却是同时形成。他认为，以古老构造残体为基础的地台，有一个"巨大角砾"构造而不是什么同心构造，因而他不同意地台增长的说法。这样一来，也就否定了地壳运动的泛地台阶段与泛地槽阶段了。

3. 地壳波浪在中国地质晚期表现的三种形式

以上谈到了地壳构造在发展中的波浪状运动，它在目前表现的最终构造形式自然也是波浪状。像地壳这样固态物体所表现的波浪构造，自然不像液态物体在表面上的流线状或 S 状波浪。地壳运动的表现，往往是褶皱与断层相伴生的形式，它的波浪状构造不得不在大多数情况下，采取地块波浪的样式。就是说，地壳构造除部分表现为流线状或 S 状褶皱以外，很大部分采取具有棱角的地块间互起伏的波浪状构造。但绝对刚硬带的地块是没有的，因而具有棱角、间互起伏的地块本身的表面，很难没有流线状及局部 S 状波浪构造。这一节所要谈的，着重在于间互起伏的地块波浪。不仅被镶嵌的地块采取地块波浪的形式，在地块与地块之间的断裂带或褶皱带，也往往采取地块波浪的形式。把中国大地构造的样式，看成大条条夹小块块的活动带的意义就在这里。

"地块波浪"一词是哈茵（1960）提出的。他说，不像有些学者目前的想法，地壳构造"不是波状就是单纯的块状性质"，而是"有些地方以挠曲地块为主，另一些地方以整块变位为主的地块波浪性质"。作者根据经过挠曲的或未经挠曲的地块相间起伏的样式，分为三种地块波浪构造。最常见的是倾斜块断式，其次是地堑地垒式，第三是前两种构造相结合的穹起断陷式。

倾斜块断式构造也可叫作盆地山岭式构造（basin-range structure）。这样构造是许多相邻的地块作一边仰起、一边倾俯的姿态，在倾俯地带形成盆地，仰起地带形成山脉，是一系列的地块总靠一边断裂翘起上冲成山，夹着一排一排不对称的单边断陷所成的盆地，因而叫作盆地山岭式构造。这样构造在地壳中是很典型的。有人把这样构造叫作"半地堑"，似乎不很合适，这是因为"半地堑"的另一侧却是一个"半地垒"。就盆地说是"半地堑"，就山岭说是"半地垒"，其间没有合适的界限。不如把它们结合起来，总称盆地山岭式构造。从广大范围来说，在太平洋及其沿岸地区，这样的构造是很发育的。大范围如太平洋底部分为许多大地块，它们往往是在东边翘起，到西边倾俯，翘起地带形成海岭，倾俯地区形成海盆；又如太平洋西岸地带，从日本海向西通过中国东北到蒙古人民共和国，小范围如秦岭地带，都形成这样构造。

地堑地垒式构造也可以说是非洲大断谷式构造。在非洲大陆，特别是大断谷地带，有一系列相邻地块相间的升降运动，形成一系列的地堑与地垒式构造。从大范围说，安加拉巨大地块就分为一系列互作沉陷与隆起的地堑地垒式构造，如加拿大地盾、芬兰－俄罗斯地台、西伯利亚地台三个巨大地块之间，夹着北大西洋海盆、西西伯利亚地坪两个巨大地堑。冈瓦纳巨大地块也分为南美、非洲及澳洲三个巨大地垒，夹着南大西洋及印度洋两个巨大地堑。中国华北的地堑地垒式构造也很明显，可以把鄂尔多斯盆地、华北断陷看作大地堑断陷盆地，把山西及山东两个山地地区看作两个大地垒。山西大地垒这一地块本身，又套着吕梁与太行两个地垒，中间夹着汾河地堑。山东地块本身，也套着鲁西地垒与胶东地垒，其中夹着郯城地堑。应该指出，以上所说的大大小小的地堑地垒构造，大地堑地垒套小地堑地垒的构造，绝不意味着地块的平起平落，其中往往有占辅助地位的倾斜块断所成的盆地山岭式构造，以及其他形式的构造使其复杂化。

穹起断陷式构造以红海断陷为典型地带。埃及与阿拉伯之间原来是相当大的穹起大地背斜挠曲，在这个穹起带的中部有一张裂断陷所形成的红海，因而叫作穹起断陷。从华北地块整体来看，虽如前述，它的表现是相间的地堑地垒形式，但纵贯其中的汾河地堑在大部分地带是个穹起断陷式构造。它的东西两侧地块，特别是北部的五台与吕梁两个地块，分别向东、西倾斜。南部的南吕梁古生代地层多向西倾，沁水地块的西边地层则向东倾。这说明汾河地堑恰好处于一个巨大隆起的中轴，是喜马拉雅旋回中断落的。渭河地堑有类似的构造格局。它北侧鄂尔多斯盆地边缘，从古生代到中生代地层的一般向西北缓倾，以及它南侧秦岭老剥蚀面的向南缓倾，都说明这个地带新生代以前是个隆起地带，在新生代才断落成为穹起断陷构造。

穹起断陷式构造在褶皱带有更加明确的表现，如天山中部的伊萨库尔盆地、吐鲁番盆地，祁连山的木里盆地等，都可作为这样的例子。

以上所提到的三种地块波浪构造，都在构造地貌上明白显示出地壳波浪。这只是地壳波浪运动的最后形式。它们自然是从以前两节所谈的地块天平式运动与活动带的迁移运动发展而来。活动带在褶皱运动以后的发展，往往也采取地块波浪式运动。

4. 关于地轴问题及其在地槽褶皱带中的位置

根据镶嵌构造的观点，地轴应该归属活动带。夹在缓和运动地块之间的激烈活动地带，由于两侧地块相对运动的牵连，便切成一排一排的条带，间互升降，形成长条状的地块波浪。它们在活动初期，譬如说地槽活动初期，所采取的地块波浪形式是长条坳陷或断陷与长条隆起相间。白默伦（1954）及别洛乌索夫（1954）在他们的振荡运动发展史讨论中，充分说明了地槽发展中波浪起伏的过程。在地槽体系中，曾经坳陷或断陷的槽向斜中堆积了巨厚地层以后才能形成强烈的褶皱，而且在褶皱的同时及其以后进行上升运动。在槽向斜之间，曾经隆起的槽背斜却在槽向斜褶皱隆起时作反向的沉降运动，但往往沉降程度不大，相对保持正向性，形成褶皱带的中央隆起，如祁连山、天山、阿尔泰褶皱带的中央隆起。槽背斜所在的中央隆起带所形成的长条地块，一般认为是地槽体系的组成部分，但对于紧邻地槽体系外侧曾经激烈隆起的条带，即所谓的地轴，却往往被忽略，不划归地槽体系，而划归地台范畴。作者则认为，地轴和地槽体系中的槽背斜带，对槽向斜带有同样的关系，同样是被切成的条带，同样参加地槽体系的波浪起伏，同样有激烈的隆起运动，对地槽发展起同样的作用，应该同样划归地块与地块之间的活动带体系。不能认为这样的正性活动带，只能夹在负性活动带之间，而不能存在于负性活动带外侧。更值得注意的是，所谓的地轴，往往与褶皱带的中央隆起相通。这样的构造单位在中国特别发育，如秦岭地轴西通祁连山的中央隆起带，宋叔和（1959）合称秦祁地轴。实际上，内蒙地轴向西，也可以通到天山褶皱带的中央隆起带。

　　事实证明，地轴与地块相邻的一侧，也有相当活动的褶皱带，黄汲清（1962）在"中国大地构造基本特征"中把它叫作轴缘坳陷。轴缘坳陷实质上是在一个地槽系最外侧的槽向斜带，只是它们的活动性不像地槽系中部那样激烈，而且它们在地质发展上的不平衡性和地理分布上的不连续性（见前）更加明显罢了。拿秦岭地轴北侧的情况来说，在陇县一带，有祁连地槽北加里东槽向斜的尾闾；在华山以南，有金堆城加里东褶皱带；在大别山北麓，有海西褶皱带；中、新生代的坳陷及岩浆活动，在豫西及大别山北麓有相当普遍的发育；而且在新生代以至现代，秦岭北麓发育着相当深陷的渭河地堑。这样就很难说，秦岭地轴不应归属于作为条条范畴的秦岭褶皱带了。同样，在内蒙地轴南侧的不同地带，有不同时期的褶皱带作断断续续分布，如冀东与晋北的燕山褶皱带，这个褶皱带囊裹着最底部的震旦褶皱；在阿拉善地区的古老褶皱带南侧和河套地带，中、新生代的坳陷与火山活动相当普遍，可以作为将来褶皱的基础。因此，内蒙地轴也应划归作为条条范畴的蒙古褶皱带了。

　　从以上讨论不难看出，内蒙地轴及其南侧断续褶皱带划归蒙古褶皱系（这样就不限于海西褶皱），秦岭地轴及其北侧断续褶皱带划归秦岭褶皱系，可以把中国的特提斯分带范围大大地延展到所谓的"中朝地台"以内，因而可以把后者缩小到更加微不足道的程度，就更可看作非地台的构造了。

　　褶皱带的中央隆起，可以过渡到地轴，也就包括了地轴。中央隆起或地轴，往往表现为巨大的香肠构造。它们表现出一部分收缩，另一部分膨胀；有些地方可以收缩到尖灭的程度，另一些地方可以膨胀到上百公里宽、数百公里长的相当大地块。秦岭地轴和内蒙地轴就是这个样子，江南地轴也有清楚的显示。

　　地轴或中央隆起，在地槽发展过程中起着非常大的作用。槽向斜与槽背斜是个辩证统一体。这不仅表现在形式上，发展过程中也是既对立又统一的。它们在发展中结成巨大的地壳波浪。槽向斜是负性活动的波谷带，回返的褶皱运动以前不断深陷，接受非常大量的沉积物。沉积物不可能来自一般的隆起带，必须来自槽向斜邻近不断激烈升高的隆起带，就是作者所提出的正性活动的波峰带，它们在地槽系中经过了非常激烈的上升运动，不应该叫作"稳定"上升甚至说是稳定地带。更确切地说，地轴或中央隆起是夹在激烈活动的槽向斜之间，或在其一侧，作整块状激烈上升的条带。它们和槽向斜褶皱带不能分离，在这方面也有理由把它们划归活动带。因此，作者把地轴统统归属于镶嵌地壳中条条的范畴。

总之，地壳的波浪运动是有规律的。一般是作为天平式间互起伏的地块，引起夹在其间的地带，随时间变迁在空间上摆动。波浪状运动的结果，形成倾斜块断、地堑地垒、穹起断陷三种主要样式的地块波浪构造。

关于地轴问题，作者曾经提出，在这里作了进一步讨论，最后认为它们属于活动带的范畴，不能划归"稳定"地块的构造单位。

（二）从平面上看中国构造带的交织关系

从平面上看，中国构造带有各种各样的交织关系。从构造带的活动性强弱和发展先后来说，有些构造带形成在先，有些在后，互相交织穿插。就它们在地理上的分布式样来说，有山字型、多字型等，它们的结合在中国形成一个伟大的、复杂的套山字型构造。构造带的交织，往往有两组或两组以上互相接触或互相交叉，形成丁字、十字及水字型构造。以下将把这些交织关系作一概略说明：

1. 特提斯分带与环太平洋分带的交互穿插

特提斯分带与环太平洋分带在中国的交互穿插关系，显示了它们随时在发展中互示强弱、互相消长的关系。

在中国交织成网的两组断裂褶皱带，一般是特提斯分带穿过环太平洋分带，说明特提斯带占主要地位，而环太平洋带占从属地位。但到沿海地带，特提斯带的分带往往转弯去迁就环太平洋带的分带，或者在某一地质时期，前者穿过后者，到另一地质时期，前者又为后者所穿过。很明显，这是由于特提斯分带越向东越扩散，活动性越削弱，而环太平洋分带越向东越接近内带，活动性越强，中国沿海一带，后者在有些地段，有些时期，也可以占前者的上风。

特提斯带的北带是萨彦－贝加尔、阿尔泰－蒙古和天山－阴山三个分带的结合，在中国地块以北作了镶边。由于三带结合，它们所占地面非常广阔，而且在它们的不同地带、不同段落，有不同的构造发展与构造形式。萨彦岭是加里东褶皱带，从西西伯利亚地坪来会，转折向东过渡为贝加尔褶皱带。从贝加尔东延，在萨哈林岛以北，落到鄂霍次克海底。阿尔泰－蒙古褶皱带在萨彦－贝加尔褶皱带的外围，形成向南凸出的弧形。它是一个海西褶皱带。但到蒙古人民共和国的中东部，由于燕山旋回的凹陷与断裂褶皱带在海西褶皱带基础上的重叠变动，构造比较复杂。到中国大兴安岭地带，原来向北东延伸的海西褶皱带，为北北东向的中、新生代环太平洋构造线所截。滨阿穆尔地带的燕山褶皱带，夹在贝加尔与蒙古两褶皱带之间，采取了特提斯走向，在大小兴安岭以北与贝加尔褶皱带平行，向东延伸到鄂霍次克海。天山－阴山褶皱带的天山地段，在古生代以负性运动为主，其中只有一狭窄的中央隆起。在阿拉善地块北部和阴山地带，正性运动特别显著，形成内蒙地轴；它的北侧，有海西褶皱带向东与蒙古海西褶皱带合流。在山西及河北北部，有燕山褶皱带；在内蒙古，有新生代的河套断陷。内蒙地轴再东延，落入日本海。在张家口附近，穿过了环太平洋带的兴安岭－太行山构造带。但在辽河下游、长白山绥芬河等地，反为环太平洋的中、新生代构造带截成三段，由于两组褶皱带的十字交叉，特提斯的较古褶皱带为环太平洋的较新褶皱带穿过，这里的地壳非常破碎，构造也很复杂。

由此看来，贝加尔褶皱带及滨阿穆尔褶皱带直贯环太平洋褶皱带抵达海滨，蒙古褶皱带则在大兴安岭为环太平洋断裂褶皱带所拦截，而内蒙地轴则断断续续为环太平洋的断裂带所穿过，但最终仍然达到海滨。

昆仑断裂褶皱带是古老基础上发展起来的加里东和海西构造带，也是在不同构造带的不同地段，有不同的构造发展和构造形式。它的西段在轴部有古老结晶带，两侧有紧闭的加里东褶皱，其外有海西褶皱带，更向南有中生代褶皱，北侧有落到塔里木地块的中、新生代坳陷。西昆仑向东延伸被柴达木地块分为两支，北支为阿尔金断裂带，这是一条正性活动带，结晶基底多出露，分隔了塔里木与柴达木两地块。阿尔金断裂带向南东东转折，形成祁连断裂褶皱带，它的中央隆起带两侧，都有加里东褶皱带。加里东褶皱以后，又在中央隆起带及其稍偏南一些的地带重叠，发生了海西旋回的褶皱带（如果把印支褶皱也划归海西范畴的话）。祁连褶皱带北侧，发生了中、新生代的酒泉坳陷，南侧也断断续续出现了中、新生代坳陷。

祁连断裂褶皱带向南东东过渡到秦岭断裂褶皱带。祁连的中央隆起带遥接秦岭地轴，宋叔和（1959）把它们合称秦祁地轴。祁连山北侧的加里东褶皱带，为环太平洋最外的贺兰－六盘褶皱带隔断，到陕西陇县虽然再次出现，但已成这一带的末梢，褶皱宽缓，向东没入渭河平原；再向东，这一加里东褶皱带即未发育，使秦岭地轴与华北地块直接接触。但到华山仰起的小地块以南金堆城东南，又出现了震旦寒武纪的坳陷带。秦岭地轴南侧的构造发展，颇似祁连中央隆起以南的情形，依次向南有海西褶皱带及加里东褶皱带。秦岭－祁连褶皱带的北加里东褶皱带，虽为贺兰－六盘褶皱带所隔断，整个来说，则是秦岭－祁连褶皱带穿过了环太平洋最外带，把贺兰－六盘褶皱带与龙门山褶皱带分开，被分开的南边两段，在构造发展上就有了不同的历史。

包括秦岭地轴的秦岭断裂褶皱带越向东延，活动性越弱。但在河南西部及湖北西部，又穿过了活动性更弱的环太平洋外带的太行山－鄂黔褶皱带。广义地说，在河南湖北之间的大别山结晶轴，可以说是秦岭地轴东延的膨胀部分，也就是正性活动更加显著的部分。轴北轴南都有古生代及中生代的褶皱和岩浆活动。南侧有古生代坳陷及中生代的褶皱和岩浆活动。南侧褶皱带顺长江延伸，到鄱阳湖以东，为庐江－郯城断裂带所截断，向东北转折，成了环太平洋褶皱带的一部分；北侧在大别山以北，有晚古生代的坳陷褶皱及中生代的断陷与岩浆活动。

昆仑断裂褶皱带在柴达木地块南侧，向南东东延伸直达四川地块的西南角，碰到环太平洋的龙门山褶皱带，迁就后者的构造线。一方面，向南转折成为康滇地轴，走向南北，也可以看作环太平洋外带的一部分。地轴向南延伸到昆明以南，被哀牢褶皱带拦截。另一方面，昆仑褶皱带以弧形向北转折，东接秦岭。康滇地轴西侧，由西藏来的南昆仑、唐古拉、冈底斯、喜马拉雅等特提斯的分带互相会合，结扎成束。从西藏地块上的唐古拉山及冈底斯山来的宽缓褶皱，到这里逐渐形成紧闭褶皱，成为横断山断裂褶皱带，过此向南，又成帚状散开。向东南延伸的是哀牢断裂褶皱带，它在昆明以南顺红河而下直达于海。向南延伸的是澜沧江断裂褶皱带。向西南转弯的是腾冲断裂褶皱带。从西藏来会，再由此向南散开的、具有不同构造发展的断裂褶皱带，在横断山脉地带的会合，注定了这里有构造运动及地层时代的多期性、构造形式的复杂性、岩浆活动的频繁及内生矿产的丰富性。

喜马拉雅断裂褶皱带在中国西南边界一带，形成西藏地块的镶边。它的中央隆起带由古老结晶片岩系组成，这是珠穆朗玛系[①]。北侧有中、新生代褶皱带，南侧有新生代褶皱带，清楚地说明两侧构造的不平衡发展，这是西藏地块与印度地

[①]中国珠穆朗玛峰登山队科学考察队，1962，珠穆朗玛峰地区科学考察报告（原注）。

块作天平式反复起伏的结果。

一般说，环太平洋的分带越向西部的外侧，活动性越弱，并且多被特提斯的分带截成构造发展上不平衡的不同段落。

最外侧的贺兰－六盘－龙门－康滇分带，主要由秦岭褶皱带分为两大段落。北方的贺兰－六盘褶皱带所占地面都较狭小，古、中生代的贺兰坳陷在燕山运动中褶皱起来，中、新生代的六盘坳陷在喜马拉雅运动中褶皱起来。南方的龙门坳陷是摩天岭加里东褶皱带的前缘坳陷，在海西旋回已得到发展，到燕山运动才行褶皱。摩天岭与龙门两带加在一起，所占地面也不很宽。至于康滇地轴虽来自昆仑山，但实际上重合着环太平洋最外侧的正性活动带，其东西两侧都有中生代的凹陷。

偏东的环太平洋外带是兴安－太行－鄂黔分带，它被内蒙及秦岭两个特提斯分带分为地质构造发展不同的三个段落。大兴安岭原为蒙古海西褶皱带的东端，被中、新生代顺北北东方向的断裂及岩浆活动所破坏，形成环太平洋带的一个段落。太行分带在这三带中是比较不很活动的地带，广泛地说，也可以把山西地区包括在内。它和大兴安岭分带是由内蒙地轴和燕山褶皱带分开的。由于活动性的表现，山西地带既可以看作一个比较活动的地块，也可以看作不怎么活动的断裂褶皱带。它在古生代末有所分化，形成一些中生代凹陷和隆起，到新生代才发生比较强烈的断裂运动，使太行东侧断陷很深。秦岭褶皱带分开了太行与鄂黔两段。鄂黔褶皱带褶皱比较宽缓，以箱状、束状为主，主要形成于燕山运动，除了泥盆系与下石炭统而外，几乎全部古生代及中生代地层都牵入褶皱。

再偏东一些的环太平洋分带的断裂褶皱面比较展开，往往不成带状分布，而且构造发展也很不一致。由内蒙地轴及燕山褶皱分开的长白山地区和辽鲁地区，只能从中、新生代的断裂和岩浆活动说明它们的活动性。下扬子褶皱带到鄱阳湖以东，转折为环太平洋分带，活动性较强。褶皱所牵涉的地层，几乎有全部地质剖面，断裂褶皱时期主要在中、新生代。华南加里东褶皱带有广泛分布，其上重叠着海西旋回（把印支看作海西最后幕）及燕山旋回的褶皱，以及新生代的断陷。各时期特别是燕山期的经营活动也较强烈。因而，这里可以说是环太平洋外带构造上最活动的地段。

中国东南沿海的浙江福建地带，出现了燕山旋回很强烈的断裂及岩浆活动带。

这一带与朝鲜南端的燕山活动带遥遥相对。黄海、东海及日本海以外，就是环太平洋最内带，这是地质晚近最活动的断裂褶皱带。

总之，中国的特提斯分带由西向东辐散，其活动性在西部强烈，到东部变缓。环太平洋分带越向东越接近最活动的内带，其活动性越向东越加强。因此，在中国西部，往往是特提斯分带穿过环太平洋分带，在东部就反过来为后者所穿过了。这些互相分割的不同段落发育时代的不同，说明特提斯分带与环太平洋分带在发展中互相消长。

2. 中国的套山字型构造

在东亚，从西伯利亚地台到越南地块，看到一系列一个套一个的巨大山字型构造，合起来可以叫作套山字型构造。这是世界其他地区没有见过的构造型式。这种提法也许可以作为李四光教授的学说的补充，又可以作为他的构造型的结合型式。中国地区占东亚套山字型构造的核心部分。在几个山字型构造带中所夹的地块，往往表现过旋卷运动，这样运动不仅归结为这些地块的旋卷构造，而且在曾经旋卷的地块之间或地块本身之中，发生了多字型构造或歹字型构造。这些构造的综合表现，可以作为东亚地壳曾向南方蠕动的确切证明。

中国地壳的这种套山字型构造，又往往为东西褶皱带所复杂化。

在北部，最大的山字型构造是以西伯利亚地台上的断裂带为脊柱的蒙古山字型构造，中部是以贺兰褶皱带为脊柱的祁吕山字型构造，更南是以龙门褶皱带为脊柱的昆仑-扬子山字型构造，最南是以越南地块为脊柱的喜马拉雅-印尼山字型构造。它们是一个套一个，以环太平洋的最外带，即贺兰-龙门褶皱带作脊柱，把套山字型构造的弧顶联络起来。在西伯利亚地台上广泛分布的高原玄武岩，标志着地台的严重断裂，可以看作脊柱的另一形式。在套山字型构造之间，有两带东西褶皱带使它们复杂化，一个是天山-阴山褶皱带，一个是昆仑-秦岭褶皱带。中国许多较小的地块，就成排地分散而镶嵌在这些套山字型构造带及东西褶皱带之间。

套山字型褶皱带好像相间的柔性地层与刚性地层的褶皱。地层在褶皱运动中往往有顺层错动，一般是背斜构造两侧地层的较上层对较下层相对向上错动，向斜构造两侧地层的较上层对较下层也是相对向上错动。如果把这个套山字型褶皱带在水平方面看作一个巨大的向斜构造，其间镶嵌的地块自然不免也要有这样的运动。实际上，镶嵌在套山字型构造的内带地块对外带地块就是相对地向弧侧错动，而外带地块对内带地块相对地向弧顶错动。在它们相对的错动中，不免互相牵掣，发生了旋转运动。东亚套山字型褶皱带的弧顶都向南凸出。弧顶以东的每一列较内带地块对相邻的较外带地块，必须相对地向东错动；弧顶以西的每一列较内带地块对相邻的较外带地块，必须相对地向西错动。从套山字型构造两侧华夏构造线与西域构造线的镜像反映看，分裂了的中国地壳多作 S 形状，夹在它们之间的褶皱带也作 S 形状，而且是东部的褶皱带都作正 S 形与以西的反 S 形褶皱带的镜像反映，实际上都已证明，在东亚的构造运动中曾有这样的错动。因而，由地壳分裂的地块的水平运动和旋卷运动，自然是不能忽视的。

套山字型构造弧顶以东地块，如鄂尔多斯、四川、江南等地块，都表现正 S 形。弧顶以西地块，如西藏、塔里木两地块，因为受到特提斯各分带在西部的约束，也表现为正 S 形，似乎是不正常的，但这两个地块延展成东西方向，扭转后成正 S 形又是自然的。柴达木地块则稍微表现反 S 形。以上各地块之间的 S 形褶皱带分裂套山字型构造的东西两侧，互作镜像反映。东边的褶皱带，如太行、鄂黔、桂湘赣褶皱带，以及西伯利亚的贝加尔褶皱带，都显示正 S 形。至于祁连（结合西秦岭）、南昆仑（结合康滇地轴及横断山的哀牢结晶轴），以及西伯利亚的萨彦岭等褶皱带，则表示或明显或不明显的反 S 形。这些褶皱带的西端多转成正 S 形，则是由于特提斯分带在这里收敛的缘故。

脊柱以东的鄂尔多斯、四川、山西、江南等正 S 形地块，以及夹在其间的正 S 形褶皱带，都说明各个地块的北邻地块曾相对向东错动，南邻地块相对向西错动。这样错动的互相牵掣，使各个地块作钟表方向旋转，并在它的南北两端顺着错动方向拉弯，因而夹在许多 S 形地块之间的地带也成 S 状。

脊柱以西的地块因特提斯分带在西方的收敛约束，作东西延展，也形成正 S 形。但是，在这些地块以东，套山字型弧顶以西，特提斯褶皱带的分带采取了反 S 形，说明西部的地块都有越偏北越向西错动的趋势。这样的错动，也使地块在中部扭转，在两端拉长。

地块的旋转形成旋卷构造，鄂尔多斯与四川两个地块可以提作典型实例。鄂尔多斯地块曾作时针方向旋转，因而其内部构成一系列的雁字挠曲，一系列走向北东的坳陷与隆起构成一个多字型构造，在其四周形成一圈的旋卷构造，渭河地堑、汾河地堑、河套地堑、银川地堑等的排列表现为风车状。四川地块也曾作钟表方向旋转，其内部型成更加明显的褶皱，也成雁字构造，一系列走向北东的背斜与向斜构成一个反多字型构造。四川地块四周表现的旋卷构造，虽不似前述地块明显，但也可以从其四周褶皱带的似风车状排列，稍见端倪。

与鄂尔多斯和四川地块的旋卷运动相反，可以在柴达木盆地看到一系列的雁行排列和反 S 形构造所表现的反时针方向的旋卷运动，恰好说明在套山字型构造两翼的地块，是有规律地作了相反的旋卷运动。

套山字型构造弧顶两侧的多字型构造，也和 S 形地块与夹在其间的褶皱带一样，都作镜像反映。中国东部的多字型构造分为南北带和东西带两种。成南北排列的都是正多字型构造，如大兴安岭、太行山、鄂黔山地等地带；成东西排列的都是反多字型构造，如燕山褶皱带及桂湘赣加里东褶皱带。地块中的多字型构造也是一样，如鄂尔多斯的隆起成正多字型排列，而四川的褶皱成反多字型排列。中国西部的多字型构造成东西排列的，多成正多字型，成南北排列的，多成反多字型，恰好和东部作镜像反映。东部的多字型构造线都是走向北东，即华夏构造线，西部的都是走向北西，即西域构造线。这些成镜像反映的东部与西部构造线恰好证明，中国及其邻区的套山字型构造，好像一个向斜构造，其中较上"地层"对较下"地层"都相对地分向左右两个上角错动。

中国及其邻区套山字型构造的形成，自然不是偶然的。它一方面起因于这一部分地壳在地球自转加速过程中向南运动；另一方面也可以考虑以下因素：地球的收缩，使整个外太平洋巨大地块向太平洋巨大地块推掩，而劳兰特－安格拉巨大地块向冈瓦纳巨大地块推掩。在特提斯带与环太平洋带的东方丁字交接处，可以由于南北方向的张力，引起特提斯带在东端分散，由西向东作扇面展开，同时由于东西方向的压力，使这些顺东西向延伸的特提斯分带发生弯曲，而弯曲的位置却为西伯利亚地台、印支－婆罗洲地块与印度地台三个支点所决定。以上两种作用相结合，就规定了中国及其邻区的套山字型宏伟构造，使中国地壳部分总的活动性大于世界任何地台区，而集中的局部活动性小于世界各地的地槽区。

3. 中国地区褶皱带或断裂带的交叉或交接关系

褶皱带或断裂带在中国地区的交叉或交接关系，一般采取丁字型、十字型或水字型。

全球最大褶皱带的交接关系是丁字型。最大特提斯带与环太平洋带有两处作丁字型交接，那里形成两个三角地区，一个是加勒比地区，一个是东亚地区，中国恰好处在后者的核部，但稍偏西一些（见图 2）。次一级褶皱带分隔劳兰特－安加拉的几个地台或地坪，如斯堪的纳维亚、乌拉尔等褶皱带和第一级的特提斯带，都成丁字型交接。但在中国地区，这些次一级褶皱带的互相关系，往往成十字型或水字型（见图 3）。它们又往往会合在一起，形成相当复杂的交叉关系。这样关系的形成是和特提斯带的分带向东分支、再分支，形成巨大的套山字型构造，再与环太平洋的分带作网状交织分不开的。

单纯的丁字型交接只能在较小的构造，如两个简单断层相交接的地点，可以见到。较大复杂褶皱带的丁字型交接，往往成 γ 与 Δ 的复合形式。当一个次一级的与一个高一级的褶皱带，或当一个活动性较弱的与一个活动性较强的褶皱带，作丁字型交接时，次一级或较弱的褶皱带往往成弧形转弯，逐渐过渡到高一级的或活动性较强的褶皱带，最终与后者合流。最显著的例子是中国西北边界上的阿尔泰－萨彦褶皱带。这个复杂褶皱带的来源，是掩覆在西西伯利亚地坪深处的一系列古生代褶皱带，它们与乌拉尔褶皱带联合起来，分隔了俄罗斯地台与西伯利亚地台，它们本身又在褶皱运动后形成地坪。对特提斯带来说，这个地坪是次一级的褶皱带，它向南延展，冒出盖层，形成阿尔泰－萨彦褶皱带。当它们向南抵触最大的特提斯带时，就迁就后者，向东南方向转弯，结果与属于特提斯的蒙古褶皱带合流。当阿尔泰－萨彦褶皱带向东南转弯时，分为许多支带，镶嵌着许多三角地块。因此，可以在这里看到许多弯楔形或刀尖形地块楔入特提斯褶皱带，如喀拉库姆、吉塞尔库姆、穆尤恩库姆、伊利、斋桑等地块。这些弯楔状地块的尖端，又往往分为更多的又次一级小地块。这就形成了阿尔泰－萨彦褶皱带对特提斯带的 γ 与 Δ 相结合的相当复杂的丁字型交接关系。

作为特提斯带的蒙古褶皱带，向东拦住了活动性相当弱的贺兰褶皱带，形成一个丁字型接头。但当它触及环太平洋的较强分带时，就向东北转弯，会合后者，形成大兴安岭褶皱带。转弯过渡的大兴安岭褶皱带，又被明显属于环太平洋带的中、新生代断陷带所斜切，同时，活动性较强的内蒙地轴和其南侧的燕山褶皱带，又在大兴安岭褶皱带的南端把它拦截，但到辽河下游，内蒙地轴及燕山褶皱带也被同一带的环太平洋中、新生代断陷所切断。这样，就在中国东北、内蒙和河北之间，形成一个非常复杂的γ加Δ的丁字型交接地区。但从其他褶皱带或断裂带来会的情况看，这里又是一个十字型或水字型构造（见后）。

另一个复杂的丁字型接头处是向西南延伸的胶辽地轴，用郯城-庐江深断裂带拦住了秦岭地轴东南膨胀部分的大别隆起。只就胶辽地轴与秦岭地轴的交接关系来说，与其说这里是丁字型接头，倒不如说是个 L 型接头。但如果附加下扬子褶皱带和江南地轴，则成一个明显的丁字型接头。在这里也可以看到，三角形的大别隆起所形成的γ与Δ相结合的丁字型接头。但从其他构造带来会合的情况看，这里又是一个十字型或水字型构造（见后）。

其次是哀牢褶皱带拦截康滇地轴所成的丁字型接头。在这里也分出了几个凹陷与隆起的小地块。接头的构造比较以上所谈的简单一些。

中国东部特提斯分带与环太平洋分带的网状交织，本应形成一些十字交叉，但因各分带发展的不平衡性，活动的不同强弱程度，以及套山字型的许多 S 状褶皱带的干扰，这些十字型交叉关系，往往形成以上所说的复杂丁字型或以下所说的水字型构造，只能在这些复杂的关系中透出十字型交叉的迹象。内蒙地轴穿过大兴安-太行隆起带，又为松辽-河淮断陷带所穿过，以及胶辽地轴用郯城-庐江深断裂带，会同其东南侧的下扬子褶皱带拦截了秦岭地轴，但后者又在下扬子褶皱带东南崛起成新安江（或白际山）隆起等等，都是复杂的十字型交叉。

其他复杂的十字型交叉关系也有，它们往往是比较强烈的褶皱带穿过比较和缓的褶皱带。后者在接触前者时，采取向前者转弯过渡的形式，使十字型变为χ或ψ型，如太行-鄂黔褶皱带为秦岭褶皱带穿过时所形成的χ型，以及贺兰-龙门褶皱带为秦岭褶皱带穿过时所形成的ψ型等。但这些交叉形式，往往又是水字型交叉关系的一部分。

水字型的交叉构造在中国很常见。东北的铁岭与太子河地区是个典型的例子。铁岭与太子河流域以西，是松辽断陷和下辽河断陷穿过内蒙地轴的十字交叉地区，具体来说，铁岭是通过赤峰和开源的东西向深断裂与通过沈阳、长春和佳木斯的深断裂的十字交叉地区。在这里，又有一条通过沈阳和牡丹江附近的深断裂穿过，它可能在下辽河断陷以下，连接到锦州和秦皇岛，而且嫩江深断裂也可能顺南北向穿过松辽断陷来会。这样就形成了一个明显的水字交叉地区。

以九江附近为中心的地区，还可以看到另一个水字型构造。在这里交会的，有秦岭地轴的大别隆起与其向东延崛起的新安江隆起，胶辽地轴与下扬子褶皱带结合的活动带，江南地轴与大冶褶皱带结合的活动带等。作水字型交叉的深断裂也很明显，如大别山南侧深断裂、郯城－庐江深断裂、沿江的下扬子深断裂等，都在九江附近相交叉。但是，这些深断裂怎样过渡到九江附近以南，是不明显的，如大别山南侧深断裂可以越过鄱阳断陷，在东南遥接一带可能的乐平－上饶断裂带，下扬子深断裂与郯城－庐江深断裂会合后，可能越过鄱阳断陷遥交武功山北侧深断裂。因此，也可以看出深断裂在这里的水字型构造。

更加典型、更加复杂的水字型构造，见于横断山、天山、祁连山、秦岭等处。

云南西部的横断褶皱带是一个典型的水字型构造。由西北来的昆仑、唐古拉、喜马拉雅等褶皱带，向这里辐辏。过了横断山地区，褶皱带又向东南辐射，形成高黎贡、澜沧、哀牢等褶皱带。它们复合交接所成的构造，甚至比水字型更加复杂。这里既是许多活动带辐辏地区，自然有许多楔状地块，如由西北来的昌都坳陷及由东南来的兰坪和思茅坳陷等地块，都相对楔入横断褶皱带，并在这里更加分裂成为许多小块。

秦岭中段也是一个典型的水字型构造。西安－宝鸡以南的秦岭中段是这一水字型构造的轴心地区，有许多褶皱带向这里辐辏。从西方来会的有昆仑褶皱带，作为水字中线，龙门自西南来会，祁连自西北来会，外加北来的贺兰－六盘褶皱带。东以秦岭地轴为水字中线，大洪褶皱带过渡到南秦岭褶皱带来自东南，接续太行的中条、熊耳等断裂带来自东北。向这里楔入的有柴达木、松潘、武当等地块。

其次是以乌鲁木齐－库车之间的天山为中心的水字型构造。如以天山褶皱带的中央隆起为水字中线，则由西北来会的博罗霍洛褶皱带，由西南来会的哈雷克套褶皱带，由东北来会的博格多褶皱带，都辐辏到这个中心区。至于这一水字型构造的东南支，则隐伏于塔里木的罗布泊地区以下，因而这是一个不完全的水字型构造。

不能不在中国西北看到一个非常巨大的水字型构造，这是祁连－马鬃山水字型构造。以马鬃山为中心地区的水字型构造的中线是天山褶皱带及其东延地段，这一地段在居延盆地被隐伏，到阿拉善重新露出，东接内蒙地轴。水字中线以北，有阿尔泰褶皱带自西北来会，有蒙古褶皱带自东北来会。中线以南，有阿尔金褶皱带来自西南，有秦岭－祁连褶皱带来自东南。自西方来楔入这一水字型构造的有准噶尔及塔里木地块，自东方来楔入的有阿拉善地块。

有意义的是，中国的内生矿产多集中于这些丁字、十字、水字构造中心地区，成为矿省、矿区。很明显，这是一些褶皱带的集中区，是褶皱带的深断裂和大断裂的集中区，也是岩浆活动的集中区，内生矿产丰富多彩是必然结果。

（三）中国的岩浆活动及矿产特点

岩浆活动与矿产都受地质构造的控制。小构造控制着岩体和矿床，大地构造控制着岩浆、矿产的省和区。以下略谈中国的岩浆活动和矿产特点及其与大地构造的关系：

中国的岩浆活动与矿产特性和它的构造活动性分不开。中国构造活动性一般是地块分裂严重、夹在其间的活动带分散。严重分裂的地块，就较世界其他地区较大较完整的地台活动性强一些。严重分裂的地块之间，分散着的活动带规模也难得很大。规模不大的活动带，就较世界其他地区比较长大、内延很深的活动带的活动性差一些。因而，中国地壳活动的岩浆，就有偏于中酸性的特性，而且在比较硬的地块中，由于过碎的分裂，就有不少岩浆喷发与侵入。

就岩浆活动的地理分布来说，中国岩浆岩多集中于地轴或中央隆起所经贯的地带，它们的发生发展规律，不似外国学者所强调的在地槽褶皱带中的分布规律。就岩浆活动的时间来说，中国岩浆岩具有多期性，而且往往不按地槽发展的时间规律。

整个中国地壳比较活动的特性，规定了前寒武纪结晶岩系出露零星，暴露面积狭小。断断续续能够连结成带地形成地轴，如秦岭地轴、内蒙地轴、康滇地轴等。它们实质上都是延入地槽褶皱带的中央隆起带。所谓"淮阳地盾"，目前看来是秦岭地轴东延较膨大的部分，不是什么地盾，宁可叫作大别隆起。山西地块上的五台山、吕梁山和山东地块上的泰山等，是前寒武纪结晶岩出露较大一些的地区。前寒武纪的岩浆岩以片麻状花岗岩为主，其次为各种中、基性火山岩所变成的绿色片岩及角闪片岩，以及晚期的一些变质不深，甚至很少变质的安山岩系。

加里东旋回的岩浆活动主要发生于华南加里东褶皱带，在江西南部、广西北部及湖南东部，都有加里东花岗岩侵入。甘肃祁连山北带与陕西秦岭南带的加里东褶皱带，都有绿色片岩代表这个旋回的基性喷出岩，蛇纹岩代表超基性侵入岩。阿尔泰山及天山地带的加里东褶皱带部分，也有一些这一期的花岗岩侵入体。

海西旋回的早期岩浆活动多在中国西部，如阿尔泰与天山地带的海西褶皱带部分，这里有花岗岩侵入，也有中、酸性火山岩喷出，包括印支旋回的海西岩浆活动，多发生于中国的西南各省区及东北部分。西南的峨眉山玄武岩，在四川南部、贵州西部、云南东部有广大面积的分布。四川西南及云南北部，尚有超基性岩与基性岩侵入。到印支期，四川西部、内蒙东部与吉林地区，都有花岗岩侵入。北京西山有中、酸性喷发。内蒙东部及东北部一些地区，有超基性与基性岩分布。

最值得注意的是燕山旋回的岩浆活动。燕山运动是环太平洋断裂褶皱带外带的主要运动，几乎在环太平洋地带都有发生发展。中国东部地区恰好位于这个外带，它又是特提斯各分带在这里网贯环太平洋各分带的地区，这就注定了这个地区地壳支离破碎的分裂性，地壳活动的特殊性，特别是在这个时期，这里的岩浆活动不按正常活动带（地槽）的规律。随着这里地壳在燕山旋回的严重分裂，岩浆就在两大断裂褶皱带作丁字接头的中国地区，进行了普遍而频繁的激烈活动。

燕山期岩浆活动在中国东部有普遍分布。东北各省，东部沿海各省，以及内蒙古、河南、安徽、江西、湖南、广西等省区，甚至秦岭及贺兰山等地区，都有这个时期的岩浆活动。

燕山旋回中，岩浆活动的频繁也是值得特别提出的。它大致可以分为四期：最早是在早侏罗世，这一期有旋回开始的岩浆活动，只局部有火山岩的喷发，在辽宁的北票、太子河，北京的西山，山东的淄川及博山等地，都有发现。稍晚是在中侏罗世，这一期的火山岩系，在辽宁的北票及内蒙东部、山西西部、河北北部等地，都有所见。第三是在晚侏罗世，这一期的岩浆活动进入高峰，非常强烈，并且得到了广泛发育。在内蒙地轴及其南北各地带，尤其是大兴安岭及燕山地带特别发育。湖北、安徽、江苏等省沿扬子江下游地带，江西、湖南、浙江、福建、广东、广西等南部地区，都有很多喷出岩及侵入岩的形成。河南南部及山东西部也有分布。最后一期在晚侏罗世－早白垩世，这个时期的岩浆活动，激烈到了最高峰，分布地区的广泛超过前期。在内蒙地轴及其南北的大兴安岭与燕山地带的活动尤为激烈，蔓延所及，普遍到东北各省、内蒙东部、山西北部，甚至到贺兰山及秦岭地带。华南除浙江、福建有大量活动外，广东、广西、江西，以至云南东部，都有发育。

就岩浆的性质来说，燕山旋回的火成岩大多属于中、酸性，喷出的有安山岩、粗面岩、流纹岩和相应于它们的凝灰岩，至于玄武岩等基性岩，则相当少见。侵入岩大多是花岗岩、闪长岩及斑岩类。超基性岩类到贺兰山才有一点发现。中、酸性侵入多在燕山旋回岩浆活动的高峰时期，而喷出活动占这一旋回的全部时期。

喜马拉雅旋回及新近岩浆活动的分布，多在中国东北及东部沿海地带。山西北部及内蒙东部也有发育。这一旋回的活动，多为玄武岩喷出，可以看作燕山旋回岩浆活动的继续，是地壳在中国东部的破裂进一步达到地壳较深层位的结果。活动性较强的喜马拉雅褶皱带，在西藏雅鲁藏布江一带及环太平洋内带的台湾地区，都有基性与超基性岩浆的活动。

地壳在中国东部，由于特提斯和环太平洋两带分带网贯的结果，引起了严重的支离破碎，使分散活动带的活动性减弱，在它们之间镶嵌的碎小地块的活动性增强，地壳裂缝比较密集，所达深度不是太大，又非太小，因而岩浆多发源于地壳的较上层，不论活动带或地块上喷出与侵入的岩石，自然以中、酸性为多，而且多形成分散的喷出及众多的小侵入体。中国西部是特提斯带各分带收敛集结地区，活动带既然比较集中，活动性当然较强，但由于不是太集中，活动性并不是太强烈。地壳断裂的深度仍然不很深，但有些地方也曾到相当深度。因此，在中国西部的褶皱带，除了分散的中、酸性小侵入体而外，局部如祁连山地区也有超基性岩侵入体。在特提斯各分带交到环太平洋带的外带地区，或两种分带的交叉地区，地壳的活动性有些加强，如内蒙褶皱带东部、秦岭褶皱带中部、横断山褶皱带、康滇地轴等地区，就有超基性岩侵入体和大量玄武岩流喷出。

内生矿产与岩浆活动有密切关系。在中国东部环太平洋与特提斯各分带交织网贯地带，既然零星分散着很多的中、酸性岩，特别是花岗岩小侵入体，与它们有关的钨、钼、锡、铜、铅、锌、汞、锑等矿，自然得到广泛发育。在中国西部活动性不是很激烈的褶皱带中，也零散分布着许多中、酸性岩，特别是花岗岩小侵入体，以上所提到的各种金属矿，也得到相当广泛的发育。与超基性岩有关的镍、铬矿和铜矿，自然就要在褶皱带交叉地区或活动性最强地段，如内蒙东部、秦岭中部、横断山褶皱带、祁连褶皱带，以及喜马拉雅褶皱带的雅鲁藏布江地带与台湾地带发现了。

外生矿产，如铁、锰、铝、磷矿，多与海岸变迁有关。中国地壳的分裂性、构造运动的活动性、地表起伏的不平衡性，以及海侵海退的频繁性等，决定了中国外生矿床的丰富多样性。只就铁矿说，前震旦的鞍山式铁矿，多数学者认为是沉积变质铁矿，在很多前震旦纪地层出露的地带，有相当丰富的远景。震旦纪的宣龙式铁矿，在华北有不少新的发现。祁连褶皱带镜铁山式铁矿的发现，对找寻铁矿开辟了新的途径。其他如泥盆纪的宁乡式铁矿在华南，奥陶纪与中晚石炭世之间的山西式铁矿在华北，以及中、新生代的菱铁矿，都有广泛的分布。其他如锰、铝和磷矿，在地质和地理上的分布，也很丰富多彩，不多赘述。

由于中国地壳构造运动的特点，煤矿与石油也有它们的特殊性。华北广大地区及华南有些地区的地壳，石炭二叠纪的灵敏振荡，在构造上提供了很好的成煤条件。中国地壳的燕山运动所及非常广泛，无论在西北各地古生代褶皱带的边缘或中部，或是在环太平洋外带的地块上，都有燕山旋回或大或小的隆起间坳陷，地垒间地堑或盆地山岭式地块波浪，形成了一些煤盆地，四川地块及鄂尔多斯地块是著名而较大的。东北地区在新生代的断陷盆地，如抚顺的煤盆地，积累了世界上最厚的煤层。这种在中、新生代为成煤过程提供优良构造条件的事情，在世界其他地区是少有的。

以石油来说，中国由于构造上的原因，镶嵌在交织的褶皱带之间的盆地，往往难以通达海洋，因而形成许多内陆盆地，陆相生油就成了中国的特殊条件，如塔里木、准噶尔、柴达木、鄂尔多斯、四川等地块，在过去所成的内陆盆地，都曾有陆相生油的环境。沿海地区的中、新生代大断陷，如河淮断陷等，自然也有海相生油条件。

以上讨论说明，中国地区有独特的大地构造背景，自然有独特的大地构造发展，形成不同于世界其他地区的大地构造，很难利用外国人的学说，硬套中国地壳的大地构造实际。作者在这里根据前人对中国大地构造的总结，试图阐明中国地壳的特殊活动性，是由于中国所处地位完全属于寰球性活动带的分散交织地区，提出中国的非地台性质，及分裂的碎小地块的镶嵌特点，论及地壳波浪运动和由此发展而来的地壳波浪，又从中国构造带的交织关系，提出中国的套山字型构造及其各种交叉关系，最后把中国的岩浆活动和矿产特性结合到中国的特殊构造。这些提法多是初步的，自然不免错误，有待日后根据同志意见加以订正。

三、关于大地构造分类的一个建议[①]

近年来，我国有许多地质构造工作者，根据他们不同研究地区地壳部分的形成和形变，提出了一系列不同的构造分类方案。李四光教授（1939）提出了中国主要构造体系的方案，分析了各个构造体系的力学机制。黄汲清教授（1954）将地槽的基本类型划分为正地槽与准地槽，地台划分为正地台与准地台各两类，同时指出中国属于准地台和准地槽范围。他（黄汲清，1962）还根据地槽发育时间的长短，将地槽划分为长期地槽、短期地槽和超长期地槽三类。马杏垣教授（1961）根据沉积建造，划分了完整式和不完整式两类地槽；同时又根据褶皱回返与其中的不整合关系和建造类型的改变，提出了激进式地槽和渐进式地槽两个名称；此外，尚有双旋回地槽（1961）和跨旋回地槽（郭勇岭，1963）的提法。张文佑教授（1959）将中国属于稳定范畴的地区划为地台与活化地台两类，属于活动范畴的划分为准地槽和地槽两区。陈国达教授（1959，1960）提出了构造发展阶段的盆地－地槽－地洼等分类。

有些学者也曾在他们自己的大地构造分类基础上，编出了不同比例尺的大地构造图。例如，张文佑教授（1959）以断裂作用为主导，结合构造层的方法；黄汲清教授（1960）强调了主、前、后旋回的意义；陈国达教授注意了地壳发育的阶段性等。这些都具有各自学派的继承性与独特创造性。由于"目前我国地槽地区的资料积累还不够多，因此对中国地槽进行分类尚有困难"（张文佑，1959）。至于地台方面，目前流行的称中国地台为准地台、台块、活化地台（或地洼）、年轻地台等不同名称，以及其他一些观点，也已引起并在进行着激烈的争论。

毫无疑问，这些从不同角度来分析研究，并对中国大地构造提出了各种各样不同的分类，都对中国大地构造理论有非常积极的意义，对中国地质实践也有相当的指导作用。

如果把各家各派的著作分析一下，我们可以看到对于我国地质构造中分布的各种型式的深断裂及其在地史发展中所起的作用等，都给予了足够的重视，对地壳发展中的多期性（或多旋回性）的提法，也是符合于我国实际的。活动带（或地槽）转化为稳定区（或地台）的交接点，作为划分一级构造单元的原则，也被

[①] 本节系根据西北大学1964年编印的《学术论文·地质学部分》第1号中的相应段落增补。

广泛地运用着、发展着。这些都说明，我国构造地质学者没有例外都在批判地吸收外人的地质理论，结合中国的地质实际，来发展中国的大地构造理论。

已如前述，从我国地质构造的实际出发，可以看到中国在构造上整个地处于活动带中，而且是在两大活动带的分带互相交织网贯的地区，它们的网孔中相对稳定的地块规模不大，但其活动性则相当强烈。可以说，在中国没有任何地块达到地台的规模，也没有任何地块可以叫作地盾。它们都只能被看作活动带中所夹的中间地块。这些中间地块，在古老时代的不同时期，都曾经过活动到稳定，更由稳定到活动的转变，但是它们的活动性转变程度各不相同。因此，在中国大地构造单位的具体划分工作中，不能不采取另一种办法。

中国大地构造分类已经在争鸣中导致了构造单位命名的多样化，各方面的地质工作者已经有了难以接受的反映。在这里提出另有一种分类，另一套名称是否会引起混乱，有碍我们研究大地构造的进步呢？作者认为可能是不会的。原因很简单，这里将要提出的分类方法建议，不过是用早已熟悉的名词重新加以组合，不同的是在这样分类中的名词之后附加一种构造公式，容易使我们对它们所代表的意义一目了然罢了。好在这是一种建议，才出露的一个苗头，如果说没有这样必要，甚至说这是错误的东西，自然要在同志们的批评中勾销的。

以下对大地构造分类法的建议，主要是为了避免名词上不必要的混淆。我们往往把前寒武或前震旦的褶皱带归属地台，把以后形成的褶皱带叫作地槽，但对目前正在形成的地槽不够重视，同时也往往把古生代以来的褶皱带的某些地区叫作地坪或新地台，而把另一些地带叫作地槽。不同作者从活动性的程度上，分出地槽和准地槽、正地槽和亚地槽、优地槽和冒地槽等，在地理位置上说，分出地槽与过渡带，而把过渡带赋予一些不同的名称，更有从地壳构造发展阶段来考虑，分出盆地、地槽、地洼等名堂。这些名词的意义往往互相交叉，这一作者认为是地台的部分，那一作者说是地槽，相反也有某些作者认为是地槽的部分，另有一些作者说是地台。其他的有正地槽与优地槽的混淆，准地槽与冒地槽或过渡带的交叉，更有的扩大准地台与准地槽范围。同时还有构造发展、构造形式和构造地位方面的名词混合应用，又或有的把地槽早期阶段地背斜、地向斜或槽背斜与槽向斜等名词，应用到地槽褶皱带以后的构造带中。名词上的这样混淆，不能不要求它们的系统化和简化。以下分类方法的建议，在这方面特别加以注意。

人为地把前寒武或前震旦的地槽式坳陷，通过构造运动所形成的褶皱带合起来叫作地台，而把以后地槽形成的褶皱带叫作地槽，是不合适的。把后者统称为新地台也有毛病，因为有些地方表现为地台的样子，如西西伯利亚地坪及华南准地台等，但大多数都表现为长条式褶皱带，且古生代的褶皱带又往往由于褶皱运动以后的条状块断运动，形成褶皱块断山，而中、新生代的褶皱带还没有被剥蚀到地坪或地台的程度。能不能把不同地质时代所形成的褶皱带，都叫作某某旋回或某某时代的地槽呢？这样也不恰当，因为"地槽"这个名词只有历史意义，不能把目前已不是地槽的地带叫作地槽。戴上某某时代，如"加里东"或"贝加尔"的帽子也不能代表一个构造带的全貌，因为它只能指示这个构造带发展的早期阶段，不能代表它在褶皱运动以后的形式。但是，把这个戴帽子的词再加上一个尾巴，如称某一构造带为"加里东地槽褶皱带"是不是就好呢？固然要得，但还不能在一切构造带应用，因为一个构造带可能只是一个断裂带，而且也不能从这个名词上看出构造的实质。

以下建议是有意把地台和地槽两个名词避开，只用"褶皱区、系、带"一词戴上地带与时代的帽子，如"秦岭海西褶皱系"。提到褶皱区、系、带，表明这里构造以褶皱为主；提到断裂带，则以断裂为主。对于前寒武构造地区或地带，不称地台、地盾，也称某地某时的褶皱区、系、带，如"华北吕梁褶皱区"，指明华北主要是在吕梁旋回晚期褶皱起来的，它包括鄂尔多斯、山西、河北、河南、山东等绝大部分地区。同时也不能把它看做地台，因为有如前述，这是处在世界性两大褶皱体系分带网状交织网孔之中的中间地块。这样命名并不说明作者不重视地壳构造过程中，地槽发展所起的重要作用。这不过是为了避免名词上的混淆。

为了进一步明确一个词的实质，建议在一个构造区、系、带的名词之后，附加一个公式，看到这一公式，就可对这一构造区、系、带的构造发展有所了解。作者初步想到的构造公式是

$$x = \frac{z}{y}$$

其中，x 代表一个构造带最后的主要褶皱旋回，y 代表基底褶皱的构造层，z 代表上构造层。x 可以是嵩阳（S）、吕梁（L）、贝加尔（B）、加里东（K）、海西（H）、燕山（Y）、阿尔卑斯（A）各旋回之中的某一个旋回；y 可以代表从最古老的地层

到相当新的地层；z 可以代表从震旦系到最新的地层。y 和 z 所代表的符号基本上写出褶皱带的下构造层和上构造层所有地层，但为了醒目起见，可以用一个分号"－"来代替一系列整合的或假整合的地层之间现有地层的符号，用一个等号"＝"代表假整合之间缺失的地层，用波浪线"〜"代表不整合之间的缺失地层。因此，"－""＝""〜"等符号，都表示一带构造系中同一构造带的地层结合。公式中有时将出现一个加号"＋"，它表示同一构造系中不同构造带的地理结合。

把中国大地构造单位作以下分类，看来是恰当的：

中国西部是特提斯褶皱体系的一部分，在分类中是一级构造单位，完全处于地壳的最大活动带内。

中国东部是特提斯褶皱体系与环太平洋褶皱体系的褶皱带作网状交织的地区，完全处于地壳的最大活动带内，在分类中也是一级构造单位。

以秦岭海西褶皱系为例，它是特提斯褶皱体系的昆仑褶皱系的一段，属于二级构造单位。秦岭褶皱系与内蒙褶皱系之间夹的华北地块是网孔中最大的中间地块，也属于活动带的二级单位。

以下分别把秦岭海西褶皱系和华北吕梁褶皱区作为例子，分级划类，并列举其构造公式：

（一）秦岭海西褶皱系

$$H \frac{J-R+R}{A\sim Pt\sim Z-S\sim D-T}$$

这一构造公式中，"H"头说明秦岭地带不论是较老的褶皱带，或较新的构造带，都是以海西褶皱运动为主。也就是，在较老的褶皱带虽难看到海西运动的直接证据，但间接证明是很容易的，同时在较新构造带中可以看到它有多旋回的构造运动，但结束褶皱带基底的构造运动是海西的褶皱。构造公式中，分母表示下构造层的发展，在震旦前有嵩阳与吕梁两个大旋回的构造运动，以后有加里东和海西运动，而最后运动结束在三叠纪。这里，作者把印支运动看作海西的最后期。分子表示上构造层的发展，海西运动以后，秦岭褶皱带在准平原化的基础上，不同地带零星分布着侏罗到第三纪的煤盆地和第三纪的红色盆地。这样一种构造公式，当然还需进一步加以完善。

豫陕地区的秦岭褶皱系分为四带：秦岭地轴吕梁褶皱带，轴北加里东褶皱带，南秦岭加里东褶皱带，轴南海西褶皱带。它们有以下构造公式：

秦岭地轴吕梁褶皱带 $\qquad H \dfrac{Q}{A \sim Pt}$

轴北加里东褶皱带 $\qquad H \dfrac{R}{A \sim Pt \sim Z \in}$

南秦岭加里东褶皱带 $\qquad H \dfrac{R}{Pt \sim Z - S}$

轴南海西褶皱带 $\qquad H \dfrac{J - R + R}{Pt \sim Z - S \sim D - T}$

上列公式中的"H"似乎与分母中的下构造层符号有矛盾，但这种矛盾不难用毛主席（1937）在《矛盾论》中所论证的矛盾的普遍性与矛盾的特殊性来解决。秦岭地轴吕梁褶皱带、轴北加里东褶皱带、南秦岭加里东褶皱带，都是秦岭海西褶皱系的一部分，它们的共性是都曾受到海西运动的严重影响；但就它们的个性来说，有的可以突出显示吕梁运动，有的突出显示加里东运动。

上文中早已阐明，地槽系中的中央隆起或地轴，都必须与地槽坳陷运动相伴生，它们都是激烈上升的正性活动带。不能想象，秦岭地轴两侧都曾在这一处或那一处发生过相当激烈的海西坳陷，秦岭地轴本身就只能是褶皱系中的稳定成分。长期的正性活动带不能不用逻辑的推论来加以肯定。好像用地层间的缺层来证明地壳上升一样，在当时不唯缺了沉积，而且有相当高度的上升和深度的剥蚀。用地层间的缺层来推测当时的地壳运动，可以说是在地质剖面中缺席判决，用地槽中间地轴上的缺层来推测当地的地壳运动，当然也可以说是在地理位置上的缺席判决。因此，秦岭地轴公式中的"H"头与下构造层的"A～Rt"是不矛盾的。

突出显示加里东运动的轴北褶皱带和南秦岭褶皱带，另有明显的根据说明，它们在加里东运动以后，也有相当激烈的海西运动表现在非常局限的地方。轴北褶皱带的南部，即洛南断陷盆地中，有极其狭窄的一带石炭二叠煤系地层陡向南倾，与其下伏的元古界和上覆的第三系都成不整合关系。南秦岭加里东褶皱带西端，即石泉与紫阳二县的界上，有极小一片泥盆石炭系与其下伏的志留系或更古老的地层成不整合接触，而且泥盆石炭系的褶皱相当强烈，大褶皱中套着一级套一级的微小褶皱。这两个加里东褶皱带，既有小片小条的泥盆石炭系或石炭二叠系相当强烈的褶皱，不难想象，也会在深剥蚀以前，有较大面积的分布。这就说明，这两带海西运动的重要性。所以，在它们的构造公式中，加上"H"头都是恰当的，而且这一"H"头和它们下构造层的符号"Z－S"或"A～Rt～ZЄ"都不矛盾。

（二）华北吕梁褶皱区

$$L \frac{Z-O=C+K \sim R}{A \sim Pt}$$

华北吕梁褶皱区分为四块：鄂尔多斯古中坳陷地块，山西中新隆起地块，河淮新断陷地块，山东中新隆起地块。它们有以下构造公式：

鄂尔多斯古中坳陷地块 $\qquad L \dfrac{Z-O=C-R}{A \sim Pt}$

山西中新隆起地块 $\qquad L \dfrac{Z-O=C-T+J-R}{A \sim Pt}$

河淮新断陷地块 $\qquad L \dfrac{Z-O=C-T=R}{A \sim Pt}$

山东中新隆起地块 $\qquad L \dfrac{ЄO=C-T=KR}{A \sim Pt}$

这些构造公式清楚地指出了各地块的构造发展，不用多作说明。

构造单位的进一步划分，可以用山西中新隆起地块为例。它次分为：

五台古断褶凸起 $\qquad L \dfrac{Z-O=C-T}{A \sim Pt}$

吕梁古断褶凸起 $\qquad L \dfrac{Z-O=CP+C-J}{A \sim Pt}$

太行古断褶凸起 $\qquad L \dfrac{Z-O=C-T}{A \sim Pt}$

中条古断褶凸起 $\qquad L \dfrac{Z-O=CP}{A \sim Pt}$

沁水古洼陷 $\qquad L \dfrac{Z-O=C-T}{A \sim Pt}$

汾渭新断陷 $\qquad L \dfrac{Z-O=C-T \sim RQ}{A \sim Pt}$

从以上构造公式中可以明显看出，这些构造单位都有相似的构造发展。四个在山西中新隆起地块边缘出现的凸起，决定了山西构造的总隆起性质。四个凸起构造之间的鞍部，可以作为它们的分界。就是沁水古洼陷也和几个凸起的构造公式很相似，甚至相同，说明它们构造发展的一般性质。至于汾渭新断陷的构造发展，只是到了新生代才和其他构造单位有所分异。

以上对大地构造分类及其所附构造公式的建议，只是提个头儿。结合地壳镶嵌构造，对中国大地构造分带缕析的具体分类，将在以后进一步加以讨论。

四、结束语

我国地质工作者数十年来，特别是解放以后，在党所提出的"百花齐放，百家争鸣"方针鼓舞和"自力更生，奋发图强，艰苦奋斗，勤俭建国"方针指导下，在不同地质工作岗位上，忠实地搜集了大量反映客观实际的资料，并进行了不同程度的分析、研究，取得了重要成果。大多地质工作者都能既有继承，又结合我国地质实际，创造性地或先或后提出了我国大地构造发展的多种看法，并初步总结了我国大地构造的特性，丰富了地质理论，也指导了生产实践，为我国地质科学赶上世界水平打下了良好基础。作者在这种大好形势的鼓舞下，这里提出了一些对中国大地构造的看法，以及与其相关的构造分类问题。这些不成熟的看法，乃是在前人研究成果的启发下逐步形成的。例如，李四光教授根据地质力学所阐明的构造型式；黄汲清教授在我国首先指出的多旋回观点；张文佑教授对中国大地构造性质所作的几点重要总结；等等。在学习前人成果的同时，结合自己所进行过的野外观察和室内资料分析，对前人的某些观点也有所发展。例如，依据李四光教授构造型式，提出的东亚套山字型构造；通过中国大地构造背景的分析，对张文佑教授关于中国大地构造性质几点总结的解释；等等。此外，还提出了一些与前人不尽相同的观点，如中国大地构造背景是处在两大活动带的一个丁字接头地区，又是两大活动带的分带作网状交织的地区。这样不仅使中国地质构造形成了明显镶嵌的图案，而且使中国完全处于地壳的活动地带。这样就规定了中国地壳的活动本质。前人认为，我国相对稳定地区的范围实际上非常分散狭小，因此作者怀疑中国地段地壳的地台性质。从中国地史的实际资料分析和现存的地貌表现，得到地壳的波浪运动及地块波浪的观点。关于地轴是褶皱带中正性活动带的观点，是根据中国区域构造特征和隆起与凹陷相结合、高隆起与深凹陷相结合的推论所得的结论，这和前人所认为的地轴是相对稳定地带的观点不相同，而且对前人把秦岭地轴和内蒙地轴划入华北地台提出了异议。各个构造带及其分带的丁字、十字及水字接头处，是矿床最丰富、品种最繁多的地区，也在这里有所反映。最后，根据中国大地构造特点，初步提出了大地构造分类及其符号（构造公式）的建议。这些初步意见，难免有主观片面的地方，希望能引起同志们的注意，给我们以批评指正。

最后必须指出，文中附图曾由关恩威同志协助编绘，文献的编排、稿件的补充与校对，由郭勇岭、王保仪等同志协助完成，作者在此致以深切感谢。

参考文献

〔1〕 A. W. Grabau. Stratigraphy of China. part Ⅰ, Ⅱ, 1923-1924, 1928

〔2〕 A. W. Grabau. Migration of geosynclines. Geol. Soc. China, Bull. 1924, vol. Ⅲ, No. 2-4, P141-283

〔3〕 W. H. Bucher. Deformation of the Earth's Crust. 1933

〔4〕 毛泽东. 矛盾论. 1937. 见：毛泽东选集，第一卷，P287-326

〔5〕 J. S. Lee. Geology of China. Murby, London. 1939

〔6〕 孙云铸. 就中国古生代地层论划分地史时代之原则. 中国地质学会志，1943 年第 23 卷第 1-2 期，P35-56

〔7〕 李四光. 地质力学之基础与方法. 中华书局，1947

〔8〕 黄汲清. 中国主要地质构造单位. 地质出版社，1954

〔9〕 L. Tolstoy & M. Ewing. Atlantic hydrography and the Middle-Atlantic Ridge. Geol. Soc. Am. Bull., 1949, vol. 60, P1527-1540

〔10〕 李四光. 受了歪曲的亚洲大陆. 地质论评，1950 年第 16 卷第 1 期，P1-6

〔11〕 L. Tolstoy. Submarine topography in the North Atlantic. Geol. Soc. Am. Bull., 1951, vol. 62, P441-450

〔12〕 А · С · 霍敏多夫斯基. 中国东部地质构造基本特征. 地质学报，1953 年第 32 卷第 4 期，P243-297

〔13〕 В. В. Белоусов. Основные вопросы геотектоники. Госгеолтехиздат СССР. 1954

〔14〕 喻德渊. 中国的大地构造与矿产分布. 地质学报，1954 年第 34 卷第 3 期，P157-270

〔15〕 R. W. Van Bemmelen. Mountain Building. The Hague Martinus Nijhoff. 1954

〔16〕 李四光. 从大地构造看我国石油资源勘探的远景. 石油地质，1954 年第 16 期

〔17〕 黄汲清. 中国区域地质构造特征. 地质学报，1954 年第 34 卷第 3 期，P217-244

〔18〕 张文佑. 我国大地构造研究工作中存在的一些基本问题. 地质知识，1955 年第 8 期，P1-5

〔19〕 H. W. Menard. Deformation of the North-eastern Pacific basin and the West of North America. Geol. Soc. Am. Bull., 1955, 66, P1149-1198

〔20〕 B. B. Brock. Structural Mosaics and Related Concepts, Trans. & Proc. Geol. Soc. S. Af.,

1956, vol. LIX, P149-197

〔21〕 E. Krenkel. Geologie und Bodenschatze Afrikas, Akad. Verl., Leipzig. 1957

〔22〕 А. М. Смирнов. Осочленении Монголо-Охотского и тихоокеанского складчатых поясов и Китайской платоформы. Иэв. АН СССР, сер. геол., 1958, No. 8, P76-92

〔23〕 张伯声. 中条山的前寒武系及其大地构造发展. 西北大学学报（自然科学版），1958 年第 2 期，P1-19

〔24〕 孙殿卿等. 柴达木盆地雁行排列和反 S 形构造所表现的运动程式. 见：旋卷和一般扭动构造及地质构造体系复合问题（第 2 辑）. 科学出版社，1958

〔25〕 L. G. Weeks. Geologic architecture of Circun-Pacific. Am. Assoc. Petrol. Geol. Bull., 1959, 43, P350-388

〔26〕 陈国达. 地壳动定转化递进说——论地壳发展的一般规律. 地质学报，1959 年第 39 卷第 3 期

〔27〕 中国科学院地质研究所. 中国大地构造纲要及 1：4,000,000 中国大地构造图. 见：中国科学院地质研究所地质专刊第一号. 科学出版社，1959

〔28〕 黄汲清. 中国东部大地构造分区及其特点的新认识. 地质学报，1959 年第 39 卷第 2 期，P115-134

〔29〕 黄汲清. 中国地质构造基本特征的初步探讨. 地质月刊，1959 年第 7 期，P24-33

〔30〕 Zhang Bosheng. The pre-Cambrian Systems and the geotectonic development of Chungtiaoshan, Shansi. Scientia Sinica, 1959, vol. VIII, No. 5, P523-556

〔31〕 张伯声. 从陕西构造单位的划分提出一种有关大地构造发展的看法. 西北大学学报（自然科学版），1959 年第 2 期，P13-32

〔32〕 张文佑. 对编制中国大地构造图的几点意见. 地质月刊，1959 年第 2 期，P16-30

〔33〕 宋叔和. 关于祁连山东部的"南山系"和"皋兰系". 地质学报，1959 年第 39 卷第 2 期，P135-146

〔34〕 张文佑. 从中国大地构造特征谈中国大地构造的命名. 科学通报，1959 年第 2 期，P44-47

〔35〕 G. Thompson. Problem of Late Cenozoic Structure of the Basin Ranges. Intern. Geol. Congr., XXI Session, Norden, 1960, P62-68

〔36〕 黄汲清. 中国地质构造基本特征的初步总结. 地质学报，1960 年第 40 卷第 1 期，P1-32

〔37〕 陈国达. 地洼区的特征和性质及与所谓"准地台"的比较. 地质学报，1960 年第 40 卷第 2 期，P167-186

〔38〕 Ю. М. Шейнманн. Великие обновления в тектонической истории эемли. Междун. геол. конг. XXI Сесся, доклалы совет. геол., 1960, Проблема 18, P104-113

〔39〕 马杏垣. 中国东部前寒武纪大地构造基本轮廓. 科学通报，1960 年第 16 期，P481-484

〔40〕 В. Е. Хайн. Основные типы тектонических структур, особенности и причны их раэвития. Междун. геол. конг. XXI Сесся, док. сов. геол., 1960, Проблема 18, P89-103

〔41〕 А. В. Пейве. Раэломы и их роль в строении их раэвитии земной коры. Междун. геол.

конг，ⅩⅪ Cесся，1960，Проблема 18，Москва，P65-71

〔42〕 V. V. Beloussov et al. Island arcs in the development of the earth's structure（especially in the region of Japan and the sea of Okhotsk）. Jour. Geol.，1961，69，6，P647-658

〔43〕 谢家荣. 中国大地构造问题. 地质学报，1961 年第 41 卷第 2 期，P218-229

〔44〕 马杏垣等. 中国大地构造的几个基本问题. 地质学报，1961 年第 41 卷第 1 期，P30-44

〔45〕 黄汲清等. 从多旋回构造运动观点初步探讨地壳发展规律. 地质学报，1962 年第 42 卷第 2 期，P105-150

〔46〕 张伯声. 镶嵌的地壳. 地质学报，1962 年第 42 卷第 3 期，P275-288

〔47〕 Zhang Bosheng. The analysis of the development of the drainage systems of Shensi in relation to the new tectonic movements. Scientia Sinica，1962，vol. ⅩⅠ，No. 3，P397-414

〔48〕 C.Y.Hsieh.On the geotectonic framework of China.Scientia Sinica, 1962, vol.ⅩⅠ, No.8, P1131-1146

〔49〕 北京地质学院区域地质教研室. 中国区域地质. 中国工业出版社，1963

〔50〕 阎廉泉. 东秦岭及其邻侧地区地质构造的基本特征. 地质学报，1963 年第 43 卷第 2 期，P156-168

〔51〕 郭勇岭. 川西北灌县至若尔盖县间构造分区初步意见. 地质论评，1963 年第 21 卷第 1 期，P6-11

〔52〕 李春昱. "康滇地轴"地质构造发展历史的初步研究. 地质学报，1963 年第 43 卷第 3 期，P214-229

中国大地构造的基本特征与镶嵌构造形成的机制①

张伯声

　　《镶嵌的地壳》[1]一文发表后，有些同志向作者提出了不少问题。主要有：镶嵌构造是怎样形成的？镶嵌构造与矿产分布有什么关系？根据这一观点如何进行大地构造分类？为了解决这些问题，作者写了《从镶嵌构造观点说明中国大地构造的基本特征》《地壳波浪运动——形成镶嵌构造的一个主要因素》《关于大地构造分类的一个建议》等文，分别对以上问题作了概略的说明。此文拟作一简单报道，着重谈谈中国大地构造的基本特征与镶嵌构造形成的机制。所列观点，言而不详，甚至错误，望指正。

　　中国大地构造的位置，在特堤斯分带由西向东作扇面展开与环太平洋分带交织成网的地区（图 1），这就决定了它支离破碎的块段，包在激烈运动的条带之中。因而，在中国很难找到像俄罗斯、加拿大等地台规模的大地构造单位。所谓的"中朝地台""塔里木地台"等，实质上是夹在活动带内的一些比较活动的中间地块。这样的背景，决定了中国壳段（地壳段落，以下仿此）构造运动的活动性、构造发展的复杂性、大地构造的特殊性，总之是中国大地构造的非地台性。

　　从目前的构造地貌和构造发展上来看，大者如劳亚、冈瓦纳、太平洋等巨大壳段，小者到个别碎小的断块，不仅分布上有一定的规律性，而且起伏运动上也都有规律性。这就是作正性运动与作负性运动的壳段，好像相间起伏的波浪，同

---

①本文 1966 年发表于《地质学报》第 46 卷第 1 期。

时又像有不同系统的波浪互相交织，互相干扰，因而把地壳分成无数或大或小的壳段，构成错综复杂的块状波浪，形成复杂的镶嵌图案。

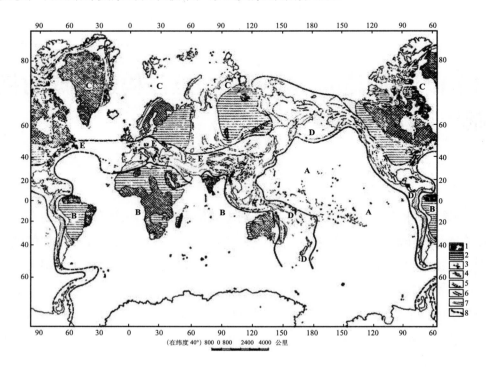

A. 太平洋巨大地块；B. 冈瓦纳巨大地块；C. 劳兰特－安加拉巨大地块；D. 环太平洋断裂褶皱带；E. 特提斯断裂褶皱带
地台：1—古老基底；2—地台盖层
后元古代褶皱带：3—古老基底；4—加里东褶皱带；5—海西（包括印支）褶皱带；6—燕山褶皱带；7—阿尔卑斯褶皱带；8—界线

图1　中国大地构造的位置

为了说明地壳波浪运动及其对镶嵌构造形成的关系，现扼要阐述以下几个问题：

1. 地壳波浪运动的普遍性

从空间说，大级套小级、级级相套的相邻壳段，间互起伏，所形成的地壳波浪是地壳运动的普遍形式。它们在地面上的表现是无处不有，系统繁多。它们所形成的各级大小块状波浪的波峰波谷，互相交织，互相干扰，使地壳形成错综复杂的构造地貌及镶嵌图案。

地壳波浪因走向不同分成不同波系，可以分出的波系有四：一为北极－南极波系，二为太平洋 – 欧非波系，三为南大西洋 – 西伯利亚波系，四为印度洋 – 北美波系（见图 1，图 2）。

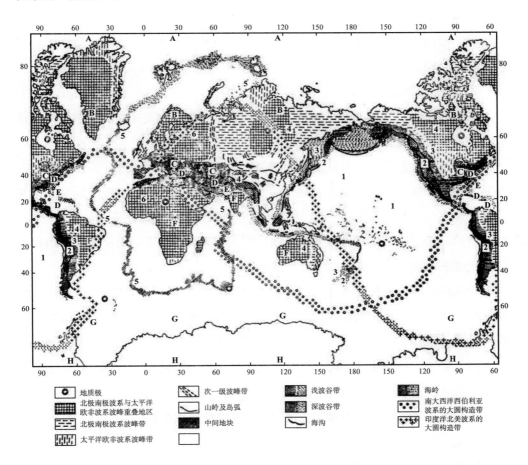

北极 – 南极波系：A—北极海波谷区；B—环北极海波峰带；C—北特提斯波谷带；D—特提斯波峰带；E—南特提斯波谷带；F—南大陆波峰带；H—南极波峰区
太平洋 – 欧非波系：1—太平洋波谷区（包括太平洋波峰区及环太平洋海沟带）；2—环太平洋波峰带；3—外太平洋波谷带；4—西藏巴西波峰带；5—大西洋波谷带；6—欧非波峰区（关恩威编图）

图 2　地壳波浪的四大波系

四大波系的共同性：它们都有大圆构造带和与其相应的地质极，所有大圆构造带与地质极之间，有不同系列的小圆构造带。北极 – 南极波系的大圆构造带，表现为特堤斯带，它的地质极符合于一凹一凸的南北二极。太平洋 – 欧非波系的大圆构造带，表现为环太平洋带，它的凹陷地质极在太平洋，隆起地质极在非洲。

其他二波系的大圆构造带与地质极所在地带及地点，也都在图 2 中有所表示。围绕着北极海、非洲的乍得、加拿大的哈德逊湾，以及西伯利亚等凸起的地质极，都有一系列小圆构造带。

大一级的地壳波浪还套着次一级、又次一级的地壳波浪，作者曾就秦岭地貌构造作了说明。

2. 地壳波浪的永恒性

从时间上看，地壳波浪是无时不有、一浪推一浪、永无休止的波浪运动。可以从相同起伏的隆洼壳段永无休止地进行着反复升降和往返推移，加以证明。

关于相邻壳段随时代变迁的反复升降，作者称为天平式摆动[2]。大之如外太平洋与太平洋两大壳段的反复升降，其次如华北华南两个壳段的反复隆洼，又其次如华北之分为鄂尔多斯、山西、华北平原等壳段的反复起伏，等等，对于这些，作者曾给以较详分析。以上这些都足以证明，相邻壳段，不分级别大小，都在永无休止地表现出天平式摆动的地壳波浪运动。

地壳中活动带的往返推移，也是普遍而经常的运动。这相当于葛利普[3]的地槽迁移假说。葛利普仅只提到了地槽的横向迁移。最近并有提出地槽或褶皱带的纵向迁移[1]。对于这两方面的迁移，作者曾就秦岭地轴以北的褶皱带作过分析。

由上可知，地壳波浪随时代演变，在天平式摆动的同时，又在纵向及横向上作水平推移。这和水面上的波浪起伏、反复移位，没有多大差别。不同的是，地壳波浪变化非常缓慢，且因固体关系，往往形成块状波浪罢了。

3. 地壳波浪的起因及其与镶嵌构造的关系

以上从地壳波浪的普遍性和永恒性，说明了地壳中有不同方向的四个波系所形成的不同方向的无数波峰波谷，它们网贯交织在地面的各个角落，而且是永无休止地反复起伏，纵横推移，进行着发展。

四大波系的大圆构造带与同它们相应的地质极，都有不同程度的偏心，但是它们的互相配合，却使地球形象化地形成一个不太规则的四面体（图 3）。作者从地壳波浪的概念，重新分析了地球四面体假说。这里认为，四个隆起极所在的南极大陆、非洲大陆、西伯利亚、加拿大占着地球四面体的角尖部位；四个凹陷极

①见作者《从镶嵌构造观点说明中国大地构造的基本特征》。

所在的北极海、太平洋、南大西洋、印度洋占四面体的面部；四个偏心的大圆构造带占其棱边。但是，由于资料不够，大圆构造带，尤其是南大西洋－西伯利亚波系、印度洋－北美波系大圆构造带的位置安排，有很大的示意性，要等以后的资料充足时，加以改正。

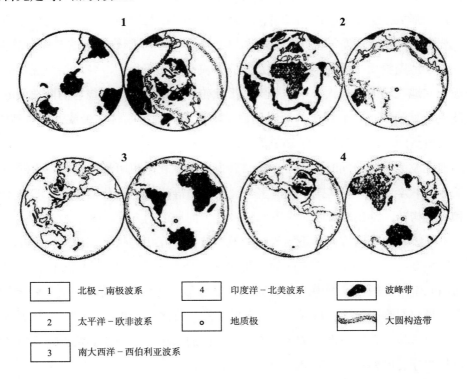

1	北极－南极波系	4	印度洋－北美波系		波峰带
2	太平洋－欧非波系	o	地质极		大圆构造带
3	南大西洋－西伯利亚波系				

四个隆起地质极代表四面体的角尖，四个洼陷极所在地区代表四个面，四个大圆构造带代表地球四面体的棱边

图 3　地球四面体分析图

形成地球四面体的机制，可以采用布契尔[4]的解释。他在脉动假说中认为，球形物体收缩时应该趋向于四面体，因为这是一个物体最小限度的体积；其膨胀时，又回向真正球体而转变，因为后者显示一个物体最大限度的体积。地球收缩时，就要发生四个收缩中心。作者认为，它们处在北极海、太平洋、南大西洋、印度洋，它们形成了地球四面体的四个面。相反，在收缩中心的反作用下，它们的对面就不能不同时出现四个巨大隆起，这就是南极大陆、非洲大陆、西伯利亚、北美洲。大隆起与大凹陷的对立，也只能反映地球的收缩。地球膨胀时，过去的深

凹陷和大隆起就有相对回返的趋势，但仍可保持其原来局面，只是凹陷变浅，隆起变平罢了。

这里认为，地质极区可以首先激起地壳波浪，通过小圆构造带向大圆构造带推动，大圆地带因而形成了最大隆起与凹陷的矛盾集中带，自然在这里显示最大活动性，形成了全球规模的活动带，导致了最剧烈的地壳波浪运动。这样波浪运动又要反射，回向到两个地质极而波动，又加强了那些小圆构造带的波峰与波谷。

由于地壳物质分配的不均匀性及其应力应变的不平衡性，各对相对起伏的地质极所在地壳段的规模大小不会一致，形状轮廓难以规则，围绕它们而发展的地壳波浪也就追随了它们自己的原有轮廓，不论它们的小圆构造带或大圆构造带，往往是弯折的，而大圆构造带都是偏心的。

地壳波浪运动的同时，由于地球自转速度的变化，也可影响不同地带的地壳波浪方向。李四光[5]据此提出的山字型、歹字型等构造，以及相邻壳段的水平扭动和旋卷构造，都足以影响各个不同波系在不同地区的方向。

不同波系的不同方向和不同等级的波峰波谷，互相起伏，互相交织，互相推移，互相制约，使夹在它们之间的枢纽地带，形成不同方向、不同规模、不同烈度的褶皱带。在构造发展中，这些褶皱带把地壳分成不同等级的、一级套一级的壳段，将它们镶嵌起来，形成地壳目前的图案。许多褶皱带的方向，控制了被镶嵌块段的形状。它们的密度决定了被镶嵌块段的大小。中国整个壳段的三角形轮廓及其被分裂得如此支离破碎，就是这样来的。

总之，普遍存在和永恒运动的地壳波浪是地壳运动的一种形式。它们的网状交织形成了地壳的镶嵌。它们的起因则由于地球的脉动。地球自转是影响地壳波浪的补充因素，它复杂化了地壳波浪和地壳镶嵌。

参考文献

〔1〕张伯声. 镶嵌的地壳. 地质学报，1962 年第 42 卷第 3 期

〔2〕张伯声. 从陕西构造单位的划分提出一种有关大地构造发展的看法. 西北大学学报（自然科学），1959 年第 2 期

〔3〕A. W. Grabau. Migration of geosynclines. Geol. Soc. China, Bull. 1924, vol. Ⅲ, No. 2-4

〔4〕W. Bucher. The deformation of the earth's crust. 1933

〔5〕J. S. Lee. Geology of China. 1939

中国的镶嵌构造与地壳波浪运动[①]

张伯声　王　战

　　本文通过对中国镶嵌构造与地壳波浪运动关系的论述，以及形成中国镶嵌构造图案的地质力学机制的分析，概要说明镶嵌构造说的基本观点，并初步提出如何用它来为社会主义建设事业服务。

　　自从近年板块构造说介绍到国内以来（傅承义，1972；尹赞勋，1973），一些地质工作者立即联想到了地壳的镶嵌构造说（张伯声，1962，1965），认为它同板块构造说有"合拍"的地方，甚至有人认为"镶嵌构造"就是"小板块"。现在有必要澄清一下这个问题。

　　镶嵌构造说起初是从地壳构造的表面现象，即从不同系统的构造带分割地壳为大小级别不同的地块，并把它们镶嵌起来的构造格局谈起的（张伯声，1962）；以后，又从这些构造带以及由其镶嵌起来的大小地块波浪起伏的规律性，提出了地壳波浪的看法（张伯声，1965）；现在看来，地壳波浪形成的镶嵌构造发展过程，用地质力学观点（李四光，1939，1947，1954）进行解释是恰当的。这符合于"实践、认识，再实践、再认识"的认识过程。所以，镶嵌构造说可以同地质力学联系起来，而与板块构造说则是两回事。

一、地壳构造的镶嵌图案

　　地球上的构造带不论大小，它们的分布格局都有一定规律，基本上分为近东西、近南北、斜向三种（张文佑，孙广忠，1963）。最显著的全球性构造带是环太平洋带和地中海带。这是两大岛弧－海沟系。它们是寰球最大的地震带和火山带，

──────────

①本文 1974 年发表于《西北大学学报》（自然科学版）第 1 期。

是构造地貌上差异最大的地带。它们把整个地壳分为太平洋、劳亚、冈瓦纳三大壳块（张伯声，1962，1965，原把三大壳块叫做三个巨大地块，实际是壳状的片块，现改为壳块。图1）。从总的走向来说，地中海带是近东西的，环太平洋带主要部分是近南北的。但具体到它们的各个地段来说，就成为北东或北西的斜向，甚至更加偏离。同两个岛弧－海沟大构造带似平行的构造带很多，而且带与带之间，以及这些构造带本身之中，都套着次一级、又次一级的构造带，以至最简单的构造面。无数大小程度不同、似平行的南北或东西构造带，都在其不同段落，迁就北东和北西的斜向构造带，从而表现为舒缓波状，有些地带甚至成锯齿状。这些不同方向的构造带，交织成网，把地壳分成许许多多大小不等的斜方块或三角块。由于构造带有方向性，由它们分割的地块或岩块自然纵横成排。这样通过构造带分割又结合起来的构造格局，叫作"镶嵌构造"。

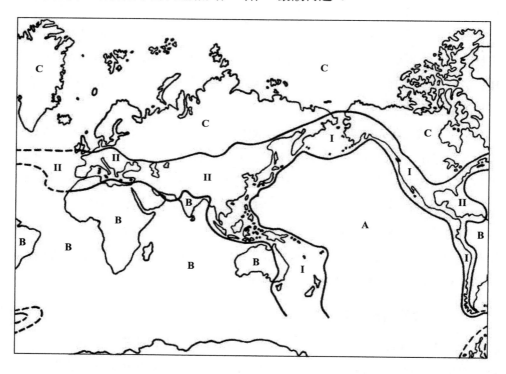

Ⅰ. 环太平洋构造带；Ⅱ. 地中海构造带
A. 太平洋壳块；B. 冈瓦纳壳块；C. 劳亚壳块

图1 地壳的镶嵌构造——两大构造带把整个地壳分为三大壳块

二、中国大地构造位置

中国大地构造位置恰好处于地中海构造带和环太平洋构造带及其分带在东亚的交接部位，即太平洋、冈瓦纳和劳亚三大壳块三相邻接的地区。或者说，是在太平洋壳块和西伯利亚地台、印度地台三者作"品"字排列的空当。地中海构造带和环太平洋构造带还分为次一级、又次一级的许多分带，它们相互交叉，把我国分割成许多大小不同、一级一套一级的斜方或三角碎块。这些碎块又被这些构造带镶嵌起来。

三、中国大地构造图案

对于中国的大地构造分析，首先要注意它的构造骨架，即近南北和近东西两个体系构造带的交织。在每个构造带中，都表现出强烈的褶皱、断裂、岩浆活动和变质作用，特别是其中的前震旦（或前寒武）杂岩系和各期侵入岩，活灵活现，跃然于中国地质图中。就是由于这样一个构造骨架，勾画出中国的构造图案。

环太平洋构造带及其分带纵贯中国南北，大体表现为北北东向；地中海构造带及其分带横贯中国东西，大体表现为北西西向。从构造地貌上看，构造带本身倾向于隆起，夹在它们中间的地区，一般倾向于洼陷。这样就好像两个系统的巨大波浪，可以叫作"地壳波浪"，在中国一起一伏。隆起的褶皱断裂带叫作波峰带，坳陷的地块排列带叫作波谷带。波谷与波谷相交处一般是低洼的，波峰与波峰相交处一般是隆起的，波峰与波谷相交，则因不同情况而表现为较高或较低。这种有规律的排列，形成中国大地构造格局（图 2）。

从环太平洋的岛弧 – 海沟带向西排列是：

台湾海沟波谷带（Gt_0）

台湾波峰带（Ft_1）

东海波谷带（Gt_1）

东南沿海波峰带（Ft_2）

黄海 – 湘赣波谷带（Gt_2）

长白 – 雪峰波峰带（Ft_3）

松辽 – 四川波谷带（Gt_3）

大兴安 – 龙门山波峰带（Ft_4）

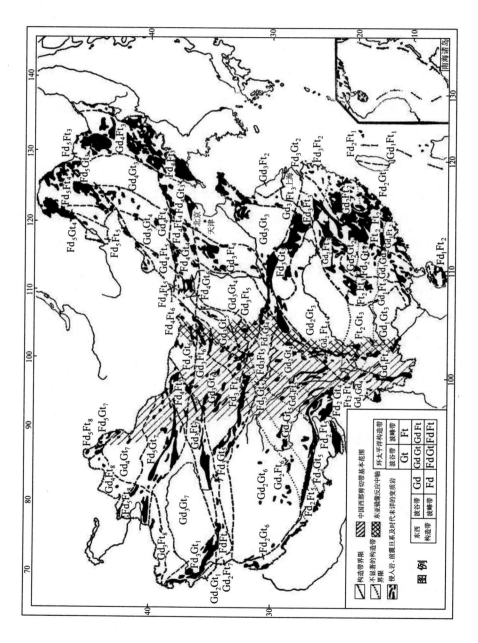

图 2 中国镶嵌构造略图

鄂尔多斯－松潘波谷带（Gt_4）

贺兰－喜东（喜马拉雅山脉东端）波峰带（Ft_5）

阿拉善－拉萨波谷带（Gt_5）

狼山－珠穆朗玛波峰带（Ft_6）

柴达木－藏西波谷带（Gt_6）

阿尔金波峰带（Ft_7）

塔里木波谷带（Gt_7）

准噶尔界山－帕米尔波峰带（Ft_8）

近东西向的地中海构造分带在中国从南向北的排列是：

南海波谷带（Gd_0）

海南岛波峰带（Fd_1）

两广波谷带（Gd_1）

喜马拉雅－南岭波峰带（Fd_2）

川藏波谷带（Gd_2）

昆仑－秦岭波峰带（Fd_3）

塔里木－河淮波谷带（Gd_3）

天山－阴山波峰带（Fd_4）

准噶尔－松辽波谷带（Gd_4）

阿尔泰－兴安波峰带（Fd_5）

以上两组地壳波浪相交织所形成的构造格局，表现为中国大地构造的镶嵌图案。

四、中国地壳波浪的发展

前述中国大地构造的镶嵌图案，只是中国地壳波浪在地质时期发展到目前的结果。从构造发展来看，中国地壳一直进行着波浪运动。

中国东部地壳由阴山、秦岭、南岭等东西构造带分为东北、华北、华南等地块；再由南北构造线在华北分为鲁东、河淮、山西、鄂尔多斯等地块，在华南分为台湾、闽浙、湘赣、雪峰和四川等地块。这些地块在中国东部的构造发展，都是不断波浪起伏，蜿蜒摆动，直到现代也不停止。相邻地块的相对运动好像天平摆动，在水平方面则是蜿蜒摆动。

例如，以秦岭和大别山为界的华北、华南两块，自古以来就作天平式反复摆动：太古杂岩普遍出露于华北，元古杂岩普遍在华南；震旦系下中部在华北普遍发育，局部很厚，但缺失上部，而华南则下部少见，上部完好；寒武、奥陶南北海相地层相似，但以华北海侵为大；自晚奥陶到早石炭这一长时期，华北缺失全部地层，华南则有海相沉积；中上石炭系华北为海陆交互相，二叠、三叠系全是陆相，华南则为广泛海相；侏罗、白垩系和新生界南北都基本上是陆相，而华北为大型盆地，沉积厚度较大，华南则厚度较小而分散。因此可以认为，中国东部的南北两块一直进行着一高一低的天平式摆动，而平衡总是相对的、短暂的。

秦岭和大别山南北两侧地块不断波动的同时，它们自己作为"支点带"（这是构造敏感地带），其波浪运动尤其激烈，因为地壳运动的能量在这里集中，不能不掀起高高的"地背斜"和深深的"地向斜"这样的地壳波浪。它们在南北方向作反复迁移，东西方向蜿蜒摆动。震旦地向斜在秦岭地背斜（秦岭地轴）以北；在南北天平式运动近于平衡的寒武、奥陶纪，秦岭地向斜不深，但逐渐向南迁移；到志留纪，最深的地向斜出现在南秦岭；泥盆、石炭、二叠、三叠纪，地向斜回迁到中秦岭，但仍在秦岭地背斜以南；侏罗、白垩纪和新生代，秦岭中的波浪起伏表现为一系列一边翘起、一边沉陷的"盆地山岭"构造。就整个秦岭来说，它是北陡南缓，北边翘起数千米，渭河地堑在"秦岭地轴"以北深陷数千米。

华北地块和东北地块以阴山构造带为支点带，进行天平式摆动的情况与上述相似；东北地块的上下摆动，同华南有类似之处，阴山地向斜的水平摆动，同秦岭相反。

南岭构造带在构造地貌上，不像秦岭、阴山两带那样清楚，但大致以北纬24～25°为界，南北地层的发展不平衡，因而也能得出在这一带南北两块随地质时代的波状起伏。它自己是构造运动敏感的"支点带"，水平摆动也能看出。从四川和广西两块，以及夹在它们之间的贵州构造带加以分析，其波状起伏和水平摆动更加清楚。

中国东部北北东向的环太平洋构造带两侧，地块的相互上下摆动也很明显。就华北地区来说，由东向西，排列着鲁东、河淮、山西、鄂尔多斯等地块。从它们的岩层来看构造发展：首先，前震旦结晶片岩同位素年龄测定出现的频数很有意义，胶东很多是11亿～17亿年，鲁西很多是20亿～24亿年，山西很多是17亿～18亿年。它们正好说明，前震旦时期河淮平原地区是隆起，鲁东和山西地区是洼陷；震旦、寒武时期，它们曾作相反波动，河淮平原有广泛海侵，太行以西有所波及；奥陶海更加广泛，而在山西最深，向西淹没鄂尔多斯；志留纪到早石炭纪，华北普遍成陆，波动暂时平衡；中、晚石炭纪，从岩层发育来看，山西波动频繁，沉陷较深，而鄂尔多斯及河淮较浅；到二叠纪，山西同鄂尔多斯和河淮曾作相反运动；三叠纪的洼陷主要在鄂尔多斯；侏罗、白垩纪，山西大部隆起，鄂尔多斯盆地继续深陷，而且深洼陷在盆地内部逐步向西迁移，河淮地区也在沉陷；新生代在河淮平原继续深陷，而鄂尔多斯与山西结合起来，反而从西北向东南倾斜并作整体升起，其间的太行山和它东侧的深槽是个构造敏感地带，太行山上剥露出古老杂岩，而东侧深槽中生代以来深陷六七千米。鲁东鲁西之间的沂沭郯庐大断裂带，也是构造敏感地带，两侧地层从太古代以来就有很大区别。

中国东部在华南由东到西的排列，有台湾、闽浙、湘赣、雪峰、四川等地块。目前由雪峰构造带相隔的四川和湘赣两地块，地层的发育较全，但也可从这些地层看出两地块的反复波动。湖南在早元古隆起，中元古深陷，震旦以前部分褶起，震旦时稍陷；四川在早元古深陷，中元古褶皱，震旦时同湖南近于平衡。早古生代，湖南及其邻区深陷，在志留纪加剧，总沉陷超过 8000 米；四川在这时屡经海侵，但主要沉降期在寒武纪，沉积厚度不及湖南的半数。前泥盆地层，在湖南有激烈褶皱和浅变质，四川只是升起成陆；湖南作为中泥盆—早三叠盆地的一部分不断沉降，从晚三叠上升，以后形成地块波浪，断陷中接受中、新生代沉积；四川盆地到二叠、三叠才再度沦陷，侏罗、白垩成为大型内陆盆地，普遍接受沉积，而且向西逐步加深，到新生代隆起成剥蚀区。

夹在四川、湘赣之间的雪峰波峰带（包括武陵山带），是个构造敏感的"支点带"。它在川、湘两地块互相上下波动的地质时期，运动更加激烈。早元古代，雪峰是武陵 8000 米沉积的来源；中元古代，武陵褶皱隆起反成雪峰万米沉积的山地；震旦纪，两处趋于平衡，都有部分隆起，部分洼陷，差异不大；早古生代，武陵带随着四川升起，雪峰带跟着湘赣褶皱；泥盆纪海武陵带浅，雪峰带深；石炭纪武陵成陆，雪峰海更深；二叠及早三叠纪又趋平衡，全部海侵；中三叠纪陆海反转，东成陆，西留海；晚三叠纪以后，褶皱断裂运动使全部地区分裂成更多的地块波浪，其表现形式则为地垒地堑式或盆地山岭式。

台湾与闽浙两带互相起伏的波浪运动也是清楚的。前震旦系到下古生界在福建西部和西北部发育，由西向东，依次变薄变少，此时的台湾是连着福建的一块陆地，为福建西部提供陆源沉积物质；前泥盆褶皱使华南各地隆起，意味着福建滨外在晚古生代的沉陷，最后使广大的二叠海波及台湾；二叠后的褶皱运动，又把中生代初期的坳陷带赶到闽浙西部，闽浙地带三叠、侏罗系的发育是自西向东，因而表明台湾地区抬高。但到白垩纪，闽东隆起，波及台湾坳陷。新生代以来，台湾坳陷带逐步向西回移，目前发展到台湾海峡，这就不能不因波浪运动又使闽浙东部升高，西部断陷。

中国西部许多构造带及其两侧地块的相对波动，可以进行同样分析。但是，西部的构造带不像东部简单，东西构造带明显地迁就北西和北东两组扭裂带。天山构造带南、北、中三带的不同段落，各有专属。这些扭裂的相交切，使整个天山构造带内分成许多斜方块，有的形成块垒，如库鲁克山、北山等，有的形成盆堑，如哈密、吐鲁番等。这些不同性质的构造段落所围绕的较大地块，如塔里木盆地，也就随着天山、昆仑不同段落的扭裂带而形成斜方。这些扭裂构造带伸入盆地，隐没在较新地层之下不同的构造地段，它们隐藏的构造格局很可能同天山及昆仑山中分割开来的斜方块垒和盆堑相似。夹在天山和阿尔泰山之间的准噶尔地块，有同塔里木地块相似的情况。

西藏地块与印度地台之间的波状起伏，与夹在其间的喜马拉雅构造带的水平摆动非常明显。西藏地块与塔里木地块、塔里木地块与柴达木地块、柴达木地块与西藏地块之间的波状起伏，以及依次夹在它们之间的西昆仑、阿尔金与东昆仑三个构造带的水平摆动都不待说。

由天山分隔的准噶尔和塔里木好像平起平落，天山构造带本身某些地段的地向斜，也好像是对称迁移。其所以与其他地块波动不同，将在下文述及。

由上可知，目前中国构造地貌的波浪形象，是在地史的长期中由地壳波浪运动发展而成。地壳波浪运动现在不是已经停止，而是继续进行，甚至更烈。这里顺便提一下地壳的垂直运动与水平运动的关系。它们是互相联系、互相影响、辩证发展的。地球脉动（有它自己的起因）是垂向的。由此引起地球转速变化，进一步导致地壳水平运动，形成地壳波浪。所以，只就地壳波浪来说，它仅是运动的表象，而水平运动则是它的实质（将在下文说明）。

五、形成中国镶嵌构造图案的机制

统一的镶嵌图案决定于统一的构造网络；统一的构造网络决定于统一的构造运动。地球本身的运动主要表现为两种形式：自转与脉动。这两种运动形式是统一的。地球自转速度的变化，主要决定于地球体积的变化：自转速度变快，说明地球体积的收缩；自转速度变慢，说明地球体积的膨胀。地球体积的这种收缩与膨胀交替进行，就是所谓脉动。但从地球的整个发展来看，总的趋势是以收缩为主。球形物体收缩时，收缩到最小体积的趋势应为四面体，因而要发生四个收缩中心。地球的四个收缩中心是太平洋中部、北冰洋、印度洋和南大西洋。地球上的这些地方，表现为最明显的洼陷。它们的对极是四个最明显的隆起，即非洲地台、南极地台、加拿大地台、西伯利亚地台。互相对应的洼陷和隆起之间，形成一系列似平行的构造活动带；接近大圆的位置，形成最宏伟的构造活动带。这样，地球上就有四个波浪系统在互相交织。其中，太平洋－非洲波系和北冰洋－南极洲波系表现明显（图3），环太平洋构造活动带和地中海构造活动带就分别属于这两个波系的大圆活动带。另外两个波系的大圆活动带不如上述两个那样清楚。为什么四个大圆活动带有两个表现明显呢？这用地质力学观点来解释是十分明了的。这两个大圆，一个近于经向，一个近于纬向。地球自转速度的变化，直接加剧了它们的活动程度。

地球自转时产生离心力，其垂向分力为重力抵消，切向分力又分为二，即经向分力与纬向分力。这些分力随着地球转速的周期变化，激发地壳运动。当地球自转速度变快时，经向分力使中高纬度壳段向赤道推挤，纬向分力使低纬度壳段由东向西推挤；自转速度变慢时，则恰恰相反。不论哪个方向的推挤，开始阶段都要发生北东和北西向的共轭状扭裂带，形成全球性的扭裂网络（张文佑，1960）。进一步的经向挤压，造成地壳的东西向波峰波谷带；进一步的纬向挤压，造成地壳的南北向波峰波谷带。由于原始形成的斜向共轭状扭裂构造的先在条件，更进一步发展的褶皱断裂带，不论是东西带或南北带，都"追踪"或利用这些斜向扭裂带，表现为蛇行蜿蜒的舒缓波状，甚或成锯齿状。不仅像昆仑－秦岭等大构造带是这样，一级套一级的中小构造带或结构面也是这样。这样一来，由它们分割的一级套一级的大大小小的壳块、地台、地块，以至小小的岩块，都表现为斜方块或三角块。

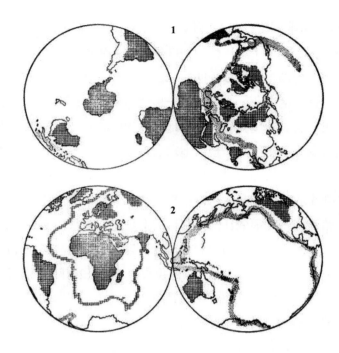

1. 北冰洋－南极洲波浪系统（地中海构造带为其大圆构造带）

2. 太平洋－非洲波浪系统（环太平洋构造带为其大圆构造带）

图 3　两大地壳波浪系统（大圆构造带用密集小点表示）

　　作为中国大地构造骨架的地中海构造带和环太平洋构造带的各个分带，以及由它们分割的地块在中国分布的规律性，表明这是在一定的地应力场中发生发展而来的。

　　前已提到，中国大地构造位置正好在太平洋壳块和西伯利亚地台、印度地台作"品"字排列的空当。太平洋壳块最大，跨着南北两个半球的部分，印度地台跨着北回归线的低纬度地带，西伯利亚地台处于北半球的中高纬度地带。地球自转所引起的离心力水平分力，使三者作差异运动，因而在中国部分造成三者对挤的应力场，形成了现在的构造图案。

　　地球自转所引起的离心力经向分力，使西伯利亚地台向南运动较快，印度地台向南运动较慢，中国西部在它们之间受到相对挤压。天山构造带及其两侧地块波动，之所以表现出对称性，就是由于处在这两壳块对挤的中间部位的缘故。又因两壳块所处经度并不完全一致，它们的对扭使中国西部在大约 93～103°之间，形成一个明显的剪切带。在这一剪切带中，北西或北北西构造特别发育，以致破坏或打乱了纬向和经向两组构造带，以及其间的地块。祁连山和横断山的独特构造方向，可以由此得到合理解释。

太平洋壳块中的经向分力，基本上南北抵消，相对稳定，但对于向南运动较快的西伯利亚地台来说，二者就必然发生相对扭动，在中国东部形成北北东及北东构造带。又因印度地台的东北角向中国地壳部分楔入，环太平洋构造分带就在中国西南部撒开，成为北东或北东东向。

大陆与海洋地壳部分，在地幔上黏着的牢固程度不同：大陆壳以下的低速层薄以至没有，海洋壳以下的低速层厚。壳下阻力以低速层为转移，低速层薄阻力大，低速层厚阻力小。就地壳的纬向运动来说，在地球转速周期变快时，太平洋壳块因惰性及壳下低速层阻力小而运动落后，向亚洲大陆推挤，越在低纬度地带向西推挤越强。更因印支以西是印度洋部分，缺少阻力，太平洋壳块在中国南部表现出比中国北部更加明显的向西推挤。中国地壳部分被推向西运动，华北地块与华南地块就作为两个楔子，不平衡地向中国西部楔入，在东北与华北之间，以及华北与华南之间，形成两带右行扭动，向西作不平衡推挤，而华南地块向西推挤更强一些，因此使地中海分带在中国西部收敛，东部撒开。环太平洋各分带在秦岭与南岭之间的部分，都一致向西成弧形凸进，也由此得到说明。

总之，从地质古代以来，西伯利亚地台就向南楔入太平洋壳块与印度地台之间。中国东部的左行扭动，导致北东和北北东构造线；西部的右行扭动，导致北西和北北西构造线。二者相结合，在中国中部成一个近南北向的挤压带（镜像反映中轴），把中国构造图形分为东西两部。贺兰山－龙门山这条挤压带以东，地应力场主要是南北对扭，其次是东西挤压，分裂出来的斜方块基本上是北北东向延伸的 S 形。这条挤压带以西，地应力场主要是南北挤压，其次是南北对扭，分裂出来的斜方地块一般是北西西向延伸的反 S 形。太平洋壳块在低纬度地带相对向西运动，顺东西构造带如阴山、秦岭等两侧的右行扭动，造成一系列的帚状构造；而在印度地台东北的喜马拉雅构造带东北侧的左行扭动，造成一个与上述相反的巨大帚状构造。

中国大地构造这样图案的形成，既然是远自元古代以来，在基本上变化不大的地应力场中发生发展的结果，就意味着地球自转轴虽有纺轴状摆动，但基本不变，因而赤道与两极的相对位置也基本不变。各处地块的运动，在方向上必须符合一定的扭动和挤压关系。它们的相对地位，只能按一定的扭动和挤压方向作一定的变迁。不能设想，它们能够在地幔之上漂来漂去，乱碰乱撞。大陆壳块是漂而不远，移而不乱，相对来说基本固定。这是我们同板块构造说者的不同看法，分歧是基本的，共同的观点不多。

六、用镶嵌构造观点为社会主义建设服务

两个系统地壳波浪的交织，使我国地壳不同段落显示出三种基本的地质特征，并且与之相应地发育着不同的矿产资源。

Ⅰ. 波谷带与波谷带相交，一般形成较深洼陷。在地史时期中，较多地表现为海盆地或内陆盆地，因之是沉积矿产发育的场所。例如，含油盆地均处在这种地段，广大煤田主要发育在这种地段的边部。

Ⅱ. 波峰带与波峰带相交，一般形成较高隆起。在地史时期中，较多地表现为隆起剥蚀区，古老岩系和岩浆岩广泛出露。这种地段普遍发育着与变质岩系有关的矿床和岩浆矿床（包括伟晶岩矿床）。由于地壳较深层物质在这里被揭露，加之这里应力较集中，断裂十分发育，为更深层矿液向上活动开辟了方便，所以这种地段的矿产资源一般极为丰富。在此种地段沉积矿产，只限于其边缘范围或其中的坳陷部分。

Ⅲ. 波峰带与波谷带相交地段，地史环境复杂多样，内生、外生成矿作用相互交错，形成各种各样的矿产资源。尤以各种与内生、外生成矿作用同时有关的矿床为多，如热液型及接触交代型的多金属矿床，以及沉积变质矿床等。从矿产的成因类型看，这种地段是最丰富多彩的；从金属矿化的普遍性和规模看，有些地带逊于第Ⅱ种类型地段，但希望仍很大。

以上只是大的波峰、波谷带相互交织后，所表现出来的总体情况与矿产资源分布的一般关系。同时还应注意到，每一波峰或波谷带中，又有次一级的波谷与波峰，它们交织后又表现出不同的情况。例如，长江中下游地带，属于大别与雪峰两个波峰带相交地段，这就决定了其矿产的丰富性；又因为这里是雪峰波峰带

中的一个次一级波谷带，显示出第Ⅲ种类型地段的特征，从而表现出矿产类型的多彩性。

用地壳波浪系统来作为预报地震的地质构造背景，也是可以探索的。因为从古到今，地震震中基本上是在一定的构造带内（或沿其边部）反复转移。

在两个地壳波浪系统交织所形成的构造格局基础上，西伯利亚地台等三者的对挤所叠加的构造图像，对有用矿产的生成和新构造运动的影响，具有十分重要的意义。比如，西部剪切带和镜像反映中轴带同两个系统的构造带（波峰带）相叠加的部位，具有丰富多彩的内生矿产，但同时也是地震频发部位。

必须指出，在一个较小范围的地区内进行找矿，或进行地震地质与工程地质调查时，除应了解这一地区所处的大地构造背景和基本地质构造性质外，更应通过野外细心观察，鉴定大量结构面的性质，综合分析出该地的地应力场状况，从而找出地质构造的规律性，以指导生产实践。大地构造背景与小范围地质构造是密切相联系的。例如，通过大地构造背景分析，所得出的秦岭南北两侧地块作右行扭动的看法，在秦岭地区的野外工作中，可以得到证实。这也就解决了为什么这个东西构造带中一系列北西西走向的结构面并不完全是压性的，而是带有明显的扭性，甚至在东秦岭一带具张扭性（右行扭动所形成的帚状构造）的问题。通过这样的工作和分析，以及大小范围相结合去看问题，便能更加深入地认识一个地区的地质构造特征，从而运用摸索到的规律性去指导生产实践。

镶嵌构造和地壳波浪运动的观点，是为了探索解决中国地壳构造的特殊性与全球地壳构造的一般性关系时，在研究了国内外若干实际资料的基础上逐步建立的。由于它只是一株幼苗，加之我们亲自实践的局限性和参考资料的片面性，因此必然存在不少缺点和谬误。我们热诚欢迎来自各方面的批评意见，特别希望生产实践第一线的同志提出宝贵意见。

（本文附图，由刘映枢同志清绘）

参考文献

〔1〕 J. S. Lee. Geology of China，1939；张文佑译. 中国地质学. 正风出版社，1952

〔2〕 李四光. 地质力学之基础与方法. 中华书局，1947

〔3〕 李四光. 旋卷构造及其他有关中国西北部大地构造体系复合问题. 地质学报，1954 年第 34

卷第 4 期

〔4〕张文佑. 中国主要断裂构造系统的应力分析. 科学通报, 1960 年第 19 期

〔5〕张伯声. 镶嵌的地壳. 地质学报, 1962 年第 42 卷第 3 期

〔6〕张文佑, 孙广忠. 现阶段地壳构造分区及其成因的初步探讨. 地质科学, 1963 年第 2 期

〔7〕张伯声. 从镶嵌构造观点说明中国大地构造的基本特征. 见: 中国大地构造问题. 科学出版社, 1965

〔8〕傅承义. 大陆漂移、海底扩张和板块构造. 科学出版社, 1972

〔9〕尹赞勋. 板块构造述评. 地质科学, 1973 年第 1 期

鄂尔多斯地块及其四周的镶嵌构造与波浪运动[①]

张伯声　汤锡元

【前言】作者用李四光同志的地质力学观点，研究陕甘宁盆地西缘地质构造时，搜集了一些关于陕甘宁盆地及其四周的地质资料，在许多前人实践工作的基础上，对这个盆地及其四周的构造发展有了进一步认识。

认识一个事物，要遵照毛主席的教导，"我们看事情必须要看它的实质，而把它的现象只看作入门的向导"。作者就是遵照主席这个透过现象看本质的辩证唯物主义认识论原则，对鄂尔多斯地块及其四周的构造发展加以分析的。这样的分析，使作者更进一步对镶嵌地块波浪运动有所认识。这不仅有理论上的意义，而且对于找矿实践也是有一定意义的。

一、鄂尔多斯地块及其四周的镶嵌构造概况

鄂尔多斯地块是在中国地槽网[②]中镶嵌着的一个较稳定地块（参见图5）。这个地块北以河套断陷与阴山地槽褶带相分，南隔渭河断陷与秦岭地槽褶带相望，东连吕梁地槽褶带冲到汾河断陷之上，西以贺兰地槽褶带与阿拉善地块为界（图1）。

鄂尔多斯地块的形态为阴山、秦岭、吕梁、贺兰等构造带所决定。阴山、秦岭是纬向古地中构造带的分带，吕梁、贺兰属于经向环太构造带的分带。阴山、秦岭基本走向东西，吕梁、贺兰近于南北。夹在其间的鄂尔多斯地块形似长方形，但因北西向的六盘山构造带削去西南一角，五原到河曲之间可能存在的北西断裂

---

①本文 1975 年发表于《西北大学学报》（自然科学版）第 3 期。
②中国地槽网中的地槽体系，没有时代界限，既有古生、中生、新生地槽体系，也有前古生地槽体系。地槽体系应是地背斜、地向斜的构造组合，因为它们的辩证关系不容分割。有海底上的地背－地向斜组合及海陆分界上的地背－地向斜组合，也有陆中的地背-地向斜组合。因此，"地轴"多在地槽范围，地槽不一定全是海。

砍掉东北一隅，就形成多角形了。进一步分析地块四周的构造形势，可以清楚看到，在阴山及吕梁二构造带中，透露着以北东为主、北西为次的构造走向，秦岭构造带则以北西西为主、北东为次，贺兰构造带转以北北西为主、北北东为次。由于这些次一级构造方向的影响，鄂尔多斯地块的轮廓，就变成具有锯齿状或花边式的盾牌形了。

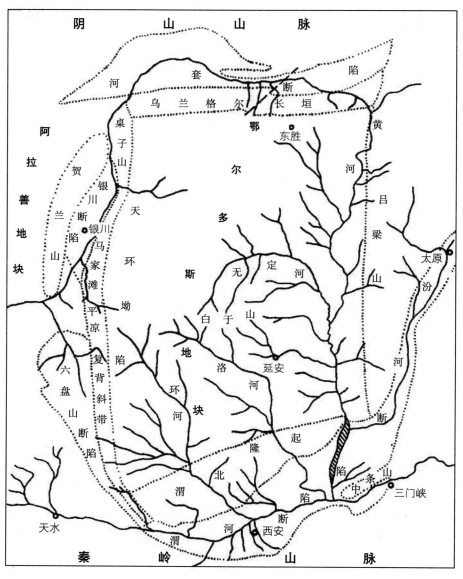

图 1　鄂尔多斯地块区域构造地貌示意图

　　阴山和吕梁构造带的主构造线，远远地延伸到鄂尔多斯地块之内，使其东部广阔地区的构造走向，以北东为主、北西为次。秦岭及贺兰、六盘构造带的主构造线，延伸到了地台的西南部和西边，使这一带的走向，以北西及北北西为主。贺兰构造带与地块，以桌子山、马家滩、沙井子以东的大断裂为界，其西侧为贺兰构造带的冲断隆起东带，其东侧即是鄂尔多斯地块西部深深下沉的天环坳陷，其中沉积的中生代地层的构造，有北北西向雁行排列的特点，反映着贺兰山的优势构造线向这一带的延伸。天环坳陷以东是鄂尔多斯地块的主部，其盖层一般走向北北东，深入基底则显示为北东，应是吕梁山的优势构造线向这里的延伸。这样以天环坳陷中的北北西向为优势的构造走向，与地块主部以北东向为优势的构造走向，互相交织，又使地块基底分割为许多类菱形的次一级地块。

　　还有一种不能忽视的构造现象，是在地块之内显示的东西向与南北向构造。

　　东西向构造除在地块南北边缘极为显著外，其内部最明显的一带出现在北纬 37 ～ 38°之间，北距阴山和南到秦岭的间距近似。此构造带向西向东延伸都很远。在地块中部，沿此带有一东西走向的白于山作为分水岭，使无定河许多源流的支流向北流，延河及洛河源流的支流向南流。从中国地质图中可以清楚看出，38°纬向构造带向西越过贺兰构造带的大转折部位，通过中卫、古浪、大柴旦一带的近东西向山岭，进入柴达木地块，黄河和祁连山的大转弯都在这一带。此带由鄂尔多斯地块中部向东，在吴堡以北越过黄河的大弯曲，跨越吕梁的关帝山，掠过沁水盆地北缘，在井陉过太行山，进入河淮平原内，物探资料上仍然显示很明显。

　　北纬 38°构造带在鄂尔多斯地块内部的构造，显示也很清楚。它在吴堡、绥德及其以西地带，有几条长达数十公里的近东西向断层，物探资料也证明沿此带有一系列向西倾伏的鼻褶构造。从 38°构造带南北两侧地层厚度变化来看，可以认为它是一条构造运动的枢纽：其北的基底以深度变质岩为主，以南则以浅变质岩为主；下古生界残余厚度在其北侧较薄，甚至局部地区完全缺失，而南侧则较厚；上古生界与此相反，是北厚南薄；三叠－侏罗系在其北侧多河流相且厚度较小，南侧却多湖相而厚度较大；白垩系南北相似；新生界又变为北薄南厚。这都说明，在这一构造枢纽带的两侧，从古生代以来不断发生天平式的翘倾摆动。

鄂尔多斯地块中的纬向构造带不仅上述一条，在北纬 35 ～ 36°和 39 ～ 40°两地带，也有纬向构造带的显示。

至于经向构造带，在鄂尔多斯地块中的表现也很清楚。地块东侧与吕梁山接壤处，有许多南北向的褶皱、断裂和陡倾斜带，西部的天环坳陷本身，就是个经向构造带。在地块内部，还发育着一些南北向近等间距的构造阶及南北成排的鼻褶构造。构造地貌上的显示是子午岭，它是洛河和泾河的分水岭。还应考虑延河上游、洛河及环河中游的南北向河谷，它们之所以在这个地带发育，也不是偶然的。物探资料解释，地块南部基底大致以东经 108°为界，其东侧主要由深变质岩组成，西侧则以浅变质岩为主。而且晚古生代地层，有自地块东西两侧向地块中部地区变薄或尖灭的现象。因此，对地块中的经向构造带应加注意，它可能对盖层的沉积岩相和厚度，以及生油、储油有所控制。

鄂尔多斯地块东部广阔地区以北东向构造为主，西部天环坳陷以北北西向构造为主，西南部以北西向构造为主，再罩上纬向构造和经向构造的分布，不可避免地使鄂尔多斯地块的基底，分割为纵、横、斜列成排的类菱形或三角形地块，但由于盖层，特别是中生代盖层既厚且松，深部断裂构造往往不能上达，难以出露于表层之中，只是在构造运动比较激烈的地带，才有较大的冲断及褶皱透露地表。如果揭去沉积盖层，在这个地块上的构造形式，可能就是山西吕梁、太行，以及地块西侧的贺兰、六盘和阴山、秦岭等构造带的翻版，而且某些反映基底结构的物探资料，的确已显示出了它们的这些特点。

二、鄂尔多斯地块及其四周的波状构造与其发展

1. 地块及其邻区的波浪状构造地貌

鄂尔多斯地块及其四周的构造形象，不仅平面上表现为纵横交错、斜列成排的菱形或三角形地块，剖面上这些纵横斜列的地块还往往呈一排间一排、一起一伏的波浪形势，因而叫作地壳波浪。它们在平面上，也表现反复扭曲、左右摆动、有似蛇行蜿蜒的波浪状。

鄂尔多斯地块及其邻区，从南到北的构造地貌所表现的波浪形式非常明

显。秦岭地带北翘南倾，其北断落万米以上，形成渭河断陷盆地，其基底断块也多北翘南倾。断陷北山又翘起形成鄂尔多斯地块的南缘，反作南翘北倾。由此向北，地块逐渐下陷，在北纬 37～38°地带又行掀起；在此以北稍作洼陷，然后再度掀起，接近河套，断壁抬高，形成乌兰格尔长垣；再北即为河套断陷，其基底断块则多为南翘北倾，与渭河断陷基底构造相反。阴山构造带也是南翘北倾，正好与秦岭相反。这样一个构造地貌剖面（图 2），表现为多少对称的波状起伏。

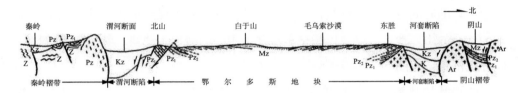

图 2　鄂尔多斯地块南北向构造地貌剖面示意图

在地块东西向剖面上，由西向东，先是贺兰山本部及六盘山地带向东上冲，形成隆起的构造带，在其东侧形成基底西倾的银川断陷；再向东，桌子山、马家滩、平凉复背斜带，又向东上冲隆起，其东即为天环坳陷。由于贺兰－六盘构造带向东仰冲，鄂尔多斯地块向西俯冲，使天环坳陷西翼陡，东翼平缓。这个东仰西倾的斜坡构造，在可能的"子午岭经向构造带"以西稍作平缓，形成一些南北成排的鼻褶带及构造阶地。由此向东仍是缓和掀起，越过黄河，直达吕梁山东麓的汾河断陷；由断陷向东，又是一带东翘西倾的构造带，即著名的太行山，后者又向东仰冲在河淮地块之上。由上可知，地块的东西向构造剖面，与大约对称的从秦岭到阴山南北向构造剖面不同，它是以东翘西倾的一些地块构成的不对称波状构造地貌（图 3）。

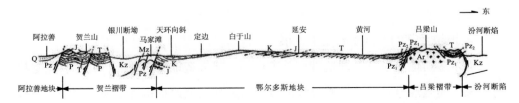

图 3　鄂尔多斯地块东西向构造地貌剖面示意图

从平面上来看，鄂尔多斯地块的波状构造地貌是很有意义的（见图1）。在地块中部以高程1800余米的白于山地区作为中心隆起，众多河流在此略作放射状流向。地块中心隆起的四周为一类环状洼陷地带，然后由渭北隆起、吕梁山、乌兰格尔长垣和桌子山、马家滩、平凉复背斜带，隆起组成了地块四周的翘起带。其外又有一圈断断续续的新生断陷盆地，如渭河断陷、汾河断陷、河套断陷和银川断陷等盆地。断陷盆地环带之外，则是贺兰山本部及阴山、秦岭、太行山等翘起的构造带。这种环状的波状起伏，在区域重力图上表现得也很清楚。这样一个一环套一环的套圈波状构造地貌，对于一个较大的地块来说是很典型的。以沁水盆地为中心的山西地块，以及以腾格里沙漠为中心的阿拉善地块，其构造面貌都可以分析出这样套圈状的波浪形势。

波浪状构造地貌不仅在较大构造范围内有明显表现，在次一级、又次一级的构造带中更加清楚。拿贺兰构造带来说，它的次一级构造带，其西分带是东翘西倾的贺兰山本部、牛首山和罗山复背斜带；中分带是银川断陷、韦州和石沟驿复向斜带；东分带是桌子山、马家滩、平凉复背斜带，而马家滩构造带则是东分带的一个分段，这一分段中又可以分为再次一级的构造单元。贺兰山构造带整体是西翘东倾，它的三个分带基本上多是东翘西倾，其中更次一级的构造单元也多东翘西倾。贺兰构造带的总构造形势是北仰南俯，东分带也是北仰南俯，马家滩分段也是北仰南俯，马家滩分段中的更次一级构造单元，也多北仰南俯。这样的构造形势，使贺兰山构造带在东西向形成斜阶断块构造，在南北向也表现斜阶断块构造。因而，不论从南北或东西方向看，贺兰山构造带都有一级套一级的大大小小的斜阶断块，形成了不同级的波状构造地貌（图4）。贺兰山是这样，阴山、秦岭和吕梁山都是这样，不过在方向上有它们各自的特点罢了。

2. 地块及其四周波状构造的发展

鄂尔多斯地块及其四周地带目前表现的波状构造地貌，并非一开始就是这样的形象，而是经过长期的地质过程发展而来。其发展过程也都是波浪状的。不经过波浪状的发展，就不能形成目前波状构造地貌。

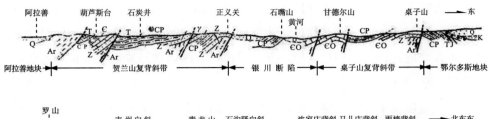

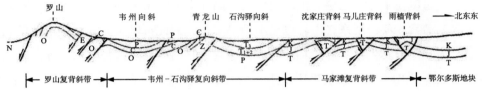

图4　贺兰山构造带波浪构造地貌横剖面图

鄂尔多斯及其邻区的构造发展概况如下：首先，从南北方向来说，秦岭与阴山两大纬向构造带，都在中、新生代作断块山隆起成为波峰；渭河断陷及河套断陷，在这同时都断落成为波谷；鄂尔多斯地块本身则先洼陷，后升高，它对秦岭、阴山来说是个波谷，对渭河断陷及河套断陷来说则是波峰。在地块内部，渭河断陷的北山和河套断陷南侧的乌兰格尔长垣，都翘起成为波峰，北山以北的新生洼陷大约在平凉到富县一带，它与北纬38°以北和毛乌素沙漠以南地带都是波谷。在此二波谷之间，就是所谓的38°纬向构造带，它是个波峰带（见图2）。这是地块目前表现的构造地貌。

从秦岭太白山顶向南倾12～14°的第三纪初期夷平面来说，秦岭在新生代的掀起至少是4000米。如果把已剥蚀了的山脊，重新用渭河断陷中部分的沉积物累高到应有高度，秦岭在这一带的掀起就远远超过4000米了。渭河断陷在新生代断落的深度，就目前钻探与物探的地层资料来看，厚达7000米以上。由此可知，秦岭与渭河断陷的落差，很可能在12000米以上。秦岭是北翘南倾的半地垒-半地堑式波浪状断块山，渭河断陷则是北仰南俯深埋的半地垒-半地堑式波浪状断块盆地。其断落与其北山的仰起相差随地而异，地震资料表明，一般在2000米左右。这都说明，从新生代以来，鄂尔多斯地块以南的许多断块，互相错动的规模巨大。

阴山与河套断陷的错动规模，虽然不似秦岭与渭河断陷之大，但其落差也可达几千米。

至于鄂尔多斯地块内部在新生代的波浪运动，则以隆坳非常缓和的地壳弯曲为主，如不仔细进行分析，往往认为它是一块刚体，只作整体运动，但对地块内部新生代地层分布情况稍加注意，便可看出，它的运动形式是采取宽缓弯曲的波浪形式。在地块南部，西起平凉，东到富县，北达吴旗，许多河谷中广泛分布有第三系，超覆在中生代地层之上；而渭河断陷北山地带出露的为古老地层，在地块北部毛乌素沙漠白垩系之上，也见不到第三系。因此可以认为，地块南部广大地区，第三纪曾发生宽缓弯曲，洼陷成为波谷，它的南侧隆起为北山波峰，北侧隆起为毛乌素波峰。所说的38°构造带，恰好展布在这个波谷与毛乌素波峰之间。地块南部的洼陷持续到第四纪早、中期，使黄土层超覆在第三系之上，成为广大的黄土原。但因新生代地块运动的总趋势是西北仰起，东南倾俯，终于使这个洼陷在第四纪中期以后充填满盈，通过泾、洛两河决北山之口，泻入渭河断陷，并切割黄土高原，使其改造成为当前的塬、墚、峁地貌。如果说现在地块上的河道就是因袭第三纪的古河道，黄土层是堆积在第三纪原有丘陵地形之上，因而堆积成为现在的塬、墚、峁黄土地貌，从上下地层关系和构造地貌的发展上说，都是难以接受的。

地块南缘，即北山波峰带以南的波谷，是渭河断陷。这个断陷从第三纪以来，以斜阶形式逐渐断落，其中断块多呈北翘南倾的姿态，越是偏南，断落越深。从时间上说，越是地质近期，断速也越快。之所以得出这样一个结论，是因为新生界在断陷中，最厚可达7000余米，而第四系的最厚部分就达2000米以上，但新生代总长约7000万年，第四纪只有200万年左右。北山与断陷的落差，估计在2000米左右，它也是上新世以来，主要是第四纪发育的。

渭河新生断陷波谷带的基底构造，既然表现为北翘南倾的斜阶形式，自然越靠秦岭断落越深，新生界最厚的部位是接近秦岭的。这样就不能不引起秦岭波峰带的急剧翘起，而且翘起最快的时期，也应在上新世以来的第四纪。

毛乌素波峰向北逐渐抬高，其北缘形成出露古老地层的乌兰格尔长垣，并在其北侧与河套之间发生明显断裂，南升北落，形成南翘北倾的河套断陷波谷。在河套以北崛起阴山，其断差更大，形成阴山波峰带。这样的构造形势同渭河断陷与其两侧波峰的关系相似，不过方向相反规模较小罢了。

以上所说新生代形成的构造地貌的发生与发展，是在中生代构造基础上进行的。

　　鄂尔多斯地块在白垩纪不像新生代的北翘南倾，其南北二部的岩相厚度多有近似，是南北翘板运动的相对平衡时期。但三叠、侏罗纪时，38°纬向构造带之北多为河流相沉积，且厚度较小，南部多为湖相沉积，厚度较大，说明当时地块是北翘南倾。但从整个地块与秦岭、阴山的关系来说，则是后二波峰带之间的波谷。这个波谷在中生代的反复翘倾，只能看作是大波谷带中的二级波浪。

　　鄂尔多斯波谷与秦岭、阴山波峰在中生代的构造形势，可以从地层的分布特征说明，当时还不存在渭河断陷与河套断陷，它们很可能是两个宽缓的地背隆。由地块南北两个地背隆流向盆地的河流，挟带大量泥沙砾石，堆积在鄂尔多斯盆地之内。洛河砂岩、宜君砾岩，以及三叠、侏罗纪地层之中，夹有大量结晶岩砾石及长石砂粒，只能说明它们的来源是当时盆地四周的地背隆波峰带。因此可以认为，在中生代时渭河断陷地带，实际上曾是鄂尔多斯中生盆地南侧的广阔斜坡，其上有由南向北奔流的河水，只是到了白垩纪末燕山运动末幕，由于地壳波浪运动的激化，才在广阔的地背隆北翼上开始发生渭河断陷。河套断陷在阴山以南的发展情况与上相似，仅是方向相反而已。

　　鄂尔多斯地块在中生代作宽缓挠曲、反复翘倾的时候，阴山在华力西褶皱运动，以及秦岭在印支褶皱运动后，发生了断裂活动，形成了一些中生断陷，有些断陷则成为中生代煤盆地。配合这些断陷的波谷，自然在其旁侧翘起为断块波峰。所以，秦岭和阴山二地槽构造带之中，不仅在发生过强烈褶皱的地向斜，而且在曾与这些地向斜伴生的地背斜，一起发生强烈的断裂运动，形成次一级的地块波浪。

　　鄂尔多斯地块及阴山、秦岭地带，在古生代的波浪构造运动情况与中新生代不同。当时的鄂尔多斯已经是个较稳定的地块了，而秦岭与阴山及阴山以北广阔地带，都曾是古生地槽带。阴山地带是蒙古古生地槽体系的地背斜波峰带。所谓的"秦岭地轴"以北地带，则是秦岭古生地槽的地背斜波峰带。它们都是地槽体系中的正性活动带，不应看作地壳中的较稳定地区。"秦岭地轴"及其北侧的地背隆，分隔了秦岭古生地向斜与鄂尔多斯地块。地块是个反复升降和反复翘倾的地区，而秦岭古生地向斜却是激烈波动坳陷的地带。依自然辩证关系，激烈波动坳陷地带的旁侧，必有激烈波动隆起的地带，这就是一个地槽体系的另一方面。不能想象，在一个地向斜的旁侧不存在这样一个地背斜，而且在坳陷越深的地向斜旁边的地背斜隆起也越高。同样，激烈波动上升的阴山地背斜隆起，在当时分隔了鄂尔多斯地块与蒙古地向斜。总之，秦岭地向斜波谷、"秦岭地轴"波峰、鄂尔多斯地块波谷、阴山地背斜波峰及蒙古地向斜波谷，构成了当时的鄂尔多斯地块及其南北两侧反复起伏的波浪构造地貌（见图2）。

地块南北两侧地槽体系的地背斜与地向斜波动，不能不引起地块上的波动，这种波动或是升降或是翘倾。鄂尔多斯地块在古生代的大升大降是：寒武、奥陶纪波动下沉，沉积了早古生代地层；志留、泥盆纪波动上升，地块完全进入剥蚀时期；到石炭、二叠纪又是一次波动下沉，沉积了晚古生代的各地层。这不仅是空间上，而且是时间上的波浪运动。

至于鄂尔多斯地块，古生代时在南北方向上的翘倾运动也是很明显的。由于地块南北两侧的秦岭及阴山构造带波浪运动，在空间和时间上的不平衡，势必影响地块本身以北纬38°纬向构造带作为中轴，而进行反复翘倾的翘板状运动，在地块内部形成波浪状古构造地貌。从古生代地层厚度比较来看，早古生代地层北部较薄，有些地区全部缺失，其南侧厚度则较大。这可以作两种解释：早古生代地块北部翘起较高，或是早古生代时，地块平衡沉陷，南北地层厚度相近，只是在奥陶纪之后，地块发生了北仰南俯的变化，使北部的下古生界残留厚度较薄于地块南部。到晚古生代，翘倾方向与上述相反，北部沉积较南部厚。时到三叠、侏罗纪，其沉积地层却又南厚北薄，说明地块翘倾又一颠倒。总之，从地层厚度在不同时期不同构造部位的变化，来推测古生代鄂尔多斯地块反复翘倾的波状运动，是可以理解的。

鄂尔多斯地块及其南北两侧，在元古代的波浪运动是从地块向外侧发展的。在秦岭北部的"秦岭地轴"以北，是以华山地带为地背斜，商洛地带为地向斜，构成元古代到寒武、奥陶纪统一的地槽体系。其中自北而南，有崤华优地背斜、熊耳优地向斜、陶湾冒地向斜、宽坪优地向斜、"地轴"优地背斜，以及分隔优地向斜与冒地向斜，但为地层构造遮掩、现在已看不到的两个冒地背斜。由这些地背斜与地向斜组合的地槽体系，形成一带完整的地壳波浪。在距今8亿年左右，熊耳优地向斜进行了华北蓟县运动式的造陆变化，宽坪与陶湾地向斜进行了华南晋宁运动式的造山变化。到寒武、奥陶纪，熊耳优地向斜再度坳陷，在早加里东运动褶皱成山。由此看来，熊耳优地向斜很可能通过渭河断陷，向西北同祁连山有构造上的联系。

再看阴山构造带。太古界的桑干群及五台群，广泛分布于大青山、乌拉山等地。下元古界的马家店群分布在大青山，不整合于五台群之上。中元古界查尔泰群，分布于乌拉山及固阳等地。它们是在太古界上发展起来的元古地槽褶带。它的位置虽同燕山相距接近，却采取了晋宁运动形式，而不曾采取蓟县运动形式。这就不能不在它的北侧，从白云鄂博到商都地带发展成一个早古生地槽，沉积了白云鄂博群（内蒙地质工作者定为寒武至奥陶纪）。震旦系的什那干群分布，则夹在元古与下古生二褶带之间，作为过渡。由此可见，阴山在元古与古生时期的波浪状构造迁移是由南而北，与秦岭的构造迁移相反，都是逐渐远离地块。

至于地块内部，则可以考虑在秦岭北坡及阴山南坡的太古界隆起以内，即向地块内部，难免有早、中元古地槽带的发育，因为吕梁山的岔上群从山西由北北东向地块内部延伸是可能的。但从岔上群在吕梁山分布的局限性来看，地块内部沉积盖层之下的基底，似乎应以太古界为主。这就说明，地块自很早以来就基本上作整块运动了。

以上从目前鄂尔多斯地块上波状构造地貌说起，依次由中生、新生，古生，追溯到元古、太古的构造发展，不难看出，不论什么时期的构造变化，都是波浪发展形式。一般说，在元古到古生代，围绕地块构造的发展是离心的，中生代是向心的，新生代又是离心的。

其次，谈谈鄂尔多斯地块在东西方向上的波状构造变化。地块西侧有贺兰构造带，东侧有山西构造带，它们都是偏北北东近南北向的构造带。贺兰构造带基本上是以迭瓦式构造向东逆冲，地块本身则西俯东仰，向东冲在山西构造带之上。后者也基本以迭瓦式构造向东逆冲在河淮地块之上，形成一系列一级和二级的半地垒－半地堑构造。如果说山西构造带是一级半地垒，则鄂尔多斯地块就是一级半地堑。但在半地垒之上，还可以分出次一级的半地垒－半地堑构造，如在山西中部，北东向斜列的断陷盆地多属地堑，而在它们两侧屹立的吕梁山及太行山都是半地垒。这样的波浪状构造形势，同由秦岭通过地块到阴山的差异是，在东西向剖面上的波浪构造不对称（见图3），而在南北向剖面上基本是对称的（见图2）。但如不从整体上来看地块，只看秦岭或只看阴山，它们的构造形势也表现为半地垒－半地堑的不对称波浪。

贺兰构造带向东上冲，在其中带形成的银川断陷，鄂尔多斯地块向东上冲，在吕梁山东侧形成的汾河断陷，都是第三纪以来发生的事情。这些半地堑式的断陷，自然是继中生代的构造发展而来。

贺兰构造带在中生代时，继承了古生代的构造特点，一直处于较深的坳陷，并以波浪状向东迁移。马家滩断褶带是其东带中的一段，这里的波浪状迁移极为明显，其西侧石沟驿一带曾是三叠纪坳陷，三叠系厚达 3000 余米，印支运动使它缓褶隆起，把侏罗纪坳陷向东赶，使之迁到马家滩断褶带的东部，侏罗系在于家梁厚度可达 1400 米。早期燕山运动又使这个侏罗纪坳陷断褶隆起，把白垩纪坳陷更向东推入天环坳陷，其中白垩系厚达 1500 米以上。这样的波浪状坳陷构造带的迁移很典型，是一浪推一浪地向前迁移，这同水面上波浪运动形势没有什么区别，只不过所用时间很长罢了。自燕山断褶运动之后，构造发展的主要形势是贺兰构造带以迭瓦状向东冲掩，造成斜阶状或半地垒－半地堑的波状构造地貌。

贺兰构造带在中生代的向东上冲，压迫鄂尔多斯地块西俯东仰，掀起成为斜坡，因而，地层发育是越新的越向西偏移，且沉积越厚，这同贺兰构造带的发展方向恰好相反。地块的东翘上冲，先在山西中部引起沁水盆地，然后在静乐－宁武引起侏罗坳陷，后又在大同引起白垩盆地。这三个盆地的长轴走向都是北北东，互作雁行排列。这些盆地都在吕梁山以东，吕梁山与鄂尔多斯地块中生代联结在一起，共同东冲，自然要在山西中部构成一个坳陷地带。更由于鄂尔多斯地块与河淮地块的左引扭动，势必发生一些北东向斜列坳陷，坳陷之所以由南向北迁移，有待解释，但构造发展的波状迁移是不容忽视的。不仅山西构造带中部坳陷带是左行雁行排列，其东部太行山及西部吕梁山二隆起带的斜列构造线也是如此。它们的构造迁移，自然也是由南而北，只是由于缺乏中生盖层不能鉴别。在这些因基底褶皱而形成的斜列坳陷与隆起发展到第三纪，难以进一步挠曲时，才在各个坳陷与隆起的边界上发生激烈的断裂运动，构成了一些同样斜列的断陷盆地，表现为目前大体上不对称的斜阶状构造地貌。

鄂尔多斯地块和山西构造带，作为其中生代构造地貌基础的古生代构造地貌，是较为平坦的。海陆交互相的石炭纪地层广泛分布，但很薄，一般在 200 米以内，岩相和厚度均较稳定。这说明鄂尔多斯地块与山西构造带，在寒武、奥陶纪后，经受了志留、泥盆与早石炭世的长期剥蚀，形成了广大的准平原，地形已很平坦，稍一降落，整个地区就沦为浅海，稍一抬高，都变成陆地。二叠纪地层在这里虽较厚，但其岩相和厚度也很稳定。当时的地壳波浪运动，是以大型平缓的挠曲为主，在鄂尔多斯地块中部南北一线，即大约现今的子午岭一带，晚古生代时，已是一个相对的隆起区，晚古生代地层有由东西两面向隆起之上变薄和尖灭的趋势。

作为鄂尔多斯地块和阿拉善地块之间枢纽带的贺兰山构造带，晚古生代时在此形成一南北向的深坳陷，南起中宁，北至贺兰山北端，上古生界沉积之厚可达2000 米以上。

鄂尔多斯地块和山西构造带的寒武、奥陶系，其厚度和岩相也较稳定，为地台型浅海相碳酸盐岩建造，厚度一般小于 1000 米，且有规律地由东向西厚度缓慢增加；至贺兰构造带厚度突然增大，在贺兰山南部和牛首山、罗山等南北一线以西，厚度可达 3000 余米；更向西南至同心、海原一带，已进入早古生代的祁连地槽区，厚度更加增大。岩相也相应由鄂尔多斯本部的地台型碳酸盐岩建造，至贺兰山构造带变为类复理式过渡相沉积，再向西南即完全变为典型的地槽相沉积。凡此都显示了寒武、奥陶纪时，地壳波浪运动在本区已是一个呈东仰西俯的地块，并在其西侧的贺兰构造带，形成一个近南北向的深坳陷和急倾斜带。

震旦纪时，鄂尔多斯地块及其东西两侧的构造带，是联合在一起进行着挠曲式的波浪运动。此时，地块中部隆起，而其四周边缘则呈环状沉陷，并在贺兰山构造带已初步形成了南北向的坳陷。

早、中元古代时，鄂尔多斯及其东西两侧地区地壳运动的不平衡性是很大的。山西构造带就是此时发展起来的。太行山与五台山出露的滹沱群，吕梁山的岚上群，以及中条山的中条群，都是较早的元古代结晶片岩系。它们都是前震旦较早的元古代地槽沉积变质岩系。这就说明，山西在较早的元古代是一些以太古杂岩组成的元古地背斜与地向斜相间的地槽体系，应该说是元古地槽晋宁构造带。山西的元古地槽体系，从东北向西南延伸到鄂尔多斯地块，为寒武、奥陶及其以上地层所复盖，虽不能肯定它会蔓延到地块的大部地区，但可以设想，这个地槽体系的尾巴是可伸入地块内部的。但考虑到作为整体运动的鄂尔多斯地块，不像山西构造带那样支离破碎，其伸入基底的元古地槽褶带不会太远。因此，设想鄂尔多斯地块基底大部由太古杂岩组成是有理论根据的。故而可以认为，鄂尔多斯地块太古代时是个坳陷区，而元古代是个隆起地块。

鄂尔多斯地块与阿拉善地块，在贺兰山两侧的构造发展是反复波状起伏的。第三纪时前者普遍升起，只是在挠曲洼陷的南部才有不厚的沉积。但在阿拉善地块，有不少地方曾断陷很深，沉积了 3000 余米的地层。鄂尔多斯地块和阿拉善地块，在中生代的起伏运动与第三纪相反。后者以上升为主，中生界分布零星且不厚；前者则普遍洼陷，特别是在其西缘，形成了很深的坳陷带，从三叠到白垩系，总厚超过 6000 米。石炭、二叠纪，鄂尔多斯地块上沉积的是地台型盖层，阿拉善地块中则有二叠地槽坳陷，沉积厚 5000 ~ 6000 米。志留、泥盆纪是两地块起伏的平衡时期，都曾上升成为古陆。早元古代及震旦纪，阿拉善地块曾有两期地槽坳陷，沉积总厚近万米。鄂尔多斯地块之上，从震旦到奥陶只有地台型盖层沉积，至于早元古代，则可能有从山西构造带延伸而来的尾巴。从鄂尔多斯地块对其两侧构造带的波状构造发展对照来看，早元古时期很可能就已成为完整的地块，它两侧构造带发生地槽坳陷时，应是一个上升地区，作为地槽沉积的陆源。

回朔到太古代，鄂尔多斯地块作为太古地槽坳陷带的部分，是可想而知的，因为组成其基底的地层多是深变质岩石。

贺兰山构造带是鄂尔多斯地块与阿拉善地块之间的枢纽带，也可以说是过渡带。由于阿拉善地块长期以来是向鄂尔多斯地块之上仰冲，使得贺兰山构造带自震旦纪开始，就形成了一个近于南北向的深坳陷，并使鄂尔多斯地块此后基本上成为东仰西俯的斜坡构造面貌。地壳构造波浪的发展，在这里是反复推波逐浪的形势。阿拉善地块北部的元古、震旦、二叠三个地槽褶带，逐期由东南向西北迁移。自震旦纪开始，坳陷的贺兰山构造带主要以地壳挠曲的波浪运动，在古生代进一步发展，激化于中生代；燕山运动时是以断褶相结合的构造运动，贺兰山构造带即主要形成于此时；到新生代后，才以断裂为主，把本区变成了目前的地块波浪式构造地貌。

贺兰山构造带自震旦纪以来发展的近南北向深坳陷，有按时期向东作波状迁移的特点，逐渐过渡到鄂尔多斯地块之中。这种特点在中生代表现得尤为明显。

由上述可知，鄂尔多斯地块与其东西两侧的阿拉善地块和山西构造带，从已知的地质史以来，就进行着波浪起伏及构造迁移的波状运动，到新生代才形成目前斜阶断块的波状构造地貌。

综合以上所阐明的鄂尔多斯地块及其四周波状构造运动，在南北向进行的地壳波浪，引起地块两侧东西向构造带的发展；在东西向进行的地壳波浪，导致地块两侧南北向构造带的发展。但这些构造带只是表面上的南北向或东西向，其实质是：在南北向构造带之中，分布着北东到北北东向，或北西到北北西向的斜列构造带；在东西向构造带之中，分布着北东到北东东向，或北西到北西西向的斜列构造带。两东西向构造带形成向东张口的喇叭形，两南北构造带形成向西南张口的喇叭形。在两个喇叭互相交织的纲眼之中，出现鄂尔多斯地块。其四周构造带的波状构造发展，中生代以前一般是离心的，中生代是向心的，新生代的半地垒－半地堑断裂运动的波状发展又是离心的。这样，就使鄂尔多斯地块的波状构造地貌形成不连续的环状，而地块及其四周构造带中的次一级和又次一级波状构造，必须跟随这样的大形势依次发展。例如，贺兰构造带之分为东、中、西三带；东带之分为桌子山、马家滩、沙井子、平凉等段；马家滩断褶带更分为五个背斜带及南北二段；每个背斜带又可分为更多背斜和向斜等更次一级的构造。这些都是同上述的波浪运动发展分不开的。

三、鄂尔多斯地块及其四周波状镶嵌构造的形成原因

前边所阐明的鄂尔多斯地块及其四周波状镶嵌构造形象与发展，主要表现为波浪状相间起伏和夹在其间镶嵌带的方向性及其构造迁移。由此可以分析地壳镶嵌构造及其波浪运动的形成原因。

鄂尔多斯地块及其四周构造带，不能孤立于中国大地构造形势之外。它们的镶嵌构造与波浪运动发展，应服从于整个中国地槽网（图5）的构造格局和波浪运动发展。

下面先简单介绍一下中国地槽网的构造形势：

中国地槽网是环太构造带分带和古地中构造带分带在中国交织所形成的网状格局。在每个网眼中分布着一个地块，由地槽网分割地块，再由地槽网把它们镶嵌起来。中国地槽网的构造带，就目前来说，基本上都是隆起的波峰带，但在地质历史的不同时期，它们每个地段都经过不止一次的地槽构造发展过程。这里地槽的概念并没有时间限制，不论在地史的什么时期，只要那里发生发展过高高隆起的地背斜与深深坳陷的地向斜互相结合的构造带，就认为那里曾有过地槽体系

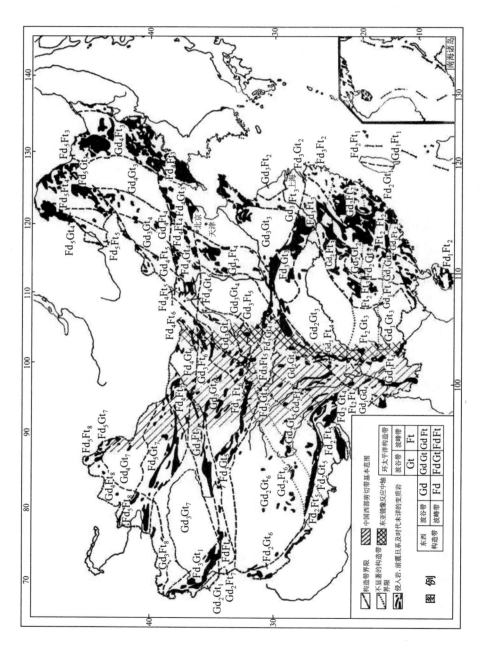

图 5　中国镶嵌构造略图

的形成。一个地槽体系内，既有深陷地幔的根子，又有高耸入云霄的山脉，就像目前的喜马拉雅与恒河平原，以及阿尔卑斯与地中海的关系，环太平洋岛弧－海沟的构造地貌也是这样。因此，不应认为一个地槽体系，只是地面上的深坳陷和由此褶皱起来的造山带，而且一个地槽体系结束后都要成为块断山，地槽的褶皱及最后发生断块的时间有早有晚。所以，中国地槽网各个地段的发展是不平衡的，不能认为古生代以前结束地槽生命的地带，不是地槽构造带，或只有从古生代以来发生的地向斜褶皱带，才是地槽构造带。而且，一个地向斜旁边的地背斜，往往是早一地质时期的地向斜。没有地背斜就没有地向斜，没有地向斜也没有地背斜。这一对矛盾的解决，就意味着一个地槽体系生命的终结和新一代地槽体系的开始，而以波浪变迁推移了它的位置。有了这样的地槽体系概念，才能对中国地槽网有所理解。

　　以下先谈中国地槽网的格局：

　　环太构造带包括中国台湾及其东侧的海沟，这是从东向西数的第一对波谷波峰带。向西，首先出现的是由台湾海峡贯通的东海－南海波谷带和东南沿海波峰带；依次是黄海－湘赣波谷带和长白－雪峰波峰带；松辽－四川波谷带和大兴安－龙门山波峰带；鄂尔多斯－川西波谷带和贺兰－珠穆朗玛波峰带；柴达木－西藏波谷带和阿尔金－西昆仑波峰带；准噶尔－塔里木波谷带和准噶尔界山－阔克沙勒波峰带。这些波谷和波峰相结合的构造带，其构造线上的特点是由东北向西南撒开，越在中国东部越偏向北北东，甚至接近南北，越往西部越偏向北东东。

　　地中构造带及古地中构造分带[1]，包括中国的喀拉昆仑、喜马拉雅及印度的恒河平原。这个构造带在欧洲分散，到帕米尔收敛形成集束，由此向东逐渐分岔撒开。喀拉昆仑东南端分岔的是喜马拉雅和昆仑，在喜马拉雅东端跨过横断山脉，出现南岭构造带向西延的痕迹，再偏南则有走向南东的哀牢山分岔。从帕米尔向北东东绵延，为天山的阔克沙勒岭及哈尔克他乌山，最北方出现的古地中构造分带是阿尔泰山。如果插入波谷，把这些波峰构造带由南向北顺序排列，就成为南海波谷带和哀牢－海南波峰带；两广波谷带和喜马拉雅－南岭波峰带；川藏波谷带和昆仑－秦岭波峰带；塔里木－河淮波谷带和天山－阴山波峰带；准噶尔－松辽波谷带和阿尔泰－兴安波峰带。这些波峰带走向上的特点是由西向东撒开，在北方的天山－阴山构造带半绕蒙古构成向南突出的广阔弧形。昆仑－秦岭及喜马拉雅－南岭二构造带的总走向，基本上是北西西（表1）。

---

[1]地中构造带及古地中构造分带：前者是欧亚大陆南缘阿尔卑斯旋回的构造带；后者是地中构造带以北，由老构造旋回所形成的构造带。

表 1　中国地槽网及网目中地块的分布格局

外太构造分带＼古地中构造分带	准噶尔界山－阿克沙勒波峰带 Ft_7	准噶尔－塔里木波合带 Gt_6	阿尔金－西昆仑波峰带 Ft_6	柴达木－西藏波合带 Gt_5	贺兰－珠穆朗玛波峰带 Ft_5	鄂尔多斯－川西波合带 Gt_4	大兴安－龙门山波峰带 Ft_4	松辽－四川波合带 Gt_3	长白－雪峰山波峰带 Ft_3	黄海－湘赣波合带 Gt_2	东南沿海波峰带 Ft_2	东海－南海波合带 Gt_1	台湾波峰带 Ft_1	海沟波合带 Gt_0
阿尔泰－兴安波峰带 Fd_5														
准噶尔－松辽波谷带 Gd_4		准噶尔地块 Gd_4 Gt_6				海拉尔地块 Gd_4 Gt_4		松辽地块 Gd_4 Gt_3		那丹哈达地块 Gd_4 Gt_2				
天山－阴山波峰带 Fd_4														
塔里木－河淮波谷带 Gd_3		塔里木地块 Gd_3 Gt_6		柴达木地块 Gd_3 Gt_5		鄂尔多斯地块 Gd_3 Gt_4		河淮地块 Gd_3 Gt_3		黄海地块 Gd_3 Gt_2		东海地块 Gd_3 Gt_1		
昆仑－秦岭波峰带 Fd_3														
西藏－四川波合带 Gd_2				西藏地块 Gd_2 Gt_5		川西地块 Gd_2 Gt_4		四川地块 Gd_2 Gt_3		湘赣地块 Gd_2 Gt_2				
喜马拉雅－南岭波峰带 Fd_2														
广西－广东波谷带 Gd_1								广西地块 Gd_1 Gt_3		广东地块 Gd_1 Gt_2				
哀牢－海南岛波峰带 Fd_1														
南海波合带 Gd_0														

（上部跨列：环太平洋岛弧－海沟构造带）

地中类岛弧－海沟构造带

　　上述环太构造分带及古地中构造分带，都是不同时期的地槽褶带，它们在中国交织成网，叫作中国地槽网。网格之上都是波峰，网眼分列为带构成波谷，其中镶嵌着许多较大的地块（见图5）。

　　环太构造分带是环绕太平洋壳块的波状构造带，而在中国内部分布的可以叫作外太平洋带，它们有许多分带。地中构造带及古地中构造分带，是夹在劳亚壳块与冈瓦纳壳块之间的波状构造带。就中国的具体情况来说，环太构造带及一系列外太构造分带，在较狭隘的太平洋壳块与西伯利亚地台之间势必收敛，在太平洋壳块与印度地台之间的辽阔地带势必撒开，而且在印度地块向东北楔入中国大陆的影响下，偏西的外太构造分带更加向西偏转，撒开更宽。这就说明为什么在中国的外太构造分带向东北收敛、向西南撒开的原因。古地中构造分带，在北部以弧形半环西伯利亚地台，在南方半绕印度地台。二地台在中国西部的对扭，使古地中构造分带在这里收敛，它们向东延伸被外太构造分带向西突的弧套弧构造带所阻挠，因而有向东撒开的形势。

　　环太构造带及外太构造分带，表现为向西突的弧套弧构造，半环西伯利亚地台的古地中构造分带之北带，形成向南突的弧套弧构造，半环印度地台的地中构造带及地中构造分带的南带，形成向北突的弧套弧构造。三组弧套弧波状构造带到川西合拢，使川西形成一个独特的三角形地块。地块的三个边上，都有一系列向心发展的弧套弧构造带，它们几乎展布到三角地块的全部。

　　鄂尔多斯地块处于鄂尔多斯－川西波谷带与塔里木－河淮波谷带相交的地区。其北侧与南侧为古地中构造分带的阴山和秦岭相夹持，西侧与东侧有外太构造分带的贺兰山与吕梁山（属兴安－龙门山构造带的山西段落）为屏障。也可以说，这个地块是处在上述四个构造带交织的网眼之中。它是前元古形成的地块，早元古代曾以山西滹沱地槽带，东与河淮地块相隔，更因贺兰坳陷此时尚未形成，其西与阿拉善地块相连。震旦纪前，由于滹沱地槽带的褶皱变质，把鄂尔多斯地块与河淮地块结合在一起，进行整体的起伏运动。鄂尔多斯地块到震旦纪通过较强烈的挠曲，西与阿拉善地块开始分离，至三叠纪又东与河淮地块分离。侏罗白垩时的冲断，使其与两侧地块完全割裂。贺兰山构造带一般向东逆冲，使贺兰山带发生迭瓦状隆起，形成地块西侧的波峰。山西构造带一般也向东逆冲，使其成为吕梁与太行对峙的波峰，绵亘于鄂尔多斯地块东侧。

鄂尔多斯地块在太古代奠基以后的构造运动，一般是起伏翘倾。它升起的时候，四周沉降或断陷为波谷；它沉降的时期，四周升起为波峰。它翘起部分以外倾俯，倾俯部分以外翘起，这是前节曾经阐明的鄂尔多斯地块及其四周波浪构造运动的一般形势。这样一个发展形势，只能服从于全国地质构造的发展情况。

根据地质力学的地壳运动理论，阴山及秦岭等纬向构造带的形成，应是地壳在经向上推挤的结果，而经向构造带则是在纬向上推挤的结果。但是，不论纬向或经向构造带的延伸，都表现为锯齿状或蜿蜒状，也就是不管在纬向或经向推挤的初期，势必形成斜向的棋盘格扭裂构造。进一步挤压，使地壳挠曲，形成东西向或南北向非常缓和而广阔（宽达纬度 8～9°）的地背隆与地坳谷相间的构造地貌。剪应力在它们的侧翼集中到一定程度时，就要发生地背隆仰冲、地坳谷俯冲的错动。这些错动往往迁就早期生成的扭裂带，不得不在平面上形成锯齿状的隆起与坳陷带，这是挤压追踪的开始。地背隆仰冲和地坳谷俯冲，使它们在错动带的地壳重叠加厚，一方面上升造成地形上的隆起，另一方面下沉落入地幔。如果把这个轴部隆起作为轴部地背斜（一般是优地背斜），顺着仰冲地块的倾向一侧是它的前方，背着仰冲地块的倾向一边就是它的后方。这个轴部地背斜的前方，势必由于一种反作用力的影响而发生一个坳陷，形成轴前地向斜（一般是优地向斜），更向前推动的隆起波峰，就是轴前地背斜（一般是冒地背斜）。这个地背斜的前方，再因反作用力的影响所形成的坳陷带是远轴地向斜（一般是冒地向斜），依次向前是远轴地背斜及内陆盆地（一般是准地向斜）。轴部地背斜的后方，势必因俯冲而形成的坳陷带，称为轴部地向斜（也是个优地向斜），更向后方形成的隆起带是轴后地背斜，再向后的坳陷带是轴后洼陷（在海洋中是个海盆地）。这样一种地壳波浪组合，包括一对轴后地背斜－海盆地，一对轴部地向斜－地背斜，一对轴前地向斜－地背斜，一对远轴地向斜－地背斜，以及内陆盆地的全部构造地貌，构成一个完整的地槽体系。发育较完整的地槽体系，一般是在大陆与海洋地块对冲的地带。如以西太平洋岛孤－海沟带的中国台湾构造带为例，台湾岛本身是轴部地背斜，其东侧的海沟是轴部地向斜，更东有轴后地背斜，然后到大海盆地。台湾西部平原及台湾海峡东部，即澎湖列岛以东部分是轴前地向斜，澎湖列岛所处地位是轴前地背斜，海峡西部是远轴地向斜，浙闽山地成为远轴地背斜，浙闽西部则是已经填充了的内陆盆地。

轴部地背斜和轴部地向斜之间，往往由于海陆二地块的对冲，发生深入地幔的大断裂，而引起基性－超基性岩的海底喷发，形成蛇绿岩带。轴前地向斜中，也可能因产生深断裂而发生蛇绿岩带，但一般是中酸与中基性岩的喷发地带。其中除火山岩外，多为碎屑岩复理式沉积。从地槽观点来说，轴部地向斜与轴前地向斜都是优地向斜，而夹在中间的轴部地背斜应是优地背斜。轴前地背斜及远轴地向斜，则是冒地背斜与冒地向斜部位，其中沉积多为碳酸盐岩。现代地槽体系是这种结构，古代地槽体系自然也会由于类似的地质发展过程，形成类似的地壳波浪构造地貌。

现在再来看看鄂尔多斯地块四周不同时代的地槽体系波状发展情况：地块南侧的秦岭中，既有元古代的地槽体系，也有古生代的地槽体系。华山地区的太华群，可能是太古代地槽的产物，其南元古及古生地槽体系的发展表现得很清楚。"秦岭地轴"（"地轴"很可能在元古代曾经存在，到古生代又被湮没，其中现在出露的较深变质岩，不仅有古生界的成分，也应有太古界的成分）北部和华山地块地带以南，以及地轴以南地区，有一系列地背斜和地向斜组成的元古地槽体系。由于它是在内陆发生发展起来的地槽体系，其优、冒地背斜－地向斜的地理配置，不完全与处在海陆之间的台湾地槽体系相似，但略加分析还是可以对比的。内陆隆起的地背斜，也是由于两个地块对冲对掩，它的一侧为前方，另一侧为后方。如果把华山地带作为一个元古地槽体系的轴部地背斜来看，它的南侧就是轴前优地向斜，其中堆积了熊耳群火山岩及火山碎屑岩，以及高山河组、龙家园组、巡检司组等以硅质灰岩为主的"蓟县群"。更向南推移，就出现了远轴冒地向斜，其中沉积了白玉沟群的硅质及白云质灰岩。这两个地向斜中间，应有一带基本上湮没过的轴前冒地背斜。最近河南地质工作者认为，白玉沟群同陶湾群可能是同期沉积。陶湾群以南的宽坪群，却又有元古代的火山碎屑变质成分，说明是个优地向斜。如果陶湾群所在地带是个冒地向斜，那么在上述两个优、冒二地向斜之间，也应有个水下冒地背斜存在，而"秦岭地轴"就恰好处于这个由南向北发展的地槽体系的优地背斜位置。因此可以认为，"秦岭地轴"北侧及华山地带南侧，有两个元古代的地槽体系相对作向心发展，白玉沟群和陶湾群之间是否发生过一带共同的远轴地背斜作为它们的分界，也是可以考虑的。

"秦岭地轴"以南出露的郧西群和跃岭河群，很可能是与"轴"北的宽坪－陶湾地槽同期向南发展的元古地槽。这样就可以认为，从轴部地背斜的"地轴"分向南北，有两个元古地槽体系相背作离心发展。

"秦岭地轴"南北两侧相背发展的地向斜，到晋宁运动时期，其中巨厚的沉积层难以抵抗地壳中经向推挤时，就进行褶皱变质，隆起造山，但由华山地带向南发展的熊耳及白玉沟地向斜，未曾发生明显褶皱，只进行了蓟县式的运动，上升露出水面。经过与三峡型震旦纪相当的时期，"地轴"南北构造上的发展很不平衡。轴北广大地带长期缓慢上升，保持为平原陆地；轴南地带先进行褶皱造山运动，上升较高。当时是个冰期，南沱冰碛层从高地分别堆积到南北秦岭各地。秦岭南部沦为震旦海沉积了三峡型震旦系时，北部仍为陆地平原。北部在寒武、奥陶纪发生地槽体系时，南部成为陆海。因此，寒武系在地轴以南的广大地区假整合于震旦系之上，地轴以北的洛南、卢氏地带，不整合于白玉沟群之上，到巡检司、朱阳地带，假整合于蓟县型震旦系巡检司组硅质灰岩之上。经过早期加里东运动时期的经向推挤，华山地带以南的熊耳优地向斜及其上叠的寒武、奥陶地向斜进行褶皱造山，把以灰岩为主的寒武、奥陶系卷入其向斜轴部。

早加里东运动使"秦岭地轴"以北的较早元古及震旦地向斜，以及其上叠加的寒武、奥陶地向斜发生褶皱隆起，不可避免地要引起它旁侧的地壳波动，发生发展新一代的地槽体系。当时的四川地块向秦岭俯冲，在巴山地带形成一个志留纪优地背斜隆起，由此向北势必导致一个志留纪优地向斜坳陷。这个优地向斜以北的石泉、安康一带，引起一个隆起，形成一个冒地背斜，更向北边的前方发生了一个冒地向斜。晚加里东运动南秦岭优地向斜褶皱隆起时，其北侧的冒地向斜坳陷更快更深，而且坳槽逐渐向北转移，经过泥盆、石炭、二叠，直到三叠纪，才使这个冒地向斜褶皱隆起。我们认为，把这个在秦岭中，同时也普遍发生于长江流域各地区的印支运动，作为在中国推迟的华力西运动的最后一幕，比较合理。总之，秦岭在古生代由南向北发展的地槽体系，表现了一个完整的波浪构造发展过程。

一般说来，地槽发展的最后阶段，即一个地槽带普遍经过褶皱变质、岩浆侵入，从相当松柔变为刚硬的时候，其地壳波浪运动的形式就要改变，由以地壳屈曲为主的波浪运动，变为块断起伏的波浪形式，由阿尔卑式的造山运动，变为日尔曼式的造山运动。秦岭地槽的发展也是这样，它在三叠纪以后，就由地壳屈曲变为断块起伏。秦岭日耳曼式造山运动的开始，似乎是在秦岭剥蚀成为准平原的时期，即三叠纪与侏罗纪之间的稍后时期，继续受到经向挤压，其中发生了缓和而广阔的地背隆与地坳谷相间的弯曲。那时，鄂尔多斯地块是个地坳谷，渭河断陷是个地背隆，秦岭地带是个地坳谷。经向挤压使它们的侧翼发生冲断，鄂尔多斯地块南缘产生许多向北冲的迭瓦构造，秦岭北坡结晶岩中也往往发现不少向北倾的片理带和冲断层，它们可以代表向南冲的迭瓦构造。这就说明，在这个时期，渭河地区不是断落，而是分向南、北上冲的拱起。这样的形势正好说明，在一个地背隆两侧地坳谷对冲的时候，势必向地背隆下边俯冲，把地背隆地块架得更高，好像一块巨大的拱心石，架空在一个拱桥之上的样子。但是，剖面上的 X 扭裂，在接近地表部分是背着拱心石上冲的扭裂组起作用，到深部可以转变为向着拱心石上冲的扭裂组起作用。这样以来，巨大的拱心地块又不能不随着其下重压的减轻而发生向心断陷。鄂尔多斯地块与秦岭的下层在向心冲断时，使地块南缘及秦岭北坡的地壳重叠加厚，而且在秦岭北坡大大抬高，势必使秦岭南坡向南加大倾斜。当其向南倾斜到一定程度，即大约 12 ～ 14°时，遭受了地壳中反作用力的抗拒，而发生一带断陷。这样的变动，采取的是地块波浪的形式，使秦岭地壳形成一系列似等间距的半地垒－半地堑构造地貌。渭河断陷地块分向南北两侧的不对称俯冲，波及断块底部形成隐伏的一系列半地垒－半地堑构造地貌，也表现为北仰南俯，同秦岭的地表构造地貌大致相似。

秦岭波状镶嵌构造的形成机制及发展过程，大致如上所述。

鄂尔多斯地块北侧的阴山地槽构造带变迁，同秦岭相反。在阴山发展时期，不同的地槽体系一般从内蒙向蒙古发展。中、新生代地块波浪的形成机制与秦岭相似，不多赘述。

由以上分析可以看出，鄂尔多斯地块与秦岭、阴山的构造运动是紧密相联的，地块在太古代坳陷时期，阴山南坡和秦岭北坡与地块相连，同样进行坳陷。元古时期，鄂尔多斯地块隆起成陆，分别向其南侧的秦岭北坡地带及北侧的阴山南坡地带俯冲，使那里的地壳重叠加厚，掀起形成南北对峙的优地背斜和优地向斜，以及冒地背斜和冒地向斜完整的地槽体系。而且在秦岭，还形成向心和离心发展的双排地槽体系。秦岭和阴山的寒武、奥陶地槽体系都是靠近地块，在元古代地槽褶带基础上发展的。早加里东运动使南北两个寒武、奥陶地槽体系褶皱造山以后，远离地块又发生了志留纪的优地背斜－地向斜；然后向心发展，形成晚古生代的冒地背斜－地向斜；中生代离心、新生代又向心发展的半地垒－半地堑构造。这样，在地块南北两侧的秦岭和阴山二地槽构造带中，一个对称式的太古代向心、元古代离心、古生代先离心后向心的地槽变迁，以及中、新生代先离心后向心的半地垒－半地堑构造发展，是很有意义的。

其次再从东西方向上看鄂尔多斯地块及其邻区的波状构造发展及其形成机制。

横贯鄂尔多斯地块东西及其邻区的地壳波浪发展是不对称的。东亚地壳由西向东仰冲到太平洋地壳之上，太平洋地壳与东亚地壳在环太构造带对冲，那里的地壳重叠加厚，因而使东亚地壳东翘西倾，形成广阔的半地垒－半地堑地块波浪。

阿拉善、鄂尔多斯和山西地区构造的发展，从震旦纪以来在构造运动上的基本形式就是东翘西倾，自然有时也发生反向的变化，但东翘西倾的总趋势是基本的，难以遮掩的。

鄂尔多斯与阿拉善之间的贺兰构造带是两地块反复摆动的枢轴地带，既是它们互相上下摆动，也是反复东西摆动的枢轴。

目前，贺兰构造带的构造地貌，以半地垒－半地堑的断块山形式出现，许多山块一般是东翘西倾。古生代以来的构造运动，一般是采取褶皱断裂形式，由西向东转移它的坳陷褶皱断裂带。古生代以来，贺兰构造带的地层分布，一般来说是西老东新。由各时代地层厚度分析，白垩纪的深坳陷在天环坳陷带；侏罗纪的深坳陷在马家滩断褶带东侧；三叠纪的深拗陷又向西迁至石沟驿附近；再向西至韦州地区又形成石炭、二叠纪的深坳陷。志留、泥盆纪和早石炭世时，本区长期出露水面，遭受剥蚀；寒武、奥陶纪的深坳陷则更向西移至贺兰构造带西侧。

由上可见，贺兰构造带自震旦纪开始发展的近南北向深坳陷，在长期地壳波浪运动控制下，逐波推浪地发展深坳陷，随着时代的发展，由西向东推移。燕山运动隆起之后，贺兰中带的银川地段发生较深的断陷，导致了其西侧贺兰山本部的翘起，以及阿拉善地块的倾陷。以上所说早期的坳陷带，向东作波状迁移，晚期的断陷带又至银川和阿拉善，向西作波状迁移，都与两地块东翘西倾的构造关系分不开。

从鄂尔多斯地块同山西构造带的关系来看，也有与上述相似的波状发展情况。

山西褶皱变质构造的发展，主要在早期元古代。当时在太古界基础上，吕梁、五台、太行三带古老的地槽坳陷，其中堆积的较老元古界都是西厚东薄，说明此时这三带的地壳都是东翘西倾。如果说滹沱群堆积地带是优地向斜，则华北式"震旦系"就是沉积在与其平行发育的冒地向斜。因此可以认为，滹沱群与长城、蓟县、青白口三群，有部分同期（虽然滹沱群堆积的开始和结束可以比"震旦系"早一些）异相的地层。晋宁运动以后，山西元古地槽褶带与鄂尔多斯和河淮地块结成一个整体，一直在古生代进行统一的升降变动。到三叠纪，山西及鄂尔多斯整个地块发育了一系列的波状弯曲，形成鄂尔多斯及沁水二盆地，以及夹在其间的汾河－吕梁地背隆。燕山运动引起贺兰构造带发生断褶隆起时，使吕梁构造带翘起，冲到静乐－宁武侏罗盆地之上，进一步导致汾河断陷在新生代的变动。由此可以认为，鄂尔多斯地块及其东西两侧构造带波状构造地貌的形成，是由于阿拉善、鄂尔多斯两地块在地质历史的长期发展中，不断由西向东作迭瓦状上冲的结果。所以，鄂尔多斯地块及其东西两侧的构造运动，不像其南北向构造运动那样对称发展，而是不对称的。

　　鄂尔多斯地块本身的翘倾运动，不论在理论或实际上，都是很有意义的。地块夹在南北向构造带之间，由于东西向的不对称迭瓦构造运动时紧时松，难免地块在东翘西倾运动过程中，紧张时期翘倾过头，松弛时期有所反复。因而，经常在地块中发生反复的翘倾运动，紧张时明显东翘西倾，松弛时略有西翘东倾，但总趋向还是东翘西倾的。地块东西方向的反复翘倾，应个枢轴地带，它很可能就在子午岭附近。

　　鄂尔多斯地块夹在东西向构造带之间，由于南北向离心或向心的对称波状构造运动，似乎应是平衡发展，南北向剖面上不应有翘倾运动。但是，其南北两侧的构造运动，并非任何时期都是平衡的，一个时期南强北弱，另一个时期南弱北强。在同时期构造运动中，也往往一侧发生早些，另一侧发生晚些，或一侧结束早些，另一侧结束晚些。这样以来，就会使地块本身的运动难得平衡，不免要反复翘倾，实际情况也正是这样。地块在地史时期作南北向反复翘倾运动，也应有个翘倾的枢轴地带，北纬37～38°间的纬向构造带，就是这个枢轴。

　　鄂尔多斯地块在水平方面的运动，也是不平衡的。地块所处位置紧靠东亚镜像反映中轴东侧，势必要受到华夏构造的影响。其东侧山西构造带有明显的左行扭动，而西侧的贺兰构造带处于镜像反映中轴部位，有些地段可作左行扭动，另一些地段则作右行扭动，但总趋势是较弱的右行扭动。因此，地块西部多随贺兰构造带的构造方向，形成北北西向斜列的南北带，而地块东部则多北东向斜列的南北带。这两带斜列构造的枢轴，似乎就在天环坳陷与子午岭之间。

鄂尔多斯地块夹在阴山与秦岭两个东西向构造带之间，由于太平洋壳块向西俯冲，中国大陆地壳向东仰冲，地块北侧的阴山和南侧的秦岭构造带，基本上都表现为右行扭动，因而使地块本身也作右行扭曲。阴山南侧及地块北部向西撒开的帚状构造、秦岭北侧及地块南部向东撒开的帚状构造，都清楚地说明了这样的结论。

鄂尔多斯地块基本上东西向的右行扭曲及南北向的左行扭曲，使它在北东向延伸，北西向缩短。两方扭曲在时间上的互相消长，强度上的反复变动，使地块不可避免地有时向北东倾斜，有时向南西倾斜，有时南东翘起，有时北西翘起。不同时期的坳陷，在地块中作反时针迁移或旋涡状波浪运动的原因，可以由此得到解释。震旦纪以来，地块上的岩相古地理，随时随地作有规律的变化，也可由此得到解释。

最后，鄂尔多斯地块内部的构造运动发展变化，可以从岩相古地理随时随地的变迁加以研究；用岩相古地理的变迁，反过来又可以说明地块构造波浪状演变的过程。因为地壳内部岩相古地理，受地块及其四周构造运动的控制。这个关系如果搞清楚，对于地块内部的找油工作很有意义。

由上述可以看出，鄂尔多斯地块及其四周的构造地貌，平面上表现为不同构造带的构造线方向互相交织，形成纵横交错、斜列成排的类菱形构造地貌，剖面上成为高低起伏的波浪状构造地貌。各个构造带，平面上右左摆动，剖面上上下起伏。

地史发展过程中，由各时代地层的分布及其厚度变化的特征来看，从已知地史以来就存在着这种纵、横、斜列成排，高、低、上下起伏的古构造地貌。同时，随着地史发展，还常作有规律的变迁，一些隆起和坳陷带常向一定方向发生波浪状迁移。

透过现象看本质，从鄂尔多斯地块和它四周的现代构造地貌，及其在地史发展过程中的特点可以看出，它们都是由于地壳波浪运动所形成的镶嵌构造。其镶嵌构造与波浪运动的发生和发展，又受到中国地槽网的构造格局和波浪运动发展的制约。这些镶嵌地块波浪运动的推动力，主要来自于地球自转所引起离心力的水平分力。这个结论也是符合地质力学观点的。

参考文献

〔1〕 黄汲青. 鄂尔多斯地台西沿的大地构造轮廓和寻找石油的方向. 地质学报，1955 年第 1 期

〔2〕 张伯声. 中条山的前寒武系及其大地构造发展. 西北大学学报（自然科学版），1958 年第 2 期

〔3〕 张伯声. 从陕西构造单位的划分提出一种有关大地构造发展的看法. 西北大学学报（自然科学版），1959 年第 2 期

〔4〕 西北大学石油地质教研室. 鄂尔多斯地台地质及含油性的几个问题. 西北大学学报（自然科学版），1959 年第 2 期

〔5〕 张伯声. 镶嵌的地壳. 地质学报，1962 年第 3 期

〔6〕 地质部地质研究所. 1：100 万中国地质图及大地构造图说明书（宝鸡幅、西安幅、兰州幅、太原幅、临河幅、呼和浩特幅）. 1962 ～ 1964

〔7〕 汤锡元. 陕北地质构造. 见：陕西省科学研究论文集（第二集）. 1963

〔8〕 张伯声. 在块断构造的基础上说明秦岭两侧河流的发育. 地质学报，1964 年第 4 期

〔9〕 张伯声. 从镶嵌构造观点说明中国大地构造的基本特征. 见：中国大地构造问题. 科学出版社，1965

〔10〕 孙肇才. 对鄂尔多斯盆地形成和中生代沉积坳陷带发展演变等有关几个问题的讨论. 见：地质部石油地质文集（第 1 集）. 地质部石油地质局，1965

〔11〕 张伯声，王战. 中国的镶嵌构造与地壳波浪运动. 西北大学学报（自然科学版），1974 年第 1 期

〔12〕 西北大学地质系石油地质专业. 陕甘宁盆地西部边缘和马家滩断褶带的地质力学分析以及它们与油气聚集的关系. 末刊稿，1974

新疆地壳的波状镶嵌构造[①]

张伯声　吴文奎

一、近年来新疆地壳构造研究概况

新疆在中国西北，所占面积辽阔，地质构造复杂。我国地质工作者在"百花齐放，百家争鸣""古为今用，洋为中用""独立自主，自力更生"方针政策的指引下，为了建设社会主义，有利于地质找矿、水利工程，以及预测地震等工作，在广大地质工作者已取得丰富地质矿产资料的基础上，对中国大地构造提出了许多不同于国外学者观点的看法。

根据李四光（1962）的地质力学观点，横贯新疆中部及屏障其南北侧的，有天山、昆仑纬向构造带及其他旋扭构造。主张地槽-地台说的，如黄汲清等（1974）认为，阿尔泰、天山及昆仑都是多旋回地槽褶皱系，准噶尔则是阿尔泰地槽系中的准噶尔坳陷，而塔里木是个地台。从地质力学结合地质历史分析而提出断块理论的，如中国科学院地质研究所大地构造编图组（1974），把新疆划归西域断块区，这里有天山断褶、昆仑断褶、阿尔泰断褶及塔里木断块。提倡地洼说的，如陈国达等（1974），把新疆分为北疆地洼区、南疆地洼区和昆仑地槽区。此外，北京地质学院区域地质研究室（1963）认为，这里的昆仑、天山、阿尔泰都是地槽，在它们之间夹着塔里木、准噶尔地块。郭令智等（1961）认为，昆仑、天山、阿尔泰等都属地槽褶皱带，塔里木及准噶尔分别是华北地台西部的台向斜和中间地块。胡冰等（1964）与上述地槽地台的划分基本一致，但提出北山西段南带为断块，中天山结晶带为前寒武纪褶皱带。

[①]本文 1975 年发表于《西北大学学报》（自然科学版）第 3 期。

以上各种认识，各有其实践基础，具有独到之见，但因观点不同，在理论上自然有所分歧。近年来，张伯声、王战（1974）根据中国广大地质工作者丰富的实践资料及前人的一些理论认识，提出地壳镶嵌构造及波浪运动的设想，用来阐明新疆地壳的构造现状及其构造发展过程，或不无可取之处。

各古地中亚构造带和环太亚带，在中国交织形成一个构造网，网格中镶嵌着许多地块（张伯声，王战，1974）。新疆中部及其四周，都有不同方向的构造带互相交织，网眼之中也有一些地块，而且是大地块套小地块，大构造带套小构造带，因而可以看作中国地壳构造的缩影。

二、新疆地壳镶嵌构造概况

新疆地壳，由于北西西及北东东的构造带或断裂带交织成网，形成一级套一级、级级相套的大大小小的类菱形地块，又被那些构造带或断裂带镶嵌起来，好像破伤了的地壳，又被愈合的伤痕弥合了的形象。

新疆四周环山，屏障于北边的是阿尔泰山和准噶尔界山，雄峙于南面的是昆仑山和阿尔金山。它们都是古生地槽褶皱中的新生断裂带，一般走向北西西和北东东，这就规定了新疆各地块的类菱形轮廓。天山地槽构造带横贯新疆中部，看来近东西走向，其实是两条斜交的北西西和北东东构造带。它们把新疆分为两个相当大的类菱形地块，北疆是准噶尔地块，南疆是塔里木地块（图1）。

准噶尔与塔里木地块本身，又因其中有次一级北西西和北东东构造带或断裂带，分为次一级、又次一级的类菱形地块。

塔里木地块的镶边，北面是互相交叉的北东东和北西西向天山褶带，南边是北西向西昆仑西段、喀喇昆仑山与北东东向的西昆仑东段-阿尔金山褶带，其总轮廓类菱形。斜贯地块之中的有个北东东和另一个北西西走向的隆起带，把它分为次一级类菱形地块，即塔东北、塔西北、塔西南、塔东南四个地块。当然，它们内部还有更次一级断裂带，把它们分成更多的地块。物探证明，这些断裂带也是北西西或北东东的斜向，由它们镶嵌的一些较小断块，自然也成类菱形。

准噶尔地块表面像个三角形，其实是由几个类菱形地块拼合而成。它们的镶边也是一些北西西和北东东等走向的褶皱断裂带。

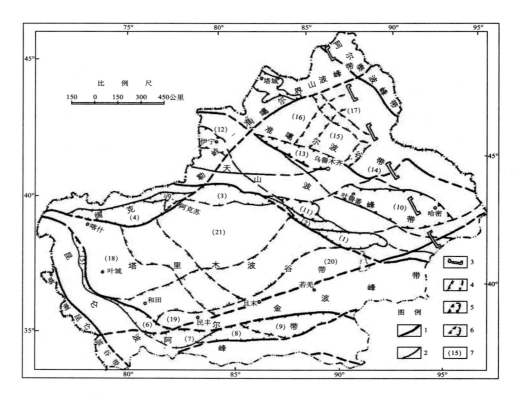

国界依地图出版社 1971 年《中华人民共和国地图》第六版

1. 环太及古地中亚构造带界限；2. 二级波峰波谷界限；3. 华西剪切带基本范围；4. 盆地内隐伏断隆（短线所示）；5. 断陷盆地；6. 镶边构造；7. 部分镶嵌构造编号

塔里木周围镶边构造：（1）库鲁克塔格块断山东段；（2）库鲁克塔格块断山西段；（3）库车断陷；（4）柯坪块断山；（5）素苦路克块断山；（6）铁克力克块断山；（7）河河勒克块断山；（8）博斯坦块断山；（9）吐拉块断山，天山波峰带；（10）吐鲁番－哈密断陷；（11）博斯腾湖断陷；（12）伊宁断陷，准噶尔波谷带；（13）乌鲁木齐断陷；（14）吉木萨尔断陷；（15）东准噶尔断陷；（16）西准噶尔断陷；（17）乌伦古断陷，塔里木波谷带；（18）塔西北断陷；（19）塔西南断陷；（20）塔东南断陷；（21）塔东北断陷

图 1　新疆地壳镶嵌构造略图

　　不仅塔里木及准噶尔两地块是由于北东东和北西西等斜向构造带分割又镶嵌起来的类菱形地块，作为塔里木及准噶尔地块的镶边，如昆仑山、阿尔金山、天山、阿尔泰山等地槽褶带之内，也有一级套一级的构造带，把它们分割为次一级、又次一级等较小的类菱形地块，又结合在一起。

　　天山地槽褶带其实是走向北西西和北东东两个相交的地槽褶带，横贯新疆中部的构造带。走向北西西的是库鲁克塔格和婆罗科努山等，走向北东东的是哈尔克他乌山及博格多山等，它们相交于艾尔温根乌拉山。由它们交叉的四个夹角之中，出现四个地块，东夹角内是吐鲁番－哈密断陷，西夹角内有伊宁断陷，库车断陷在其南侧夹角，乌鲁木齐断陷处于北侧夹角。吐鲁番－哈密断陷更由次一级断裂带分为吐鲁番与哈密断陷，以及切罗塔格断垒地块。伊宁断陷之中，还有伊宁、昭苏和新源等小断陷及德穆里克小断垒。

走向北西的喀喇昆仑及西昆仑山西段，与走向北东东的西昆仑山东段交接处，形成向南凸的弧形。这里有铁克力克山、河河勒克等断垒，以及它们之中的较小断陷。它们基本上都是类菱形地块。走向北东东的阿尔金山与青藏界上的昆仑山交会处，有博斯坦、吐拉等类菱形地块。

走向北东东的阿尔金山和马鬃山，斜插于走向北西西的天山与祁连山之间。这里是玉门断陷，其中也有次一级的断裂带，把它分成次一级的断陷及断垒地块。它们的轮廓也是类菱形。

阿尔泰与准噶尔界山之间，夹着额尔齐斯断陷。阿尔泰与北西西向天山的交会区，是三塘湖断垒。

由上可知，新疆地壳所表现的镶嵌构造是很典型的。它基本上是由北西西和北东东走向的地槽构造带，分裂又结合起来的塔里木和准噶尔两个大地块。而且，这两个大地块，以及其镶边的地槽构造带本身，又有次一级、更次一级的构造带，把它们分成次一级、更次一级的类菱形较小地块，又进一步把它们镶到一起。

三、新疆地壳的地块波浪构造

新疆地区同中国其他各地一样，从地质平面图上可以看出是个镶嵌图样，从剖面图上看却像一起一伏的地壳波浪。一般说，其四周镶边和中部横贯的地槽褶带，都是隆起的波峰带，夹在地槽褶带之间的地块，都是处于断陷的波谷带。而且，在地槽褶带及地块之内，还有次一级、又次一级、级级相套的隆起与断陷地带互相间夹，成为次一级、又次一级、级级相套的波浪状构造地貌。

作为新疆西北的准噶尔界山及阔克沙勒岭，分别是准噶尔、塔里木两地块的西北镶边，构造地貌上是个隆起的波峰带，准噶尔和塔里木地块在它的东南，成排坳陷，形成一个波谷带。更向东南，雄峙于塔里木地块边缘的西昆仑及阿尔金山，又是个波峰带，它实际上是一些较小的北东东向波峰带与波谷带相结合的波峰带。

从北西西向构造带来说，阿尔泰波峰崛起于准噶尔地块的东北边缘，由此向西南依次排列，是准噶尔－吐鲁番波谷带、天山－祁连山波峰带、塔里木－柴达木波谷带、昆仑山波峰带。

在横亘新疆中部的天山之中，还可分出次一级北西西和北东东走向、互相斜交的波峰带与波谷带。科古琴山、婆罗科努山、依连哈比尔尕山、艾尔温根乌拉山、克孜勒塔格及库鲁克塔格西段等，都是走向北西西的地槽褶带组成的波峰带。阔克沙勒岭、哈尔克他乌山、博格多山西段、觉罗塔格、库鲁克塔格东段及北山等，都是走向北东东的地槽褶带构成的波峰带。这些波峰带之间，以及它们的两侧，势必出现一些波谷带。例如，走向北西西的天山波峰带东北侧，有艾比湖、乌鲁木齐、吐鲁番、哈密等断陷形成的波谷带；这个波峰带的西南侧，是伊宁、博斯腾湖、罗布泊等断陷分布的波谷带。又如，走向北东东的阔克沙勒岭、哈尔克他乌山、博格多山西段构成的波峰带西北侧，为伊宁、乌鲁木齐等断陷组成的波谷带；它的东南侧，有库车、博斯腾湖、吐鲁番等断陷成列的波谷带。上列两组地块波浪，在天山构造带互相斜交，形成网格，其中有断陷、断垒排列成行，相当齐整（图2）。

昆仑山、阿尔金山、阿尔泰山等构造带中，也同天山一样，可以列出一些斜交的波峰带与波谷带，不多赘述。

被地槽褶带镶嵌起来的地块之中，也不例外，其中波峰、波谷所表现的地块波浪，也很清楚。从塔里木地块来说，其内部就有平行于四边波峰的两个潜伏隆起带斜贯盆地中部。平行于北东东向的阔克沙勒岭和阿尔金山隆起带（有不甚明显的表现），在地块东北侧过渡到库鲁克塔格，其西南侧联结到铁克力克山。这个潜伏波峰带与阿尔金山之间，有个车尔臣河波谷带，与柯坪地块之间，有个叶尔羌－塔里木河波谷带。斜贯塔里木地块中部，平行于北西西走向的库鲁克塔格和西昆仑的隐伏隆起带，在地块西北侧结合柯坪地块，其东南侧联系北西西走向的东昆仑山。这个隐伏波峰与库鲁克塔格之间，有东塔里木波谷带，与西昆仑山之间是叶城波谷带。塔里木地块由此分为四个类菱形断陷地块，使它构成一个"毋"字形格局（见图1）。

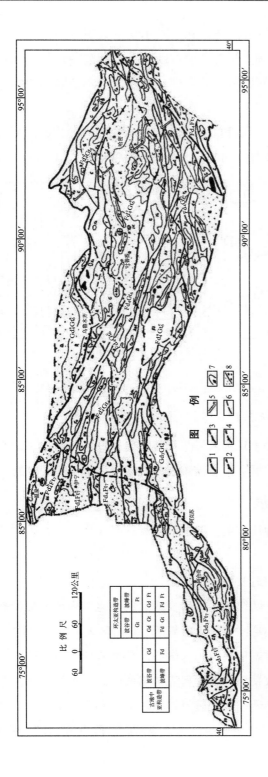

国界依据地图出版社 1971 年《中华人民共和国地图》第六版

1. 环太及古地中亚构造带界限; 2. 北西西构造分带 (短线示波峰所在); 3. 北东东构造分带 (短线示波峰所在); 4. 断陷地块; 5. 华西剪切带基本范围; 6. 断层 (实测及推测) (黑实体为基性、超基性岩体); 7. 地层及侵入岩界限; 8. 新生代、中生代沉积盆地

北西西波峰、波谷分带、哈密波峰分带: (1) 伊宁－博斯腾湖－罗布泊波谷分带 (Fd₄Ft₄-Fd₄Gt₄); (2) 科古琴山－库鲁克塔格西段波峰分带 (Fd₄Ft₄); (3) 乌鲁木齐－吐鲁番－哈密波峰分带 (Fd₄Gt₄); (4) 哈尔泊拉乌拉山波峰分带 (Fd₄Gt₄)

北东东波峰、波谷分带: (5) 库鲁克塔格－尖山子波峰分带 (Gd₃Ft₄-Fd₄Gt₄); (6) 库车－博斯腾湖－吐鲁番－哈密波谷分带 (Gd₃Gt₄-Fd₄Gt₄); (7) 阔克沙勒岭－博格多山波峰分带 (Fd₄Ft₄-Gd₄Gt₄)

断陷地块: (9) 吐鲁番－博格多断陷 (Gd₃Gt₄); 断陷: (8) 伊宁－乌鲁木齐波谷分带 (Fd₄Gt₄); (10) 博斯腾湖断陷 (Fd₄Gt₄); (11) 伊宁断陷 (Fd₄Ft₄); (12) 乌鲁木齐断陷 (Gd₄Gt₄); (13) 库车断陷 (Gd₃Gt₄)

图 2 天山波峰带略图

准噶尔地块之中的地块波浪也很清楚。夹于阿尔泰与天山之间的是斜贯地块的北西西向潜伏波峰带，它的东北侧有乌伦古断陷形成的波谷。斜贯地块的北东东向隐伏波峰带（有不明显的显示）的东部，有东准噶尔断陷形成的波谷（见图1）。

吐鲁番－哈密断陷地块夹在北西西和北东东走向的天山之间，由其四周与中心的波峰，以及夹在它们之间的波谷，构成的一个"回"字形格式（图3）。

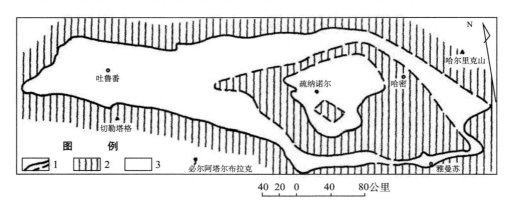

1. 波峰、波谷界限；2. 波峰（上古生界基底出露或埋深较浅）；3. 波谷（中、新生界发育）

图3　吐鲁番－哈密断陷盆地"回"字形构造格式草图

根据上列分析，新疆地壳到处表现为波峰带与波谷带相间的构造地貌，在北西西和北东东两组波峰波谷交织的情况下，被镶嵌地块的排列都是有规律的。

四、新疆地块波浪的构造发展

新疆地表目前表现很清楚的地块波浪，并非一开始就是这样，它是由构造发展而成的结果。

先谈地槽褶带中地块波浪的构造发展（图4）。

天山构造带由北西西及北东东两组地槽褶带交织而成。北东东地槽褶带被北西西走向的艾尔温根乌拉山和依连哈比尔尕山所截断。北西西天山褶带绵亘1000多公里，以依连哈比尔尕山和艾尔温根乌拉山为轴心，分为东西二段。西段有科古琴山及婆罗科努山，东段是克孜勒塔格及库鲁克塔格西段。科古琴山以古老结晶杂岩为基底，库鲁克塔格则在杂岩之上有震旦地槽建造，寒武盖层在两段都有出露；奥陶系多在中段依连哈比尔尕山及西段各山发现，东段克孜勒塔格缺失；

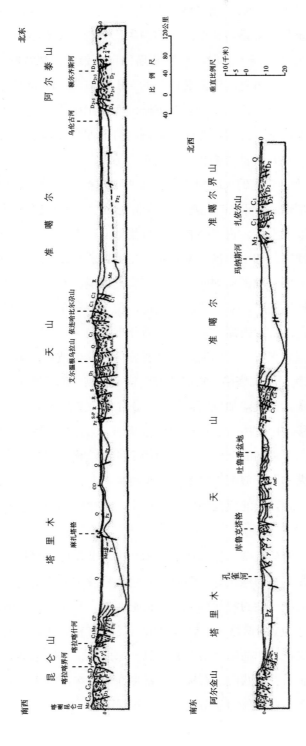

图 4　横贯新疆北东及北西方向的地质剖面示意图

志留系在中、西两段较多，东段也有相当出露；泥盆系贯通东西二段；下石炭统略偏东段，上石炭统与二叠系多在西段。到中生代，构造发展已由地槽褶皱期转为构造块断期，三叠断陷偏于西段，侏罗断陷分布全带，白垩块断都趋向隆起，新生断陷见于两段。由此可见，走向北西西的天山构造带，纵向上有明显的波浪起伏或地槽迁移：震旦纪西段翘起，向东下倾；寒武纪中段隆起，两端倾俯；奥陶纪东段稍高，西段沉落；志留纪有回返翘倾趋势；泥盆纪多少得到平衡；早石炭世反而东倾略低，晚石炭世与二叠纪又是东段抬高，西段落下；到中、新生代的块断运动，才使北西西走向的天山构造带形成目前断隆与断陷相结合的构造地貌。

北西西的天山褶带，不仅纵向上随时有波状变动，横向上波浪起伏更加明显。其西段科古琴山的波状发展：古老杂岩上早古生地向斜偏于山的北侧，那里有寒武、奥陶、志留等地层，加里东褶皱使其晚古生地向斜反复迁移，中泥盆地向斜出现在加里东褶带北侧，晚泥盆地向斜回迁到它的南侧，石炭纪海槽又分布于它的两边。华力西褶皱后的中、新生代块断运动，使侏罗和早第三纪断陷在南，中新世断陷偏北，上新世回迁南侧，第四纪断陷分布两边。

北西西天山褶带的东段，由博斯腾湖波谷分为南北二波峰，湖的南侧是库鲁克塔格（西段），北侧是喀拉塔格。它们的波浪构造发展：库鲁克塔格的古老杂岩上，发育了震旦及寒武、奥陶加里东褶皱带，志留泥盆地向斜迁到喀拉塔格，石炭二叠地向斜更北移，中新生断陷又北迁更远，新生代的博斯腾湖夹在两山中间。

以上说明，北西西走向的天山，东西两段上的波浪构造发展，不论纵向或横向上都是相反的。纵向上好似天平摆动，一个时期掀起，一个时期倾陷；横向上犹如蛇行蜿蜒，早一时期西北段摆向山北，后个时期摆向山南，但东南段先摆到山南，后摆山北。

北东东走向的天山构造带，被依连哈比尔尕山和艾尔温根乌拉山分为东西两段。西段又以阿克苏地区为枢纽分为两段，它包括柯坪地块之北的阔克沙勒岭段和哈尔克他乌段。全部三段的波状构造发展也很明显。从阔克沙勒岭通过哈尔克他乌，越过艾尔温根乌拉到博格多，绵延1000多公里。纵向上的构造发展，一般是由西向东，由老变新，如柯坪地块上的震旦、寒武系，奥陶则由柯坪扩展到哈尔克他乌，志留泥盆系贯通两段，石炭二叠系多在博格多及阔克沙勒岭分布。这个时期的地层，在哈尔克他乌的分布既狭窄又零星。

以上情况足以说明，艾尔温根乌拉两侧的北东东向天山构造带，早古生代是东翘（？）西倾，晚古生代变为西翘东倾。只就西段的两个分段来说，震旦寒武纪是在哈尔克他乌翘起，向柯坪倾俯，志留泥盆纪有所平衡，石炭二叠纪又转为东翘西倾。中新生代的块断运动，遍布北东东向天山的东西两段。

走向北东东的天山构造带，横向波状构造发展也很清楚。阔克沙勒岭及柯坪地段，寒武奥陶系分布于柯坪地块上，志留泥盆系在阔克沙勒岭偏厚，石炭二叠系在它们的中间地带，中新生代断陷地层分布全区。哈尔克他乌山，前寒武系在于北，奥陶系见于南，志留泥盆系出现在它们之间，石炭二叠系回向南，中新生代地层转入库车断陷。由此可见，阔克沙勒岭及哈尔他乌山两段的地槽构造发展，好像蛇行蜿蜒，一个时期向南摆动，一个时期向北摆动，但到北东东向天山构造带的东段，即博格多段，各期地槽建造的分布又与哈尔克他乌山相反。博格多山的南带有下石炭统出露，中上石炭统则逐渐通过中带迁到北带，二叠系回到南带，而中新生代断陷沉积分布全段。联系这三段地槽褶带的水平变化来看，北东东向天山构造带上的构造发展，更似蜿蜒摆动。但不管从纵向或横向的垂直运动来看，都似天平摆动，或蚕行屈伸。

昆仑山与阿尔金山的构造发展，也表现为波浪状。西昆仑的西段，包括喀喇昆仑的古生地槽构造，横向波状发展是先西南后东北，西昆仑山在北西走向和北东东走向的两段，结合而成弧形构造的古生地槽构造迁移，一般是由北向南发展，这与喀喇昆仑地段的变动方向相反。但从河河勒克到吐拉一段北东东走向的西昆仑晚古生地槽，波状迁移是由南向北，最后又回向南；由吐拉到当金山口的阿尔金山一段早古生地槽，变迁是由北而南。总之，由喀喇昆仑经昆仑到阿尔金山的地槽构造发展，不论纵向或横向上的天平摆动，或蚕行屈伸，又或纵向上的蛇行蜿蜒，变迁都是清楚的。

根据同样分析，阿尔泰地槽褶带的波浪发展：横向上，奥陶地槽在北，晚古生地槽在南；纵向上，西北有早古生地槽，东南有晚古生地槽。

准噶尔界山地槽变迁，横向是由西北向东南，纵向是由西南而东北。

所有新疆的古生地槽构造带，有些地方在加里东期、另一些地方在华力西期褶皱起来，然后在中新生代发生发展，成为断隆夹断陷的地块波浪。

其次分析塔里木及准噶尔地块上的波浪状构造发展。

塔里木地块的类菱外形，决定于其四周北西西与北东东走向的地槽构造带镶边。地块内部的构造发展，也随着四周地槽褶带的波浪迁移而发生变化。同时，还应注意盆地中部有两条斜交的隆起波峰，一条从柯坪到阿尔金，走向北西西，另一条从库鲁克塔格到铁克力克，走向北东东。它们同盆地四周的构造带结合起来，几乎平分塔里木，使其成为"毌"字格式。

根据地层分析，可以认为塔里木地块从震旦纪以来有几次反复翘倾运动。

塔里木地块北东东向上的反复翘倾运动，是以柯坪到吐拉的北西西波峰带为枢纽、库鲁克塔格断块山为一端、铁克力克断块山（包括喀拉喀什河流域）为另一端的天平式摆动。库鲁克塔格震旦系是较薄的地台型沉积，铁克力克以南前寒武（包括震旦系）为很厚的地槽型建造。由此推知，震旦时塔里木东北翘而西南倾。寒武奥陶系两端都以白云灰岩为主，志留泥盆系则为碎屑岩系，厚度相似，说明天平式摆动曾在此时达到暂时均衡；到石炭纪，前者地层发展已近于地台型，后者则既有地台型，又有类似地槽建造。这就说明，石炭纪时，塔里木地块趋于东北翘起，西南倾俯；但到二叠和三叠纪，两端沉积不缺即少，又是暂时平衡。中生－第三纪的和田断陷，沉积层厚超过万米，而库鲁克塔格西南此时沉积不详，可能塔里木地块这个时期曾再一次东北翘起，西南倾俯。但在第四纪，塔里木河及其支流，如和田河与克里雅河等，都向盆地东北流，证明塔里木地块在地质近期是西南翘起，东北倾俯。

塔里木地块北西西向的反复翘倾，也很明显。这是以库鲁克塔格到喀拉喀什河的北东东构造带为枢纽、柯坪地块为一端、阿尔金－西昆仑东段为另一端的天平式摆动。震旦系在柯坪是地台型，厚及千余米，阿尔金是地槽型，厚达数千米；下古生界在柯坪是地台型，厚有二三千米，阿尔金是地槽型，厚数千米；上古生界在柯坪北部曾逐渐变为地槽型，厚达五六千米，阿尔金是地槽型，厚数千米。这就说明，从震旦到二叠，塔里木地块一直是西北掀起、东南俯倾，只是到石炭纪末，阿尔金才翘起来，二叠纪缺了沉积，但柯坪地区到这时才坳陷较深。三叠纪是暂时平衡时期，两端都曾抬高，但阿尔金侏罗纪还有断陷，柯坪仍属上升。到白垩纪，两端都有相当沉积，又达平衡。下第三系则西北厚东南薄，上新统又变为西北较薄。由此可知，中新生代塔里木地块北西西方向的天平式摆动是频繁的。阿尔金与柯坪的北西西向构造带两端，岩相建造及其厚度虽有很大变化，但中部如麻扎塔格地区，除上新世有稍深坳陷外，其他时期都保持较高的地位，足以说明在塔里木地块中，作为天平摆动的两个枢纽带确实存在，而且地块中部特别突出。麻扎塔格地区也是横贯地块中部的北西西与北东东两个构造带互相交叉的驼峰，这里也是地块坳陷最浅、盖层最薄到 2000 ～ 4000 米的地区。至于地块的四个角落，如库车、叶城、民丰，以及且末以北广大地区，都是构造相交之处。这里的坳陷，特别是中新生代的坳陷，往往超过 10 公里，沉积万余米厚的盖层。塔里木地块有许多断陷地块及断垒山块作为它的镶边，就是由这样的构造发展而成。

准噶尔地块的构造发展，也经过天平式摆动。这个地块表面似三角形，其实是由几个类菱形地块并合而成。准噶尔地块主体在天山以北，大致以乌鲁木齐断陷、艾比湖、玛纳斯湖及沙丘河为四角，形成一个类菱形地块，西有艾比湖断陷，北望乌伦古断陷，东镶吉木萨尔断陷，它们也都是类菱形。从沙丘河经玛纳斯湖以北，到塔城以北的北西西构造带，可以作为准噶尔地块主体与乌伦古断陷之间的枢纽，它两侧的构造发展曾有天平式摆动。枢纽带以北，北到阿尔泰山，其构造发展是在奥陶纪深陷，到志留纪浅坳，泥盆石炭纪再度深陷，但曾从阿尔泰山地向南迁移到乌伦古槽地。它在石炭纪褶皱造山后，直到第三纪才形成断陷地块。枢纽带以南，南到博格多山，却与北部相反。奥陶志留纪可能是个隆起区，石炭二叠纪特别深坳，形成地槽，在几度褶皱后，到中生代仍然成三叠、侏罗、白垩的断陷盆地，而且准噶尔地块南部的乌鲁木齐断陷，到第三纪和第四纪还在深陷。由此可知，准噶尔地块在早古生代是南翘北俯，晚古生代到中生代反而北仰南倾，第三纪南北稍得平衡，到第四纪又变为北仰南俯，但在阿尔泰与天山之间的构造发展，总趋势则是向心的。

准噶尔地块的东西二部，在地质史中同样有天平摆动。例如，玛纳斯、吉木萨尔、沙丘河、乃明水泉各地所限的类菱形地块，为东西二部的枢纽带。它们的翘倾运动：奥陶志留纪，东浅西深；泥盆到二叠纪，东西两处反复翘倾，两处都深陷；三叠到第三纪，西部普遍坳陷，东部则是隆起；只是到第四纪，东部才有下倾趋势。但是，其构造发展总趋势，也是向心的。

镶入天山东部之中的吐鲁番－哈密断陷地块构造发展，与塔里木、准噶尔两大地块同出一辙，也在东西两端、南北二带反复翘倾。其枢纽带成北西西或北东东走向，横贯地块中部，总的构造发展也是向心的。如果把这个断陷地块比作塔里木地块构造的缩影，也不过分。

夹在天山西部的伊宁断陷地块，同吐鲁番－哈密地块的构造发展相似，不多赘述。

以下再举塔里木及准噶尔两大地块的两个镶边地块作为例子：

塔里木地块四角，有库车、莎车、民丰、罗布泊四个断陷地块，其间夹着库鲁克塔格、柯坪、铁克力克、阿尔金四个块断山块，都可以叫作镶边地块。塔里木地块北部，夹在北西西与北东东天山构造带之间的是库车断陷地块，不论纵向或横向，它的翘倾运动都很明显。它是由华力西褶皱隆起的天山引起的中新生断陷。一般说来，其陷槽从三叠纪到早第三纪由北而南进行波浪转移，到晚第三纪回头向北变迁。这些反复迁移的不同时期陷槽，在东西方向也曾反复翘倾，其相间起伏好像琴键运动（周维泰，1975 年未刊稿）。

准噶尔界山是准噶尔地块的西北镶边地块，其东北有额尔齐斯断陷，西南有艾比湖断陷。界山本身纵向上分为三段，横向上分为三带。每带的翘倾，好似天平摆动；三带的相间起伏，就像琴键运动。它们互相之间的波浪变迁非常明显（周维泰，1974）。

由上可知，新疆地区不论塔里木、准噶尔、吐鲁番－哈密地块中，还是阿尔泰、天山、昆仑山等地槽褶带或地背斜－地向斜带之中，所镶嵌的地块，其构造发展随时随地都采取了波浪变化的形式。目前的波浪构造地貌，则是地质历史上地块波浪构造发展的结果，而且还在发展变化中。

五、新疆地壳波浪状镶嵌构造的形成机制

新疆地壳波浪状镶嵌构造，是中国地壳，也是整个地壳波浪状镶嵌构造的一部分。

从前文可以看出，新疆地质构造的个性之中，包含着地壳波浪状镶嵌构造的共性：①一级套一级、有定向的构造带或镶嵌带交织成网；②网格中镶嵌着一级套一级、作定向排列的地块；③镶嵌着的大大小小地块，不论在镶嵌构造带或镶嵌着的地块之中，都表现为波浪状；④它们在构造发展中，也采取了波浪形式；⑤镶嵌着的地块运动，基本上都是整体位移；⑥镶嵌带的运动，基本上都是相对

错动；等等。新疆地质构造的特殊性，表现在它有优势的北西西和北东东构造线。这两组构造线，决定了新疆许许多多一级套一级的类菱形地块，多是东西延伸，南北缩短。但到新疆东部，北西西构造线的发育较强，因而使新疆的类菱形地块表现为反 S 形变。

从中国地质图上可以看出，西部和东部的构造线有很大差别。华东以北北东到北东的构造线为主，北西西到东西为次；华西则以北西西到北西为主，北东东为次。它们的分界，约在贺兰山通过龙门山，到"康滇地轴"所构成的南北构造带。这一带顺东经 105° 左右，越过蒙古中部到贝加尔湖以西。它东侧的中国、蒙古、苏联地块，多由于活动较强的北东东—北东向，以及较弱的北西西—东西向构造带的交织，使这里的地块都歪曲成 S 状类菱形地块，其对角线多是北东长，北西短。它西侧的地块，则多因北西西—北北西，以及北东东构造带的交织，使它们歪曲为反 S 状类菱形地块，其对角线多东西长，南北短。中国西部一组反 S 状地块同另一组东部的 S 状地块，好像是在这一南北构造带两侧互相反映，因而可以把这个构造带叫作东亚镜像反映中轴（张伯声，王战，1974），新疆的大小地块在这个中轴之西，多有反 S 状菱形表现。

由新疆东部，跨蒙古西部，向北到苏联西西伯利亚的南部，其构造线的优势走向是北西西—北西。由新疆东部向南，通过甘肃的北山、青海的祁连山及阿尼马卿山，到川滇藏界上的横断山，其构造线逐渐由北西转为北北西，甚至变成南北。在中国，从东经 87 ～ 103° 之间的北西—北北西向广阔地带之中，发育了一系列北西向斜列构造线。其西侧构造线，多北西西转向北东东，形成向北突出的弧形；其东侧构造线，则由东西转向北东东。这个斜列构造带东西两侧，好像作过右行扭动，因而可以叫作华西剪切带（张伯声，王战，1974）。

新疆以西，哈萨克与吉尔吉斯界上的吉尔吉斯山和外伊犁山，以及在这以南的天山构造线，都是以北东东为其优势走向，而在它以北的哈萨克东部成雁行的构造线是北西西。它们同新疆内天山中互相交叉的构造线相似，其北东东的构造带多为北西西的构造带所切割。

新疆南边的北西向喀喇昆仑及西昆仑山西段，与北东东向西昆仑东段和从此向北东东延伸的阿尔金山所构成的塔里木南缘镶嵌带，也是由北西向与北东向构造线互相交叉的结果。

由以上阐明的新疆构造形势来看，可以认为，以半圆圈绕西伯利亚地台南侧，有一系列向南突出的弧套弧构造带，过去曾有套山字型的提法（张伯声，1965），它们构成一系列向南凸的弧形波浪构造地貌。近于平分这一系列弧套弧构造带的轴部，就是那个纵贯中国中部的南北构造带，或说是东亚镜像反映中轴。这些弧套弧构造带的西翼，正好展布于新疆东部，特别是阿尔泰山一带。围绕印度地台北侧的一系列构造带，广阔地展布于西藏及川西各地。它们虽然在西藏北边受到塔里木、柴达木两地块的影响，造成相当大的曲折，但在印度地台东北角以外，分布于滇藏川青边上的华西剪切带，无疑是围绕印度地台北侧一系列弧套弧构造带东翼的反映。由于西伯利亚地台南侧弧套弧的西翼和印度地台北侧弧套弧的东翼相结合的华西剪切带，展布于阿尔泰山、天山东部、北山、祁连山、阿尼马卿山、巴颜喀拉山、横断山的广阔地带，总的走向是北北西，甚至南北，但其中的构造线大多是北西向，与总走向形成斜列关系。这样一个构造格局，使人意识到西伯利亚地台同印度地台，约在东经 90°的两侧有对扭运动，两套弧形构造带互相联合的侧翼分布地带，地壳的剪应力更加集中，因而构成纵贯中国南北的华西剪切带。

新疆位于华西剪切带西侧偏北的地方。阿尔泰山比较接近西伯利亚地台弧套弧构造的西翼，更多显示北西向构造线，其上附加有一些北北西断裂带。中国西北的昆仑山和阿尔金山，则在印度地台东北角外围弧套弧构造带的西翼，更多地显示北东东构造线。天山在阿尔泰与昆仑－阿尔金山之间，其北西西和北东东构造线有比较平衡的发育。这就说明了为什么在阿尔泰山及东准噶尔地带分割而镶嵌起来的大小地块，其菱形较长的对角线多北西向，在昆仑－阿尔金山中的大小地块，其菱形较长的对角线多北东东向，而天山东部及北山的类菱形地块，其较长的对角线多东西向。而且，新疆构造总轮廓成为一个大三角形，也同华西剪切带有密切的关系。

在劳亚壳块和冈瓦纳壳块南北挤压的情况下，中国西部原曾发生北东和北西的扭裂带。它们的持续挤压，就会使这些北西和北东向的扭裂带变为北西西和北东东向。它所分割的地块，因此多表现为东西延长的类菱形。其中，最大的是塔里木地块。

在塔里木地块与其北侧的准噶尔地块、南侧的西藏地块，以及东南侧的柴达木地块对挤过程中，免不了有些地块仰冲、另一些地块俯冲的天平摆动。它们的对冲，使那些扭裂带发生地背斜与地向斜相结合的地槽体系。例如，天山构造带在很长地质时期，都有地背斜－地向斜相结合的地槽体系，这是地壳运动波浪发展的必然趋势。而且往往在一组优地背斜－地向斜之外，还有一组冒地背斜－地向斜互相联系，形成一对优、冒地背斜－地向斜组合的完整地槽体系。它们在地背斜剥蚀、地向斜充填到一定程度，柔性的地向斜地层不能进一步抵抗地块对冲的挤压时，就要褶皱造山，并使原来的地背斜部位坳陷，形成晚一代优、冒地背斜－地向斜组合的地槽体系。这样反复变迁，不论北西西天山，还是北东东天山的东段或西段，都在早古生地槽体系转变为晚古生地槽体系时，有所表现（见前文）。这样随时随地变迁的地槽褶皱造山变动，反映着地壳波浪的起伏，说明地槽构造带发展的多旋回原因。地槽构造带之所以交织成网，网眼中的地块之所以形成类菱形，都可由此得到解释。

新疆原来东西长的类菱形地块，由于西伯利亚地台和印度地台对扭所引起的华西剪切带，使这里的类菱形地块及它们的镶边逐渐发生弯曲，多表现为反 S 形，华西剪切带西侧的地块及其镶边则呈 S 形。

新疆的类菱形地块在经向压力不断作用下，其内部可以顺序次发生发展次一级、又次一级、更次一级等类菱形地块，它们之间镶合的地槽褶皱带中，也按序次发生发展次一级、又次一级、更次一级的构造带，在这样构造带之间，又镶嵌着一些次一级、又次一级、更次一级的山间地块。

＊　　　＊　　　＊

以上根据一些初步的实践和有限的资料，从新疆地质构造的镶嵌格局，波浪构造形势，波浪运动发展，直到对这个地区镶嵌构造与波浪构造形成原因和机制的认识，有待日后的实践验证。希望同志们多提宝贵意见，以便改进。

本文附图承刘映枢同志清绘，特此志谢。

参考文献

〔1〕 张祖还，郭令智，俞剑华. 中国地质学. 人民教育出版社，1961

〔2〕 李四光. 地质力学概论. 科学出版社，1962

〔3〕 北京地质学院区域地质教研室. 中国区域地质. 中国工业出版社，1963

〔4〕胡冰等. 新疆大地构造的几个问题. 地质学报，1964 年第 2 期

〔5〕张伯声. 从镶嵌构造观点说明中国大地构造的基本特征. 见：中国大地构造问题. 科学出版社，1965

〔6〕中国科学院地质研究所大地构造编图组. 中国大地构造基本特征及其发展的初步探讨. 地质科学，1974 年第 1 期

〔7〕黄汲清等. 对中国大地构造若干特点的新认识. 地质学报，1974 年第 1 期

〔8〕陈国达. 中国大地构造图. 待刊，1974

〔9〕张伯声，王战. 中国的镶嵌构造与地壳波浪运动. 西北大学学报（自然科学版），1974 年第 1 期

〔10〕周维泰. 准噶尔盆地基底断块的天平式运动（节要）. 西北大学学报（自然科学版），1974 年第 1 期

〔11〕周维泰. 新疆库车断陷断块的天平式运动. 待刊，1975

地壳的镶嵌构造与地质学的基本理论①

张伯声

【前言】这次我回到河南，听到了同志们在地质找矿实践中，总结了不少宝贵经验，如对于"秦岭地轴"的新认识和矿产分布"等间距性"的认识等等，使我学习了很多好东西，我从内心感到高兴。以后发现新情况，还请同志们多予教益。

在这里，向同志们汇报我这些年里所想到的有关地质构造问题的看法。它可能有符合客观实际的地方，也难免有不符合的地方，深望同志们多给帮助，使我及时改进。因为我们大家的目的只是一个，即如何能使我们多快好省地找矿，以及有利于其他地质工作，为我国工农业大发展提供更丰富的地下资源。

以下谈五个问题：(1) 大地构造学与构造地质学研究的对象问题；(2) 地壳镶嵌构造及其规律性；(3) 镶嵌构造运动的波浪形式；(4) 镶嵌构造及地壳波浪的形成原因；(5) 地质构造与地质建造的辩证关系。

一、大地构造学与构造地质学研究的对象问题

大地构造学与构造地质学研究的对象，有没有基本上的区别，要不要分为两门学科，我想先来谈一下对这个问题的看法。

传统地质学认为，构造地质学研究岩石或岩层的构造形象，往往局限于构造形态的描述和分析，因而，它的研究着重于对中小型地质构造形态的分析。至于大地构造的研究对象，则认为是广大地壳的构造变动、区域构造的变动情况、区域之间构造的互相关系，以及它们的形成机制、变动原因和大区域构造的发展历史。但是"共性寓于个性之中"，小型构造是大构造的缩影。没有构造形变就没

①本文是作者 1975 年 1 月在河南省地质三队和区测队桐柏大河地区五万分之一区测报告验收会上作的学术报告讲稿，同年 12 月被收入河南省地质局科研所编印的《地质参考资料》第 15 期。在收入《张伯声地质文集》(陕西科学技术出版社，1984) 时，作者对原稿个别段落作了删节。

有形变后的构造形态；没有这些构造形态的结果，就不能推测形成这样结果的原因，就难以想象大地构造发展的历史。也就是说，不了解中小构造形态的实际，是难以上升为地壳构造理论的。相反，弄不清地壳构造理论，单从构造形态的认识去搞地质找矿工作，是搞不好的。

由上可知，大地构造学与构造地质学的研究对象是分不开的。

从辩证唯物主义认识论的观点来看，所谓大地构造与地质构造，也是不可分割的。毛主席在《矛盾论》中教导我们："科学研究的区分，就是根据科学对象所具有的特殊的矛盾性。"不论大地构造或中小构造，如果我们考虑到它们都是由于地壳中某些动力，使它们发生类似的应力、应变而产生这样那样的大小构造，在各种构造的形态上、成因上、形成机制上和互相联系上，基本就没有很大差别了。因此可以说，大地构造和中小构造是在同一范畴中的自然现象，不好区分为两种不同性质的东西，作为两门学科来研究。就构造地质学来说，如果把形成了的构造形态的分类描述与分析，同区域构造变动及其变动原因和构造发展等分开研究，就等于对同一种事物，一方面只讲实践不讲理论，另一方面只讲理论而轻视实践，这是不符合辩证唯物主义认识论原则的。

单从地质构造理论来说，也不能把大地构造与中小地构造分开。李四光的地质力学，就是在理论上分析地质构造时，不分什么大地构造与小地构造的。他在中国地质实践的基础上提出的关于地质力学理论与买践，不同于外国研究岩石力学的"地质力学"。李四光的地质力学，不仅研究岩石的应力、应变及其形变问题，而且把地质构造形迹中不分大小的结构面，都归纳为压、张、扭的力学性质。因而，可以从地壳受力后引起的大应力场，顺序次派生为许许多多较小的、又小的、更小的等等应力场，发生不同规模的、许许多多的大小构造形象，形成纬向的、经向的、山字型的、棋盘格的、多字型的，以及其他旋卷型的构造体系。构造体系不分大小，大体系方圆可达千里万里，小体系可以摄影、素描。大构造与中小构造的形变，都是以固体力学，特别是岩石力学的应力、应变为基础的。通过大小构造形迹中各种结构面的力学性质，探讨地质构造变动，以及各种构造体系形成时的机制和原因，这才接触到构造地质学的实质。因此，地质力学的研究对象是不分大小的。

其次，镶嵌构造观点也不分大构造与小构造。这是因为，地壳中的构造式样是比较活动的构造带和面，镶嵌着相对稳定的地块和岩块，而构造带与地块的规模，都是从大到小分为无数等级的。规模大的地槽构造带，长达千万公里，宽达几百公里；较小的断裂构造带，长达数公里，宽达几公尺；更小的断层面，以及节理、劈理等，都是一些比较活动的构造面。由这些大大小小的构造带或构造面镶嵌起来的地块，当然也是从很大到很小的，如地台之大，长宽都可达几千公里。我国的陕甘宁地块及四川地块，长宽还有几百公里，由山西地块分裂的许多更小地块，大小有十几、几十公里。由此类推，可以数到照相和素描的岩块。大地块及大构造带，有大褶皱、大断裂互相结合的复杂构造；小地块与小构造带，有小褶皱、小断裂，甚至到微小的劈理、节理。构造不分大小，它们的形成机制和原因，以及发展过程，都是相似的。因而，实际上可以把小构造看作大构造的缩影。

由上可知，不论在实践上或理论上，大地构造学与构造地质学的研究对象是难以区分的。构造地质学既谈大的又讲小的构造。大地构造学与构造地质学用不着区分为两门地质学科。

二、地壳镶嵌构造及其规律性

整个地壳是无数大大小小的一级套一级的壳块、地块乃至岩块，由于夹在它们之间的相应构造带或结构面镶嵌而成。更确切地说，地壳是被大小不等、比较活动的构造带或结构面，分割成大大小小、比较稳定的地壳块体。这些地壳块体又为这些构造带或结构面结合在一起，好似不同级次的地壳块体，分别为其相应级别的构造活动带所分割和镶嵌，因而叫作地壳镶嵌构造。形象一点说，地壳镶嵌构造就是破伤的地壳又为愈合了的伤痕结合起来的地块构造。这种构造不是杂乱无章的凑合，而是有明显的规律性和统一性。这主要表现在以下几个方面：①大小相对稳定的地块均为相应的构造活动带所镶嵌；②地块之间的构造活动带在力学性质上的共性；③构造活动带在方向上的一致性；④同级构造活动带的等间距性；⑤大小地块在形态和排列方式上的统一性；⑥地壳运动的波浪性。

（一）大小相对稳定的地块均为相应的构造活动带所镶嵌

全球地壳表现为镶嵌构造，这种镶嵌地壳由相对稳定的地壳块体和相对活动的构造带或结构面结合而成（图1，图2）。

所谓地块相对稳定，是指地块与地块之间互作相反的整体运动，相邻地块的变动一般是位移，很少形变。它们的位移往往彼此相反，此上彼下，或一左一右，都是地块之间差异运动或错动。有了这样的差异运动，地块的整体运动才能察觉。

夹在地块之间的构造带或结构面，则是相邻地块互作差异运动而发生错动的结果。地块与地块互相错动，它们的错动带是剪力集中的地带，对地块的整体运动来说，是相对活动的地带或面。

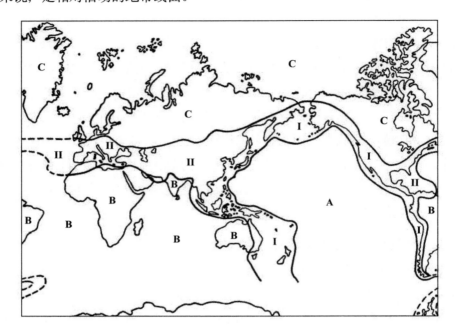

I. 环太平洋构造带；II. 地中海构造带　A. 太平洋壳块；B. 冈瓦纳壳块；C. 劳亚壳块

图 1　地壳的镶嵌构造——两大构造带把整个地壳分为三大壳块

这里所指的相对稳定与活动，在两方面不同于传统地质学的提法。首先，传统地质学所说的稳定与活动是大规模的，认为地台和大地块是稳定的，而在它们之间的造山褶皱带才是活动的。在镶嵌构造说看来，只要是作整体运动的地块，不分大小都是相对稳定的，只要是作剪切错动的地带，不分大小都是相对活动的。镶嵌构造说认为，镶嵌着大地块的是大活动带，镶嵌着小地块的是小活动带。劳亚、冈瓦纳、太平洋三大壳块，就是被地中海和环太平洋两个大圆构造带镶嵌起来的。环太平洋构造带是个岛弧-海沟带，地中海构造带是个似岛弧-海沟带，它们是第一级的活动带；镶嵌着四川地块与鄂尔多斯地块的是秦岭地槽构造带，它们是又次一级的地块与活动带；镶嵌着豫西许多斜方地块的断裂带，则属于五级六级的稳定地块与活动带；崤山、熊耳山、嵩山等地块中，还有更小的稳定地块，被更小的断裂活动带镶嵌起来。由此类推，可以到拳头大或更小的相对稳定岩块和节理、劈理等活动带。

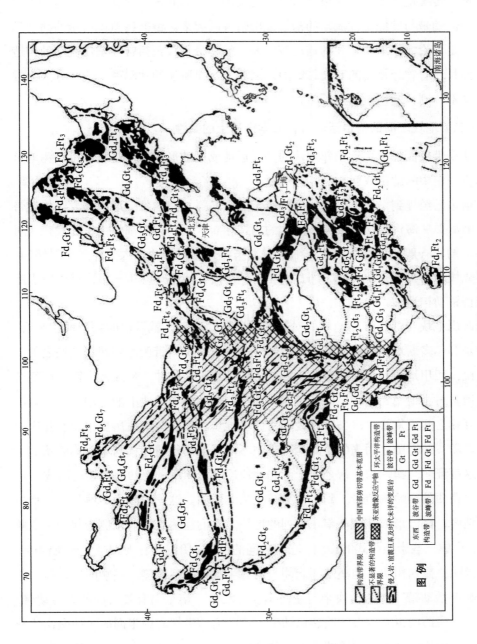

图 2　中国镶嵌构造略图

不同于传统地质学提出的所谓活动与稳定的第二点，是活动带或面不分刚性或柔性。传统地质学把相对稳定与刚性的大地块等同起来，这就是它所谓的克拉通，把活动带与曾经塑性流动的褶皱造山带等同起来。镶嵌构造说所指的活动带或面，是不论大小地块之间的错动带或面。活动带不仅包括曾经塑性流动的构造带，而且还有曾经错动的断裂带或面。因而，这里所说的活动带，既不分大小规模，又不分刚、塑性质。

（二）地块之间的构造活动带在力学性质上的共性

活动带或面都是由于相邻地块的差异运动或错动形成的，这就不可避免地是些剪应力集中的地带或面。

前边已经提到，环太平洋大圆构造带是个岛弧－海沟带，地中海大圆构造带是个似岛弧－海沟带。从岛弧－海沟的构造地貌证明，它们都是由于三大壳块对冲形成的。一般是亚、美、澳等陆壳对太平洋壳相对仰冲，太平洋壳相对俯冲，劳亚壳块对冈瓦纳壳块仰冲，冈瓦纳相对俯冲，造成环球性第一级由挤压所引起的剪切错动构造带。

四川地块与鄂尔多斯地块的对冲形成秦岭构造带。就目前的构造地貌来看，好像是鄂尔多斯地块俯冲到秦岭构造带之下，秦岭构造带俯冲到四川地块之下。或者说，四川地块、秦岭构造带、鄂尔多斯地块依次仰冲，形成两个巨大而复杂的半地垒－半地堑构造带。此外，四川地块与鄂尔多斯地块上的地层，从震旦纪以来互相之间反复缺失，又可以说明，两个地块在很长的地质历史中曾有几次天平式摆动，还有随之而来的秦岭构造带中不同时期的地槽迁移与不对称的褶皱运动。这都证明，秦岭构造带是由于南北地块反复对冲所派生的剪切错动而成。

北西西的秦岭构造带，到豫西都转变为北西向。这里的崤山、熊耳山、伏牛山等地区，都已形成北西—南东排列的地块，它们往往是在北东侧翘起，南西侧下倾，形成一些半地垒式的山块，它们之间的洛河、伊河等谷地则是半地堑构造。由此说明，豫西山块半地垒的翘起侧与河谷半地堑的下倾侧，接触的地带是个不小的断裂活动带。豫西山块半地垒，不仅在北西—南东向有较大的断裂活动带，在北东—南西向也有较大的断裂活动带。这些活动带把北西走向的半地垒山块分割成斜方山块，在豫西地质图中可以清晰地看出来。这个方向分析起来，也可以发现类似的半地垒－半地堑构造。这些山块的北东向接触带虽已为河谷冲积所掩盖，但无可怀疑，它们也都是一些断裂活动带。

豫西各地质队的同志们，填了不少大小不同缩尺的地质图。从这些地质图中，还可以看到很多次一级、又次一级的断裂活动带，把豫西山块分为更小、又小的斜方地块和岩块。

以上说明，不论大壳块和地台，或小地块和岩块，它们之间的活动带或面，都是过去剪力集中的错动带。两个相邻地块上下或左右的差异运动，使剪力集中到这个活动带上，引起这里的断裂错动。这就是活动带在力学性质上的共性。

（三）构造活动带在方向上的一致性

地壳中的构造活动带不论大小，按走向来说，基本上分为近东西的、近南北的、北东的、北西的四种。地中海构造带是近东西的，环太平洋构造带是近南北的，它们都是几乎环绕全球的大圆构造带。这两个大圆构造带，把地壳分为太平洋、劳亚和冈瓦纳三大壳块，同这两个大构造带类平行的构造带，是它们次一级、更次一级的分带。带与带之间，以及这些构造带本身，都套着次一级、更次一级的构造带，甚至最简单的断裂面和节理、劈理面。同一系统的构造带，不论大小和级次，其总的方向均一致。两个大的构造带及其分带，都在不同段落迁就北东和北西的斜向构造带，形成锯齿状或舒缓波状。因而，一般看来是近东西或近南北的构造带，分段来看都是斜向的。

就拿地中海和环太平洋这两个大圆构造带来说，其总的走向，前者近东西，后者近南北，但实际上仍然偏离东西和南北相当大的角度。与其说地中海带是近东西的，不如说是北西西的；与其说环太平洋带是近南北的，不若说它靠美洲的东带走向北北西，而靠亚洲和澳洲的西带走向北北东。如果把这两个大圆构造带分段来看又可发现，地中海带的分布是一段近东西的夹一段北西的，甚至南北的和北东的构造带，形成锯齿状或舒缓波状。环太平洋构造带，在亚洲和澳洲一侧，是一段近南北的夹一段北东的，甚至东西的和北西的构造带；在美洲一侧，是一段南北的夹一段北西的，甚至北东的和东西的构造带。它们也都形成锯齿状或舒缓波状。总的说来，它们各段的走向是以北东和北西的斜向占优势。

地中海和环太平洋两个大圆构造带，在东亚作丁字接头，其所以不是交叉关系，则是因为地中海构造带通过太平洋壳块时与一些错动带或"转换断层"遥相接连，变得很不明显的缘故。在中国，地中海构造带及其各分带由西向东撒开，环太平洋构造带及其各分带由北东向南西撒开。天山－阴山、昆仑－秦岭，以及喜马拉雅等近东西的构造带，都是地中海带从帕米尔向东撒开的分带。台湾、浙闽、长白－雪峰、大兴安－龙门山、贺兰－珠穆朗玛、阿尔金、准噶尔界山等北东、北东到北东东的构造带，都是环太平洋带在中国的分带。这两组分带交织成网，在网目中罗列着许多地块，因而使中国地质构造形成一个地槽网贯的地块区。既不好说是地槽区，也不好说是地台区，最好说是地槽网构造地区。

以上各个分带，从它们总的走向来看，地中海分带多是近东西的，但分段来看，则是北西的和北东的构造带，它们互相转折成为锯齿状或舒缓波状。至于环太平洋各分带，在东部总的走向是北北东，其分段则是以北东为主的与走向近南北的构造带互相转折，在西部总的走向是北东或北东东，其分段也是以北东为主与走向北东东的构造带互相转折，成为锯齿状或舒缓波状。

看看秦岭构造及豫西构造，也是一样。秦岭在陕南的构造带基本走向北西西，部分成北东东，部分近东西，到豫西转折为北西。这样的转来折去，也像锯齿状或舒缓波状。在陕南表现为北西西走向和在豫西表现为北西走向的秦岭，又为北东向断裂带分割成斜方地块，这是很清楚的。

豫西各队的同志们都很熟悉，不论在多大缩尺地质图中的断裂活动带及面，其优势走向大多是北西和北东，这些地质图所包括范围内的岩块和石块中的活动面，其走向也都是北西和北东，至于走向东西和南北的断裂活动带或面，则是比较少的。

以上都说明了构造活动带或面，方向上的一致性和统一性。

一般来说，河道的方向反映地质构造，很多地区的水文网多表现为北东和北西的交互关系。豫西地区及河南广大平原上的水文网，更加明显地表现为北东向和北西向。这种表现不是偶然的，都是受构造线的控制，在平原上则受到地下构造线的控制。

总之，按活动带的方向性来说，不论是两个大圆构造带及其在中国的分带所交织的地槽构造网，或是所谓的近东西或近南北的构造带，其总的走向可以看作近东西或近南北。但分段来看，多表现为北东或北西向，因而都形成锯齿状或舒缓波状。局限到秦岭构造带以及它在豫西来看，多表现为北东或北西向，因而都形成锯齿状或舒缓波状。局限到秦岭构造带以及它在豫西的褶皱构造及断裂的走向，也是这样。很小岩块中的断裂面或节理、劈理面的走向，也以北东、北西占优势，东西和南北的则比较少见。

（四）同级构造活动带的近等间距性

前面已经提到，地壳中存在着大大小小的构造活动带，并讨论了这些构造活动带在方向上的规律性。现在我们再来分析一下它们的另一个规律，就是同级构造活动带的近等间距性。

大的构造活动带间距宽，次一级的构造活动带间距窄，更次一级的间距更窄，但就同级构造活动带来谈，带与带之间表现出明显的近等间距性。应当注意，必须是同级的构造恬动带，不能把不同级大的和小的构造带混为一谈，同时还应注意其构造系统。

就东西构造活动带来说，如阴山、秦岭、南岭等构造活动带之在我国东部，阿尔泰、天山、昆仑、喜马拉雅之在我国西部，都是同级大的构造活动带，它们之间是近等间距的，占纬度8°左右。就环太平洋构造活动带来说，台湾、浙闽、长白－雪峰、大兴安－龙门山、贺兰－珠穆朗玛、阿尔金、准噶尔界山等大的构造活动带，也是近等间距的，占经度8°左右。

更次一级的构造活动带也有反映，如阴山与秦岭之间的鄂尔多斯、山西地区，大约在相同的北纬38°线上都反映有个东西构造带。这一带约相当阴山、秦岭两带的中间地带。这里不仅太行山、吕梁山、贺兰山的走向有相当大的变化，黄河、汾河、延河河道也在这个纬度附近大转弯，而且转折的方向基本上一致。北纬38°线南北，都有时隐时现的同级构造带，一条在北纬36°以南，一条在北纬40°以南。这三条次一级构造线的距离占纬度2°左右，也表现了近等间距性。

秦岭构造带本身也有同样情况。这个构造带绵延到豫西，多表现得很明显。豫西的北西向地槽褶皱变质带，由走向北东的断裂带把它分为几条北西向的断块。从丹江口数起到洛阳，可以分为五带：①西峡－桐柏断块带；②西坪－信阳断块带；③南伏牛断块带；④北伏牛断块带；⑤崤山－鲁山断块带。崤山－鲁山断块带的东北，有义马－平顶断块带和嵩山断块带，这里已出了秦岭地槽构造带的范围。这七个断块带的宽度基本相似，说明分割它们的同级断裂活动带大致是近等间距的。

豫西不仅有北西向大致等间距的同级断裂带，北东向的同级断裂带所表现的近等间距性也很清楚。许多北西向断块带被北东向断裂带分割，形成斜方形的块断山块，又在北东向成排分布。明显的北东向块断山块，由北西向南东数有：①华山断块带；②朱阳－三门断陷带；③崤山断块带，④卢氏－洛宁断陷带；⑤熊耳－嵩山断块带；⑥嵩县－伊川断陷带；⑦外方－箕山断块带；⑧淅－鲁－禹断陷带；⑨内乡－平顶断块带；⑩南阳断陷；⑪桐柏断块。这些断陷断块的宽度相差并不悬殊，说明它们之间北东向断裂活动带的间距是差不多的。

较大缩尺地质图也反映出同样的构造近等间距性。西北大学秦岭构造体系研究小组在商洛地区的研究，发现了这样的关系。这里的北西西褶皱断裂带同豫西是接连的，但到豫西转折为北西，二者自然有相似的近等间距性。而且在商洛及豫西地区，都有北东向的近等间距断裂带把它们分割为斜方地块。不仅如此，商洛地区的斜方块之中，还有次一级、又次一级的断裂构造，其中的同级断裂带，都有大约等间距性，也同豫西相似。

这种构造上的近等间距性，规定了成矿的近等间距性。河南地质局三队四分队就曾在南泥湖矿区，根据这种规律性发现了隐伏的岩体和矿体，可以说是个典型的同级构造近等间距的实例。这样根据构造近等间距性找矿的例子还很多，在江西、内蒙及东北各省区都有发现。不同方向的近等间距构造断裂带互相交叉，像棋盘格的样子，往往在这些交点上形成岩体和矿体，南泥湖矿区就可以作为其他矿区找矿的参考。

（五）大小地块在形态和排列方式上的统一性

构造活动带在走向上的一致性及同级构造活动带的近等间距性，规定了地块和岩块等在形态及排列方式上的规律性。由于两组以上的构造活动带互相穿插、网贯，因而被它们所分割的地壳块体，往往成规则的多边形，常呈斜方形或三角形，并且排列也纵横成排，很有规律，如一些地台和中国各大地块的形态与排列，均表现出以上规律。

大陆地块的形态，多呈三角形，也有斜方形；围绕大陆的海洋地块，则往往成斜方形，兼有三角形。由于斜向的褶皱断裂等构造活动带互相网贯，使大地块成斜方形，再由于近东西和近南北的构造活动带穿插，使它们在某些地方形成三角形，这是很自然的。

中国地壳由于地中海大圆构造带分带和环太平洋大圆构造带分带交织成网，

所以叫作地槽网。这里的环太平洋分带一般走向北北东和北东，地中海分带则由西向东撒开，大致走向北西西，只是阴山褶皱带在东段近北东东，这样就使中国地块基本上分割成斜方形。但是，近南北的构造带，如龙门山及三条由西向东撒开的近东西构造带，使川西地块及阿拉善地块都表现为三角形。

在豫西，由北东及北西断裂活动带分裂又镶嵌起来的山块，如嵩山、熊耳山、伏牛山等，都成斜方形。在这些斜方断块山中，又有次一级、更次一级的断裂活动带，把它们分割又镶嵌为次一级、更次一级的斜方地块，甚至小岩块及石块。它们之中，也有因受东西和南北向断裂活动带影响而成三角形的构造带。

由于近东西和北北东或北东向构造活动带的网贯格式，那些斜方形及三角形地块的排列，就在南北向和东西向纵横成排了。

（六）地壳运动的波浪性

前已提到，镶嵌着的地块都曾因剪力集中而发生过或大或小的错动，使相邻地块互作上下或左右的错动。地块之间的反复错动，不论垂向或水平向上，都表现为波浪状（图3），往往形成地垒－地堑构造，或半地垒－半地堑构造。这种规律性不仅表现在大地块之间，也表现在中小地块之间。也就是说，镶嵌的地块往往作不对称的波浪状运动，这将在下面"镶嵌构造运动的波浪形式"中加以论述。

总之，地壳中作整体运动的（所谓"稳定"的）壳块、地块、岩块等，都是由于它们彼此之间的错动，相互间形成构造活动带或断层、节理、劈理等，把它们镶嵌起来，好像是地壳中发生了一级套一级、大大小小的破伤而又愈合了的伤痕。这些活动带基本上都是由剪切应力引起的错动。它们的构造方向基本上都是斜向的，也有近东西和近南北的，真正的东西向和南北向构造活动带较少。同级构造活动带都有近等间距性，同级构造活动带的交叉点上，可有近等间距的岩体或矿床出现，往往作棋子状分布。不论大小地块、岩块都表现为斜方形或三角形，它们的排列近东西或近南北向。地块之间的反复错动表现为波浪形式，大地块成大地块波浪，小地块成小地块波浪，形成大大小小的地垒－地堑，或半地垒－半地堑构造。镶嵌构造所表现的这些规律性，使我们可以把小构造看作大构造的缩影。地壳的镶嵌构造在形体上有大小之分，但在构造形成的理论上是不分大小的。因此，把有关地质构造的学科分为构造地质学与大地构造学是没有必要的。我们不能脱离小的构造形态去探讨"大地构造"理论，也不能脱离地质构造理论去谈构造形态。理论与实践相脱离是不符合认识规律的。

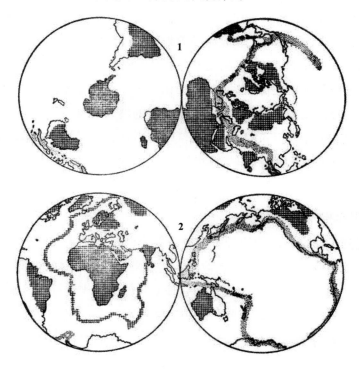

1. 北冰洋－南极洲波浪系统（地中海构造带为其大圆构造带）；2. 太平洋－非洲波浪系统（环太平洋构造带为其大圆构造带）

图 3　两大地壳波浪系统（大圆构造网用密集小点表示）

三、镶嵌构造运动的波浪形式

在这一部分，首先从秦岭和豫西构造地貌上看地壳波浪运动，其次从秦岭构造发展上看地壳波浪的表现形式，最后分析地壳波浪的方向性。

（一）从秦岭和豫西构造地貌上看地壳波浪运动

地壳是固体物质，其波浪运动与流体、气体、电磁、光等波浪运动的不同，在于它基本上采取块状波浪运动。

从秦岭的构造地貌上来看，小秦岭较陡的北坡之上，有一排突出的巉岩峥嵘，高低相似的分水岭，其下有一排开阔的广谷形成阶地。阶肩之下，有一排 V 字形谷，V 谷以下还可见到一些深切的峡谷。翻越分水岭，到小秦岭的南坡，坡度比较平缓，有一排排的山峦向南依次低落，由峦顶构成的总坡度约为 12 ～ 14°。这里的宽谷与 V 谷，地貌与北坡相似，但不那么明显。由此可以看出，小秦岭是个北翘南倾的山块，它的翘倾运动是波浪状上升的。

同小秦岭山块波浪式翘起相适应的，是沿渭河－黄河一带的波浪式断陷。山块上升速度快时，断陷沉降也快，粗屑沉积就多就厚；反之，山块掀起慢时，渭河－黄河断陷沉降也慢，细泥沙甚至碳酸盐、石膏、食盐等都会有沉淀，炭质页岩及褐煤层也会有堆积。这说明了剥蚀与沉积的分异变化，为什么也有波浪式。

豫西的许多山块也是这样，北东侧阴坡较陡，南西侧阳坡较缓。它们的构造地貌也像小秦岭，北东侧翘起，南西侧倾俯，这也可以从河流网发育的不对称性加以说明。它又说明河谷的方向不是偶然的，而是反映地质构造的。

夹在豫西山块之间的河谷，也往往穿过一些构造断陷盆地，其中沉积层的波浪式发育，也同渭河－黄河断陷一样，不过规模较小罢了。但是，南阳断陷盆地还是相当大，这里更有石油的储存。

如果把小秦岭与北伏牛、蟒岭与南伏牛、武当与桐柏联系起来，就成为三带北东翘起向南西倾俯的山块带。它们之间有一边仰起一边断陷的盆地，都形成半地垒－半地堑的构造，可以说是不对称的地块波浪。形象地说，它们的构造形式好像一个在北东—南西向放平的楼梯似的斜阶断块。

北西向断块带也有类似的情况。

大缩尺地质图中是否有类似的构造地貌，需要在调查研究中进一步仔细观察才能证明。但就小构造是大构造的缩影来说，发现同样的斜阶断块构造是很可能的。

（二）从秦岭和豫西构造发展上看地壳波浪的迁移变化

现代秦岭构造地貌所表现的波浪式，是过去由波浪运动产生的结果。根据"将今论古"的地质学方法，古代的地壳运动也应采取波浪形式，形成地块波浪。下面仍然以秦岭构造带为例进行分析。

在太古代，嵩山地区还是个坳陷带的一部分。当时的火山碎屑建造及各种陆源碎屑建造，在嵩阳运动时或以前，已变为片麻岩及片岩等结晶片岩系。那里碎屑的陆源，可以考虑为小秦岭－伏牛山，或崤山－熊耳山构造带。根据三队同志口述，原认为"秦岭地轴"的已有化石证明那里上部有古生代的沉积。但如果考虑古生代地层以太古界为基底，并作为它们底劈褶皱变质的岩层，深深扎根到这个基底之内时，就可以设想，所谓的"秦岭地轴"有可能在早元古代曾经存在（这要进一步研究，现在还不能作为结论）。如果可以这样设想，则"秦岭地轴"不应是固定于商县－镇平地带，而是随时随地迁移的。就是说，太古代它可能出现于宽坪－陶湾构造带，作为高山地区和商县－镇平地带太古碎屑沉积的陆源；到早元古代（早震旦纪），它迁移到了商县－镇平地带，作为宽坪－陶湾及耀岭河建造构造带元古代碎屑沉积的陆源；晚元古代（晚震旦纪），它又可能返转扩展到宽坪建造构造带的一部分，作为小秦岭－熊耳山地带晚震旦沉积建造的陆屑来源；到古生代－三叠纪，"秦岭地轴"更加北迁，扩展到小秦岭－熊耳山地带，作为华北"地台"和秦岭地槽的分界。如果这样设想可以接受的话，就可以认为，所谓的"秦岭地轴"，是在太古"地槽"褶皱变质的基础之上形成，而且通过元古代及古生代的"地槽"发展，逐渐向北东迁移扩展。至于商县－镇平地带的"秦岭地轴"，古生代只是作为地槽的一部分基底而存在，并在中国推迟的"华力西运动"（印支运动）时期，同古生代沉积建造结合在一起的较深结晶片岩构造带。

　　以上在中国推迟的"华力西运动"（印支运动）说法，南京大学地质系的同志们所编《中国地质学》中早就提出。中国地质史中不仅有推迟的"华力西运动"，而且有推迟的"扬子运动"。扬子运动是地矿所大地构造组在《地质学报》（1974年第1期）上发表的《对中国大地构造特点的一些新认识》一文中提出的，包括宁晋运动、澄江运动和寒武系与灯影灰岩之间的构造运动。其实，寒武与灯影之间的运动不明显，我们往往可以在它们之间看到平行不整合的接触关系，但在小秦岭地带互相平行的震旦－寒武系是褶皱在一起的。虽然没有发现其上不整合的盖层，难以确切肯定这个构造运动的时期，但从这个复向斜褶皱带分隔了南北向奥陶系这一点来看，可以推测这个褶皱带是前奥陶构造运动时期形成的。这样一个后寒武前奥陶的构造运动，与其说是早加里东，不如说是推迟的"扬子运动"。像小秦岭－熊耳山－伏牛山这个在前奥陶褶皱隆起的地带，是否可以作为后寒武的古生代"秦岭地轴"呢？可以考虑。

　　扬子运动和华力西运动在中国的推迟，也可以说明地壳波浪时间上的变迁。

　　根据以上设想，豫西秦岭构造带的"秦岭地轴"不是固定不变，而是随时随地迁移的。秦岭在太古—元古代隆起带与坳陷带的这样迁移，可以认为是秦岭构造带在地质历史中的波浪运动。地壳既有波浪运动，依次推波逐浪的发展变化就不可避免。因而，同一构造运动就不免在一个地带发生较早一些，在相邻地带发生较晚一些。中国的"扬子运动""华力西运动"比欧洲都出现得较晚一些，就不足为奇了。拿喜马拉雅运动来说，也不妨认为它是推迟的"阿尔卑斯运动"。在中国有没有推迟的加里东运动呢？有待实践证明，但根据波浪运动理论推测是应有的。

古生代秦岭地槽，更足以说明推波逐浪的地壳运动。陕南安康地区的南秦岭构造带，是从晚震旦到志留的优地向斜，到志留末期褶皱变质。向北越过武当地背斜，则是从晚震旦到三叠的山阳冒地向斜，到三叠末期褶皱变质。由此可以认为，这样一对优、冒地向斜组合，是一个地槽体系的两部分。相应冒地向斜的冒地背斜，是武当冒地背斜；相应优地向斜的优地背斜，可以是巴山地带。这个地槽体系的南带巴山－安康优地背－地向斜发展较早，褶皱变质较早，当时虽说已有武当－山阳冒地背－地向斜组存在，但较平缓，只是在巴山－安康优地背－地向斜组发展到褶皱时，才引起北带武当－山阳冒地背－地向斜进一步隆起得更高，坳陷得更深。这样就使上部古生代地层展布更宽，以致掩盖了最古老的商县－镇平"秦岭地轴"，而且向北展布到洛南地带作为它的北缘，向东南延伸到大别山北部，形成那个冒地向斜的尾巴，直到三叠纪才褶皱变质。因此，古生代秦岭地槽体系的发展，不仅在目前的构造地貌上，而且在历史发展上，都表现有波浪运动。

豫西秦岭构造带中新生代构造上的波浪形式，这一部分开始就已提到了。秦岭的中新生代地壳波浪，与古生代及其以前有所不同。古生代表现的地壳波浪是个海相地槽的发展，由一个优地背－地向斜组及一个冒地背－地向斜组结合而成的地槽体系。如果把元古代的地壳波浪表现形式加以分析，似乎也是由一对优、冒地背－地向斜组合而成的"地槽体系"。至于太古代的地壳波浪，可以推定是由一些隆起带和坳陷带组合而成。但由于当时水体可能较小，不像后来的地槽体系。到中新生代，中国地槽网基本上结束了它们的地槽型构造运动（即地背斜隆起与地向斜坳陷的初期，地槽运动与地向斜建造褶皱变质的二期褶皱运动），进入了后地槽的块断运动（传统地质学认为是日尔曼运动）。这样的块断运动，把中国的构造地貌基本上变成地垒－地堑和半地垒－半地堑的地壳波浪，北美地质界所说的"盆地－山岭构造"，也是这样的半地垒－半地堑构造。

地壳波浪或地块波浪，不可避免在地表形成一带带的波峰夹着波谷。地球上，大陆分布的地带就是巨大的波峰带，海盆地分布的地带就是巨大的波谷带。环太平洋及地中海两个大圆构造带，则是最高波峰与最深波谷相结合的地带。中国地槽网大多数是波峰带，网目中的地块大多是在广大的波谷带。地块和地槽构造带之中，还有次一级、更次一级的波峰带与波谷带。我们在《中国的镶嵌构造与地壳波浪运动》一文中，已经作了叙述，不在这里赘述。

（三）地壳波浪表现的三种形式

以上所说的地壳波浪，容易使人误会，只理解为是地壳或地块的相对升降运动。其实，地壳波浪运动所表现的形式是很复杂的。从地壳波浪运动形式来说，基本分为纵波和横波两种。横波又分为垂向的和侧向的两种。形象地说来，垂向横波好像蚕行时的屈伸，侧向横波好像蛇行时的蜿蜒，纵波好像蚯蚓的蠕行，其运动的方向都是水平的，至于屈伸、蜿蜒都是由于侧向运动所派生的，只有通过垂向的变化，才能体现侧向的行进。

1. 蚕行式地壳波浪运动

蚕行式地壳波浪运动清楚地表现在剖面图上。在地壳中，一带隆起间一带坳陷，一带地背斜间一带地向斜，一带地垒间一带地堑，或一带半地垒间一带半地堑。前边多次提到了，不再多叙。至于较小的褶皱，那就更不用说了，它们的波浪起伏很清楚，是蚕行状屈伸式的。地台或较大地块中的台背斜和台向斜，地槽中的地背斜和地向斜，以及由断裂形成的地垒－地堑、半地垒－半地堑，也都是蚕行式的屈伸波浪，不过后者又可称为地块波浪罢了。

蚕行式地壳波浪，不仅表现在构造横剖面，纵剖面中也有表现。在豫西，不论按北东向切横剖面，或顺北西向切纵剖面，都可见到蚕行式的地壳波浪或地块波浪。

2. 蛇行式地壳波浪运动

蛇行式地壳波浪，清楚地表现在平面地质图中。构造带不论大小，都表现为锯齿状或舒缓波状，说明它们左右转折的蜿蜒摆动。这是从形式上分析的。

不仅构造形式上可以见到蜿蜒的地壳波浪，构造发展中也有表现。如果把天山－祁连－秦岭这样一个北西西向构造线结合起来，作为一个构造带的话，就可发现，北西西向天山构造带（与其斜交的北东东向天山构造带不计在内）的博罗霍洛古生代地槽构造的发展，即构造迁移的方向，主要是从东北向西南；库鲁塔克地槽迁移，主要是从西南向东北；到祁连山又翻过来，从东北向西南；秦岭地槽迁移，又从西南向东北。这样逐段随时代变迁反复转换方向的构造迁移，清楚地说明，一个大构造带上的构造发展是有侧向摆动的，也就是存在着蛇行式蜿蜒摆动的地壳波浪运动。

不仅大构造带中有清楚的蜿蜒状地壳波浪，较小构造体系之中也有明显的表现。例如，许多山字型构造体系的前弧上，往往有不少横断层，它们使前弧构造带分裂为许多小段，互作侧向摆动。最大的构造带，如中间海岭所谓的"转换断层"，实际上也是左右摆动。许多斜列构造，不论是斜列褶皱或断裂系统，不管规模大小，可以说都是由于构造运动的侧向摆动所形成的地壳波浪。

3. 蠕行状地壳波浪运动

蠕行状或冲击式的纵波很多。蠕行状冲击波像蚯蚓的行动，它的头部缩短时尾部就伸长，头部延长时尾部就收缩，身体中的细胞，一段在压缩，一段在伸张。这种波浪运动，有如地震的纵波，以及声波和爆炸以后的气体冲击波等。地壳运动不仅有横波，也有冲击式的纵波。

不论大小地块，相邻的地块对冲时，在它们互相挤压的集中地带，地壳垂向上变厚。褶皱、冲断、岩石变质，都可使地壳垂向上变厚，也就是横向方面收缩。至于相邻地块本身，则相对稳定，不变厚度。地壳运动纵波的表现形式就是这样。

地中海构造带及环太平洋构造带在中国的分带，从每个分带的整体来说，就相当于地壳运动冲击波的挤压收缩带，它们两侧的地块相当于相对的伸张带。地槽在中国分布的近等间距性，就说明它们是某种波浪运动。可以设想，地块作侧向和垂向相配合的差异运动时，互相接近的地块，一方面作天平式摆动，另一方面作相对挤压。这个时候，地块之中很少进行岩矿颗粒和化学分子或原子的密集。但夹在它们之间的地槽构造带，在其地背斜隆起、地向斜坳陷过程中进行屈伸式横向波浪运动的同时，地壳物质就要开始在这里集中，使当带地壳变厚。地槽建造褶皱变质时，岩石发生区域变质，使当带地壳横向上进一步收缩，垂向方面进一步变厚。这样，地块中很少发生物质的密集，地槽构造带相对发生物质密集作用，这种变化实际上是地壳中冲击波的表现。

片麻花岗岩中的断裂片理带，也有表现为冲击波的。我校的秦岭构造体系研究小组，在小秦岭花岗岩或片麻岩中，发现近东西或北西西向、宽达数十公尺的片理带，产状陡，向北倾。这些陡倾的片理带，可以代表一些较深的断裂带。而且同级断裂片理带的大致等同距分布，也是有规律的。这样的构造现象表明，花岗片麻岩中曾发生过冲击波形式的波浪运动。豫西花岗片麻岩中，大概也不免有这样的构造现象。

（四）地壳波浪的方向性

就地壳波浪的方向来说，按构造线方向可以分为四种系统：纬向波系、经向波系及斜向的北东波系和北西波系，但基本上以斜向波系为主。就纬向和经向波系来说，只能说它们的总走向是近东西或近南北的，具体到很多分段来看，它们的构造线往往是北东或北西斜向的，大的如大陆海岸线、大陆边缘的链山系和中间海岭都是这样，大陆之内的褶皱山带也是这样。拿秦岭来说，它属于陆内构造带，总的走向是近东西，但大部分构造线走向北西西，到豫西转折为北西，在陕西还可见到北东东的地段。又如属于经向构造的贺兰山和龙门山，其分段转折也很明显。太行山、吕梁山的走向近南北，但其中的褶皱断裂走向是或北东或北西。大缩尺地质图中的构造线也不例外，北东和北西的斜走向是经常的，而真正的纬向和经向构造线则不是很多。由此可知，地壳波浪系统基本上以北东和北西斜向为主，而经向和纬向波系，实际上是由斜向波系反复转折而成的锯齿状或舒缓波状构造带。有时在斜向波系转折的部位，可以出现一些纬向或经向的构造线，如近东西走向的大别山构造及其北侧的古生代和中生代坳陷带，就是处在这样的部位。

还有一种不可忽视的构造现象，即地壳波浪的发育，往往围绕着一个地台作同心圆状分布，由此可以分出环非洲地台、环西伯利亚地台、环加拿大地台和环南极地台四个波系。一个同心圆环状波系，在接近大圆的地带就形成一个大圆构造带，如地中海大圆构造带和环太平洋大圆构造带等；在大陆地台的对极总有一个海洋盆地，如太平洋对非洲、北极海对南极大陆、南印度洋对加拿大、南大西洋南部海盆对西伯利亚。这样反对极的构造地貌很有意义，将在后面进一步讨论。大圆构造带和构造极地之间的类平行构造带，都是波峰间波谷的小圆构造带。

总之，地壳中镶嵌着的地块，总在进行着波浪运动。目前的构造地貌，表现为一带隆起的波峰间一带洼陷的波谷，是过去构造运动发展的结果；而过去的构造发展所采取的波浪运动，则是随时随地推波逐浪式的变化，这表现为构造坳陷带及褶皱带随时随地的迁移。

　　地壳波浪运动有三种形式，即屈伸的蚕行状横波、蜿蜒的蛇行状横波、伸缩的蠕行状纵波。它们互相联系复合在一起，但可以通过具体分析加以区分。

　　地壳波浪从构造线来说，可以分为纬向、经向和两种斜向，但基本上是北西和北东两种斜向。

　　地壳波浪往往围绕着大陆地台发展。如果把这样一个地台作为一个极地，它的对极地区就表现为一个海洋盆地。在这一对构造地貌上，相反对极之间的大圆附近，往往形成一个大圆构造带。很自然，大圆构造带与构造极地之间的构造带，都是小圆构造带。

四、镶嵌构造及地壳波浪形成的原因

　　镶嵌构造与地壳波浪形成的原因可分为两方面来谈，一是由于地球自转引起的侧压力，二是由于地球脉动所引起的侧压力。

（一）地球自转引起的侧压力对于构造的控制

　　前已提出，就构造线来说，地壳波浪有纬向、经向和两种斜向的系统；从运动形式来说，有屈伸的蚕行状、蜿蜒的蛇行状及伸缩的蠕行状三种。地壳波浪的这种方向性和表现形式，基本上可以归因于地球自转运动所引起的离心力的水平分力，即侧压力。这种侧压力还可以分为经向和纬向两种。

　　经向侧压力由两极向赤道推挤，使地壳顺纬向发生隆起的波峰带与坳陷的波谷带互相间隔的构造形式，开始时的波峰与波谷弧度很大，南北宽8°左右，甚至更宽。这样的波峰与波谷难以察觉，只能看作潜在的波峰带与波谷带。在强大的经向侧压地应力作用下，那些潜在的波峰之上与波谷之中，首先要发生斜向的扭裂网，构成两组斜向的地壳波浪皱型。中国的构造带往往表现为斜向的 X 交叉格局，可以说是从这些斜向的地壳波浪基础上发展起来的。

　　进一步推挤，使纬向的雏型波谷形成海洋盆地，雏型波峰形成大陆地台，其高差到一定程度时，它们之间就要在剪力集中带上发生明显的差异运动。隆起地带与坳陷地带之间的剪力集中，导致相邻地带的互相冲掩，在这里形成较大一级的地壳波浪活动带。这是因为两侧大地块的对挤，使一侧仰冲，一侧俯冲。俯冲一侧由于推掩上覆层的重压而发生海沟，仰冲一侧由于掩覆上爬形成地背斜。初期发生的地背斜波峰向陆发展，势必由于内陆地壳的反射作用形成一带地向斜，

它们就这样合成一个地背－地向斜组。由于波浪运动影响，更向大陆之内还会发生另一个地背－地向斜组。先形成的地背－地向斜组，往往有强烈的基性－超基性岩浆活动，一般叫作优地背－地向斜组，后形成的地背－地向斜组缺乏那样的岩浆活动，一般叫作冒地背－地向斜组。一对孪生的优、冒地背－地向斜组结合起来，构成一个完整的地槽体系。由于相邻一隆一陷的大地块对冲剪切，其间发生的地槽体系中地背斜与地向斜之间的差异运动，可以几倍甚至十几倍于两个大地块差异升降的幅度。地壳中由此发生了作整体运动的海、陆地台与作剪切错动的地槽带相结合的地台－地槽体系。相邻的海、陆地台本身，形成的是波长很大、幅度较小的广阔而缓和的地壳波浪。它们之间发生的地槽体系之中，是波长与幅度都很大的紧闭而激烈起伏的地壳波浪。所以，前者是比较稳定的地块波浪，后者是相当活动的地壳波浪。这就构成地槽发展中第一代构造波浪，此为造山运动的准备阶段。

随着一个地槽体系的初期运动，带来的地质过程就是剥蚀与沉积。地槽体系中，地背斜不断被剥蚀，地向斜不断被充填。优地向斜中，沉积的多有火山碎屑岩及复理石等建造；冒地向斜中，沉积的有陆源碎屑及碳酸盐岩等建造。它们沉积到一定厚度，其沉积层不能抵抗两侧地台对挤时，就要发生强烈的褶皱，形成一个造山的褶皱带。原来地向斜带褶皱隆起的同时，接近原来的地背斜带由于反射关系，不可避免地形成后来的山前坳陷、山间坳陷及山后坳陷等陷槽，接受磨拉石沉积。这是地槽体系发展的第二代构造波浪，此为造山运动的褶皱阶段。

地向斜褶皱带的急速剥蚀，与山前、山后、山间坳陷的磨拉石快速充填到一定程度，由于地槽体系两侧地台的进一步对挤，还要发生第三代的构造波浪。由于原来地向斜褶皱带的紧闭褶皱变质作用，这个时期的地壳波浪就难以进一步褶皱，而采取块断运动，形成地垒－地堑或半地垒－半地堑式的地块波浪。这个地槽体系发展中的第三代构造波浪，是造山运动的块断阶段。

秦岭地槽的波浪发展过程是不是这样呢？很清楚，秦岭构造带在元古代与古生代的两期地槽发展，都曾经过第一代和第二代的构造波浪运动。这个元古－古生相结合的褶皱带，在三叠纪以后都发生了第三代的构造波浪。不仅秦岭构造带是这样，阴山构造带的构造波浪发展也是这样，其他东西构造带也有这样的发展过程。这都说明，经向挤压推动了东西构造带地壳波浪的发生与发展。

　　但是，在东西构造带之中，为什么不按照正东西方向，而往往是呈锯齿状转折的优、冒地背斜与地向斜相结合的地槽体系呢？前已提到，东西构造带形成以前，先发生北东与北西斜向扭裂带的 X 交叉，它们在中国大陆交织成巨大的扭裂网。东西构造带中的地背－地向斜带形成时，不免要迁就先期发生的扭裂，使它们变成反复转折的地槽构造带，这样的后来构造迁就前期构造线的过程，可以叫作压性追踪。在 X 交叉点部位，有时可以表现为正东西的构造线，这样情况的出现，可使东西构造带变成舒缓波状。但还要注意的是，这样的压性追踪所形成的纬向构造带，不能掩盖更大一级的北西扭裂带，如斜贯中国的天山－祁连－秦岭－大别－钓鱼岛构造带。

　　纬向侧压力在类似过程中，使南北向构造带由于压性追踪而同样形成锯齿状或舒缓波状。这些南北向构造带，也往往不能掩盖更大一级的大多数北东向扭裂带，最突出的一带是大兴安岭－太行山－龙门山－横断山构造带。

　　真正的东西向和南北向构造带之所以少见，原因很复杂。上边所提到的两种侧压力是同时作用于地壳，因而构造带的方向性必须服从它们合力推动的方向。

　　在地球自转速度不变的情况下，一方面由于经向侧压力使地壳从两极向赤道推挤，另一方面因为纬向侧压力使地壳由西向东推挤，它们的合力使北半球地壳，特别是中纬度上的地壳向南东推挤，南半球地壳向北东推挤，因而在北半球应该较多地发生发展北东向地壳波浪，在南半球应该较多地发生南东向地壳波浪。高纬度地带，经向挤压占优势，较多地发育东西向构造带；低纬度地带，纬向挤压占优势，较多地发育南北向构造带。但又不能不考虑张力及扭力的影响，而改变它们的方向，使高纬带产生放射状构造线，低纬带产生东西构造带。北半球的中纬地带，地壳的南东挤压，加强原先北东向扭裂带的压性及北西向扭裂带的张性，因而，一方面变成压扭性构造带，另一方面变成张扭性构造带，这是很自然的。南半球的中纬地带，则适得其反，南东向构造带变成压扭性，南西向扭裂带变成张扭性。

　　地球自转速度有周期性的变化。转速变快时，由于物质的惯性影响，北半球中纬地壳有暂缓向南及向东推挤的趋势，南半球中纬地壳有暂缓向北及向东推挤的趋势。因此，北半球中纬地带的北西向构造带变为压扭性，北东向构造带变为张扭性，而且扭动方向与以前相反。转速变快时，高纬地壳的放射性张裂更加强化，低纬地壳受挤压的南北构造带更加强化，而挤压方向相反。这都是暂时现象，等到转速达到稳定时期，地壳中的应力场仍旧恢复以往的情况，不同的是向低纬挤压的经向压力和向东推挤的纬向压力较大一些罢了。

地球转速变慢时，由于物质运动的惯性影响，地壳暂时由高纬向低纬，并由西向东加强推挤。北半球中纬地带的北东向压扭性构造带与北西向张扭性构造带，以及南半球中纬地带的南东向压扭性构造带和南西向张扭性构造带，都暂时强化；高纬地带的放射性张裂和东西向挤压带，以及低纬地带的南北向挤压带和东西向张裂，也都暂时强化。等到转速基本稳定时，地壳推挤和伸张的方向，仍旧从高纬到低纬，从西向东推挤，但推挤的动力较小。

由上可知，地壳构造挤压的方向，虽说随着地球自转速度的周期变化而变化，但地壳波浪的走向却基本不变。当然，由于上述压力方向的反复变化，难免导致局部走向的变化，但无关构造格式的大局。

如果按地质力学推测，一级套一级的地块、岩块、石块等，由于构造运动的不同序次以链锁反应的方式，即由高级序次的构造运动在地壳中引起某种构造现象时，派生次一级序次的构造运动；这一级序次的构造运动，再进一步引起较小的构造现象时，派生又次一级序次的构造运动等。而地应力在地壳中的反复转变，应当万变不离其宗，各级构造线的方向基本上是北东和北西的斜向，部分有东西和南北的走向。这是不论在大缩尺或小缩尺的地质图中，都可以看到的。

（二）地球脉动引起的侧压力对于构造的控制

数百年来，人们认为地球是逐渐缩小的高热液体，由它的表层凝结而成地壳。壳下物质进一步冷缩，地壳变得过大时，就要向下挤压，派生水平压力，发生褶皱及断裂。这是收缩说的概略。二十世纪初期以来，又有地球冷成因的说法，认为它是由于星子和宇宙灰尘聚合而成的。在它增长到相当大的时候，地内蕴藏的大量放射性元素不断放热，积累的热量可使地球膨胀。还有大陆漂移说认为，大西洋在三叠纪以来张开。最近又有板块构造说认为，大西洋曾在古生代以前张开，古生代合拢，中生代以来又张开。在大西洋张开时，如果太平洋面积基本不变，就意味着地球膨胀；反之，如大西洋合拢，就意味着地球收缩。不管地球的膨胀与收缩是否通过上述过程，从唯物辩证法来看，地球的收缩与膨胀都应存在。它们的相互结合，就成为地球的脉动。

冷成因说认为，地球是由小而大发展起来的。地球发展过程，不断吸收宇宙间的物质时，不断增长其质量与体积，不断增大地心引力，地球内部物质受压到一定程度，就会发生相变，使其密度增高，地球就要发生一个时期的激烈收缩。地球增长到一定规模时，由于重压放热，以及放射热的积累，可使地内某种深度的物质达到熔融状态，因而发生膨胀。地球的脉动因而在理论上也可以得到解释。

较重物质在地内的熔融体中，势必逐渐渗入更深部位，较轻物质逐渐转移到较浅部位。

地球的收缩及较重物质渗入更深部位，势必加快地球转速；反之，它的膨胀与较重物质由于火山爆发而返回地表，势必使其自转减速。前已阐明，地球转速的变化，可以导致地壳中侧压方向的变化，但不影响地壳波浪的走向，地壳波浪的格局，在地史的长时期中基本不变。

地球脉动对于地壳构造的控制，主要在于它的收缩。地球脉动的主要矛盾方面是收缩，这是因为地球由小到大的发展，不断加大地心引力，因而不断增高地球密度，它就在不断增长的过程中进行收缩。所以，地球收缩是经常的，而膨胀是暂时的。经常收缩的地球，就要使它有向一个物体最小体积，即向四面体发展的趋势。如果把地球形态加以分析，可以看到四对相反的极地，即四个面对四个尖的四面体形象，如太平洋对非洲大陆、北极海对南极大陆、北美洲对印度洋、亚洲对南大西洋。由此，可以把这四个海盆地比作四个面，把那四个大陆比作四个尖。这就清楚地说明，地球收缩向四面体发展的趋势。

我们还可以看到，围绕任何一个隆坳相反的极地，都发育着一系列的地壳波浪。例如，围绕北极海盆地，有一圈波峰带，西伯利亚地台、俄罗斯地台及加拿大地台恰好在这一带。这一带以南，有咸海－贝加尔－大湖波谷带，更南是地中海大圆构造带。围绕着南极大陆穹起，有一圈海洋，即南大西洋、南印度洋及南太平洋所在的波谷带。其北是非洲、澳洲、南美洲占据着一个波峰带；更北是地中海、红海、恒河平原、爪哇海沟的深陷波谷带，以及阿尔卑斯、喜马拉雅的高耸波峰带。这两带相结合成为一个似岛弧－海沟带，恰好是在南北二极地之间的近大圆构造带。再加围绕非洲构造极地，有一圈海盆地作为波谷带，此外有一圈中间海岭形成波峰带，更外圈又是一带海盆波谷带，然后是西伯利亚、澳洲、南极大陆、巴西、加拿大几个地台所构成的波峰带。这一圈地台波峰带及太平洋海洋盆地之间，又是一个由岛弧－海沟所结合的近大圆构造带。如果对加拿大地台与南印度洋海盆，以及西伯利亚地台与南大西洋海盆，作相似于前两种构造地貌的分析，也可发现类似的波峰与波谷相间圈合的情况，不过不像南北极之间的地中海与非太之间的环太平洋二大圆构造带那样突出罢了。

总之，由于地球脉动（以收缩为主要矛盾方面的脉动运动），不仅可以引起地球自转速度的变化，导致地壳波浪构造及构造带交织成网的大地构造格局，而且可以促使地球有形成一个类四面体的趋势，因而导致南北极、非太、加拿大－南印度洋、西伯利亚－南大西洋四个构造波系。这四个地壳波系与由地球自转速度变化引起的以斜向构造线为主的北东、北西波系，以及东西、南北波系相结合，使地壳波浪系统复杂化了。因此，地壳中的构造网（大构造套小构造）看起来非常混乱，但如进行科学分析，是可以理出头绪的。以上只是初步分析，还需要更多的地质资料予以验证。

五、地质构造与地质建造的辩证关系——地质学的基本原理

毛主席在《矛盾论》中指出："科学的区分，就是根据科学对象所具有的特殊的矛盾性。因此，对某一现象的领域所具有的某种矛盾的研究，就构成了某一门科学的对象。"关于数学、化学、力学，以及其他物理学科的研究对象特殊的矛盾性，毛主席都曾明白指出了，但对地质学研究的主要矛盾还没说明。如果能够捉住地质学领域中的主要矛盾，我们就能更好地解决地质学的革命问题。

传统地质学总是以外动力地质作用与内动力地质作用的一对矛盾，为地质学的主要矛盾。殊不知，这只是由于地球物质所在的环境不同而进行的不同形式的地质过程，而这种不同形式的地质过程，并没有实质上的区别。因为不论地表的或地内的地质环境，都是它自己的地球物理化学条件所引起的地球物质的物理化学变化。在这两种地质环境中，都是地球物化条件的作用与地球物化变化的反作用，推动着地质历史的发展。因而，它们是地质过程中的主要矛盾，即地质学研究的特殊矛盾，什么外动力与内动力地质作用，不过是地质过程中一种表面上比较明显的矛盾，说不上主要矛盾。

如果把构造运动作为地球物化条件变化的前提，再把地质建造作为地球物化变化的结果，则地质学研究对象的特殊矛盾性，就应归结为地质构造与地质建造的矛

盾。由此可以认为，地质学讲来讲去，只是讲了地质构造与地质建造的辩证关系。

建造是构造的基础，构造是建造的条件。没有地质建造，就无从形成地质构造；没有地质构造，也不能引起地质建造。"唯物辩证法认为，外因是变化的条件，内因是变化的根据，外因通过内因而起作用。"因此，地质构造是通过地质建造而起作用的地质过程，地质建造是通过地质构造所引起的地质过程。一部地质发展历史，就是通过这一对矛盾的辩证发展而写入地壳之中的。

严格从"建造"与"构造"二词来说，它们没有多大区别，但是，在地质学中的区别是很明显的。地质建造指的是岩矿地质体的形成；地质构造是岩矿地质体经过形变的结果。也可以说，岩矿体的形变是地质构造的形成过程，而地质构造破坏则是岩矿体形成，即地质建造的开始。因此，地质建造有个形成与形变，由于地质建造的形变而形成的地质构造，也有个形成与破坏；由于地质构造的破坏，才有新的岩矿建造的形成。这就说明，地质建造同地质构造都有破立过程，即建造有新陈代谢，构造也有推陈出新。没有构造的推陈出新，就没有建造的新陈代谢；反之，没有建造的新陈代谢，也没有构造的推陈出新。通过地壳运动，使先期形成的地质建造发生形变，形成新的地质构造，再通过新形成的地质构造的破坏，开始新地质建造的形成。越是新形成的建造和构造，越是复杂，所以，地质建造的形成与形变和地质构造的形成与破坏，是矛盾统一、辩证发展的。它们之所以成为地质学研究对象的主要矛盾，就是因为不论在哪一门地质学科中都有很重要的意义。不仅外动力地质作用方面，内动力地质作用方面，也有岩矿体的形成与形变、构造的形成与破坏，但不能在任何一种岩矿体的形成与形变，或构造的形成与破坏中，都同时包含有外动力与内动力两种地质作用。

不论地表或地内，地质建造的形成，主要是通过地球化学变化；地质构造的形成，主要是通过地壳的构造变动。地质构造的破坏，主要是通过组成那些构造的物质的化学变化；而地质建造的形变，却主要是通过构造变动。所谓的构造变动，则主要是指某种动力的作用及构成地壳的岩矿体的反作用，即应力、应变来完成，因而地质构造过程是力学过程或物理过程。归根结底，地质学研究对象的特殊矛盾性，更好地说是地球化学变化与地球物理变化的辩证发展过程。

矛盾着的两个方面，是可以互相转化的。在地质建造与地质构造（或地球化学变化或地球物理变化）这个主要矛盾之中，矛盾主要方面的互相转化，有时以地质建造（地球化学变化）为主要矛盾方面，有时以地质构造（地球物理变化）为主要矛盾方面。当地球物理（地质力学）过程占统治地位时，就以地质构造为主要矛盾方面；当地球化学过程占统治地位时，就以地质建造为主要矛盾方面。不论地表或地内，都是这样。但是，地质建造与地质构造二者又不能截然分开。它们的互相矛盾，互相联系，时而以这个为主，时而以那个为主；在一些地带以这个为主，另一些地区以那个为主。它们的交替转化，推动着地质历史的发展。任何一个构造带或地块中的地质发展史，都是通过这对矛盾着的两个方面的互相转化而发展。因此，历史地质学就辩证地把地质构造学与地质建造学统一起来了。如果弄清这三门地质学科的辩证关系，就可以掌握地质学的基本理论。因此，进行地质学的革命，也要以两论为指导。

　　为什么说地质构造控矿呢？就是因为地质构造是地质建造的条件。它不仅形成地表地质建造的条件，也形成地内地质建造的条件。构造发展及构造条件相似的地带，不论在某个构造带的地表或某种深部，都有与它们相适应的相似地球物理化学条件，因而可以形成相似的成矿带。金堆城－南泥湖矿带，就是在这样一个构造发展史相似，地球物化条件相似的地带中形成的同一矿带。由于地壳波浪随时随地转移，两个平行构造带的构造发展史就不一样，地球物化条件也会不同，就要形成不同的矿带，特别是一个波峰带与相邻波谷带的矿产建造，有显著的区别。例如，在豫西的北西向波峰带与波谷带，特别是秦岭褶皱带以外的波峰带与波谷带，都是不同的矿带，波峰上多内生金属矿，波谷中多煤、铝、铁、硫等沉积矿。即使是两个平行的隔一个波谷的波峰带的矿产建造，也会有相当的差异性。豫西的北西向波峰带上，可以看到这种情况。

　　矿产分布的近等间距性，与构造形成的地壳波浪或地块波浪有关，同级波浪构造控制了矿产的近等间距分布。矿产的近等间距分布，反过来可以说明地壳波浪构造设想的现实性。特别是与岩浆岩有关的多金属矿，构造带的交叉部位控制了小岩体的分布，而小岩体则是成矿的母体。三队四分队的发现，是值得学习的。

　　构造带的交叉部位，不论地区大小，多是与岩浆岩有关的多金属矿生成的有利地方。豫西的北部就是这样一个地区，它是太行山构造带向南西转折与秦岭构造带相交叉的地区，这里有多金属矿的大量发现。同样，龙门山构造带向北转折与秦岭构造带相交叉的地区是勉、略、宁三角地区，也有不少多金属矿的形成。实际上，从镶嵌构造说的地壳波浪运动观点来看，太行山与龙门山两个构造带是遥相连接的同一个波峰带，只因强大的秦岭波峰带的隔开而难以直接连到一起。但是，我们可以从小秦岭至三角地区看到一系列北东向断裂及斜列的花岗岩体，把它们联缀起来。小秦岭的北东向断裂带很发达，大一级断裂带有较大的近等间距现象，小一级断裂带也有较小的近等间距现象。我们地质系的师生，学习三队四分队的经验以后，曾在小秦岭注意到近等间距断裂带的现象，这可能对于在那里找多金属矿有很大的意义。我们也曾在小秦岭东潼峪的金矿区，见到一些不同走向的近等间距矿脉互相交叉的情况。很有意义的是，在一个老矿洞口外的石壁上，有古矿工刻下的宋代年号，说明九百多年前，我们的古矿工就在那里开发金矿了。重要的意义还不在这里，而在于那里可以看到一些老洞子的开口，往往是在不同走向矿脉的交叉点；更重要的是，一条隐伏矿脉与出露矿脉的交叉点上有个老洞口，在这个口外并没有发现那个隐伏矿脉的迹象。由此可以说明，我们开发矿业的古矿工，已经发现了这样一个按照近等间距与交叉点找矿的规律了。

以上说明了地质历史的发展或地壳的发展，实际上是通过两种矛盾着的运动来推动的，一是机械的或物理的构造运动，一是化学变化的建造运动。这是地质学研究对象的矛盾特殊性，研究地质学就要捉住这一主要矛盾。这样才能弄清地质学原理，才能在地质调查研究中更好地分析问题，解决问题，多找矿，找好矿，找大矿，为祖国的社会主义工业现代化、农业现代化、国防现代化和科学技术现代化作出较大的贡献。

以上所谈的五个问题，关于大地构造学与构造地质学基本没有多大区别，地壳镶嵌构造表现的六种规律性，镶嵌构造运动的波浪形式，由地球自转在地壳中引起的侧压和由地球脉动引起的侧压所导致的两类地壳波浪对于构造带方向性的影响，以及地质构造与地质建造其中包括矿产建造的辩证关系，这些看法都是很初步、很粗浅的，都有待于地质实践的验证。同志们掌握有大量的实践资料，其不符合地质实际的地方，还望同志们多提宝贵意见。

板块构造说的正反面概述[①]

张伯声

　　板块构造说，又叫新全球构造说。它是以地幔对流引起海底扩散的大陆漂移说，是大陆漂移说的复苏。它把整个地壳分为 10 ～ 25 个少数板块，每个板块包括大陆地壳、海洋地壳和上地幔的部分，漂浮在地幔的软流层上，进行或多或少的独立于其他板块的运动，好似河面上的破冰块，互相撞碰磨擦，且在大洋中脊板块增生的内侧，不断由于岩墙的侵入，推开海底地壳，使其扩散；到它的外侧，用大力俯冲到其他板块之下，或被吞没到地下数百公里的深处，重新熔融，因吸收而消亡。大陆地壳则作为板块的一部分，随着板块漂移，有如冰筏中冻结的东西，又像传送带上的物体，随着冰筏或传送带而被运移（图 1，图 2，图 3）。

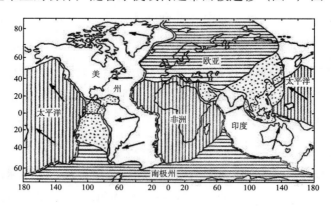

双线表示大洋中脊；箭头指出板块较快（数厘米/年）的运动方向

图 1　地壳中六大板块及一些小板块草图

---

①本文 1976 年发表于《西北大学学报》（自然科学版）第 1 期。收入《张伯声地质论文集》（陕西科学技术出版社，1984）时，作者删节了个别段落。此处依据删节版。

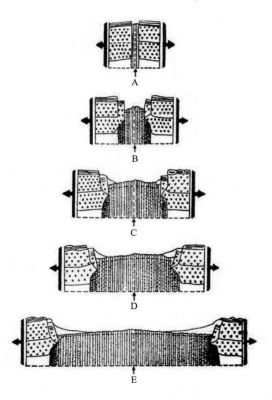

最初，陆壳张裂，岩浆上升，推挤两旁陆壳。洋壳逐渐扩大，其上接受沉积。
A. 肯尼亚断裂谷阶段；B. 红海阶段；C. 亚于湾阶段；D，E. 早大西洋阶段

图 2　洋底演化阶段图

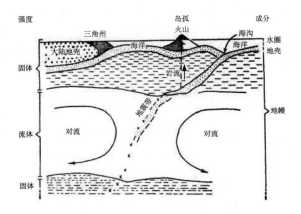

图 3　海洋地壳在岛弧外侧的海沟中吞没图

大陆漂移说是魏格纳在1912年提出的假说。他设想地球上在古生代只有一块被广阔海洋围绕的泛大陆，到中生代开始分裂成几个大陆，四散飘移，逐渐形成目前的海陆分布情况（图4）。但在20～30年代，由于大陆漂移的动力难以解决，以及陆桥说和冈瓦纳大陆沉陷说的兴起，遭到许多学者的反对，在40～50年代沉默了20多年。

晚石炭世　　　　　　第三纪中期　　　　　　更新世中期

图4　大陆漂移的历史——假设非洲是固定的

60年代，赫斯和迪茨提出海底扩散说。他们认为，由于地幔对流，来自地幔的岩浆不断侵入大洋中脊裂缝，增生越来越多的岩墙，推开较老地壳，分向中脊两侧运动（见图2）。这个增生的板块撞到板块外侧的板块时，就在二板块间的海沟中俯冲下去，更因俯冲板块下落的拉力及传送带式的推力，在一侧增生的板块，到这里被吞没，越落越深，最深可达720公里，在地幔的高温影响下，不断销熔（见图3）。这样就使冻结在板块中的大陆得到漂移。大陆漂移说因此复活。

海底扩散说的主要根据，一是地震带的分布，二是古地磁带在大洋中脊两侧的分布，三是海底钻探的资料。

世界地震集中在三种地带（图5），即大洋中脊的张裂带、岛弧－海沟的挤压带和进行水平推移的转换断层带（图6）。它们形成板块的边界，规定了海底扩散的范围。

反复倒置的古地磁异常带，在大洋中脊两侧作对称分布（图5），从中脊向两侧排列，有对称编号，从1到32，其单位是一百万年。但只在中脊两侧清楚，越离中脊越模糊，而且只在部分中脊两侧发现，大部没有表现。

深海钻探与古地磁资料证明，海底地层的时代，基本上没有老于中生代的，而且是海底地壳层，即基底玄武岩的年代离开中脊越远越老（图5，图7）。海底火山的年龄也是这样。在例外的地带也曾作了解释，如在阿留申岛弧－海沟带以南的海底年龄是很乱的，曾有作者千方百计作了勉强的解释。

海底扩散的推动力是地幔对流（见图3）。这种对流与其说是事实，不如说是设想。

海底扩散及大陆漂移所结合的板块构造运动剖面形势见图8。

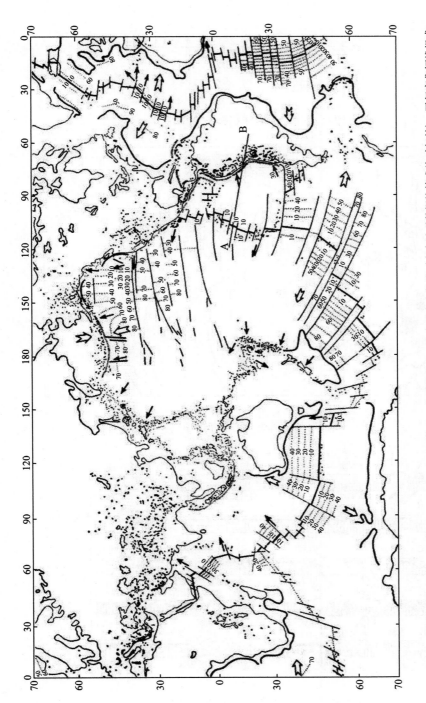

图 5　板块学说要素图

小点: 震中; 粗线: 大洋中脊; 细线: 断错带 (转换断层); 点线带数字: 海底地壳生长线 (由古地磁数据换算成算绝对年龄); 平行密集短线组成
的条带: 深海沟; 细曲线: 大陆缘的界线; 箭头: 扩散方向

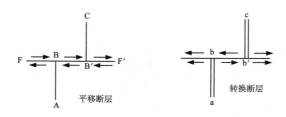

图 6　转换断层与平移断层的区别

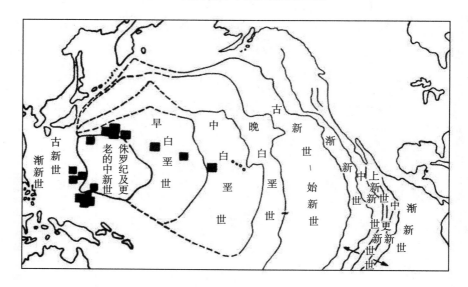

图 7　太平洋北部海底年龄图

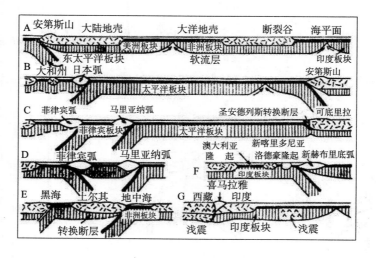

图 8　海、陆、板块之间的各种关系

以地幔对流、地震带、古地磁带，以及海底地层分布为基础而提出的海底扩散说与板块构造说之所以流行，而且现在在国外相当地占统治地位，是因为它的反面证据被忽视了。对于板块构造及新大陆漂移说的反面意见也是很多的，可以分为六个方面：①地质与古生物；②对流；③海底扩散；④古地磁；⑤板块构造；⑥板块运动的推动力。

1. 地质与古生物上的反面意见

关于海岸的符合，中间海岭似乎使人相信海岸的符合，但实际还远没解决。有些构造对不起来。在大陆的再造图中，往往人为地漏掉一些地块（如加勒比海），或重叠一些地块（如要非州与南极洲接合，必须割去南极半岛）。

如果说海底是新的，为什么有三叶虫化石从西北大西洋海底拖了出来？这固然可以用冰筏漂来的说法解释，但印度洋内也有古老的岩石拖出来，驳了冰筏漂来的设想。因此，难以使人相信海底都是中新生代的。而且，有越来越多的较古地层在大洋中发现。况且，海底地壳长期以来难遭剥蚀，较新地层盖覆较老地层，是符合自然逻辑的。

古冰川、干旱地带、碳酸盐岩、煤层及古生物分布的研究等都可证明，目前大陆分布对古地理气候带来说，从古到今没有很大变化。根据二叠纪冰川及石炭二叠煤系的分布，不能设想非州在当时是冈瓦纳大陆的中心。因为煤系地层和冰碛层都是潮湿地带的堆积，根据冈瓦纳大陆漂移前的再造图，非洲处在远离海洋的大陆内部，不可能曾有潮湿风的吹入，这就排除了石炭二叠煤系和二叠冰碛层在非洲堆积的可能性。

中元古代以后，各时期的蒸发岩，如石膏、盐层等，至少有95%出现在目前的干风带影响地区，而且其分布对现在的自转轴来说是对称的。干风带的位置决定于地球自转轴、海盆和大陆的分布。因此可说，自转轴、海盆和大陆的相对位置，在十几亿年以来基本未变，证明许多大陆在南北方向不曾有远距离的漂移。

从元古代及古生代碳酸盐岩的分布来看，也可得到与上相似的结论。它们分布的广阔地带，在现在的热带两侧，大约是对称的。

从现在沙漠地带发现的地层层序表明，古代沙漠地带同目前沙漠带分布相似。

以上情况说明，从中元古代以来，大陆在纬度上的变化不大。至于东西方向的漂移，至少在北半球，则由于北部大陆架的几乎接连（只差斯匹茨堡和格陵兰之间 50 ～ 70 公里之隔），也是可以否定的。

古生物群和现代生物群的研究，没有可以作为支持大陆漂移说的根据。不完全了解生物传播方式的生物学者和古生物学者，往往抓住一些"例外"的古生物记录，忘记了全部古生物群。从设想曾经连结的不同大陆上，选择少数化石的同样性，忽视大多数化石的差异性，势必弄到不科学的观察和分析。但这种不科学的工作，却得到了广泛的盲目承认。根据一些零星的生物地理学和古生物地理学分析研究，可以证明，生物和古生物在地球上的分布都有纬度限制，因而可以否定地极的严重徘徊和大陆的南北迁移。关于否定大陆南北漂移的古生物证据，梅耶尔胡夫等在《新的全球构造说：主要的矛盾问题》中论述不少，可以参考。

再从地中海构造带的研究：①围绕地中海的地层；②从西班牙、摩洛哥到黎巴嫩围绕地中海的地层构造的密切连结；③中东和波斯湾的地层构造关系；④在印度、巴基斯坦、尼泊尔、中国和苏联的中亚冈瓦纳和特提斯地层的互相交叉；⑤印度、亚洲内部和阿拉伯之间的构造结合；⑥亚洲与澳洲之间的地层构造关系；⑦从西班牙到塔斯马尼亚的古生物群的密切关系。处处表明，特提斯从显生宙开始，一直是一个气候带内比较狭窄的海盆，一个没有多少纬度变化的东西构造带，它不可能是板块构造说所认为的欧亚与非印澳之间的消亡带。

秘鲁和智利海沟中的新生代沉积层不曾变形，说明海洋板块俯冲到大陆板块以下的构造运动，至少从新生代一开始就停止了。但板块构造说认为，新生代的海底扩散还是快速的（见图 7）。

2. 地幔对流

没有地幔对流，不会有大陆漂移。

对流是根据地震、古地磁及海底地质的假设，难以解决以下矛盾：

哲弗雷用重力异常证明地球的非静压状态；地轴的烛头式摆动存在；月球的轨道、自转、形状；直接的岩石试验；并通过非静压的赤道膨胀，推导出的高值黏性，认为地幔对流是不可能的。人造卫星观察得到同样结果。而且上地幔对流体太小，连接不起来，使上地幔对流体的横距大于垂距 5 倍，这同设想的现在对流体的巨大规模不相称。

对流说要求大陆集中到两极或赤道，这不符合实际。

地幔内的化学界限或岩相界限清楚，对对流是矛盾的。地幔内有对流又有相的变化是个问题,因为如果有对流,地幔内部化学或岩相的界限,势必遭到了破坏。

等量大陆与海洋的热流,也对地幔对流和大陆漂移提出了问题,因为对流要由地幔中不同地带的热不平衡所引起。

地核由于来自地幔下沉的铁而正在增大,因而控制着地内对流体的规模。这个观点由于球协和函数的规模并不像一般认为的对流体格式,而且对铁珠向下运动的可能性在动力学上也有困难。因为它一定要导致地球自转的加速,这同实际上的变慢有矛盾。

3. 海底扩散

海底扩散的传送带过程是在大洋中脊增生新海底,再从这里以板块形式向大陆运动,到海沟带又俯冲落入地幔,因而被吞没再熔消亡,这对地球化学有矛盾。地壳在消亡带由于重力落入地幔深处,不能接受,因为地壳的化学成分不同于地幔,比地幔密度小,只能是地幔浮起地壳,地壳不能插入地幔。地幔只能在岛弧以下向上卷起,不能在这里向下打弯下沉。所以说,地壳在这里沉落,拉着海底地壳运动也是有问题的。火山岛在大西洋中脊两侧被驮下坡的观点有问题。海底扩散的板块构造模式,不能很好适应一个坚固的板块以上的岩流喷发。况且,热点的设想又不适合对流观点。如果地幔内的热点长期停留在一点,地幔对流怎么还能进行呢?对流不能发生,海底扩散也就不可想象了。

由于地幔与下地幔之间的软流层厚度可能只有 300 多公里,几千公里宽的对流体就难以设想,由此而来的板块运动就遇到困难。如果用李四光的地质力学观点来说明地块的水平运动,那是可以的。

而且,还有海底收敛说与海底扩散说对立。它说的是与海底扩散说相反的地幔对流,驮着海底地壳从大陆边缘向大洋中脊运动。根据海底沉积资料,陆源砂砾从亚马孙河冲入大西洋以后,有一部分已经向大西洋的中脊上爬。这样就不是海底由中脊向大陆扩散,只能是从大陆边缘向中脊运动,也就是向中脊收敛。如果接受这个假设,大洋中脊就不是张裂带而是挤压带了。由于两侧对挤,就在大洋中间涌起,成为海底山岭。

以上各点都可说明,海底由海洋中脊向大陆扩散是有问题的。

4. 古地磁

古地磁的研究对大陆漂移说有了刺激,使其复苏。但古地磁场顺自转轴两极表示的稍微而足够的偏向，使古地磁法应用的设想不能肯定。古地磁的分布有其局限性，只占大洋中脊的几段，不是在所有中脊发现。

从寒武到目前全部地质时期的所有古地磁资料，最符合一个很复杂的非两极性。地极徘徊的设想，可能是由于对磁场变位的误解。地球及其气候带保持它们平行于目前的赤道，说明了古地磁轴的可变性及地球自转轴的大致稳定性。如果没有外来推动力，地轴的大变位是难以设想的。况且古地磁常有倒转现象，也说明古地磁轴与地球自转轴不总是一致的。如用古地磁方向的变化，来推测自转轴在古代有大幅度的变化，是有问题的。

在大陆再造图中，矛盾的古地磁资料往往被排除在计算以外。大陆再造图和大陆上古地磁再造图的近似符合，在仔细研究时，其实勉强到没有什么意义。这些磁极变动的范围约占经度 30°，它们的时代从寒武到泥盆，其中有一对志留磁极在纬度上距离 50°，这是不可设想的。

用最可靠的古地磁资料计算，地面上的几个片块，同一时期处在同一地位，而且西伯利亚的库兹涅茨克盆地，必须孤立于其他大陆而经历一段流浪的时期。

5. 板块构造

板块构造说优越于旧的大陆漂移说，但除与前节所提出的矛盾之外，还有其他一些问题。

板块意味着平板，但地壳的碎片都是穹隆状的壳块，其出发点就不合实际。

板块怎样从大洋中脊推开，到现在还没一致意见。一种意见是岩脉侵入，另一种意见是开裂侵入后的蛇纹岩化，膨胀，扩散。但在深海钻探中遇到的多是没有蛇纹岩化的岩床，这对前二种设想都不相符。

格陵兰东南大陆架上的磁基底（包括第三纪岩脉群），可能是靠近大陆的磁异常格局的起因。因而，对称的磁异常不一定同海底扩散及板块构造有关。磁带在中东的阿法尔三角洲和加利福尼亚地区的大陆坡下都有发现。

板块构造说难以说明地中海地带的运动。这里没有比 70 公里深的震源，难以解释欧非二板块界上的岩壳消亡。

巴哈马地台和加纳利群岛在非洲－北美之间是个症结，必须设想有个微型大陆。

阿留申海沟的磁异常格局很难解释。

根据板块构造说，围绕非洲及南极洲的大洋中脊必须随时迁移地位，使两个中脊圈同时扩大，且在南极洲岸边没有板块消亡带，很难设想。这牵涉到地球的高速膨胀，如太平洋的面积基本不变的话，这是难能的事情。

6. 推动力

地幔对流很难不适应地球自转的方向，因而板块运动不能是杂乱的。地壳中构造带的有序排列，说明地壳中镶嵌的大大小小地块，在形式上和运动中的规律性。地壳中大大小小块体运动的共性，使人难以想象，小地块之下有什么地幔对流，因为无数小地块断裂的深度达不到"对流"的地幔深处。用地幔对流只能对大板块来说，用地质力学就可以阐明大的和小的地块，以至岩块的变动。而且，大大小小地块及其中间的构造带或断层面、节理等运动的规律性、方向性的解释，都符合于地质力学，而不服从地幔对流。

地球自转是实际，在这里可以找到地壳运动的实际推动力。地幔对流是假设的，其中追求的板块运动的推动力，也只能是假设中的想象。舍地球自转的实际而追求地幔对流的设想，来寻求地壳运动的推动力，就是离开了物质的基础而在主观方面下工夫，走入了唯心主义的死胡同。

由上可知，板块构造说，虽说在国外地质界有一定程度的流行，但还应在进一步的实践中加以验证。它可以解释许多难解的地质问题，但这些问题也未始不可通过其他地质过程来解释，蛇绿岩、混杂岩及蓝片岩问题，是可以通过褶皱断裂及变质的复杂配合，在不同深度、不同物理化学条件下形成的，无需板块运动就可以说明。至于深大断裂的生成，则可以现实的地球自转来探源，无需求之于假设的地幔对流。因为有这些反对意见，我们对于板块构造说的完全接受，还应等待一段时期。但也可能由于我国地质力学理论的发展，以及其他观点的补充得到地质实践的验证而被放弃。

参考文献

〔1〕李四光. 地质力学概论. 科学出版社，1973

〔2〕尹赞勋. 板块构造评述. 地质科学，1973 年第 1 期

〔3〕A·A·梅耶尔胡夫，H·A·梅耶尔胡夫. 新的全球构造说：主要的矛盾问题. 张伯声节译. 西北大学地质系及教务部科研生产组编选科学技术参考资料，1973

〔4〕张伯声，王战. 中国的镶嵌构造与地壳波浪运动. 西北大学学报（自然科学版），1974 年第 1 期

中国镶嵌地块的波浪构造①

张伯声　王　战

一、引言

中国地壳同整个地壳一样，有规律地排列着两个系统的主构造带。它们互相交叉，形成中国构造网。网目中分散着镶嵌地块。构造带和地块由次一级、再次一级等的构造带、断层、节理分为次一级、又次一级、更次一级的地块套地块构造。它们有规律地排列成行，不断在空间上和时间上，进行或上下，或左右的波浪运动。镶嵌地块波浪运动主要是由地球自转速度变更引起的侧向压力所推动的，这与板块构造说假设的推动力有本质区别。

本文通过对中国镶嵌构造与地壳波浪运动的论述，以及形成地壳波浪与中国镶嵌构造图案推动力的分析，概略地说明地壳镶嵌构造与波浪运动的基本观点，并初步提出如何运用这种观点来为社会主义建设事业服务。

自从近年板块构造说介绍到国内以来（尹赞勋，1973），一些地质工作者曾联想到镶嵌构造说（张伯声，1962，1965），认为它同板块构造说有"合拍"的地方，还有不少人认为"镶嵌构造"就是"小板块构造"。但是，不管从实际上或理论上，它同板块构造说都有相当大的距离。

以往有不少地质学者，如布鲁克（1956）、威克斯（1959）、裴伟（1960）、哈茵（1960）、别洛乌索夫（1961）等，提出过地壳构造的镶嵌形式，但他们多一般性指出它是杂乱无章的镶嵌。张伯声（1962）则认为，地壳中有不同系统及不同规模的构造带与断裂，把它分为一级套一级的、排列有序的、大大小小的地块，又把它们镶嵌起来，好像破伤了的地壳又被愈合了的伤痕缝合起来的样子。1965

①本文收录于《国际交流地质学术论文集·1·区域地质 地质力学》，地质出版社，1978年。

年又进一步认为，不同级的镶嵌地块都表现为不同于流动波的"块状波浪"，由此提出了"镶嵌地块的波浪构造"。张伯声和王战（1974）对于这种构造的发展过程，结合了李四光（1937，1945，1962等）的地质力学，比较切合实际地分析了中国地壳构造发展的基本特点，及其与整个地壳构造发展的一般性规律之间的关系。通过广大地质工作者的大量实践，所进行的这样逐步深化的分析，符合于"实践，认识，再实践，再认识"的辩证过程。而且可以预料得到，随着我国社会主义建设事业突飞猛进的发展，随着地质新资料、新发现的不断涌现，镶嵌地块波浪构造说还要随之进一步发展和完善。

再者，镶嵌地块波浪构造说还不同于贝麦伦（1933）和别洛乌索夫（1954）提出的起源于深部岩浆的波浪运动，也不同于哈尔曼（1930）波浪构造说的地球主要构造是由于宇宙能所产生，而次要构造是由引力滑动或压力沉陷的结果，更有异于葛利普（1936）脉动说的大陆有节奏升降引起广泛海退与海侵，又有异于乌木勃格罗夫（1947）脉动说认为的壳下物质发动的脉动构造过程。所有这些波状运动的说法，都强调地壳的垂向运动，都同李四光的地质力学所强调的侧向运动有很大矛盾。镶嵌地块波浪构造说不但认为地块波浪主要进行的是侧向传递，而且在其产生的机制方面，也认为李四光的地质力学理论所阐明的地球自转速度的变更是一个重要因素。

二、中国地壳的镶嵌格局

共性寓于个性之中。全球地壳构造格局的总形势是归纳了不同地区的地壳构造特殊性而得到认识的。作为整个地壳一部分的中国地壳构造格局之中，自然包含着整个地壳构造的共性。这个共性似乎可以说是由于地壳的波浪状构造运动，形成了目前的波浪状镶嵌地块构造。中国地壳构造就是这样由不同方向和不同规模的构造带分割的大大小小的地块，再由这些构造带结合起来的波浪状镶嵌构造。

地壳中的构造带，不论大小，其分布都有一定的格局，由它们分割开来又镶嵌起来的大大小小的地块、岩块等，都有规律地排列。

最显著的全球性一级构造带是环太（平洋）构造带和地中（海）构造带，它们在构造地貌上是差异运动最大的断裂带，是岛弧－海沟带或类岛弧－海沟带，又是寰球最活跃的火山带和频率最繁、震级最强的地震带。它们的分布接近地球上两个大圆，叫作大圆构造带。两个大圆构造带把地壳分为太平洋、劳亚、冈瓦纳三大壳块，也曾叫作巨大地块（张伯声，1962）。

大圆构造带本身之中，有次一级、再次一级、又次一级的构造带，以至断裂面和节劈理。壳块之中也有次一级、再次一级、又次一级的地台、地块，以至岩块、石块。因此可以说，整个地壳是由一级套一级、级级相套的大大小小的构造带或面所分割的一级套一级、级级相套的大大小小的地块或岩块，又把它们结合起来的构造。好似破伤了的地壳，又被愈合了的伤痕结合起来的形象，因而叫作地壳镶嵌构造（张伯声，1962，1965）。

地中大圆构造带和环太大圆构造带分割地壳为劳亚、冈瓦纳、太平洋三大壳块，中国恰好处于两个大圆构造带的丁字接头和劳亚壳块的东南一角。由于地中和环太一些类平行的分带，在中国交织成网，构成了中国构造网，在网目中有秩序地排列着许多地块。它们在过去既为纵横交错的地槽坳陷带所分割，到目前又为地槽褶皱带所结合，而且不论在地块或地槽褶带之中，都有次一级、再次一级、更次一级的错动带，再分割、再结合的一级套一级的大小地块、岩块。这就勾画了中国地壳的镶嵌格局（图1）。

环太构造带及一些外太构造带纵贯中国南北，在中国东部走向大致北北东，中部变为北东，到西部转成北东东，形成在东北收敛，向西南撒开的帚形。地中构造带及一些古地中构造带，则由帕米尔向东作扇形撒开，横贯中国东西。它们好像两把交织的扇股或扫帚。在大多数构造分带之中，出现强烈褶皱、断裂、岩浆活动和变质作用，它们活灵活现，跃然于中国地质图中（图1）。这是构成中国大地构造格局的基础。

从目前的构造地貌上看，地中构造带与古地中构造带，以及环太构造带与外太构造带，多是自元古到现代不同时期的地槽褶皱造山带，它们在中国地区交织成网，也可以说中国的大地构造是个地槽网。夹在地槽褶皱隆起带之间的是地块沉陷带，在沉陷带交会的地区出现一些地块，它们正好处于网目之中。由此形成的构造地貌，好像两大系统的巨大波浪，叫作"地壳波浪"或"地块波浪"。褶皱断裂隆起带的所在是波峰，地块沉陷带分布在波谷。不同方向的波峰与波峰相交地区，隆起互相叠加，波峰往往更高；波谷相交地区，由于双重沉陷，波谷往往更低；波峰与波谷相交地区，则因不同情况，有时表现较高，有时较低。中国地壳的镶嵌构造，就形成了这样有规律的构造格局（图1及表1）。

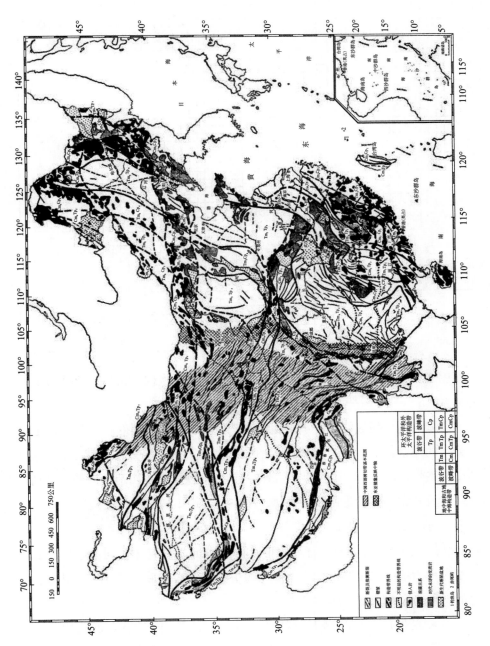

图 1　中国构造格架图

表1　中国构造网及网目中地块分布格局表

太平洋-非洲波浪系统 ＼ 北冰洋-南极洲波浪系统	外　太　平　洋　构　造　带												环太平洋岛弧海沟构造带	
	准噶尔界山-阿尔金沙勒岭波峰带 Cp₇	准噶尔-塔里木波谷带 Tp₇	阿尔金-西昆仑波峰带 Cp₆	柴达木-西藏波谷带 Tp₆	贺兰山-珠穆朗玛波峰带 Cp₅	鄂尔多斯-川西波谷带 Tp₅	大兴安-龙门山波峰带 Cp₄	松辽-四川波谷带 Tp₄	长白-雪峰山波峰带 Cp₃	黄海-湘赣波谷带 Tp₃	东南沿海波峰带 Cp₂	东海-南海波谷带 Tp₂	台湾波峰带 Cp₁	台湾海沟波谷带 Tp₁
古地中海构造带｜阿尔泰-兴安波峰带 Cm₆														
准噶尔-松辽波谷带 Tm₆		准噶尔地块 Tm₆Tp₇				锡林郭勒地块 Tm₆Tp₅		松辽地块 Tm₆Tp₄		那丹哈达地块 Tm₅Tp₃				
天山-阴山波峰带 Cm₅														
塔里木-河淮波谷带 Tm₅		塔里木地块 Tm₅Tp₇		柴达木地块 Tm₅Tp₆		鄂尔多斯地块 Tm₅Tp₅		河淮地块 Tm₅Tp₄		黄海地块 Tm₅Tp₃	东 海 地 块		台 湾 海 沟	
昆仑-秦岭波峰带														
西藏-四川波谷带 Tm₄				西藏地块 Tm₄Tp₆		川西地块 Tm₄Tp₅		四川地块 Tm₄Tp₄		湘赣地块 Tm₄Tp₃				
地中海岛弧海沟构造带｜喜马拉雅波峰带 Cm₁							南岭波峰带 Cm₃							
波谷带 Tm₁						广西-广东波谷带 Tm₃		广西地块 Tm₃Tp₄		云开地块 Tm₃Tp₃	南 海 地 块			
							哀牢山-海南岛波峰带 Cm₂							
							南海波谷带 Tm₂							

　　对照图 1 与表 1，可以更清楚地了解中国地壳的镶嵌构造格局，及其与地壳波浪的关系。

　　表 1 所列的这一级波峰，一般是地槽造山带，在它们之间的波谷，往往是较大地块分布的地带。表中 C＝波峰，T＝波谷；p＝环太及外太构造带，m＝地中及古地中构造带；1，2，3 等数字＝各带的号码，其顺序由主构造带向外带排列。因而，环太及外太构造带是由东向西排，地中及古地中构造带是由南向北排。这样的排列，可与图 1 相对照。

　　表 1 中有个问题需要解释：喜马拉雅波峰带（Cm₁）在这里是同古地中带结合的。它本应列为地中主构造带，但由于照顾中国东西构造带大多有从地中构造主带分岔的特点，必要时，也可把主带的某个地段同一定的古地中构造带联系来看。例如，从西来的地中构造带在帕米尔聚合成束，它的天山分支先从阔克沙勒岭向北东延伸，然后转折向东绵亘为天山，隔着居延盆地遥接阴山；它的昆仑分支则由北西走向的喀拉昆仑南端岔出，转折向东，再由秦岭隔着南阳盆地遥接大别；

由喀拉昆仑更向东南蜿蜒，更高耸起为喜马拉雅，在它的东端，隔横断山分支为哀牢山，走向南东，从云南出国境，过越南，隔北部湾，遥接我国海南岛。喜马拉雅构造带与南岭大约在一个纬度，隔横断山、康滇地轴、江南地轴，互相遥接。就构造地貌上看，可以认为，它们有遥相接连的关系。所以，喜马拉雅既是地中构造带的主带，也可以看作古地中构造带的一段。

从图1可以看出，在中国构造网中，不同时期地槽褶皱断裂带所形成的波峰，互相之间有一种类等间距现象。原来曾把贺兰－喜东波峰带、阿拉善－拉萨波谷带及狼山－珠穆朗玛波峰带分作三带（张伯声，王战，1974），现在从这种似等间距现象，把它们合并成一个波峰带，原划的两个波峰带及一个波谷带，则作为归并了的波峰次一级构造。

每个一级波峰或波谷带，都可划分为若干次一级、再次一级、又次一级构造。表1所列只是中国构造网的第一级构造。

三、中国镶嵌构造的波浪发展

前面阐述的中国构造网的镶嵌图案，只是就目前构造地貌上，看出了地壳波浪的表现。还应进一步设想，反映到现在构造地貌上的波浪构造，都是过去地壳波浪运动发展的结果。

中国东部地壳由古地中构造带，如阴山、秦岭、南岭等近东西向构造波峰带，分隔了东北、华北、华南等构造波谷带，再由外太构造带，如长白－雪峰及大兴安岭－龙门山等北北东向构造波峰带，在华北隔开河淮、鄂尔多斯，在华南分离湘赣、四川等地块（见图1）。波峰带所在往往有不同地质时期的地槽体系，它们的交织形成了中国构造网。波谷带重合的地方出现一些地块，它们恰好在网目之中。中国构造网不仅在目前的构造地貌上表现为地壳波浪形式，而且在地史中不断地进行着天平式的波浪摆动。下面就以秦岭构造带及其两侧地块的波浪构造发展为例，来说明中国地壳波浪的构造发展。至于其他构造带及其两侧地块的波浪运动，则只作概略的分析。

作为天平摆动支点带的秦岭构造带，隔开华北和华南地块，它们自古以来就不断作天平摆动。太古界结晶杂岩，如泰山、桑干、五台、登封等岩系，较多分布于华北各地；元古界结晶片岩，如昆阳群、板溪群等，普遍出现于华南各地。

由此可知，太古代华北大部分地区多有沉陷，华南可能多曾隆起；但到早中元古代，华南各地大多坳陷，华北多处反而上升。它们好像天平摆动（张伯声，1959）。

如果把华北、华南在元古代的构造发展加以对比，可更加清楚地看出，这样的天平摆动确曾发生（图 2）。王曰伦（1953）曾对中国北部的震旦系有所论述，刘鸿允等（1973）曾对中国南方震旦系作了研究，黄汲清、任纪舜、姜春发等（1974）与中国科学院地质研究所（1974）又把华南、华北的震旦系作了对比。综合四家观点，可以分析华南、华北地块在元古代的天平摆动，以及由此而引起的秦岭地槽体系的波浪运动（图 2a，图 2b）。相当普遍地分布于华南各地的昆阳群和板溪群等，都是晋宁运动或它以前褶皱变质的早中元古代地层。在华北地块上，相似时期的滹沱群、嵩山群、粉子山群、长城系、蓟县系等分布，则有很大局限性。由此可以认为，在早中元古代，华北地块多有上升，华南地块普遍沉陷。到晚元古代或三峡群沉积的震旦纪，华北地块经蓟县运动上升，华南地块虽曾经过晋宁运动的褶皱造山，但在夷平以后又行沉陷。这可以从南方普遍分布千米到数千米厚的三峡群，而北方大部分缺少这样的震旦系推知。

华北、华南两地块，在蓟县运动上升或晋宁运动前后的天平摆动，不能不引起秦岭地带发展为一系列的地背斜、地向斜相结合的地槽体系。所谓的"秦岭地轴"，可能是当时一个地背斜部位。"地轴"地背斜的快速隆起，不能不在它的两侧引起急剧坳陷，形成两个中元古代地向斜。南侧地向斜在湖北郧县及武当山地区，其中沉积了郧西群夹火山岩建造；北侧地向斜在陕西洛南及河南栾川地带，其中沉积了宽坪群夹火山岩建造及陶湾群碳酸盐岩建造。因此，宽坪群所在的地向斜应是中元古优地向斜，陶湾群所在应是当时的冒地向斜。由于它们之中的岩相很不一样，还应设想宽坪、陶湾两个地向斜之间，曾有一个冒地背斜把它们分开，这样就成为一个优地背-地向斜组和一个冒地背-地向斜组。它们的成对结合，构成一个优、冒地背-地向斜偶（奥布音，1965）地槽体系。在"地轴"南侧的武当地块出现郧西群，主要为变质火山岩及陆源碎屑岩建造。因此，武当地块在中元古代也是个优地向斜，武当地块以南可能曾有一个中元古代冒地向斜，但由于后来的下部古生界掩盖，难以看出。由此可见，秦岭的中元古地槽是由两对优、冒地背-地向斜偶组成的相当复杂的离心发展的双地槽体系。这样复杂的地背-地向斜地壳波浪的形成，同华北、华南两地块反复作天平式波浪摆动应有密切关系（图 2a，图 2b）。

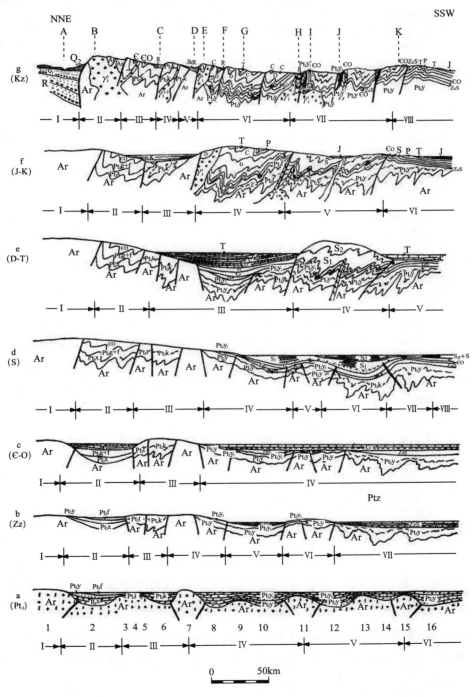

a（Pt₂）：东秦岭－大巴山中元古地槽群波状构造地貌

1. 华山地背斜；2. 熊耳地向斜；3. 洛河地背斜；4. 陶湾地向斜；5. 蟒岭地背斜；6. 宽坪地向斜；7. 元古地轴；8. 郧北地向斜；9. 两郧地背斜；10. 郧南地向斜；11. 白河地背斜；12. 武当地向斜；13. 巴北地背斜；14. 巴山地向斜；15. 巴南地背斜；16. 四川地向斜

Ⅰ. 鄂尔多斯地块在吕梁运动后的古陆；Ⅱ. 熊耳地槽；Ⅲ. 宽坪陶湾地槽；Ⅳ. 两郧地槽；Ⅴ. 巴山武当地槽；Ⅵ. 四川地槽

b（Zz）：东秦岭震旦陆海波状构造地貌及其南北地块的天平摆动

Ⅰ. 鄂尔多斯震旦古陆；Ⅱ. 熊耳地向斜在蓟县运动后的古陆；Ⅲ. 宽坪陶湾晋宁造山带；Ⅳ. 秦岭地轴古陆；Ⅴ. 两郧地槽在晋宁运动后与四川陆海相通的海槽；Ⅵ. 武当地向斜在晋宁运动后古陆；Ⅶ. 四川地块在晋宁运动后剥蚀面上的震旦冰碛及陆海

c（Є-O）：东秦岭寒武－奥陶地槽海及陆海波状构造地貌

Ⅰ. 鄂尔多斯寒武－奥陶地块南缘古陆；Ⅱ. 洛栾寒武－奥陶地槽；Ⅲ. 秦岭地轴古陆；Ⅳ. 四川寒武－奥陶地块陆海。

d（s）：东秦岭志留地槽海波状构造地貌

Ⅰ. 鄂尔多斯志留古陆；Ⅱ. 洛栾中元古－寒武－奥陶地槽褶带古陆；Ⅲ. 秦岭地轴古陆；Ⅳ. 旬阳地向斜；Ⅴ. 安康地背斜；Ⅵ. 巴北地向斜；Ⅶ. 巴山地背斜；Ⅷ. 四川地块陆海

e（D-T）：东秦岭晚古生－三叠地槽波状构造地貌

Ⅰ. 鄂尔多斯晚古生－三叠地块南缘古陆；Ⅱ. 洛栾中元古－寒武－奥陶褶带古陆；Ⅲ. 中秦岭晚古生－三叠地槽；Ⅳ. 南秦岭志留地槽褶带古陆；Ⅴ. 四川泥盆－石炭古陆二叠－三叠地块陆海

f（J-K）：东秦岭中生代波状构造地貌

Ⅰ. 鄂尔多斯中生地块南缘翘起；Ⅱ. 洛栾中元古－寒武－奥陶褶带；Ⅲ. 秦岭地轴上叠侏罗－白垩坳陷；Ⅳ. 中秦岭晚古生－三叠地槽褶带；Ⅴ. 南秦岭志留地槽褶带上叠侏罗坳陷；Ⅵ. 四川中生地块陆盆

g（Kz）：东秦岭第三纪以来的半地垒－半地堑地块波状构造地貌

Ⅰ. 渭河断陷；Ⅱ. 华山断块；Ⅲ. 洛栾中元古－寒武－奥陶地槽褶带；Ⅳ. 宽坪陶湾中元古地槽褶带；Ⅴ. 秦岭地轴；Ⅵ. 中秦岭晚古生－三叠地槽褶带；Ⅶ. 南秦岭志留地槽褶带；Ⅷ. 四川地块。

A. 渭河；B. 华山；C. 洛南盆地；D. 商县盆地；E. 刘岭；F. 山阳盆地；G. 金鸡岭；H. 汉阴盆地；I. 凤凰山；J. 汉江；K. 大巴山

地质符号：Ar. 太古界；Pt₂. 中元古界；Pt₂x. 熊耳群；Pt₂y. 郧西群；Pt₂k. 宽坪群；Pt₂y₁. 耀岭河群；Pt₂t. 陶湾群；Pt₂g. 高山河组；Pt₂f. 冯家湾组；Zz. 震旦系；ZzS. 三峡群；Є. 寒武系；O. 奥陶系；S. 志留系；S₁. 下志留统；S₂. 中志留统；D. 泥盆系；C. 石炭系；P. 二叠系；T. 三叠系；J. 侏罗系；K. 白垩系；R. 第三系；Q. 第四系；Q₁、Q₂. 更新统。γ. 花岗岩；ξπ. 正长斑岩

图 2　东秦岭地块波浪构造发展示意图

华北、华南两地块，在晋宁运动前后的反复起伏波及秦岭，华山以南的熊耳优地向斜发生蓟县上升运动，其他在"秦岭地轴"两侧的中元古地槽体系都发生晋宁运动，褶皱起来。此后，南北地块起伏是北升南降。地轴以北大多上升，其南则广泛沉降，沉积了震旦系三峡群的晚元古地层，逐渐由南向北超覆到秦岭地带（图 2b）。

　　在寒武奥陶纪，南北两地块趋于平衡，"秦岭地轴"南北都有这两个时期的沉积地层，但在洛南－卢氏一带发生槽状坳陷。1975年夏天，西北大学地质系一年级工农兵学员同教师一起，在这一褶皱带发现了含笔石的奥陶地层，它与元古代的熊耳群和高山河组、冯家湾组，以及寒武系褶皱在一起。这就说明，这个从元古代发展起来的地槽造山运动推迟到寒武纪，甚至到奥陶纪，因而是早加里东的产物。但是，这一带涉及褶皱的地层，主要是中元古界，只有少量寒武系、奥陶系卷了进去。可以说，这是个中元古、寒武、奥陶地槽早加里东褶皱山带。它的褶皱过程，则是由于华北、华南两地块在当时天平摆动所引起（图2c，图2d）。

　　华北、华南两地块，在早加里东运动的天平摆动比较激烈。秦岭洛南－卢氏的中元古、寒武、奥陶地槽褶皱造山时期，引起了南秦岭的激烈坳陷，这是在震旦、寒武、奥陶较厚地层基础上发展起来而在志留纪末褶皱的，可以叫作震旦早古生地槽晚加里东造山带（图2d，图2e）。它的褶皱造山，则是由于南北两地块，特别是四川地块相对鄂尔多斯地块在泥盆、早石炭的回升，虽然后者的下降还没达到沉沦的地步。南秦岭地槽在志留纪激化成为优地槽，到志留纪末褶皱造山。这个晚加里东运动，导致了中秦岭在镇安－柞水一带进一步坳陷，形成一个晚古生代冒地槽。它同南秦岭的优地槽构成一组优、冒地背－地向斜地槽体系，到三叠纪，由于四川和鄂尔多斯两地块的再次反复摆动，褶皱造山（图2e，图2f）。中秦岭地槽是在早古生地层基础上发展起来的晚古生地槽，卷进褶皱的地层，包括全部古生界及部分三叠系。涉及三叠系的构造运动，一般说是印支运动，但根据地壳波浪运动来说，一次大运动往往在一个地区早些，另一个地区晚些，如欧洲的华力西在二叠纪就结束了，它的余波达到东亚的活动时期就推迟到三叠纪。如果把这期运动划归阿尔卑斯运动初期，有些勉强；如果单独划分为一个构造旋回，则为时过短。且在东亚往往看到二叠、三叠地层平行接触，一起褶皱，难以分出华力西运动。因而，在这里同意郭令智等（1961）的意见，把印支运动看作华力西旋回的最后一幕。

　　夹在华南、华北两块之间的秦岭构造带，在三叠纪以后的构造运动变了样子，它同中国构造网其他大多数构造带一样，从地槽型的活动变为断块运动（见图1，图2g）。在侏罗、白垩纪，秦岭南北的四川和鄂尔多斯两地块，都成内陆盆地。其中，四川的侏罗、白垩系陆相地层特厚，一般达四五千米，有些地方更厚；鄂尔多斯地块却沉陷较浅，陆相沉积较薄，部分地区也有数千米。两个地块的差异运动，引起秦岭褶皱造山带在夷平以后发生许多断块，形成半地垒－半地堑构造地貌，或盆地山岭构造，也就是块断式的地壳波浪，或地块波浪。在半地堑断陷盆地之中，沉积了侏罗纪、白垩纪，以及第三纪、第四纪的地层 (图 2g)。

第三纪以来，鄂尔多斯地块北仰南倾向秦岭地带俯冲，四川地块南倾北仰向秦岭仰冲，夹在它们中间的秦岭作为整块也是北仰南倾，形成一个巨大而复杂的盆地山岭式半地垒山块，在它的北侧造成一个巨大而复杂的半地堑渭河断陷盆地。秦岭山块与渭河断陷之间的大断裂垂直断距总计在万米以上，这样大的地块波浪在大陆上是罕见的。

以上把秦岭构造的波浪发展与其两侧地块波浪状摆动的相互关系、相互影响做了概略分析，可以得出结论：秦岭构造是由反复变迁地位的中元古、震旦、志留及泥盆－三叠四个地槽体系波浪状构造形成的。它同中国构造网其他地段的地壳波浪发展大同小异。以下，对其他构造带波状构造发展的分析，可以简略一些。

华北地块和东北地块以阴山构造带为支点带，进行天平式摆动的状况与上述相似。东北地块的上下摆动同华南地块有类似之处，阴山构造带的水平摆动方向同秦岭恰恰相反。

南岭构造带的构造地貌不像秦岭、阴山两带那样清楚，但大致以北纬 24°至 26°为界，南北地层的发展是不平衡的，因而也能得出在这一带的南北两地块随地质时代的波状起伏。它自己是构造运动敏感的"支点带"，其水平摆动也能看出。从四川和广西，以及夹在它们之间的贵州构造带加以分析，其波状起伏和水平摆动更加清楚。

中国东部北北东向外太构造带两侧地块的相互上下摆动也很明显。就华北地区来说，由东向西排列着鲁东、河淮、山西、鄂尔多斯等地块。以下从它们的岩层来说明其构造发展：

首先，从华北太古界和下中元古界结晶杂岩系的分布来看，华北地块上的太古杂岩，如泰山、桑干、五台、登封等杂岩系分布较广，下中元古的滹沱群、嵩山群、粉子山群等，则局限地分布于太古杂岩之间，山西和鲁东就是这些结晶片岩零星分布的地带。这种分布关系正好说明，早中元古代，在河淮平原及鄂尔多斯盆地可能是上升较高的地块，山西和鲁东曾有早中元古地槽体系的发生发展。滹沱群同燕山地带的长城系、蓟县系可能是同时异地的相变岩层（王曰伦，1953）。蓟县（上升）运动或滹沱群的褶皱运动，使山西、鲁东隆起成波峰，河淮、鄂尔多斯相对坳陷成波谷。由此可见，华北地壳早在元古代就已分裂为不同的地块了。它们只是在寒武到石炭纪这一段时期基本上作整体升降，中新生代又进一步分裂。

寒武海继承了蓟县运动后的局面，并没有完全淹没山西及鲁东早中元古地槽褶皱带。

到了奥陶纪，华北各地块发生了微弱的反复波状起伏，使奥陶海完全淹没了山西地区。到此以后的华北各地块更加结合一起，作整体运动，一直经过志留、泥盆和早中石炭时期，都是比较稳定上升，缺失了这些时期的地层。中石炭海在华北各地昙花一现之后，华北地块再次升为陆地，又开始了差异运动，使这里起那里伏的波浪频繁变动，在许多不同阶段洼陷的地带，沉积了陆相煤系地层。直到三叠纪以后，通过燕山运动，华北地壳才发生严重破裂，形成许多大大小小的地块，互相错动。目前的地垒－地堑或半地垒－半地堑地块波浪构造地貌，就是这样发展起来的。最大的地垒或半地垒可以说是山西地块，最大的地堑或半地堑则是鄂尔多斯地块及河淮地块。它们开始于三叠纪，从侏罗纪直到现代，才是它们大发展的时期。在山西这个隆起的波峰上，还发生了次一级、更次一级的地垒－地堑、半地垒－半地堑地块波浪。例如，太行山、吕梁山等山块，就是次一级的半地垒，汾河断陷、大同断陷等，则是次一级半地堑，它们都是由于山西地块的隆起才暴露出来的。至于鄂尔多斯盆地及河淮平原，则因表层盖覆，看不出来。实际上，它们的基底构造也有这样的地块波浪，在鄂尔多斯盆地和河淮平原的物探、钻探工作中是有发现的。这样的波状构造很重要，因为它们反映在盖层之中，形成了许多储油构造。

还应表明，华北各地块在中新生代的地块波浪运动，大多是东翘西倾，河淮地块、山西地块、鄂尔多斯地块都是这样，因而古老地层都在它们的东部暴露，中新生代地层都向它们的西部增厚。因此，可以把山西地块看作最大的半地垒，鄂尔多斯与河淮地块看作最大的半地堑。这些巨大的半地垒和半地堑地块波浪，以及其中的许多次一级、又次一级的半地垒－半地堑地块波浪，好像一系列一个接一个放平又在一端稍微掀起的阶梯形象，因而可以叫作斜阶构造。最大斜阶或半地垒－半地堑的构造规模，见于太行山东侧大断裂。山西地块在太行山翘起，牵引它东侧的河淮地块构成深槽，其中中新生代地层总厚有六七千米，说明从太行山剥蚀的物质数量巨大，从而推知太行山曾经升起的高度也可能是几千米，所以山西与河淮错动的总垂距应在万米以上。这就可以看出，华北地块波浪运动的幅度。

中国东部在华南由东到西的排列，有台湾、闽浙、湘赣、四川等地块。目前，由雪峰构造带相隔的四川和湘赣两地块，地层发育较全，也可以从这些地层看出两地块的反复波动。湖南在早元古隆起，中元古深陷，震旦以前部分褶起，震旦时稍陷；四川在早元古深陷，中元古褶皱，震旦时同湖南近于平衡。早古生代，湖南及其邻区深陷，志留纪加剧，总沉陷超过 8000 米；四川在早古生代屡经海侵，但主要沉降期在寒武纪，沉积厚度不及湖南的半数。前泥盆地层在湖南有激烈褶皱和浅变质；四川在志留纪末只是升起成陆。湖南作为中泥盆、早三叠盆地的一部分不断沉降，从晚三叠上升，以后形成地块波浪，在断陷中接受中新生代沉积；四川盆地缺乏泥盆与石炭系，到二叠、三叠才再度沉陷，侏罗、白垩成为大型内陆盆地普遍接受沉积，而且向西逐步加深，到新生代隆起成剥蚀区。

夹在四川与湘赣之间的雪峰波峰带（包括武陵山带），是个构造敏感的"支点带"。它在川、湘两地块互相上下波动的地质时期，运动更加激烈。早元古代，雪峰是武陵 8000 米沉积的来源；中元古代，武陵褶皱隆起，反成供给雪峰万米沉积的山地；震旦纪，两处趋于平衡，都有部分隆起，部分洼陷，差异不大；早古生代，武陵带随着四川升起，雪峰带跟着湘赣褶皱；泥盆纪海，武陵带浅，雪峰带深；石炭纪，武陵成陆，雪峰海更深；二叠纪及早三叠世，又趋平衡，全部海侵；中三叠世，陆海反转，东成陆，西留海；晚三叠世以后，褶皱断裂运动使全部地区分裂成更多的地块波浪，其表现形式则为半地垒 - 半地堑式或盆地山岭式。

台湾与闽浙两带互相起伏的波浪运动，也是清楚的。前震旦系到下古生界在福建西部和西北部发育，由西向东，依次变薄变少，此时的台湾是连着福建的一块陆地，为福建西部提供陆源沉积物质；前泥盆褶皱使华南各地隆起，意味着福建滨外在晚古生代的沉陷，最后使广大的二叠海波及台湾；二叠后的褶皱运动，又把中生代初期的坳陷带赶到闽浙西部；闽浙地带三叠、侏罗系的发育自西向东，因而表明台湾地区抬高；但到白垩纪，闽东隆起，波及台湾坳陷；新生代以来，台湾坳陷带逐步向西回移，目前发展到台湾海峡，这就不能不因为波浪运动，又使闽浙东部升高，西部断陷。

　　中国西部许多构造带及其两侧地块的相对波动，可以进行同样分析。但是，西部的构造带不像东部简单，东西构造带明显地迁就北西和北东两组扭裂带。这些扭裂带的相交，使整个天山构造带内分成许多斜方块，有的形成块垒，如库鲁克山、北山等，有的形成盆堑，如哈密、吐鲁番等。这些不同性质的构造段落所围绕的较大地块，如塔里木盆地，也就随着天山、昆仑不同段落的扭裂带而形成斜方。这些扭裂构造带伸入盆地，隐没在较新地层之下不同的构造地段，它们隐藏的构造格局，很可能同天山与昆仑山中分割开来的斜方块垒和盆堑相似。夹在天山和阿尔泰山之间的准噶尔地块，有同塔里木地块相似的情况。

　　西藏地块与印度地台之间的波状起伏和夹在其间的喜马拉雅构造带，其天平摆动非常明显。西藏地块与塔里木地块、塔里木地块与柴达木地块、柴达木地块与西藏地块之间的波状起伏，以及依次夹在它们之间的西昆仑、阿尔金与东昆仑三个构造带的侧向摆动，都不待说。

　　由上可知，目前中国构造地貌的波浪形象，是在漫长地史时期由地壳波浪发展而成。地壳波浪运动现在不是停止，而是继续进行，甚至更烈。地壳波浪随时随地的发展和变迁，既是地壳镶嵌构造的一个主要因素，就成了镶嵌构造的一个重要特点。镶嵌构造观点认为，曾作整体位移的"稳定"地块、岩块之间，自然是剪力集中而发生过的错动带或面。它们不仅有相间的上下运动，而且有反复的左右摆动，表现为波浪状；不仅空间上有波状形象，而且时间上有波状变迁。两相结合，地壳中地块和岩块的波浪起伏，必定是随时间变迁作空间的反复转移。镶嵌构造的这一特点非常重要。

四、中国镶嵌构造的其他特点

　　从以上对于中国镶嵌构造波浪发展的论述，可以进一步阐明镶嵌构造的其他特点：①地块、岩块的稳定性与构造带或面的活动性；②构造带或面在力学性质上的剪错特点；③构造带或面在方向上的共性；④同级构造带或面的近等间距性；⑤地块、岩块在形态上和排列上的规律性。

　　1. 地块、岩块的稳定性与构造带或面的活动性

　　前已提到，整个地壳是由一级套一级的大大小小的构造带或面，分开了的一级套一级的大大小小的地块、岩块，又把它们结合起来的镶嵌构造。它们的运动方式，总是相邻的地壳块体互作整体差异运动或错动，它们之间的构造带或面，

就成了相对错动的带或面。因此可说，凡是作整体位移的地壳块体，不分大小，都认为是比较"稳定的"，而在相对位移的地壳块体之间不分宽窄的错动带或面，都认为是比较活动的，既不分大小规模，又不分刚柔性质。不像地槽－地台说所认为的，只有较大规模、具有一定塑性的地槽褶皱造山带，才是"活动带"，夹在它们之间的地台和地块，才是克拉通，即"稳定地块"。

2. 构造带或面在力学性质上都有剪错的特点

地质构造带或面是地壳中曾经剪应力集中的地方，发生发展而成的错动带或面，这是不分大小规模的。

从一级构造来说，环太与地中两个大圆构造带，之所以形成岛弧－海沟带或类岛弧－海沟带，都是由于相邻壳块的对冲，如大陆壳块向太平洋壳块仰冲，或太平洋壳块对大陆壳块俯冲，以及冈瓦纳壳块向劳亚壳块俯冲，或劳亚壳块对冈瓦纳壳块仰冲。它们形成寰球第一级剪切错动带，是构造地貌上差异运动最大的构造带。

由较小地块对冲而构成的构造带，可以秦岭为例。就目前的构造地貌来看，好像是秦岭北侧的鄂尔多斯地块对四川地块俯冲，或后者对前者仰冲，因而在秦岭形成一个北翘南倾的斜阶状盆地山岭构造（见图2g）。但从地层分析可以证明，鄂尔多斯及四川两地块曾在地质历史时期发生过反复的天平式摆动（张伯声，1959，1962，1965），以及随之而来的秦岭地槽反复迁移和褶皱运动（见图2a至图2f）。由此可见，秦岭是个反复错动的构造带。

断裂带及断层面不用说了，都是由于它们两侧地块或岩块，曾因剪力作用而发生错动的活动带或活动面。

3. 构造带或面在方向上有其共性

地壳中的构造带或面，基本上都是北东或北西向。至于东西和南北向构造带或面，它们的总走向虽然近于东西和南北，但分段来看，则往往走向偏于北东或北西，多是斜向。地中和环太大圆构造带，以及同它们类平行的古地中和外太构造带中的很多段落都是这样。例如，一个古地中构造带，昆仑－秦岭构造带的走向，总是蜿蜒转折，或走向北西西，甚至北西，或走向北东东，甚至北东（见图1）。又如，一个外太构造带，大兴安－龙门山构造带，也是蜿蜒屈曲，或走向北北东，或走向北东，即便看来是南北走向的太行山地段，其内部构造线也多走向北北东或北东（见图1）。每个大构造带中，只是两段斜向构造带相交叉的部位，才可以出现近东西或近南北的走向。地壳中的许多构造带或面，之所以多表现为蜿蜒屈曲的舒缓波状，甚至呈锯齿状，就是因为这个缘故。

大比例尺地质图中的构造带或面，也出现同样现象。

野外看到岩块或石块的节理，往往有两组斜交。正向东西或南北的劈理，也不多见。

4. 同级构造带或面往往具有近等间距性

必须注意"同级"的意义：不同级的构造带或面，不能互相比较；也不能只顾数字上的同级，地槽褶皱带与地台或地块中在"数字上"同级的构造带或面，也不能互相对比。

最大的构造带，如地中大圆构造带，大致平分位于地理上南极和北极的两个构造极地；环太大圆构造带，大约平分位于非洲中北部和太平洋中南部的两个构造极地。这是同级构造近等间距的表现（图3）。

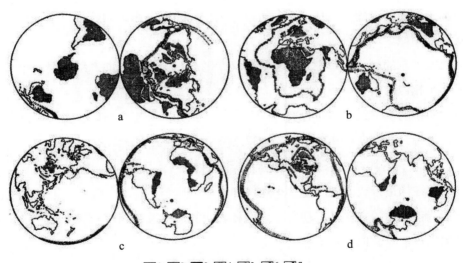

a. 北冰洋－南极洲波浪系统；b. 太平洋－非洲波浪系统；c. 西伯利亚－南大西洋波浪系统；
d. 北美洲－印度洋波浪系统
1. 地理极；2. 地质极；3. 隆起、波峰带；4. 大圆构造带；5，6，7，8. 断裂；
9. 山岭、岛弧；10. 海沟；11. 海岭；12. 巨厚沉积物充填的下沉区；13. 玄武岩

图3　地壳波浪系统示意图

从图 3a 可以看出，地中构造带与北极构造极地之间，有北半球地台分布带，它与南极构造极地之间是南半球海盆环绕带，两相对应。地中构造带与北半球地台带之间，有两个坳陷带，它与南半球海盆带之间，却是南半球地台分布带，也是两相对应。这也是同级构造近等间距的现象。

图 3b 所表现的环太构造带与其构造极之间的构造分配情况，与上列情况相似，可以在经向上分出地台分布带与海盆环绕带相对应的近等间距现象。

中国的地中及古地中构造带，如阿尔太、天山－阴山、昆仑－秦岭、南岭之间的距离，大约是 8 ~ 9°；又如环太及外太构造带的长白－雪峰、大兴安－龙门山、贺兰－珠穆朗玛之间，大约也是 8 ~ 9°的距离。

局限到秦岭构造带本身，可以分为北秦岭、中秦岭及南秦岭地槽褶带，它们所占的宽度近于等距。按秦岭现代的盆地－山岭构造地貌来说，洛南、商县、山阳、汉阴剖面上的半地堑盆地之间的距离，颇为近似（见图 2g）。

鄂尔多斯西缘的贺兰构造带，可以分为中间断陷，东、西断褶三带。它们的宽度基本相似。

西安以东的骊山断块中，也有近等间距的北西向和北东向二组断层，把它分割成大小相似的斜方小块（图 4）。

地块中的次一级构造带也有近等间距性。例如，鄂尔多斯地块之中有三个东西向构造带：一在北纬 40°南，二在 37 ~ 38°之间，三在 36°以南。

5. 地块、岩块在形态上和排列上的规律性

分散在构造带或面之间的大小地块和岩块，形态和排列上都有一定规律性。

构造带或面的方向性，规定了地块和岩块的形状及排列。一般来说，多是类菱形和三角形，其他形状不多。

大陆轮廓多三角形，海盆多类菱形，都同大构造带的走向有关。

中国的地中及古地中构造带与环太及外太构造带交织成网，网格中的地块多为类菱形，个别成三角形。

类菱形地块之内还套着更小的类菱形地块，如连接大兴安－龙门山构造带的山西地块内的五台断块及汾河断陷等。

岩石中的节理、劈理等，把它们分割成无数类菱形的岩块和石块。

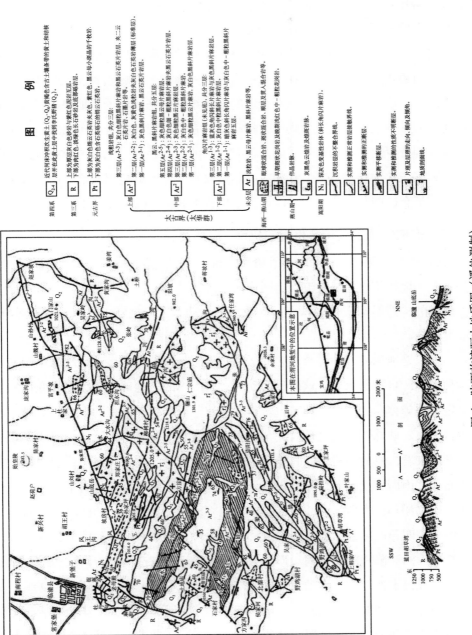

図　例

Q₃₋₄　近代河床冲积物为黄土（Q₃-Q₄)夹砾色含古土壤条带的黄土和钙核层并在此类黄土层中夹褐色氏野猪（Q₂)。

R　　第三系　上部为界层灰白色砂岩与紫红色泥岩互层，下部为砖红色、浅褐色长石砂岩及底部砾岩层。

Pt　元古界　上部为灰白色偶含云石类杂灰岩、紫红色、黑云母小斑晶的千枚岩，下部为灰白色含石英砂石的砂石灰岩。

太古界（太华群）
　浅粒岩组，共分三段：
　　第三层(Ar³⁻³)：灰白色细粒敏斜长黑云母石英片岩层，共云。
　　第二层(Ar³⁻²)：灰白色、石墨片岩等。
　　第一层(Ar³⁻¹)：灰色黑斜片麻岩等。

　黑云、黑斜片麻岩组，共分五段：
　　第五层(Ar²⁻⁵)：灰白色细粒敏云母夹片岩层。
　　第四层(Ar²⁻⁴)：白色、米黄色浅敏级斜长夹黑云角岩层。
　　第三层(Ar²⁻³)：灰色细粒敏斜长黑云片麻岩等。
　　第二层(Ar²⁻²)：灰白色细粒敏级云石片麻岩。
　　第一层(Ar²⁻¹)：灰白色细粒敏级黑云片麻岩，灰白色黑斜片麻岩等。

　角闪片麻岩组（未见底），共分三层：
　　第三层(Ar¹⁻³)：灰黑色角片麻岩与灰色黑斜片麻岩。
　　第二层(Ar¹⁻²)：白色千枚岩及敏期夹灰色色中一粗粒花岗岩。
　　第一层(Ar¹⁻¹)：敏米色含长角闪灰白色色中一粗粒敏斜片麻岩层。

Ar　未分层

γ　　眼球状混合岩、浅粒混合岩、黑云片麻岩等，共分五层。
γ₁　　早期软状花岗岩及敏期夹化色中一粗状花岗岩。
ξm　　灰黑色云细岩及辉英岩等。

Ni　　斑灰色变基性岩体（斜长角闪岩类片岩状）。

　　沉积岩的不整合接触界线。

　　实测和推测的正常岩层接触界线。

　　实测和推测的性质不明断层。

　　实测和推测的走向、倾向及断伸。

　　片理及层面的走向、倾向及断伸。

　　地侧层断线。

図 4　陕西临潼骊山地质図（潘优测制）

　　地壳中大小构造带或面，既然多是走向北东或北西，在它们交织的网目之中的地块、岩块排列，自然也是斜向成排的。但因东西和南北构造带或面的影响，也可在一定情况下，列为东西排或南北排。

　　总之，地壳中表现为波浪状互作整体位移的地块和岩块，都是由它们之间的错动带或面镶嵌起来的，好像在地壳中曾有过一级套一级的或大或小的破伤，把那些地块、岩块分裂开来，又被愈合了的伤痕结合起来的样子。地块、岩块之间的活动带，基本上都是剪应力集中的错动带。它们的走向多是北东或北西，正东西或南北的较少。同级构造带或面，都有大约的等间距性。地块的形状多是类菱形，排列多表现为斜行。它们互相之间的反复错动，形成地壳波浪。由于大构造和小构造都有这些共同特点，可以认为小构造是大构造的缩影。

五、形成中国镶嵌构造格局的机制

　　"认识有待于深化，认识的感性阶段有待于发展到理性阶段"，因而需要进一步分析中国地壳镶嵌地块波浪构造网形成的机制。

　　地壳的构造运动表现为垂直运动及水平运动。它们是互相联系、互相影响、辩证发展的。

　　地壳只是地球的一小部分，它的运动必须服从于地球的运动。地球运动主要有两种形式：自转与脉动。这两种运动形式是统一的。地球自转速度的变化，主要决定于地球体积的变化。地球自转速度变快，说明地球体积的收缩；变慢，说明体积膨胀。地球体积的这种收缩与膨胀交替进行，就是所谓脉动。但从地球的整个发展来看，总的趋势是以收缩为主。球体收缩时，收缩到最小体积的趋势应为四面体，因而要发生四个收缩中心。地球的四个收缩中心，是太平洋中部、北冰洋、印度洋和南大西洋。地球上的这些地方，表现为最明显的洼陷。它们的对极是四个最明显的隆起，即非洲地台、南极地台、加拿大地台和西伯利亚地台。在互相对应的洼陷和隆起之间，形成一系列似平行的构造活动带；在接近大圆的位置，形成最宏伟的构造活动带。这样，地球上就有四个波浪系统互相交织。其中，太平洋－非洲波系和北冰洋－南极洲波系表现明显。环太平洋构造活动带和地中海构造活动带，就分别属于这两个波系的大圆活动带。另外两个波系的大圆活动带，不如上述两个那样清楚。为什么四个大圆活动带只有两个表现明显呢？

这用地质力学观点来解释是十分明了的。这两个大圆，一个近于经向，一个近于纬向。地球自转速度的变化，直接加剧了它们的活动程度。

地球自转时产生离心力，其垂向分力为重力抵消，切向分力又分为二，即经向分力与纬向分力。这些分力随着地球转速的周期变化，激发地壳运动。当地球自转速度变快时，经向分力使高纬度壳段向低纬度推挤，纬向分力使低纬度壳段由东向西推挤；自转速度变慢时，则恰恰相反。不论哪个方向的推挤，在开始阶段都要发生北东和北西向的共轭状扭裂带，形成全球性的扭裂网格（张文佑，1963）。进一步的经向挤压，造成地壳的东西向波峰波谷带；进一步的纬向挤压，造成地壳的南北向波峰波谷带。由于原始形成的斜向共轭状扭裂构造的先在条件，更进一步发展的褶皱断裂带，不论是东西带或南北带，都"追踪"或利用这些斜向扭裂带，表现为蛇行蜿蜒的舒缓波状，甚或成锯齿状。不仅像昆仑－秦岭等大构造带是这样，一级套一级的中小构造带或结构面也是这样。这样一来，由它们分割的一级套一级的大大小小的壳块、地台、地块，以至小小的岩块，都表现为斜方块或三角块。

作为中国大地构造骨架的地中及古地中构造带和环太及外太构造带，以及由它们分割的地块，在中国分布的规律性表明，这是在一定的地应力场中发生发展而来的。

中国大地构造位置，正好在太平洋壳块和西伯利亚地台、印度地台作"品"字排列的空当。太平洋地块最大，跨着两个半球的部分，印度地台跨着北回归线的低纬度地带，西伯利亚地台在北半球的中高纬度地带。地球自转所引起的离心力的水平分力，使三者作差异运动，因而在中国部分造成三者对挤的应力场，形成了现在的构造图案。

地球自转所引起的离心力的经向分力，使西伯利亚地台向南运动较快，压力较大，印度地台向南运动较慢。中国西部，它们之间受到相对挤压。天山构造带及其两侧地块的波动，之所以表现出对称性，就是由于处在这两个壳块对挤中间部位的缘故。又因两个壳块所处经度并不完全一致，它们的对扭使中国西部在大约 93 ～ 103°之间，形成一个明显的剪切带。这一剪切带中，北西或北北西构造线特别发育，以致破坏或打乱了纬向和经向两组构造带以及其间的地块。祁连山和横断山的独特构造方向，可以由此得到合理解释。

太平洋壳块中的经向分力，基本上南北抵消，相对稳定，但对于向南运动较快的西伯利亚地台来说，二者就必然发生相对扭动，在中国东部形成北北东及北东构造带。又因印度地台的东北角向中国地壳部分楔入，外太构造带就在中国西南部撒开，成为北东或北东东方向。

大陆与海洋地壳在地幔上黏着的牢固程度不同。大陆壳以下的低速层薄以至没有，海洋壳以下的低速层厚。壳下阻力以低速层为转移，低速层薄阻力大，低速层厚阻力小。就地壳的纬向运动来说，地球转速周期变快时，太平洋壳块因惰性及壳下低速层阻力小而运动落后，向亚洲大陆推挤，越在低纬度地带，向西推挤越强。更因印支以西是印度洋部分，缺少阻力，太平洋壳块在中国南部表现出比在中国北部更加明显的向西推挤。中国地壳部分被推向西运动，华北地块与华南地块就作为两个楔子，不平衡地向中国西部楔入，在东北与华北之间，以及在华北与华南之间，形成二带右行扭动，向西作不平衡推挤，而华南地块向西推挤更强一些。因此使古地中构造带在中国西部收敛，东部撒开。外太构造带在秦岭之南的部分，都一致向西成弧形凸进，也由此得到说明。

总之，从地质古代以来，西伯利亚地台就向南楔入太平洋壳块与印度地台之间。在中国东部的左行扭动，导致北东和北北东构造线；在西部的右行扭动，导致北西和北北西构造线。二者相结合，在中国中部形成一个近南北向的挤压带（镜像反映中轴），把中国构造图形分为东西两部。在贺兰－龙门山这条挤压带以东，地应力场主要是南北对扭，其次是东西挤压，分裂出来的斜方地块基本上是北北东向延伸的S型。在这条挤压带以西，地应力场主要是南北挤压，其次是南北对扭，分裂出来的斜方地块一般是北西西向延伸的反S型。太平洋壳块在低纬度地带相对向西运动，顺东西构造带如阴山、秦岭等两侧的右行扭动，造成一系列的帚状构造；而在印度地台东北的喜马拉雅构造带东北侧的左行扭动，造成一个与上述相反的巨大帚状构造。

中国大地构造这样格局的形成，既然是远自元古代以来，在基本变化不大的地应力场中发生发展的结果，就意味着地球自转轴虽有烛头状摆动，但摆动程度不大，因而赤道与两极的位置也基本不变。各处地块的运动，在方向上必须符合一定的扭动和挤压关系。它们的相对地位，只能按一定的扭动和挤压方向作一定的变迁。不能设想，它们能够在地幔之上漂来漂去，乱碰乱撞。大陆壳块是漂而不远，移而不乱，在相对的侧向运动中，它们的位移不像大陆漂移说及板块说所认为的那样漫无限制。这是我们同板块构造说者的不同看法，分歧是基本的，共同的观点并不多。

六、镶嵌构造与矿产资源分布的关系

两个系统地壳波浪的交织，使我国地壳的不同段落显示出三种基本的地质特征，并且与之相应地发育着不同的矿产资源。

（1）波谷带与波谷带相交，一般形成较深洼陷。在地史时期，较多地表现为海盆地或内陆盆地，因之是沉积矿产发育的场所。例如，含油盆地均处在这种地段，广大煤田主要发育在这种地段的边部。

（2）波峰带与波峰带相交，一般形成较高隆起。在地史时期，较多地表现为隆起剥蚀区，古老岩系和岩浆岩广泛出露。这种地段普遍地发育着与变质岩系有关的矿床和岩浆矿床（包括伟晶岩矿床）。由于地壳较深层物质在这里被揭露，加之这里应力较集中，断裂十分发育，为更深层矿液向上活动开辟了方便之门，所以，这种地段的矿产资源极为丰富。此种地段的沉积矿产，只限于其边缘范围或其中的坳陷部分。

（3）波峰带与波谷带相交地段，地史环境复杂多样，内生、外生成矿作用相互交错，形成各种各样的矿产资源。尤以各种与内生、外生成矿作用同时有关的矿床为多，如热液型及接触交代型的多金属矿床，以及沉积变质矿床等。从矿产的成因类型看，这种地段是最丰富多彩的；从金属矿化的普遍性和规模看，有些地带逊于第（2）种类型地段，但希望仍是大的。

以上是大的波峰、波谷带相互交织，所表现出来的总体情况与矿产资源分布的一般关系。同时还应注意到，每一波峰带或波谷带中，又有次一级的波谷与波峰，它们交织后又表现出不同的情况。例如，长江中下游地带，属于大别与雪峰两个波峰带相交地段，这就决定了其矿产的丰富性，又因为这里是雪峰波峰带中的一个次一级波谷带，显示出第（3）种类型地段的特征，从而表现出矿产类型的多彩性。

波浪运动的一种特点是波浪的近等间距性，表现在构造上的波浪运动自然也有其近等间距性。不同构造引起建造环境的改变，形成不同的造矿条件，产生不

同类型的矿产，所以"构造控矿"这个结论是肯定的。因此，在找矿工作中，矿产分布的成带性和近等间距性必须得到应有的重视。但还必须注意：①地壳是固体，不同刚性、柔性的固体物质，在地壳中的分布很不平衡。这会影响地壳波浪的幅度和波长，因而地壳波浪只能有近等间距性，甚至在有地块阻碍的地方，同流水中波浪一样，其等间距性会发生很大变化。②地壳波浪的规模有大小，在分析等间距问题时，必须注意同级构造的等间距性。例如，中国的一级构造网，地槽带的等间距以千百公里计，地块内的等间距以几十公里计，地槽带内的等间距以十几公里计，更次一级、又次一级等构造等间距可以米计，因而只能在同级构造波浪，而不能在不同级的构造波浪中去找等间距。中国各地，特别是江西、内蒙、河南、东北等处，运用构造等间距性进行找矿时，都有相当好的成效。这个问题将在今后的研究中，进一步加以探讨。

在两个地壳波浪系统交织所形成的构造格局基础上，西伯利亚地台、印度地台和太平洋壳块三者对挤所叠加的构造图像，对有用矿产的生成和对新构造运动的影响，具有十分重要的意义。比如，西部剪切带和镜像反映中轴带，同两个系统的构造带（波峰带）相叠加的部位，具有丰富多彩的内生矿产，但同时也是地震频繁部位。

必须指出，在一个较小范围的地区内进行找矿或进行地震地质与工程地质调查时，除应了解这一地区所处的大地构造背景和基本地质构造性质外，更应通过野外细心观察，鉴定大量结构面的性质，综合分析出该地的地应力场状况，从而找出地质构造的规律性，以指导生产实践。大地构造背景与小范围地质构造是密切相联系的。例如，通过大地构造背景分析，所得出的秦岭南北侧地块作右行扭动的看法，在秦岭地区的野外工作中，可以得到证实。这也就解决了为什么这个东西构造带中一系列北西西走向的结构面并不完全是压性的，而是带有明显的扭性，甚至在东秦岭一带具张扭性（右行扭动所形成的帚状构造）。通过这样的工作和分析，以及大小范围相结合去看问题，便能更加深入地认识一个地区的地质构造特征，从而运用摸索到的规律性去指导生产实践。

用地壳波浪系统作为预报地震的地质构造背景，也是可以探索的。因为从古到今，地震震中基本上是在一定的构造带内（或沿其边部）反复转移。这是今后研究波浪运动及镶嵌构造问题时，也要加以注意的。

　　镶嵌构造和地壳波浪运动的观点，是为了探索解决中国地壳构造的特殊性与全球地壳构造的一般性关系时，在研究了国内外若干实际资料的基础上逐步建立的。由于它只是一株幼苗，加之我们亲自实践的局限性和参考资料的片面性，因此必然存在不少缺点。我们热诚欢迎来自各方面的批评意见，特别希望生产实践第一线的同志提出宝贵意见。

　　最后还应指出，《陕西临潼骊山地质图》是潘侊同志 1964 ～ 1965 年，在骊山一带所作的辛勤地质调查的成果之一（据未刊稿），车自成同志为修改《东秦岭地块波浪构造发展示意图》，刘映枢、王月华二同志为清绘本文图件，都付出了辛勤劳动。

参考文献

〔1〕 E. Haarmann. Die Osziliationstheorie; eine erklarung der krustendewegungenvon erder und mond. Stuttgart: F. Enke. 1930

〔2〕 W. H. Bucher. The Deformation of the Earth's Crust Princeton: Princeton Univ. Press. 1933

〔3〕 R. W. Van Bemmelen. The Undation Theory of the Development of the Earth's Crust. Int. Geol. Cong. 1935,16 th, Washington, 1933, Vol. 2

〔4〕 A. W. Grabau. Oscillation or Pulsation. Int. Geol. Cong. 1936,16 th, Washington, 1933, Vol. 1

〔5〕 J. S. Lee. Geology of China. Murby, London. 1939

〔6〕 李四光. 地质力学之基础与方法. 中华书局，1945

〔7〕 J. H. F. Umbgrove. The Pulse of the Earth. sec. ed., The Hague, Martinus Nijhoff. 1947

〔8〕 王曰伦.（五台队）五台山五台纪地层的新见. 地质学报，1953 年第 32 卷第 4 期

〔9〕 В. В. Белоусов. Основные вопросы геотектоники. Госгеолтехизлат СССР. 1954

〔10〕 B. B. Brock. Structural Masoics and Related Concepts. Trans. & Proc. Geol. Soc. S. Af., 1956, Vol. LIX.

〔11〕 张伯声. 从陕西构造单位的划分提出一种有关大地构造发展的看法. 西北大学学报（自然科学），1959 年第 2 期

〔12〕 L. G. Weeks. Geologic Architecture of Circum-Pacific. A. A. P. G. Bull., 1959, Vol. 43, No. 2

〔13〕 А. В. Пейве. Разломы и их роль в строении земой коры. Междун. Геол. Конг., XXI Сесся, Док. Сов. Геал., Проьлема. 1960

〔14〕 В. Е. Хайн. Основные типы тектонических структур, особенности причны их Развития, Междун. Геол. Конг. XXI Сесся, Док. Сов. Геол., Проблема 18, Москва. 1960

〔15〕 李四光. 地质力学概论. 地质力学研究所，1961

〔16〕 郭令智等. 中国地质学. 人民教育出版社，1961

〔17〕 V. V. Beloussov et al. Island Arcs in the Development of the Earth's Structure（especially in the region of Japan and the sea of Okhotsk). Jour. Geol., 1961, 69, 6

〔18〕张伯声. 镶嵌的地壳. 地质学报，1962 年第 42 卷第 3 期

〔19〕张文佑等. 现阶段地壳构造分区及其成因的初步探讨. 地质科学，1963 年第 2 期

〔20〕张伯声. 从镶嵌构造观点说明中国大地构造的基本特征. 见：中国大地构造问题. 科学出版社，1965

〔21〕J. Aubouin. Geosynclines. Elsevier Pub. Co. London. 1965

〔22〕刘鸿允等. 中国南方的震旦系. 地质科学，1973 年第 2 期

〔23〕尹赞勋. 板块构造述评. 地质科学，1973 年第 1 期

〔24〕张文佑等. 中国大地构造基本特征及其发展的初步探讨. 地质科学，1974 年第 1 期

〔25〕张伯声，王战. 中国的镶嵌构造与地壳波浪运动. 西北大学学报（自然科学），1974 年第 1 期

〔26〕黄汲清等. 对中国大地构造若干特点的新认识. 地质学报，1974 年第 1 期